中国机械工业教育协会“十四五”普通高等教育规划教材

电力工程基础

第4版

孙丽华　等　编著

机械工业出版社

本书是在“双碳”战略目标和新工科建设背景下，从培养高素质工程技术人才的目标出发，结合教学的实际需要而编写的新形态立体化教材。本书以110kV及以下电压等级的发电、输变电和供用电工程的设计计算为主线，论述了电力工程的基础理论知识和基本计算方法。全书共九章，包括概论，负荷计算与无功功率补偿，电力网，短路电流及其计算，供配电一次系统，电力系统继电保护基础，供配电系统的二次回路与综合自动化，防雷、接地与电气安全，电力工程电气设计。

本书重点突出、图文并茂，注重工程实践、强化课程思政，部分知识点配有动画或现场视频，重点内容配有例题和微课视频，便于读者学习、巩固和思考。每章后均有在线测试题，读者扫描二维码可进行在线自测。

本书可作为电气类专业的专业基础课教材，还可作为自动化类专业“工厂供电”课程的教材，也可作为电气工程技术人员的工具书和参考书。

本书配有免费的电子课件和习题解答，欢迎选用本书作教材的教师登录机械工业出版社教育服务网（www.cmpedu.com）注册后下载。

图书在版编目（CIP）数据

电力工程基础 / 孙丽华等编著 . —4版 . —北京：机械工业出版社，2023.12（2024.7重印）

ISBN 978-7-111-74167-1

Ⅰ. ①电…　Ⅱ. ①孙…　Ⅲ. ①电力工程－高等学校－教材　Ⅳ. ① TM7

中国国家版本馆CIP数据核字（2023）第205771号

机械工业出版社（北京市百万庄大街22号　邮政编码100037）

策划编辑：王雅新　　责任编辑：王雅新　刘琴琴

责任校对：郑　婕　牟丽英　　封面设计：陈　沛

责任印制：邓　博

北京盛通数码印刷有限公司印刷

2024年7月第4版第2次印刷

184mm×260mm・22.5印张・541千字

标准书号：ISBN 978-7-111-74167-1

定价：65.00元

电话服务　　网络服务

客服电话：010-88361066　　机　工　官　网：www.cmpbook.com

010-88379833　　机　工　官　博：weibo.com/cmp1952

010-68326294　　金　书　网：www.golden-book.com

机工教育服务网：www.cmpedu.com

前　言

《电力工程基础》第3版自2016年出版以来已多次重印，被国内多所高校选作教材。在此期间，随着我国经济的高速发展和国家“双碳”战略目标的提出，我国的高等工程教育正在进行着一系列的深化改革，教育部相继提出了关于新工科建设、一流本科课程建设和课程思政建设的实施意见，旨在全面提高高等工程教育质量和高校人才培养质量，培养造就一批工程实践能力强、创新能力强、能够适应国家战略需求和社会经济发展需要、德才兼备的高素质工程技术人才。在此大背景下，编者根据多年来的教学改革经验和使用本书的一些体会，结合部分院校教师使用后提出的建设性意见，对第3版进行了修订。第4版在保持原有教材特色和体系的基础上，着重在以下几个方面进行了修订：

（1）本书是在第3版的基础上，以110kV及以下电压等级的发电、输变电和供用电工程的设计计算为主线进行重新整理、改写和增减，内容更加优化和实用，条理更加清晰。

（2）对第3版第五章中的部分电气设备及相关附录表进行了更新，并对第九章工程设计示例中的部分内容进行了重新计算、设计和修改，在第四章还增加了MATLAB/Simulink短路仿真设计示例，因此，本书与工程实际结合更加紧密，工程实践性更强。

（3）本书强化课程思政，结合电力系统知识体系在部分章节融入了相关的思政素材，实现了知识传授与价值引领相结合。

（4）本书为新形态立体化教材，部分知识点提供了动画或现场视频讲解，扫描相关二维码即可观看相应内容。

为了使读者更好地理解电力工程技术中的相关概念和原理，本书对内容较为重要的知识点进行了双色印刷，并针对书中的重点难点及其相关的例题或习题，制作了大量微课视频，因此，本书重点更加突出，便于读者有侧重地学习、巩固和思考。本书每章后都有在线测试题，读者扫描二维码可进行在线自测。此外，本书配有免费的电子课件和习题解答，选用本书作为教材的教师可登录机械工业出版社教育服务网（www.cmpedu.com）注册后下载。

本书既可作为电气类专业的专业基础课教材，又可作为自动化类专业“工厂供电”课程的教材，也可作为电气工程技术人员的工具书和参考书。

本书由孙丽华负责全书的构思、编写组织和统稿工作，其他参加本版修订工作的有孙会琴、赵静、冉海潮、刘庆瑞、崔建斌。

在本书修订过程中，编者查阅了大量的相关书刊、资料及现行的国家政策和标准规范，在此向所有参考文献的作者致以衷心的感谢！本书的修订还得到了机械工业出版社的大力协助，得到了兄弟院校以及许继集团有限公司、石家庄科林电气股份有限公司、河北天业电气有限公司等电力企业的大力支持，在此一并表示真诚的感谢！此外，在电力设计院工作30余载的同学刘亚林、辛红等正高级工程师对本书的修订提出了许多宝贵的意见，另有其他同学也提供了友情帮助，在此一并向他们表示诚挚的感谢！

由于编者水平有限，书中难免存在错误和不妥之处，敬请读者批评指正。

编　者

目　　录

本书常用字符表

一、电气设备的文字符号

文字符号	中文名称	英文含义	旧符号
APD	备用电源自动投入装置	auto-put-into device of reserve-source	BZT
AR	重合器	recloser	—
ARD	自动重合闸装置	auto-reclosing device	ZCH
B	电纳	susceptance	*B*
C	电容，电容器	capacitance；capacitor	*C*
F	避雷器	arrester	BL
FD	跌落式熔断器	drop-out fuse	DR
FU	熔断器	fuse	RD
G	发电机，电源	generator；power source	F
G	电导	conductance	*G*
HA	蜂鸣器，警铃，电铃等	buzzer；alarm；bell	FM，JL
HL	指示灯，信号灯	indicator lamp；signal lamp	XD
HLR	红色指示灯	red indicator lamp	HD
HLG	绿色指示灯	green indicator lamp	LD
HLY	黄色指示灯	yellow indicator lamp	UD
HLW	白色指示灯	white indicator lamp	BD
K	继电器，接触器	relay，contactor	J；C
KA	电流继电器	current relay	LJ
KAR	重合闸继电器	auto-reclosing relay	CHJ
KB	闭锁继电器	block relay	BJ
KD	差动继电器	differential relay	CJ
KG	瓦斯继电器	gas relay	WSJ
KM	中间继电器，接触器	medium relay；contactor	ZJ；C
KP	功率继电器	power relay	GJ
KO	合闸接触器	closing contactor	HC
KR	干簧继电器	reed relay	GHJ
KS	信号继电器	signal relay	XJ
KT	时间继电器	time relay	SJ
KV	电压继电器	voltage relay	YJ
KVN	负序电压继电器	negative-sequence voltage relay	FYJ
L	电感	inductance	*L*
L	电抗器	reactor	DK

（续）

文字符号	中文名称	英文含义	旧符号
M	电动机	motor	D
N	中性线	neutral wire	N
PA	电流表	ammeter	A
PE	保护线	protective wire	—
PEN	保护中性线	protective neutral wire	N
PJ	电能表（电度表）	electric energy meter	wh，varh
PV	电压表	voltmeter	V
QF	断路器（含自动开关）	circuit breaker	DL（ZK）
QK	刀开关	knife switch	DK
QL	负荷开关	load switch	FK
QS	隔离开关	isolating switch	GK
R	电阻，电阻器	resistance，resistor	R
S	电力系统	power system	XT
SA	控制开关，选择开关	control switch，control switch	KK，XK
SB	按钮	push button	AN
T	变压器	transformer	B
TA	电流互感器	current transformer（CT）	LH
TAN	零序电流互感器	zero-sequence current transformer	LLH
TAM	中间变流器	medium converter	ZLH
TV	电压互感器	voltage（potential）transformer（PT）	YH
U	变流器，整流器	converter，rectifier	BL，ZL
W	母线，导线	busbar，wire	M
WAS	事故声响信号小母线	accident sound signal small-busbar	SYM
WC	控制小母线	control small-busbar	KM
WF	闪光信号小母线	flash-light signal small-busbar	SM
WFS	预告信号小母线	forecast signal small-busbar	YXM
WL	线路	line	XL
WO	合闸电源小母线	switch-on source small-busbar	HM
WS	信号电源小母线	signal source small-busbar	XM
WV	电压小母线	voltage small-busbar	YM
X	电抗	reactance	X
XB	连接片，切换片	link，switching block	LP，QP
XT	端子板	terminal block	—
Y	导纳	admittance	Y
YA	电磁铁	electromagnet	DC
YO	合闸线圈	closing operation coil	HQ
YR	跳闸线圈，脱扣器	opening operation coil，release	TQ
Z	阻抗	impedance	Z
ZAN	负序电流滤过器	negative-sequence current filter	—
ZVN	负序电压滤过器	negative-sequence voltage filter	—

二、物理量下角标的文字符号

文字符号	中文名称	英文含义	旧符号
a	年，每年	annual，year	*n*
a	有功	active	a，yg
Al	铝	Aluminum	Al
al	允许	allowable	yx
av	平均	average	pj
ba	基本	basic	jb
C	电容，电容器	capacitance，capacitor	C
c	计算	calculate	js
cab	电缆	cable	L
cr	横向，临界	crosswise，critical	h，lj
Cu	铜	Copper	Cu
d	需要	demand	x
d	基准	datum	j
d	差动	differential	cd
dsp	不平衡	disequilibrium	bp
E	地，接地	earth，earthing	d，jd
e	设备	equipment	S，SB
e	有效的	efficient	yx
ec	经济	economic	j
eq	等效的	equivalent	dx
es	电动稳定	electrodynamic stable	dw
ex	外部的	external	—
Fe	铁	Iron	Fe
FE	熔体	fuse-element	RT
h	谐波	harmonic	—
h	高度	height	*h*
i	电流，任意数目	current，arbitrary number	*i*
ima	假想的	imaginary	*jx*
k	短路	short-circuit	*d*
K	继电器	relay	J
L	电感	inductance	*L*
L	负荷，负载	load	fh，fz
l	长延时	long-delay	*l*
M	电动机	motor	D
m	幅值	maximum	m
man	人工的	manual	rg
max	最大	maximum	max
min	最小	minimum	min
N	额定，标称	rated，nominal	e
n	数目	number	*n*
nat	自然的	natural	zr
nba	非基本	non-basic	fjb

（续）

文字符号	中文名称	英文含义	旧符号
np	非周期的	non-periodic，aperiodic	f-zq
oc	断路，开路	open circuit	dl
oh	架空线路	overhead line	—
OL	过负荷	over-load	gh
op	动作	operate	dz
OR	过电流脱扣器	over-current release	TQ
p	周期的	periodic	zq
p	有功功率	active power	p，yg
pk	尖峰	peak	jf
pr	保护	protect	bh
q	无功功率	reactive power	q，wg
qb	速断	quick-break	sd
r	无功	reactive	r，wg
r	滚球	roll-ball	—
re	返回，复归	return，reset	fh
rel	可靠	reliable	k
S	系统	system	xt
s	短延时	short-delay	s
s	灵敏的	sensitive	lm
saf	安全	safety	aq
sam	同型	same type	tx
set	整定	setting	zd
sh	冲击	shock，impulse	cj，ch
st	起动，启动	start	q，qd
step	跨步	step	kp
tou	接触	contact	jc
u	电压	voltage	*u*
w	工作	work	Gz
w	接线	wiring	jx
WL	导线，线路	wire，line	XL
θ	温度	temperature	θ
Σ	总和	total，sum	Σ
φ	相	phase	φ
0	零，起始	zero，intial	0
0	瞬时，周围（环境）	instantaneous，ambient	0
30	半小时（最大）	30min（maximum）	30
∞	无限大，稳态	infinity，steady state	∞

第一章

概　论

本章首先介绍电力系统、发电厂和变电所的基本概念，然后重点论述电力系统的额定电压、电能质量和中性点的运行方式，并在最后对我国电力工业发展概况与未来展望做了简要介绍。

第一节　电力系统的基本概念

一、电力系统的形成

电能（electrical energy）是一种十分重要的二次能源，它能够方便而经济地从蕴藏于自然界中的一次能源中转换而来，并且可以简便地转换成其他形式的能量供人们使用。由于电能具有转换容易、输送方便、易于控制等优点，因此，电能已广泛应用到社会生产的各个领域和社会生活的各个方面，已成为现代工业、农业、交通运输、国防科技及人民生活等各方面不可缺少的重要能源，在国民经济中占有十分重要的地位。

电能是由发电厂（power plant）生产的。在电力工业发展初期，由于对电能的需求量不大，发电厂都建在用户附近，规模很小，各发电厂之间没有任何联系，彼此都是孤立运行的。随着工农业生产的发展和科学技术的进步，对电力的需求量日益增大，且对供电可靠性的要求也越来越高，显然单个独立运行的发电厂是无法达到这些基本要求的。为此，需要建设大容量的发电厂以满足日益增长的用电需求，并通过各发电厂之间的相互联系，来提高供电的可靠性。为了节省燃料的运输费用，大容量发电厂多建在燃料、水力资源丰富的地方，而电力用户是分散的，往往又远离发电厂，因此需要建设较长的输电线路（transmission line）进行输电；为了实现电能的经济传输和满足用电设备对工作电压的要求，需要建设升压变电所（step-up substation）和降压变电所（step-down substation）进行变电；将电能送到城市、农村和工矿企业后，需要经过配电线路（distribution line）向各类电力用户（power consumer）进行配电，如图 1-1 所示。

通过各种不同电压等级的电力线路（power line），将发电厂、变电所和电力用户联系起来的包含发电、输电、变配电和用电的统一整体，称为电力系统（power system），如图 1-2 所示。

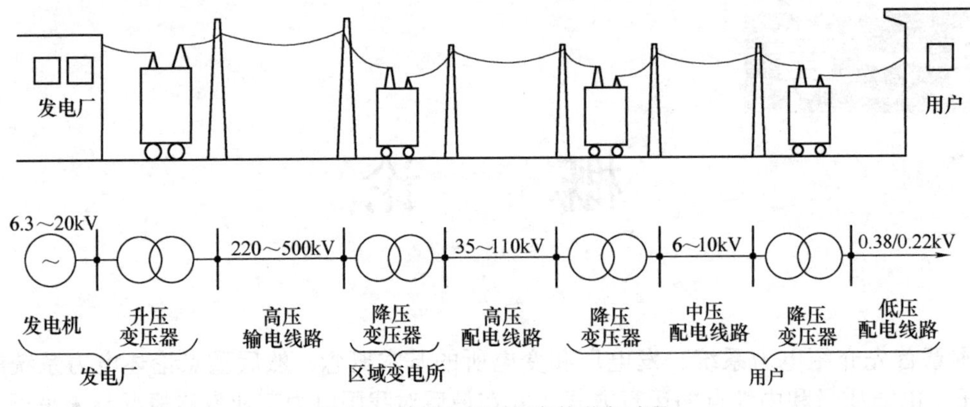

图1-1 从发电厂到用户的送电过程

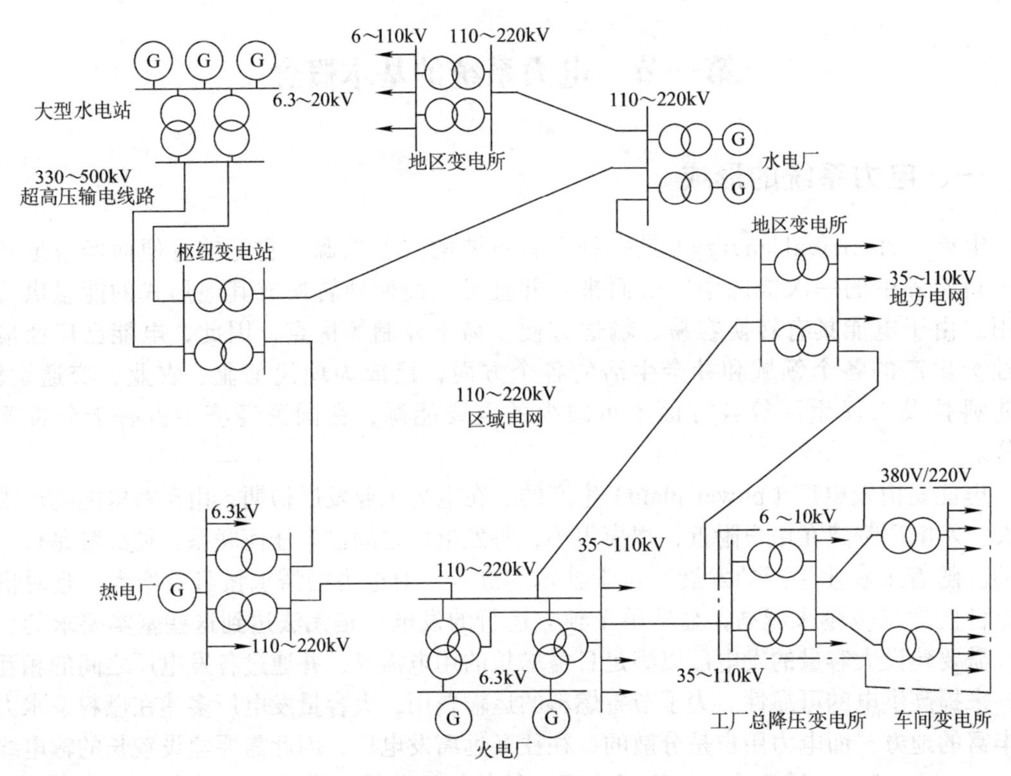

图1-2 电力系统示意图

在电力系统中，通常将输送、交换和分配电能的部分称为电力网（power network）或电网，它由各级电压的电力线路及其联系的变配电所组成。电力网按电压等级的高低和其供电范围的大小可分为地方电力网、区域电力网及超高压远距离输电网三种类型。地方电力网又称配电网，其电压为110kV及以下，输送功率小，输电距离短，主要供电给地方负荷（如一般工矿企业、城市和农村乡镇配电网络等），其主要任务是向终端用户配送满足一定电能质量要求和供电可靠性要求的电能。区域电力网的电压为110kV以上，输送功率大，输电距离长，主要供电给大型区域性变电所，目前在我国，区域电力网主要是220kV级的电力网。超高压远距离输电网由电压为330kV及以上的远距离输电线路所组成，同时还联系若干区域电力网，形成跨省（区）的大电力系统（如我国的东北、华北、华中、华东、西北和南方等电力网）。区域电力网和超高压远距离输电网统称为输电网，它的主要任务是将大量的电能从发电厂远距离传输到负荷中心，并保证系统安全、稳定、经济地运行。

在电力系统中，所有消耗电能的用电设备或用电单位均称为电力用户（power consumer），也可称电力负荷。电力用户按行业可分为工业用户、农业用户、市政商业用户和居民用户等。

二、建立大型电力系统（联合电网）的优点

1. 可以减少系统的总装机容量

由于不同地区的生产、生活及时差、季差情况等存在差异，它们的最大负荷出现的时间不同，组成联合电网后，最大负荷小于原有各电网最大负荷之和，因而可以减少全网对总装机容量的需求。

2. 可以减少系统的备用容量

为了防止发电机组发生故障或检修时中断对用户的供电，电力系统必须装设一定的备用容量。由于备用容量在电力系统中是可以互用的，所以，电力系统越大，它在总装机容量中占的比重越小。

3. 可以提高供电的可靠性

联网后，由于各发电厂之间的备用容量可以相互支援，互为备用，而系统中所有发电厂的设备同时故障和检修的概率很小，因此，电力系统越大，抵抗事故的能力越强，供电的可靠性越高。

4. 可以安装大容量的机组

大容量机组效率高，占地面积少，投资和运行费用低。但是，孤立运行的电厂或容量较小的电力系统，因没有足够的备用容量，不允许采用大机组，否则，一旦机组因事故或检修退出工作，将造成大面积停电，给国民经济带来严重损失。电网互联后，由于拥有足够的备用容量，从而为安装大容量机组创造了条件。

5. 可以合理利用动力资源，提高系统运行的经济性

水电厂的生产受季节的影响大，丰水期水量过剩，枯水期水量短缺。组成大型电力系统后，水、火电厂联合运行，可以灵活调整各电厂的发电量，提高电厂设备的利用率。例如，在丰水期让水电厂多发电，火电厂少发电并适当安排机组检修；而在枯水期让火电厂多发电，水电厂少发电并安排检修。这样互相调节后，可充分利用水力资源，减少煤炭消耗，从而提高电力系统运行的整体经济效益。此外，水电厂进行增减负荷的调节比较简单，宜作为调频厂，因而有水电厂的系统调频问题比较容易解决。

基于上述优点，世界上工业发达的国家大多数都建立了全国统一电力系统，甚至相邻国家间还建立了跨国联合电力系统。我国的电力系统发展也很迅速，目前，全国已形成东北、华北、华东、华中、西北、南方共6个跨省（区）电网，并已实现了部分跨大区电网的互联互通，最终将逐步实现全国性的联合电网。

三、电力系统的基本参量

电力系统可以用以下基本参量加以描述：

（1）总装机容量　指系统中所有发电机组额定有功功率的总和，以MW、GW计。

（2）年发电量　指系统中所有发电机组全年发出电能的总和，以MW·h、GW·h、TW·h计。

（3）最大负荷　指规定时间（一天、一月或一年）内电力系统总有功功率负荷的最大值，以MW、GW计。

（4）额定频率　我国规定的交流电力系统的额定频率为50Hz。

（5）电压等级　指系统中电力线路的额定电压，以kV计。

四、电力系统的特点和基本要求

1. 电力系统的特点

电能与其他工业生产相比，具有以下明显的特点：

（1）电能不能大量存储　电能的生产、输送、分配和消耗的全过程，几乎是同时进行的。发电厂在任何时刻生产的电能必须等于该时刻用电设备消耗的电能与输送分配过程中损耗的电能之和。迄今为止，尽管人们对电能的存储进行了大量的研究，并在一些新的存储电能方式上（如超导储能、燃料电池储能等）取得了某些突破性进展，但是仍未能完全解决经济的、高效的以及大容量电能的存储问题。因此，电能不能大量存储是电能生产的最大特点。

（2）过渡过程十分短暂　电能是以电磁波的形式传播的，其传播速度非常快，所以，当电力系统运行情况发生变化时所引起的过渡过程是十分短暂的。例如，运行中的正常操作如发电机、变压器、线路、用电设备的投入或退出以及电网发生故障等过程，都是在瞬间完成的。因此，在电力系统中，必须采用各种自动装置、远动装置、保护装置和计算机技术来迅速而准确地完成各项调整和操作任务。

（3）与国民经济各部门和人民日常生活的关系极为密切　由于电能具有使用灵活、易于转换和控制方便等特点，国民经济各部门广泛使用电能作为生产的动力，人民生活用电也日益增加，因此，电能生产与国民经济各部门和人民的日常生活息息相关。电能供应不足或中断不仅会给国民经济造成巨大损失，给人民生活带来不便，甚至还会酿成极其严重的社会性灾难。

2. 对电力系统的基本要求

根据以上特点，为发挥电力系统的功能和作用，对电力系统运行提出了以下基本要求：

（1）保证供电的可靠性 供电中断将会使生产停顿、生活混乱，甚至危及人身和设备安全，造成十分严重的后果。停电给国民经济造成的损失远超过电力系统本身少售电能的损失。因此，电力系统运行的首要任务是满足用户对供电可靠性的要求。为此，供电部门一方面应保证电力设备的产品质量，努力做好设备的正常运行维护；另一方面应提高电力系统的监视、控制能力及自动化水平，防止和减少事故的发生，采取措施增强系统的稳定性。

（2）保证良好的电能质量 电能质量是指电压、频率和波形的质量。电能质量的优劣对设备寿命和产品质量等有较大的影响。为了保证电力系统安全经济运行，我国已先后颁布了七项电能质量的国家标准（详见本章第三节），在电力系统设计和运行中都不允许超出这些标准。

（3）保证系统运行的经济性 电能是国民经济各生产部门的主要动力，电能生产消耗的能源在我国能源总消耗中占的比重也很大，因此提高电能生产的经济性具有十分重要的意义。考核电力系统运行经济性的重要指标是火电厂的煤耗率和电力网的网损率。为了保证电能的经济性，要最大限度地降低发电成本和网络的电能损耗。为此，应做好规划设计，合理利用能源；采用高效率低损耗设备；采取措施降低网损；实行经济调度等。

（4）满足环保和生态要求 电力发展与环境保护具有密不可分的关系。电力发展要充分考虑水资源、大气污染、碳排放、生态保护等资源环境的硬约束问题。因此，在电能的生产和运行过程中控制污染及废物的排放、减少电磁污染和噪声污染等，已成为对电力系统的基本要求。同时，大量发展可再生能源替代化石能源，提高能源利用率，加快建设能源互联网进程，实现电力低碳绿色发展等，都是建设环境友好型电力系统的重要举措。

第二节 发电厂和变电所的类型

一、发电厂的类型

发电厂是将各种自然资源转化为电能的工厂。按照其所利用一次能源的不同，可分为火力发电厂、水力发电厂、核电厂以及太阳能发电、风力发电、地热发电、潮汐发电、生物质能发电等类型。

（一）火力发电厂

利用煤炭、石油、天然气等可燃物为原料来发电的工厂称为火力发电厂（thermal power plant），简称火电厂或火电站。其能量的转换过程是：燃料的化学能→热能→机械能→电能。我国的火电厂所使用的燃料以煤炭为主。

火电厂的原动机多为汽轮机（steam turbine），可分为两类：一类是凝汽式火电厂，一般建在燃料产地，容量可以很大；另一类是兼供热的火电厂（热电厂），一般建在大城市及工业区附近，容量也不大。凝汽式火电厂的发电过程为：煤粉在锅炉的炉膛内充分燃烧，将锅炉内的水变成高温高压的蒸汽，推动汽轮机转动，使与之联轴的发电机旋转发电。已做过功的蒸汽，送往冷凝器凝结成水，又重新送回锅炉继续使用。在冷凝器中，大量的热量被循环水带走，所以凝汽式火电厂的效率不高，只有 30% ～ 40%。热电厂与凝汽式火电厂的不同之处主要在于：汽轮机中一部分作过功的蒸汽被从中间段抽出供给热用户，或经过热交换器将水加热后，再将热水供给用户。这样，便可减少被循环水带走的热量损失，因此热电厂的效率较高，一般可达60%～70%。总之，由于火电厂的热效率不高，因此节能减排在火电厂显得十分重要且潜力巨大。

火力发电是世界上最主要的电能生产方式，在我国电源结构中，目前火电设备容量占总装机容量的50%左右。我国火电技术水平领先世界，最典型的是上海外高桥第三火电厂，该厂装有2台1000MW国产超超临界燃煤机组，是世界上公认煤耗最低的火电厂。内蒙古托克托电厂是世界上最大的火力发电厂，总装机容量达6720MW，是国家“西部大开发”和“西电东送”的重点工程。该电厂充分利用内蒙古地区年均日照时间长、日照率高的天然优势，率先发展“光煤耦合技术”，不仅每年可平均节约标准煤2000t，而且每年还可减排二氧化碳近1.5万t，成为国内首个成功实施“光煤耦合技术”的火电企业。目前，火力发电虽仍是我国发电主力，但从燃料依赖、环境影响等方面还是有诸多弊端。近年来，随着“双碳”战略目标的提出，国家正在加大其他发电形式的建设，向着能源清洁低碳转型发展，因此，从装机容量结构来看，火力发电占比将呈逐年下降态势。

（二）水力发电厂

利用江河水流的位能来发电的工厂称为水力发电厂（hydroelectric power plant），简称水电厂或水电站。其能量的转换过程是：水的位能→机械能→电能。

水电厂的总发电功率取决于水流的落差和水流的流量，可用下式表示：

$$P=9.8QH\eta \tag{1-1}$$

式中，P为水电厂的总发电功率（kW）；Q为通过水轮机（hydroturbine）的水流量（m^3/s）；H为上、下水位的落差（m）；η为水电厂的效率，为0.85左右。

由式（1-1）可知，当河水流量一定时，水流落差越大，水电厂的发电量越大。因此，为了充分利用水力资源，建造水电厂必须用人工的办法来提高水位。按水流形成的方式不同，水电厂可分为堤坝式、引水式、混合式、抽水蓄能式等。

堤坝式水电厂是在河床上游修筑拦河堤坝蓄水，抬高上游水位，形成发电水头，可分为坝后式与河床式两种。引水式水电厂一般建在山区水流湍急的河道上，或河床坡度较陡的地方，由引水渠道形成水头，一般不建坝或只建低坝。混合式水电厂的水头由坝和引水渠道共同形成。抽水蓄能式是一种特殊形式的水电厂，既可蓄水又可发电，它有上、下两个水库，采用可逆式水轮发电机组，在负荷较小时利用系统“多余”的电能，使机组按电动机—水轮机（水泵）方式运行，将下水库的水抽到上水库储存；在系统负荷高峰时，机组改为水轮机—发电机方式运行，使所蓄的水用于发电，满足系统调峰（调频）需要。抽水蓄能电站是电力系统中唯一能调峰填谷的电源，具有调峰、调频、调相、紧急事故备用等多种功能，是保障电力系统安全稳定运行的重要支撑。

无论是哪一类水电厂，其发电过程都是将有一定落差的水通过压力水管引入水轮机，推动水轮机转子旋转，带动与之联轴的发电机旋转发电。

水力发电利用的是廉价的、可再生的能源，尽管水电厂在建设时的初投资较大，但发电成本较低（仅有火力发电的1/4～1/3），而且水力发电具有不产生污染、生产效率高、运行维护简单等优点，同时还兼有防洪、灌溉、航运、水产养殖等多种功能，因此具有较高的开发价值。

在我国的常规资源结构中，水力资源仅次于煤炭，占据十分重要的战略地位。水力发电是技术最成熟的清洁能源发电技术，我国的水力发电水平稳居世界第一。我国不但是世界水电装机第一大国，也是世界上在建规模最大、发展速度最快的国家。三峡工程是世界上在建规模最大的水电站，大坝高 185m，水头 175m，总库容 393 亿 m^3，装机容量 2250 万 kW，其巨大库容所提供的调蓄能力使得下游荆江地区可抵御百年一遇的特大洪水，具有防洪、发电、航运、灌溉等综合效益。白鹤滩水电站是仅次于三峡水电站的我国第二大水电站，同时也是世界装机第二大水电站，大坝整体采用混凝土双曲拱坝，最大坝高 289m，水库正常蓄水位 825m（海拔高度），相应库容 206 亿 m^3，安装了 16 台我国自主研制、全球单机容量最大的百万千瓦水轮发电机组，总装机容量为 1600 万 kW，具有以发电为主，兼有防洪、拦沙、改善下游航运条件等综合效益。白鹤滩水电站是实施“西电东送”的国家重大工程，实现了我国高端装备制造的重大突破，意味着我国在水电装备研制上已处于世界领先地位。

目前，我国经济效益较好的水电资源基本已被开发完毕，水力发电量占比约为全国总发电量的 15%。随着国家节能减排力度的不断增强，火电装机容量将进一步受到抑制，新增水电装机容量将有所回升，但受我国水电资源条件限制，水电装机容量增速有限。展望未来，水电作为可再生能源的重要组成部分，必将在推进实现“双碳”目标、促进经济社会发展全面绿色转型中担当重任。

（三）核电厂

利用原子核裂变能来发电的工厂，称为核电厂（nuclear power plant）或核电站。核电厂的生产过程与火电厂大体相同，只是以核反应堆（原子锅炉）代替火电厂的燃煤锅炉，以少量的核燃料代替了大量的煤炭，其能量的转换过程是：核燃料的裂变能→热能→机械能→电能。

反应堆是实现核裂变链式反应的一种装置，主要由核燃料、慢化剂、冷却剂、控制调节系统、危急保安系统、反射体和防护层等部分组成。反应堆可分为轻水堆（包括沸水堆和压水堆）、重水堆和石墨冷气堆等。目前，世界上使用最多的是轻水堆，其中绝大多数又为压水堆。

核电厂的主要优点是可以节省大量煤炭、石油等燃料，避免燃料运输。质量为 1kg 的铀全部裂变时释放的能量相当于 2700t 标准煤完全燃烧时所释放的能量。同时，核电厂不需空气助燃，所以核电厂可以建在地下、水下、山洞或空气稀薄的高原地区。

目前世界上已有 30 多个国家或地区建有核电站。我国核电站基本分布在沿海地区，装机规模位居全球第二，仅次于美国。广东为我国核能第一发电大省，拥有大亚湾、岭澳等多个核电站，其核能发电量占全国总核能发电量的 30%。我国核电发展起步较晚，但发展速度较快。自 1985 年秦山核电站开工建设以来，经过近 40 年的发展，中国核电经历了从无到有，从小到大，从技术引进、自主创新再到项目出海。2021 年，中国自主品牌三代核电技术“华龙一号”已投入商运，并出口国外，标志着我国核电技术水平已跻身世界前列，中国核电已从核电技术的追赶者，变为核电技术的并跑者，部分环节已是领跑者。目前，中国核电进入了安全高效发展的新阶段，未来核电新增装机容量有望稳步上升，并逐渐增加自主化水平。

（四）其他新能源发电形式

除了利用以上三种常规能源来发电的方式外，目前还有多种正在开发利用但尚未普遍使用的新能源发电形式，如太阳能发电（solar power generation）、风力发电（wind power generation）、地热发电（geothermal power generation）、潮汐发电（tidal power generation）、生物质能发电（biomass energy power generation）等。

1. 太阳能发电

太阳能发电是利用太阳光能或太阳热能来生产电能的，它建造在常年日照时间长的地方。目前应用较多的是太阳能光伏发电技术。其原理是利用半导体材料的光伏效应（photovoltaic effect），将太阳光辐射能直接转换为电能。太阳能光伏发电系统分为独立光伏发电系统、并网光伏发电系统和分布式光伏发电系统三种类型。独立光伏发电系统是指不与电网连接而孤立运行的发电方式，通常建设在远离电网的边远地区，如高原地区的移动基站以及牧场的牧民等，其建设的主要目的是解决无电问题，因此需要蓄电池作为它的储能装置；并网光伏发电系统是指太阳能光伏发电连接到电网的发电方式，像其他类型发电站一样，可为电力系统提供有功和无功电能，同时也可以由并网的公共电网补充自身发电的不足；分布式光伏发电系统是指在用户现场或靠近用电现场配置较小的光伏发电供电系统，以满足特定用户的需求，支持现存配电网的经济运行，或者同时满足这两个方面的要求。

随着全球能源短缺和环境污染等问题日益突出，太阳能光伏发电因其清洁、安全、便利、高效等特点，已成为世界各国普遍关注和重点发展的新兴产业。我国的太阳能资源丰富且分布范围较广，太阳能光伏发电的发展潜力巨大，但我国在光伏发电方面的技术水平还远落后于经济发达国家。随着我国国内光伏产业规模逐步扩大、技术逐步提升，光伏发电成本会逐步下降，未来我国的光伏容量将大幅增加。近几年，在国家及各地区的政策驱动下，太阳能光伏发电已在我国呈现爆发式增长。

2. 风力发电

风力发电是利用风力的动能来生产电能的，它建造在常年有稳定风力资源的地区。风力发电的运行方式可分为独立运行和并网运行两大类。独立运行是指风力发电机输出的电能经蓄电池储能，再供应给用户使用，通常10kW以下的微小型风力发电机多采用这种方式，可为边远地区公共电网覆盖不到的地方提供电能；并网运行是指风力机与电网连接，向电网输送电能的运行方式，通常是在风力资源丰富地区，将几十台、几百台或几千台单机容量从数十千瓦、数百千瓦直至兆瓦级以上的风力发电机组按一定的阵列布局方式成群安装组成的风力群体，称为风力发电场，简称风电场。并网型风力发电场具有大型化、集中安装和控制等特点，是大规模开发风电的主要形式，也是近几年来风电发展的主要趋势。风能是取之不尽用之不竭的绿色能源，但它具有很大的随机性、不可预测性和不可控性，风电场出力波动范围通常较大，速度也较快，将会对电网安全稳定及正常调度运行造成一定的影响。

在低碳环保的大背景下，风能作为一种清洁的可再生能源，同时，风力发电又是技术较为成熟、最具规模开发潜力的发电方式，因此越来越受到世界各国的重视。近年来，我国的风电装机容量呈逐年上升趋势，符合未来风电产业的发展趋势。目前，我国陆上风资源较好的土地已基本开发殆尽，但我国拥有超过 1.8 万公里的海岸线，海上风电潜力巨大。随着我国风电装机的国产化和发电的规模化，风电成本将会再降低，未来将大力发展低速风电场，装机容量将稳步上升，海上风电将成为新趋势。

3. 地热发电

地热发电是利用地表深处的地热能来生产电能的，它建造在有足够地热资源的地区。地热是地表深处储存的天然资源，地热能主要来源于地壳内放射性元素蜕变过程所产生的热量。地热发电厂的生产过程与火电厂相似，只是用地热井取代锅炉设备，将地热蒸汽从地热井引出，并滤除蒸汽中的固体杂质，然后通过蒸汽管道送入汽轮机，推动汽轮机做功，汽轮机带动发电机发电。

地热发电的效率不高，但不需要燃料，运行费用低。地热能是蕴藏在地球内部的热能，具有储量大、分布广、绿色低碳、可循环利用、稳定可靠等特点，是一种现实可行且具有竞争力的清洁能源。地热能的开发利用可减少温室气体排放，改善生态环境，有望成为能源结构转型的新方向。

4. 潮汐发电

潮汐发电是利用海水涨潮、落潮中的动能、势能来生产电能的，它实质上是一种特殊类型的水电厂。潮汐发电厂需要建设拦潮大坝，因而要求一定的地形条件、足够的潮汐潮差和较大的容水区，通常建在海岸边或河口地区。潮汐电厂一般为双向潮汐发电厂，涨潮及退潮时均可发电。涨潮时打开两个闸门将潮水引入厂内发电，退潮前打开所有闸门储水，退潮后再打开另外两个闸门进行发电。

海洋被认为是地球上最后的资源宝库，也被称作能量之海，从技术及经济上的可行性，可持续发展的能源资源以及地球环境的生态平衡等方面分析，海洋能中的潮汐能作为成熟的技术将得到更大规模的利用。

5. 生物质能发电

生物质是指利用大气、水、土地等通过光合作用而产生的各种有机体。生物质能发电是指利用生物质所具有的生物质能进行发电，包括农林废弃物直接燃烧或气化发电、垃圾焚烧发电、垃圾填埋气发电、沼气发电等。生物质能作为最具潜力的可再生能源，已成为仅次于石油、煤炭和天然气的第四大能源，开发潜力十分巨大。与火力发电等传统发电模式相比，生物质能发电可以有效实现能源循环利用，变废为宝，节约能源，而且发电燃料可再生，有利于我国电力行业的可持续性发展。与此同时，生物质能发电还具有更高的清洁度，符合我国低碳环保的发展战略，近年来已经得到了广泛普及应用。

太阳能、风能、地热能、潮汐能、生物质能等新能源都属于清洁、廉价和可再生能源，是未来的能源主要形式，此外，还可利用燃料电池、微型燃气轮机发电、核聚变能、氢能等来生产电能。在碳中和目标的政策导向下，全球正在加快推进能源低碳转型，风能、太阳能等新能源需求大幅增长，统筹能源安全与能源转型成为现实的挑战。对我国而言，主要是在以煤炭为主体能源的基础上推进能源低碳转型，做好煤电、水电、风电、光电等协同运行，优化煤电布局规划，加快煤电机组节能减排改造，推进清洁低碳能源发展，提高新能源装机有效利用。因此，从长远来看，核电、水电、风电和光伏等清洁能源是国家未来发展的主要方向。

二、变电所的类型

变电所（站）(substation) 是电力系统的中间环节，由电力变压器和配电装置所组成，起着变换电压、交换和分配电能的作用。变电所按照功能不同，可分为升压变电所（step-up substation）和降压变电所（step-down substation）；按照在电力系统中的地位不同，可分为枢纽变电所、中间变电所、地区变电所和终端变电所等。

（1）枢纽变电所　枢纽变电所位于电力系统的中枢位置，起着汇聚多个发电厂电能和再分配的重要任务，其高压侧电压一般为 330 ～ 750kV，且有大量的 110 ～ 220kV 出线。全所一旦停电后，将引起供电区域内大面积停电，系统解列，甚至造成系统瘫痪。

（2）中间变电所　中间变电所处于电源与负荷中心之间，高压侧电压为 220 ～ 330kV，其特点是以交换潮流为主，起系统交换功率的作用，或使长距离输电线路分段，一般汇聚 2 ～ 3 个电源，低压侧可以带部分当地负荷，在系统中起着“承上启下”的重要作用。全所一旦停电后，将导致供电地区中断供电，甚至引起区域网络解列。

（3）地区变电所　地区变电所高压侧电压为 110 ～ 220kV，以对地区供电为主，一般作为地区或城市配电网的主要变电所。全所一旦停电后，仅使该地区中断供电。

（4）终端变电所　终端变电所作为电网的末端变电所，一般位于输电线路终端，接近负荷点，其高压侧电压为 35 ～ 110kV，经降压后直接向用户供电。终端变电所包括工业企业变电所、城市居民小区的变电所、农村的乡镇变电所以及可移动的箱式变电所等，全所一旦停电后，只影响该所的供电用户。

此外，还有一种不改变电压仅用于接受和分配电能的站（所），在电压等级高的输电网中称为开关站（switching station），在中低压配电网中称为配电所（distribution substation）或开闭所。

工业企业变电所分为总降压变电所和车间变电所。总降压变电所的作用是将 35 ～ 110kV 的外部供电电压变成 6 ～ 10kV 的高压配电电压，供电给各车间变电所和高压用电设备。对负荷比较分散、厂区较大的大中型企业还需设置一个或多个高压配电所，它的作用是在靠近负荷中心处集中接受总降压变电所 6 ～ 10kV 电源供来的电能，再重新分配到附近各个车间变电所或高压用电设备。车间变电所的作用是将 6 ～ 10kV 的电压变换成 380V/220V，供低压用电设备使用。图 1-2 中点画线框所示是一个大型工业企业供电系统，由总降压变电所、车间变电所、高低压配电线路等组成。但一般中小型企业不设总降压变电所，而是由地区变电所提供 10kV 配电电压，然后由用户的车间变电所变换成 380V/220V 的低压使用。

第三节 电力系统的电压与电能质量

电力系统的
额定电压

一、电力系统的额定电压

电力系统的额定电压（rated voltage）等级，是根据国民经济的发展需要和电力工业的发展水平，经全面的技术经济分析后，由国家制定颁布的。发电机、变压器以及各种用电设备在额定电压运行时，将获得最佳技术经济效果。我国公布的三相交流系统的额定电压见表 1-1。

表 1-1 我国三相交流系统的额定电压 （单位：kV）

分类	电力网和用电设备的额定电压	发电机额定电压	电力变压器额定电压	
			一次绕组	二次绕组
1kV 以下	0.38	0.40	0.38	0.40
1kV 以上	3	3.15	3 及 3.15	3.15 及 3.3
	6	6.3	6 及 6.3	6.3 及 6.6
	10	10.5	10 及 10.5	10.5 及 11
	—	13.8，15.75，18	13.8，15.75，18	—
	20	20	20	—
	—	22，24，26	22，24，26	—
	35	—	35	38.5
	60	—	60	66
	110	—	110	121
	220	—	220	242
	330	—	330	363
	500	—	500	550
	750	—	750	825

注：60kV 额定电压等级已逐步淘汰，新增的 20kV 电压等级已在江苏南部电网使用。

由表 1-1 可以看出，在同一电压等级下，各种电气设备的额定电压并不完全相同。为了使各种互相连接的电气设备都能在较有利的电压水平下运行，各电气设备的额定电压之间应相互配合。

1. 用电设备的额定电压

由于通过线路输送电能时，在变压器和线路等元件上将产生电压损失，从而使线路上的电压处处不相等，其电压分布往往是始端高于末端，但成批生产的用电设备不可能按设备使用处线路的实际电压来制造，而只能按线路始端与末端的平均电压即电网的额定电压来制造。因此，用电设备的额定电压规定与同级电网的额定电压相同。

2. 发电机的额定电压

由于用电设备允许的电压偏差一般为 ±5%，即线路允许的电压损失为10%，因此，应使线路始端电压比额定电压高5%，而末端电压比额定电压低5%，如图1-3所示。由于发电机多接于线路始端，因此其额定电压应比同级电网额定电压高5%。注意，表1-1中的发电机额定电压13.8kV、15.75kV、18kV、22kV、24kV和26kV只作为大容量发电机专用，没有相应的电网额定电压。

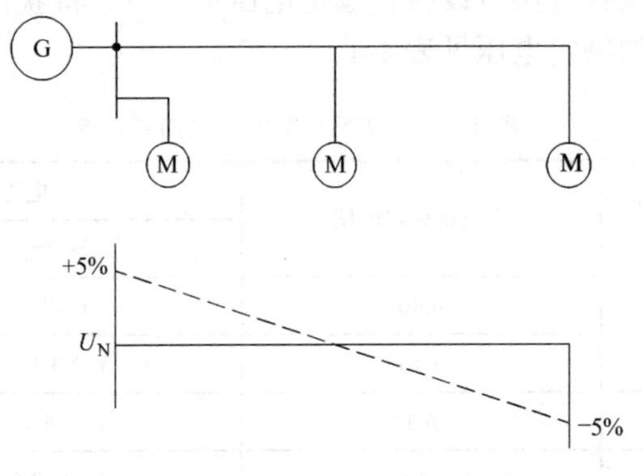

图1-3 供电线路上的电压变化示意图

3. 变压器的额定电压

(1) 变压器一次绕组的额定电压 变压器一次绕组的额定电压分两种情况：

1) 对于直接与发电机连接的升压变压器（如图1-4中的T1），其一次绕组的额定电压应与发电机的额定电压相同。

2) 对于接在电网中的降压变压器（如图1-4中的T2），在电网中相当于用电设备，其一次绕组的额定电压与同级电网的额定电压相同。

图1-4 变压器的额定电压示意图

(2) 变压器的二次绕组的额定电压 变压器的二次绕组的额定电压是指在一次绕组加额定电压而二次绕组开路时的电压，即空载电压。而变压器在满载运行时，二次绕组内约有5%的阻抗压降。又因变压器的二次绕组对于用电设备而言相当于电源，因此其额定电压有以下两种情况：

1) 当变压器二次侧供电线路较长时（如35kV及以上线路），除了考虑补偿二次绕组满载时内部5%的阻抗压降外，还应考虑补偿线路上5%的电压损失，因此，变压器二次绕组的额定电压应比同级电网额定电压高10%。

2) 当变压器二次侧供电线路较短时（如直接配电给附近10kV及以下的高压用电设备或接入低压电网），只需考虑补偿二次绕组满载时内部5%的阻抗压降，因此，变压器二次绕组的额定电压应比同级电网额定电压高5%。

此外，为了调压需要，双绕组变压器的高压侧和三绕组变压器的高、中压侧除了主抽头外，还有若干个分接头可供使用，通过改变变压器分接头开关位置，来改变高压绕组的匝数，从而改变变压器的变比。一般容量在 6300kV · A 及以下的变压器高压侧有三个分接头，即 +5%、0 和 –5%；容量在 8000kV · A 及以上的变压器高压侧有五个分接头，即 +5%、+2.5%、0、–2.5% 和 –5%。

二、电压等级的选择

在规划设计中，电压等级的选择是关系到电力系统的网架结构、建设费用的高低、运行是否方便灵活及设备制造是否经济合理的一个综合问题。

在相同的输送功率和输送距离下，所选用的电压等级越高，线路电流越小，则导线截面和线路中的功率损耗、电能损耗也就越小。但是电压等级越高，线路的绝缘越要加强，杆塔的尺寸也要随导线间及导线对地距离的增加而加大，变电所的变压器和开关设备的造价也要随电压的增高而增加。因此，采用过高的电压并不一定恰当，在设计时需经过技术经济比较后才能决定所选电压的高低。一般说来，传输的功率越大，传输距离越远时，选择较高的电压等级比较有利。根据设计和运行经验，电力网的额定电压、传输功率和传输距离之间的关系见表 1-2。

表 1-2 电力网的额定电压、传输功率和传输距离之间的关系

额定电压 / kV	传输功率 / MW	传输距离 / km	额定电压 / kV	传输功率 / MW	传输距离 / km
3	0.1 ～ 1	1 ～ 3	110	10 ～ 50	50 ～ 150
6	0.1 ～ 1.2	4 ～ 15	220	100 ～ 500	100 ～ 300
10	0.2 ～ 2	6 ～ 20	330	200 ～ 1000	200 ～ 600
20	1 ～ 5	15 ～ 30	500	1000 ～ 1500	250 ～ 850
35	2 ～ 10	20 ～ 50	750	2000 ～ 2500	500 以上

目前，在我国电力系统中，330kV 及以上电压等级主要用于长距离输电；220kV 电压等级多用于大型电力系统的主干线；110kV 多用于中小型电力系统的主干线及大型电力系统的二次网络；35kV 多用于大型工业企业内部电力网，也广泛用于农村电力网；10kV 是城乡电网最常用的高压配电电压，当负荷中拥有较多的 6kV 高压用电设备时，也可考虑采用 6kV 配电方案；3kV 一般只限于发电厂用电，不宜推广；380V/220V 多作为工业企业的低压配电电压。显然，这种划分不是绝对的，也不是一成不变的，各电压等级的适用范围将会随着电力工业的发展和系统容量的增大而有所变化。例如，在某些负荷密度较高的城市已推广使用 220kV 进入城市中心，用新增的 20kV 电压等级取代 10kV 作为城市电网的高压配电电压；在某些农业用电负荷较重的地区已使用 110kV 电压等级取代 35kV 作为农村电网的供电电压等。

三、电能质量

（一）电能质量的概念

电能质量（power quality）是指通过公用电网供给用户端的交流电能的品质。理想状

态的公用电网应以恒定的频率、正弦波形和标准电压对用户供电。同时，在三相交流系统中，各相电压和电流的幅值应大小相等、相位对称且互差 120°。但由于系统中的发电机、变压器、线路和用电设备的非线性或不对称，加之控制手段不完善及运行操作、外界干扰和各种故障等原因，因此产生了电网运行、电力设备和供用电环节中的各种问题，也就产生了电能质量的概念。衡量电能质量的主要指标有频率偏差、电压偏差、电压波动与闪变、高次谐波（波形畸变率）、三相不平衡度及暂时过电压和瞬态过电压等。

1. 频率偏差

我国电力系统的额定频率（rated frequency）为 50Hz，国家标准 GB/T 15945—2008《电能质量　电力系统频率偏差》中规定：正常允许偏差为 ±0.2Hz，当电网容量较小时，其可放宽到 ±0.5Hz。实际运行中，我国各跨省电力系统频率的允许偏差都保持在 ±0.1Hz 的范围内。因此，频率目前在电能质量中最有保障。

2. 电压偏差

电压偏差（voltage deviation）是指用电设备的实际电压与额定电压之差，一般用占额定电压的百分数来表示，即

$$\Delta U\% = \frac{U - U_{\rm N}}{U_{\rm N}} \times 100\% \tag{1-2}$$

当加于用电设备端的实际电压与额定电压有偏差时，其运行特性将恶化。例如，对白炽灯，当加于灯泡的电压低于其额定电压时，其使用寿命将延长，但发光效率降低，照度下降，工人的视力健康将受到严重影响，也会降低工作效率；当电压高于其额定电压时，其发光效率将增加，但使用寿命将大大缩短。对感应电动机，其转矩与电压二次方成正比，当电压降低时，转矩将急剧减小，在负载转矩不变的情况下，电动机电流必然增大，从而使电动机绕组绝缘过热受损，缩短使用寿命。

因此，在运行中，必须按规定的电压质量标准，将电压偏差限制在允许的范围内。国家标准 GB/T 12325—2008《电能质量　供电电压偏差》中规定：35kV 及以上供电电压的正、负偏差的绝对值之和为额定电压的 10%；20kV 及以下三相供电电压允许偏差为额定电压的 ±7%；220V 单相供电电压允许偏差为额定电压的 +7%、–10%。

3. 电压波动与闪变

电压波动（voltage fluctuation）是指电网电压方均根值（有效值）的连续快速变动；闪变（flicker）是指人眼对因电压波动引起灯闪（即灯光照度不稳定）的一种主观感觉。电压波动通常用电压变动和电压变动频度来综合衡量。

电压变动（relative voltage change）是指电压方均根值曲线上相邻最大值与最小值之差，一般用占系统额定电压的百分数表示，即

$$\delta U\% = \frac{U_{\max} - U_{\min}}{U_{\rm N}} \times 100\% \tag{1-3}$$

电压变动频度（rate of occurrence of voltage changes）是指单位时间内电压变动的次

数（电压由大到小或由小到大各算一次变动），同一方向的若干次变动，如间隔时间小于30ms，则算一次变动。

电压波动是由负荷急剧变动引起的。例如，电焊机、电弧炉、轧钢机等冲击性负荷的工作，都会引起电网电压波动。急剧的电压波动可使电动机无法正常起动，引起同步电动机转子振动，使某些电子设备无法正常工作，使照明灯发生明显的闪烁现象等。

因此，国家标准 GB/T 12326—2008《电能质量 电压波动和闪变》中规定了由冲击性负荷引起的电压变动限值和电压闪变限值。

4. 谐波畸变率

理想情况下，电力系统的交流电压波形应为 50Hz 的标准正弦波，但由于电力系统中有大量的电力电子设备和非线性负荷，这些设备将向公共电网注入谐波电流或在公共电网中产生谐波电压，称为谐波源。谐波源的存在使电压波形发生畸变，对畸变后的非工频正弦波形进行傅里叶级数分解，得到的频率为基波频率整数倍的各次分量，称为高次谐波，简称谐波（harmonics）。电压的波形质量是以正弦电压的波形畸变程度（电压畸变率）来衡量的。电压（或电流）畸变率用各次谐波电压（或电流）的方均根值占基波电压（或电流）有效值的百分数来表示，即

$$\mathrm{THD}_U=\frac{U_{\mathrm{H}}}{U_1}\times100\%=\frac{\sqrt{\sum_{h=2}^{\infty}(U_h)^2}}{U_1}\times100\% \tag{1-4}$$

式中，U_{H} 为谐波电压总含量；U_h 为第 h 次谐波电压有效值；U_1 为基波电压有效值。

目前，谐波的干扰已成为电力系统中影响电能质量的一大“公害”。谐波的危害主要表现在：使变压器和电动机的铁心损耗增加，引起局部过热，同时振动和噪声增大，缩短使用寿命；使线路的功率损耗和电能损耗增加，并有可能使电力线路出现电压谐振，从而在线路上产生过电压，击穿电气设备的绝缘；使电容器产生过负荷而影响其使用寿命；使继电保护及自动装置产生误动作；使计算电费用的感应式电能表的计量不准；对附近的通信线路产生信号干扰，从而使数据传输失真等。

因此，国家标准 GB/T 14549—1993《电能质量 公用电网谐波》中规定了公用电网谐波电压畸变率的允许值：380V 电网不得超过 5%；6 ～ 10kV 电网不得超过 4%；35 ～ 60kV 电网不得超过 3%；110 ～ 220kV 电网不得超过 2%。

此外，对畸变后的非工频正弦波形进行傅里叶级数分解后，得到的还有频率不等于基波频率整数倍的分量，称为间谐波（inter-harmonics）。间谐波除了具有谐波引起的所有危害外，还会产生闪变；引起显示器闪烁；造成滤波器谐振、过负荷；影响脉冲接收器正常工作等。

因此，国家标准 GB/T 24337—2009《电能质量 公用电网间谐波》中对公用电网间谐波的含量和测量方法也做了相关规定。

5. 三相不平衡

在三相供电系统中，当电压或电流的三相量间幅值不等或相位差不为 120° 时，则三

相电压或电流不平衡。电力系统正常运行时三相电路经常出现一些不平衡状态，这是由于三相负荷不对称及电力系统元件参数三相不对称所致。这类不平衡有别于不对称故障状态，允许长期存在或在相当长的一段时间内存在。

三相不平衡电压或电流，可按对称分量法将其分解为正序分量、负序分量和零序分量。由于负序分量的存在，对系统中电气设备的运行产生不良影响，如使电动机产生一个反向转矩，从而降低了电动机的输出转矩，使电动机效率降低，同时使电动机的总电流增大，使绕组温升增高，加速绝缘老化，缩短使用寿命。对变压器来说，由于三相电流不平衡，当最大相电流达到变压器额定电流时，其他两相电流均低于额定值，从而使其容量得不到充分利用。对多相整流装置来说，三相电压不对称将严重影响多相触发脉冲的对称性，使整流设备产生更多的高次谐波，进一步影响电能质量。此外，负序电流分量偏大还有可能导致一些作用于负序电流的继电保护和自动装置误动，威胁电力系统的安全运行。

不平衡度（unbalance factor），用三相电压（或电流）负序分量有效值与正序分量有效值的百分比来表示，即

$$\varepsilon U\% = \frac{U_2}{U_1} \times 100\% \tag{1-5}$$

因此，GB/T 15543—2008《电能质量　三相电压不平衡》中规定：电力系统公共连接点，正常不平衡度允许值为 2%，短时不得超过 4%；接于公共连接点的每个用户，电压不平衡度一般不得超过 1.3%。

6. 暂时过电压和瞬态过电压

电力系统中因运行操作、雷击和故障等原因，经常会出现过电压，这是供电特性之一。过电压（overvoltage）是指峰值电压超过系统正常运行的最高峰值电压时的工况。减少或杜绝过电压引发的事故是电力工作者长期面临的任务。围绕过电压问题，已有不少国家标准或行业标准就有关设备绝缘、试验和过电压保护等方面进行了规定，但将过电压作为电能质量指标之一并予以标准化，是近年来随着电力工业的发展和电力工作者对电能问题的逐步深入认识而出现的。

国家标准 GB/T 18481—2001《电能质量　暂时过电压和瞬态过电压》按照作用于设备和线路上的过电压幅值、波形和持续时间，将电力系统过电压分为暂时过电压（temporary overvoltage）和瞬态过电压（transient overvoltage）。暂时过电压包括工频过电压和谐振过电压，特征为在其持续时间范围内无衰减或弱衰减；瞬态过电压包括操作过电压和雷击过电压，特征为振荡或非振荡衰减，且衰减很快，持续时间只有几毫秒或几十微秒。

（二）电能质量控制技术

电能质量直接关系到电力系统的供电安全和供电质量，因此，必须对电能质量进行控制。根据电能质量控制技术发展的时代特征，可粗略地将其分为传统控制技术和现代控制技术两个阶段。

1. 电能质量的传统控制技术

在过去，特别是在20世纪70年代以前，电力系统中的非线性负荷和冲击性负荷所占的比例不大，使用计算机控制的设备和电子装置数量也相对较少，电力工作者所关心的电能质量问题主要局限于频率、电压和连续供电这几个方面，控制频率偏差、电压偏差、三相电压不平衡以及保证供电的可靠性构成了这一时期电能质量控制的主要内容。其中，频率偏差的控制主要依靠电力系统的一次调频、二次调频等手段，通过改变发电机的有功出力来实现。电压偏差的控制主要从两方面入手，一是通过配置充足的无功功率电源来协调、平衡系统的无功需求进而保证电压的质量，如配置调相机、电容器和静止无功补偿装置等；二是通过改变发电机端电压、改变变压器变比、改变线路参数等手段来实现对系统的电压调整。三相电压不平衡的控制措施主要包括：在三相系统中合理分配不对称负荷；将不对称负荷分散接于不同的供电点；采用高一级电压供电；采用特殊接线的平衡变压器供电及加装三相平衡装置等。提高供电可靠性的措施主要有：加强对设备质量缺陷的检测，及时维修或更换老化设备，防患于未然；强化安全生产教育，减少运行人员误操作；提前做好电气设备的检修维护工作，制定周密的事故应急措施，以应对雷击、暴雨、大风、冰雹等自然灾害的侵袭；加强二次设备的管理、维护，确保二次设备正常动作；提高系统的运行管理水平等。

传统电能质量控制措施不仅涉及的电能质量问题范围有所局限，而且控制措施也存在较多的问题，这主要是由于受到技术的制约，如利用有载调压变压器调整电压，可保证电压质量，但不能改变系统无功需求平衡，还可能影响变压器运行的可靠性；利用并联电容器补偿系统无功功率，可提高系统电压，但不能解决轻载时系统电压偏高的问题等。

2. 电能质量的现代控制技术

现代电能质量的控制与治理，不仅在控制和治理的范围上进一步得到了扩展，而且在技术实现上广泛利用了电力系统自动化技术及电力电子技术的发展成果，逐渐朝着系统工程的方向发展，主要通过以下五种手段来实现：

1）通过实施电网调度自动化、无功优化、负荷控制及许多新型调频、调压装置的开发和应用，实现减少频率和电压偏差的目标。

2）通过加强城乡电网的建设和改造工程，实现提高电压质量的目标。

3）利用技术成熟的无源滤波器、静止无功补偿装置等，可实现抑制谐波干扰、降低电压波动和闪变等的目标。

4）利用柔性交流输电技术，可提高系统输电容量和提高暂态稳定性，对线路电压、阻抗、相位进行控制，以及实现控制潮流、阻尼振荡、提高系统稳定性等的目标。

5）利用柔性配电技术，可实现补偿谐波、抑制电压下跌等的目标。

其中，利用基于电力电子技术的柔性交流输电系统（Flexible AC Transmission System，FACTS）和柔性交流配电系统（Distribution Flexible AC Transmission System，DFACTS）实现电能质量的控制在近年来获得了很大的发展。柔性交流输电系统又称为基于电力电子技术的灵活交流输电系统，通过控制电力系统的基本参数来灵活控制系统潮流，使电力传输容量更接近线路的热稳定极限。柔性交流输电系统的设备可分为串联补偿装置、并联补偿装置和综合控制装置。串联补偿装置，如晶闸管控制串联电容器（Thyristor Controlled Series Capacitor，TCSC）、晶闸管控制串联电抗器（Thyristor Controlled Series Reactor，TCSR）、静止同步串联补偿器（Static Synchonous Series Compensator，SSSC）等，主要用于改变系统的有功潮流分布，提高系统的输送容量和暂态稳定性等；并联补偿装置，如静止无功补偿器（Static Var Compensator，SVC）、晶闸管控制制动电阻器（Thyristor Control Braking Resistor，TCBR）、静止同步补偿器（Static Synchronous Compensator，STATCOM）等，主要用于改善系统的无功功率分布，进行电压调整和提高系统电压稳定性等；综合控制装置，如统一潮流控制器（Unified Power Flow Controller，UPFC）等，综合了串、并联补偿的功能和特点，是实现电力网络控制潮流、阻尼振荡、提高系统稳定性等多种功能的得力措施。其中静止同步补偿器、静止同步串联补偿器及统一潮流控制器是 FACTS 中最基本、最关键的设备，目前已在现场得到了成功的应用，并在逐步完善和发展。尤其是静止同步补偿器，它的发展将有可能取代早期出现且正在我国推广应用的静止无功补偿器。

柔性交流配电技术是将柔性交流输电系统中的现代电力电子技术及相关的检测和控制设备延伸应用于配电领域，又称为用户电力电子技术（Custom Power）。柔性交流配电技术是改善电能质量的有力工具，该技术的核心器件——绝缘栅双极型晶体管（IGBT）比门极可关断晶闸管（GTO）具有更快的开关频率，并且关断容量已达 MV·A 级，因此，DFACTS 装置具有更快的响应速度，是解决电能质量的有效手段。目前主要的 DFACTS 装置有：有源电力滤波器（Active Power Filter，APF）、动态电压恢复器（Dynamic Voltage Restorer，DVR）和固态断路器（Solid State Circuit Breaker，SSCB）等。其中 APF 是补偿谐波的有效工具；而 DVR 通过自身的储能单元，能够在毫秒级时间内向系统注入正常电压与故障电压之差，因此，是抑制电压跌落的有效装置。

总之，电能质量是一个既和电力系统安全稳定运行、电磁兼容紧密相关，又有自己独特性质的领域，我国自 1990 年以来已相继颁布了七项电能质量的国家标准，提高电能质量和加强电能质量的治理已成为全社会普遍关注的热点，并已取得了一定的成效。随着电力科技的进步和电力工作者对电能质量问题的深入研究和认识，电能质量的相关概念、术语、标准、控制技术还将会得到进一步的发展。

第四节　电力系统中性点的运行方式

电力系统中性点的运行方式

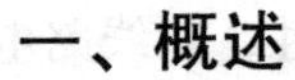

一、概述

电力系统的中性点（neutral point）是指星形连接的变压器或发电机的中性点。这些中性点的运行方式涉及系统的电压等级、绝缘水平、通信干扰、接地保护方式及保护整定等许多方面，是一个综合性的复杂问题。我国电力系统的中性点运行方式主要有三种：中性点不接地、中性点经消弧线圈接地和中性点直接接地（或经低电阻接地）。前两种系统称为小电流接地系统，亦称电源中性点非有效接地系统；后一种系统称为大电流接地系统，亦称电源中性点有效接地系统。

二、中性点不接地的电力系统

我国 3 ～ 60kV 的电力系统通常采用中性点不接地运行方式。中性点不接地的电力系统正常运行时的电路图和相量图如图 1-5 所示。各相导线之间、导线与大地之间都有分布电容，为了便于分析，假设三相电力系统的电压和线路参数都是对称的，把每相导线的对地电容用集中电容 C 表示，并忽略导线相间分布电容。

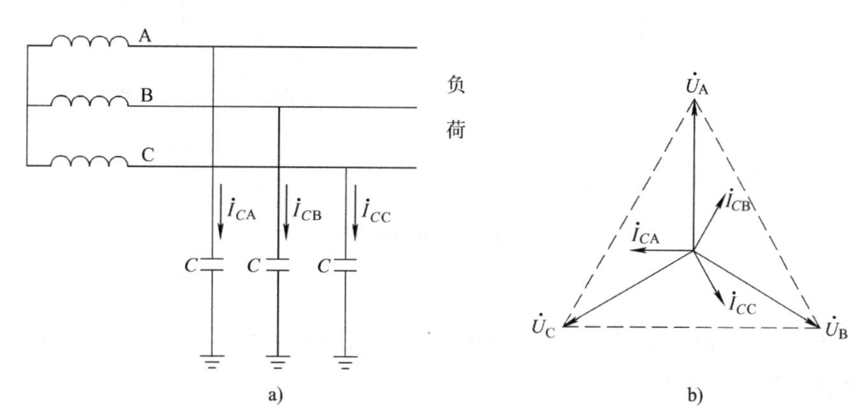

图 1-5 中性点不接地的电力系统正常运行时的电路图和相量图

a）电路图 b）向量图

电力系统正常运行时，由于三相电压 $\dot{U}_A$、$\dot{U}_B$、$\dot{U}_C$ 是对称的，三相导线对地电容电流 $\dot{I}_{CA}$、$\dot{I}_{CB}$、$\dot{I}_{CC}$ 也是对称的，其有效值为 $I_{C0}=\omega CU_\varphi$（U_φ 为各相相电压有效值），所以三相电容电流相量之和等于零，地中没有电容电流。此时，各相对地电压等于各相的相电压，电源中性点对地电压 $\dot{U}_N$ 等于零。

当电力系统如果发生单相（如 A 相）接地故障时，如图 1-6a 所示，则故障相（A 相）对地电压降为零，中性点对地电压 $\dot{U}_N=-\dot{U}_A$，即中性点对地电压由原来的零升高为相电压，此时，非故障相（B、C 两相）对地电压分别为

$$\left.\begin{aligned}\dot{U}'_B=\dot{U}_B+\dot{U}_N=\dot{U}_B-\dot{U}_A=\dot{U}_{BA}\\ \dot{U}'_C=\dot{U}_C+\dot{U}_N=\dot{U}_C-\dot{U}_A=\dot{U}_{CA}\end{aligned}\right\} \tag{1-6}$$

式（1-6）说明，此时 B 相和 C 相对地电压升高为原来的 $\sqrt{3}$ 倍，即变为线电压，如图 1-6b 所示。但此时三相之间的线电压仍然对称，因此用户的三相用电设备仍能照常运行，这是中性点不接地系统的最大优点。但是，发生单相接地后，其运行时间不能太长，以免在另一相又发生接地故障时形成两相接地短路。因此，我国有关规程规定，中性点不接地系统发生单相接地故障后，允许继续运行的时间不能超过 2h，在此时间内应设法尽快查出故障，予以排除。否则，就应将故障线路停电检修。

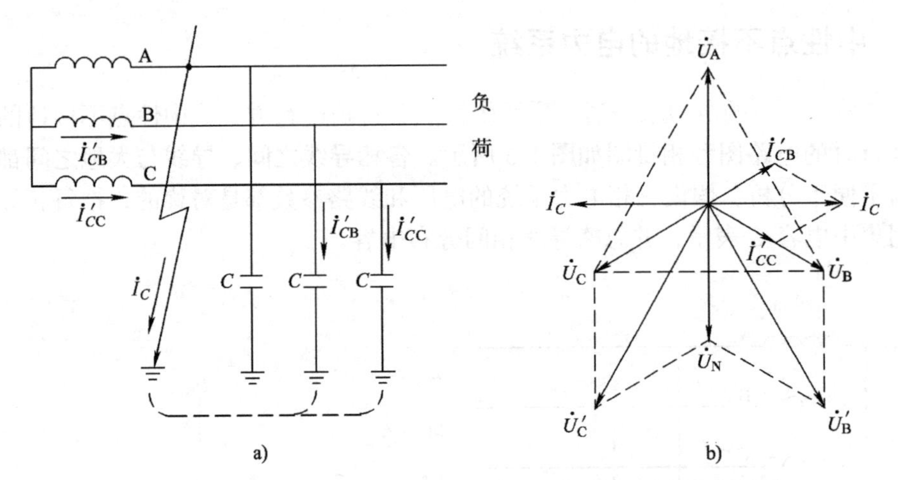

图 1-6　中性点不接地系统发生 A 相接地故障时的电路图和相量图

a）电路图　b）相量图

当 A 相接地时，流过接地点的故障电流（电容电流）为 B、C 两相的对地电容电流 $\dot{I}'_{CB}$、$\dot{I}'_{CC}$ 之和，但方向相反，即

$$\dot{I}_C = -(\dot{I}'_{CB} + \dot{I}'_{CC}) \tag{1-7}$$

从图 1-6b 可知，由 $\dot{U}'_B$ 和 $\dot{U}'_C$ 产生的 $\dot{I}'_{CB}$ 和 $\dot{I}'_{CC}$ 分别超前它们 90°，大小为正常运行时各相对地电容电流的 $\sqrt{3}$ 倍，而 $I_C = \sqrt{3}I'_{CB}$，因此，短路点的接地电流有效值为

$$I_C = \sqrt{3}I'_{CB} = \sqrt{3}\frac{U'_B}{X_C} = \sqrt{3}\frac{\sqrt{3}U_B}{X_C} = 3I_{C0} \tag{1-8}$$

即单相接地的电容电流为正常情况下每相对地电容电流的 3 倍，且超前于故障相电压 $\dot{U}_A$ 90°。

由于线路对地电容 C 很难准确确定，因此单相接地电容电流通常按下列经验公式计算：

$$I_C = \frac{(l_{oh} + 35l_{cab})U_N}{350} \tag{1-9}$$

式中，U_N 为电网的额定线电压（kV）；l_{oh} 为同级电网具有电气联系的架空线路总长度（km）；l_{cab} 为同级电网具有电气联系的电缆线路总长度（km）。

必须指出，中性点不接地系统发生单相接地故障时，接地电流将在接地点产生稳定的或间歇性的电弧。若接地点的电流不大，在电流过零值时电弧将自行熄灭；当接地电流大于 30A 时，将形成稳定电弧，成为持续性电弧接地，这将烧毁电气设备并可引起多相相间短路；当接地电流大于 10A 而小于 30A 时，则有可能形成间歇性电弧，这是由于电网中电感和电容形成了谐振回路所致，间歇性电弧容易引起弧光接地过电压，其幅值可达

（2.5 ～ 3）U_φ，将危及整个电网的绝缘安全。

因此，中性点不接地系统仅适用于单相接地电容电流不大的小电网。目前我国规定中性点不接地系统的适用范围为：单相接地电流不大于 30A 的 3 ～ 10kV 电力网和单相接地电流不大于 10A 的 35 ～ 60kV 电力网。

三、中性点经消弧线圈接地的电力系统

中性点不接地系统具有发生单相接地故障时仍可在短时间内继续供电的优点，但当接地电流较大时，将产生间歇性电弧而引起弧光接地过电压，甚至发展成多相短路，造成严重事故。为了克服这一缺点，可采用中性点经消弧线圈接地（也称中性点谐振接地）的方式。

消弧线圈（arc suppression coil）实际上是一个铁心可调的电感线圈，安装在变压器或发电机中性点与大地之间，如图 1-7 所示。

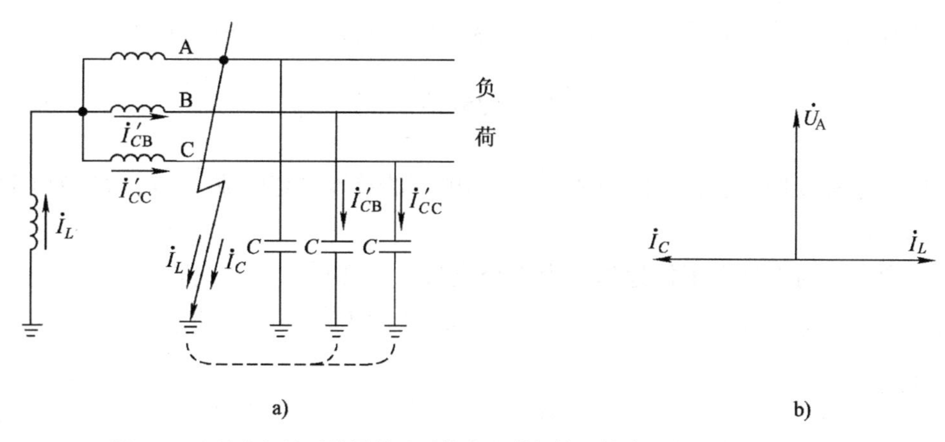

图 1-7　中性点经消弧线圈接地系统发生单相接地故障时的电路图和相量图

a）电路图　b）相量图

正常运行时，由于三相对称，中性点对地电压 $\dot{U}_N=0$，消弧线圈中没有电流流过。当发生 A 相接地故障时，如图 1-7a 所示，中性点对地电压 $\dot{U}_N=-\dot{U}_A$，即升高为电源相电压，消弧线圈中将有电感电流 $\dot{I}_L$（滞后于 $\dot{U}_A$ 90°）流过，其值为

$$\dot{I}_L=\frac{\dot{U}_A}{j\omega L_{ar}} \tag{1-10}$$

式中，L_{ar} 为消弧线圈的电感。

由图 1-7b 可知，该电流与电容电流 $\dot{I}_C$（超前于 $\dot{U}_A$ 90°）方向相反，所以 $\dot{I}_L$ 和 $\dot{I}_C$ 在接地点互相补偿，使接地点的总电流减小，易于熄弧。

电力系统经消弧线圈接地时，有三种补偿方式，即全补偿、欠补偿和过补偿。

当$I_L = I_C$时，接地点故障点的电流为零，称为全补偿方式。此时，由于感抗等于容抗，电网将发生串联谐振，产生危险的高电压和过电流，可能造成设备的绝缘损坏，影响系统的安全运行。因此，一般电网都不采用全补偿方式。

当$I_L < I_C$时，接地点有未被补偿的电容电流流过，称为欠补偿方式。采用欠补偿方式时，当电网运行方式改变而切除部分线路时，整个电网的对地电容电流将减少，有可能发展成为全补偿方式，从而出现上述严重后果，所以也很少被采用。

当$I_L > I_C$时，接地点有剩余的电感电流流过，称为过补偿方式。在过补偿方式下，即使电网运行方式改变而切除部分线路时，也不会发展成为全补偿方式，致使电网发生谐振。同时，由于消弧线圈有一定的裕度，即使今后电网发展，线路增多、对地电容增加后，原有消弧线圈仍可继续使用。因此，实际上大都采用过补偿方式。

消弧线圈的补偿程度可用补偿度（亦称调谐度）$k = I_L / I_C$或脱谐度$v = 1 - k$来表示。脱谐度一般不宜超过10%。

选择消弧线圈时，应当考虑电力网的发展规划，通常按下式进行估算

$$S_{\mathrm{ar}} = 1.35 I_C \frac{U_{\mathrm{N}}}{\sqrt{3}} \tag{1-11}$$

式中，S_{ar}为消弧线圈的容量（kV·A）；I_C为电网的接地电容电流（A）；U_{N}为电网的额定电压（kV）。

需要指出，与中性点不接地的电力系统类似，中性点经消弧线圈接地的电力系统发生单相接地故障时，非故障相的对地电压也升高了$\sqrt{3}$倍，三相导线之间的线电压也仍然平衡，电力用户也可以继续运行2h。

按我国有关规程规定，当3～10kV系统单相接地时的电容电流超过30A，或35～60kV系统单相接地时的电容电流超过10A时，其系统的中性点应装设消弧线圈。

四、中性点直接接地（或经低电阻接地）的电力系统

中性点直接接地的电力系统示意图如图1-8所示。在该系统中发生单相接地故障时即形成单相短路，用$k^{(1)}$表示。此时，线路上将流过很大的单相短路电流$\dot{I}_{\mathrm{k}}^{(1)}$，从而会烧坏电气设备，甚至影响电力系统运行的稳定性，为此，通常需要配置继电保护装置，以便与断路器共同作用，迅速地将故障部分切除。显然，中性点直接接地的电力系统发生单相接地故障时，是不能继续运行的，所以其供电可靠性不如小电流接地系统高。

中性点直接接地电力系统发生单相接地时，中性点电位仍为零，非故障相对地电压不会升高，仍为相电压，因此电气设备的绝缘水平只需按电网的相电压考虑，故可以降低工程造价。由于这一优点，我国110kV及以上的电力系统基本上都采用中性点直接接地的方式。

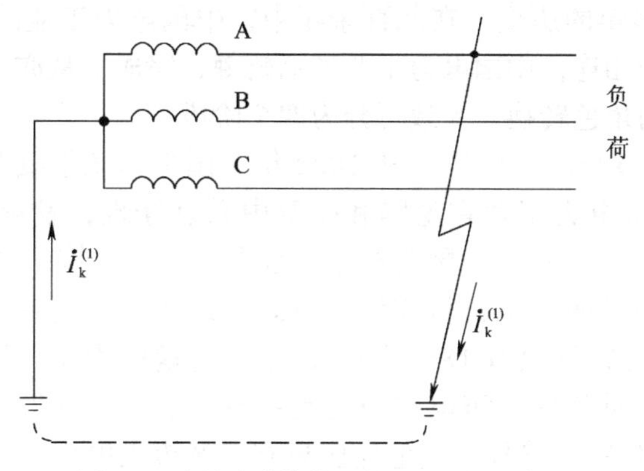

图 1-8　中性点直接接地的电力系统示意图

这种接地方式在发生单相接地故障时，接地相短路电流很大，会造成设备损坏，严重时会破坏系统的稳定性。为保证设备安全和系统的稳定运行，必须迅速切除故障线路，这将中断向用户供电，使供电可靠性降低。为了弥补这一缺点，可在线路上装设三相或单相自动重合闸装置，靠它来尽快恢复供电，可使供电可靠性大大提高。

我国的 380/220V 低压配电系统也广泛采用中性点直接接地方式，而且引出有中性线（N 线）、保护线（PE 线）或保护中性线（PEN 线）。中性线的作用，一是用来接额定电压为相电压的单相设备，二是用来传输三相系统中的不平衡电流和单相电流，三是减少负荷中性点的电位偏移。保护线的作用是保障人身安全，防止触电事故发生。通过公共 PE 线，将设备的外露可导电部分（指正常不带电而在故障时可带电且易被触及的部分，如金属外壳和构架等）连接到电源的接地点上，当系统中设备发生单相接地故障时，就形成单相短路，使线路上的过电流保护装置动作，迅速切除故障部分，从而防止人身触电。

在现代化城市的配网改造工程中，广泛用电缆线路代替架空线路，从而使单相接地电容电流增大，因此采取经消弧线圈接地的方式往往仍不能完全消除接地故障点的间歇性电弧，也无法抑制由此引起的弧光接地过电压。这时，可采用中性点经低电阻接地的运行方式。在这种接地方式中，装有零序电流互感器和零序电流保护，一旦发生单相接地故障，保护动作于跳闸，将故障线路切除。然后，可凭借安装三相或单相自动重合闸装置，来提高供电可靠性。现在城市配网系统已逐步形成“手拉手”、环网供电网络，一些重要用户由两路或多路电源供电，对供电的可靠性不再是依靠允许带着单相接地故障坚持允许 2h 来保证，而是靠加强电网结构、调度控制和配网自动化来保证。

第五节　我国电力工业发展概况及未来展望

一、我国电力工业发展概况

世界电力工业起源于 19 世纪后期。中国的电力工业起始于 1882 年上海第一台机组发电，至今已有140多年的历史。在此百余年中，中国电力工业的发展无不与当时的历史背景和时代特色紧密相连，中国电力工业披荆斩棘，完成了从亦步亦趋、奋力追赶，到并驾齐驱、超越领先的角色转换。大致可分为四个阶段：

1882—1949年为艰难起步时期。从1882年中国电力工业诞生到1949年，中国在战事连绵中渡过，中国电力工业在沦陷和收复中兴衰互现，发展极其艰难坎坷。1912年，我国建成了第一座水电站——昆明石龙坝水电站，并从该水电站架设了我国最早的一条22kV输电线路向昆明供电，目前该变电站机组仍在运行中。截至1949年新中国成立前夕，全国总装机容量只有185万kW，年发电量仅为43亿kW·h，分别居世界第21位和第25位。在此期间中国电网的发展主要是东北和华北地区，除东北仅有一条220kV线路和几条154kV线路外，其他地区只有以城市供电为中心的发电厂及直配线。

1950—1978年为艰苦创业时期。新中国成立后，中国电力工业得到了迅速发展，电力装机规模和发电规模不断扩大，有力支持了社会经济的发展，实现了电力在大中城市的普及。在此期间，中国的电力工业发展虽有波折，但年均增长速度仍列世界前茅，总体保持了较快的发展和进步。改革开放前夕，全国电力装机总容量为5712万kW，增加了30倍；年发电总量达到2565.5亿kW·h，增加了59倍。期间建成投运了我国第一条220kV和330kV输电线路，到1978年，中国电网建设已初具规模，输变电工程技术更加成熟，省际电力联网步伐加快，安全稳定的输变电网络架构在全国逐步形成，初步建成了独立、较为完整的电力工业体系。

1979—2011年为快速发展时期。1978年党的十一届三中全会召开以后，开启了我国社会经济发展的历史新征程。随着改革开放，我国对电力体制进行了一系列的改革，电力工业得到了快速发展，到1996年年底，全国发电装机总容量和发电量均已跃居世界第二位，仅次于美国。1997年，实行了“政企分开”改革方案，成立了国家电网公司，标志着电力工业从计划经济向社会主义市场经济的历史性转折，结束了由国家垄断电力的局面。在此期间建成投运了第一条500kV交流输电线路和两条±500kV直流输电线路，到2002年底，基本形成了跨大区联网的格局，并逐步形成全国联合电网。2002年后，实行了“厂网分离”“竞价上网”的改革方案，国家电力公司拆分为两大电网公司和五大发电公司后，电力工业获得前所未有的巨大发展，在此期间除了建成投运第一个750kV输变电示范工程外，还建成投运了第一条1000kV特高压输电线路和两条±800kV特高压直流输电线路，标志着我国电网进入特高压时代。到2011年底，全国发电装机总容量和发电量均跃居世界第一，全国220kV及以上输电线路长度和变电容量就已分别达到48万km和22亿kV·A，电网规模跃居世界首位。

2012年以后为转型发展时期。党的十八大以来，随着中国经济进入高质量发展阶段，电力工业也进入新的发展阶段，提出节能减排、绿色发展为电力工业发展的重要任务，注重发展风电、光伏发电等清洁能源发电，降低碳排放水平和减少污染物排放，通过供给侧改革，不断激发电力市场活力，推动电力工业向智能化、数字化、国际化全面发展。在新一轮电力体制改革方针指引下，电源建设逐步向清洁化转型，开工建设了河北丰宁、山东沂蒙等多个抽水蓄能电站，研发并建设了“国和一号”“华龙一号”等核电示范工程；建设了20多条特高压输电线路，输配电技术全球领先，成功诠释了“中国制造”；电网的科技创新推动了智能电网发展，建成了多个智能电网综合示范工程。特别是经过“十三五”时期的发展，我国的电力供应能力不断增强，电力供应结构不断优化，已逐步形成清洁低碳、安全高效的现代电力工业体系。截至2022年底，我国各类电源总装机容量为25.64亿kW，同比增长7.8%，其中，火力发电装机容量为13.324亿kW，占比跌至52%；风电装机容量约3.7亿kW，同比增长11.2%；太阳能发电装机容量约3.9亿kW，同比增长28.1%。我国2022年的发电量为8.7万亿kW·h，与上年相比实现了2.2%的增长，其中，火力发电量为5.85万亿kW·h，同比增长率放缓至0.9%；风电、光伏发电量1.2万亿kW·h（占总发电量的14%），同比增长21%。可见，煤电仍是我国电力供应安全的重要支撑，但近年来随着电力绿色低碳转型不断加速，火力发电装机容量和火力发电量占比逐渐下降，而以风电和太阳能发电为代表的可再生能源装机容量和发电量占比增长迅速，其装机累计规模与新增装机多年来持续居世界第一。与此同时，我国的电力工业空间布局在不断优化，电力工业市场化改革和电价改革取得了重要进展，电力技术创新能力与国际合作水平获得了大幅提升。

目前我国电力系统发电装机总容量、非化石能源发电装机容量、远距离输电能力、电网规模等指标均稳居世界第一，电力装备制造、规划设计及施工建设、科研与标准化、系统调控运行等方面均建立了较为完备的工业体系，为服务国民经济快速发展和促进人民生活水平不断提高的用电需求提供了有力支撑，为全社会清洁低碳发展奠定了坚实基础。

二、我国电力工业发展的未来展望

改革开放以来，中国经济加速发展，已成为全球第二大经济体，全球影响力不断扩大。经济高速发展的同时也带来了资源和环境的巨大挑战。2020年，中国基于推动实现可持续发展的内在需求和构建人类命运共同体的责任担当，向全世界做出了碳达峰、碳中和的郑重承诺。随后在2021年3月的中央财经委员会第九次会议上强调，要把碳达峰、碳中和纳入生态文明建设整体布局，构建以新能源为主体的新型电力系统，加速推动能源结构向绿色低碳转型发展。目前我国能源行业碳排放占全国总量的80%以上，而电力行业碳排放量居于各行业之首。因此，为实现“双碳”目标，能源是主战场，电力是主力军，构建新能源占比逐渐提高的新型电力系统，既是能源电力转型的必然要求，也是实现“双碳”目标的重要途径。

新型电力系统区别于传统电力系统的突出特点就是“双高”特征（高比例可再生能源和高比例电力电子设备），以及由此带来的结构、形态、技术和机制特征的一系列改变。“双碳”目标确立后，我国新能源发展又掀起新高潮，呈现出良好的发展前景。目前，虽然低碳转型正在稳步推进，但新能源的快速发展与大规模发电并网给电力系统带来了随机性、波动性与不确定性，对电网的安全、持续与平稳运行提出了更高的要求。为了支撑新能源当前的大规模并网以及未来的高比例消纳，储能的作用不断凸显，其将作为一个新的电力系统要素，与源、网、荷各个环节深度融合，从而使电力系统结构形态逐步由“源网荷”三要素向“源网荷储”四要素转变，相应的电能分配方式逐步由“源随荷动”的单向流动向“源荷互动”的双向流动与协同互动转变。因此，面向“双碳”目标的新型电力系统的发展趋势主要体现在以下几个方面：

（1）电源侧　碳中和目标将推动风电、光伏等新能源技术与产业规范化跨越式发展，构建新能源占比逐渐提高的电源结构，逐步实现清洁电源为主体，多类型电源共同支撑的局面。其中风电、光伏等强随机性清洁电源成为发电主体电源，煤电、气电、常规水电等传统电源转型成为系统调节性电源，服务于高比例新能源消纳，支撑电网安全稳定运行。

（2）电网侧　碳中和目标将促使电网由电力传输平台转型为电碳平台枢纽，构建大电网－配电网－微电网兼容互补的电网结构，支撑火电与新能源跨时空的协同配置与互济，实现对电力流－碳排放流的协同优化管理。电网将向大电网、分布式智能电网等多种新型电网技术形态融合发展，逐步形成交直流混联大电网、柔性直流电网、主动配电网和微电网等多种形态电网并存的兼容协同运行模式，实现能源与电力输送协同发展。

（3）负荷侧　碳中和目标将推动终端能源消费结构和产业结构的调整，电动汽车、智能电器、数据中心、电制氢等新型负荷广泛接入，驱动电力负荷绿色用能与柔性用电，逐步与建筑、工业、交通等终端部门深度融合，建成清洁智慧的未来能源互联网，同时依托电制热、电制冷、电制气等多能转化技术，实现电－热－冷－气在内的多能协同优化，提升电力负荷弹性，促进供需双向互动，形成以电力为枢纽平台，集供电、供气、供暖、供冷、供氢等为一体的综合能源系统。

（4）储能侧　碳中和目标将驱动新能源与储能的协同高质量发展，通过新型储能技术路线多元化发展，逐步建成储电、储热、储气、储氢等覆盖全周期的多元化多尺度的储能体系，在不同时间和空间尺度上满足未来大规模可再生能源调节和存储需求，保障电力系统中高比例新能源的稳定运行，实现电力系统的动态平衡。

电网数字化和智能化转型是建设新型电力系统的关键途径，利用“大物云移智链”发展数字基建，将数字技术融合应用于电力系统各个环节的管理和运维，通过对能源的生产、输送、存储和利用进行主动监测、智能分析、优化管控和互动共享，实现源网荷储协同互动、柔性控制。

总之，构建新型电力系统是实现碳中和目标的关键抓手，需要依托数字化技术，统筹源、网、荷、储资源，以源网荷储互动及多能互补为支撑，满足电力安全供应、绿色消费、经济高效的综合性目标。展望未来，我国电力工业将会进一步加大新能源为主体的电力供给比重，提高终端用能的电气化水平，推进特高压骨干网架建设和高效储能技术、氢能技术及新一代信息技术在电力系统领域的融合与运用，深化电力体制改革，健全新能源参与市场的机制，强化核心技术与重大装备应用创新，推进碳中和目标下新型电力系统的建成。

本章小结

1. 电力系统是由发电厂、变电所、输配电线路和电力用户组成的整体。电力网由变电所和各种不同电压等级的电力线路组成，分为地方电力网、区域电力网及超高压远距离输电网三种类型。

2. 发电厂是生产电能的工厂，分为火力发电厂、水力发电厂和核电厂等。各个独立的发电厂为了相互支援、互为备用，通过电力网连接保证不间断地为用户提供充足的电力。

3. 变电所是联系发电厂和电力用户的中间环节，由电力变压器和配电装置组成，分为区域变电所、中间变电所、地区变电所和终端变电所等。变电所的任务是接受电能、变换电压和分配电能；配电所的任务是接受电能和分配电能。

4. 额定电压是指用电设备处于最佳运行状态时的工作电压。在同一电压等级下，各种电气设备的额定电压并不完全相同。用电设备的额定电压与同级电网的额定电压相同；发电机的额定电压比同级电网额定电压高 5%；变压器一次绕组的额定电压等于电网的额定电压（降压变压器）或发电机的额定电压（升压变压器）；变压器二次绕组的额定电压比电网额定电压高 10% 或 5%（视线路长度或线路电压而定）。

5. 电能质量是指通过公用电网供给用户端的交流电能的品质。衡量电能质量的主要指标有频率偏差、电压偏差、电压波动与闪变、谐波和间谐波、三相不平衡度、暂时过电压和瞬态过电压等。

6. 电力系统中性点的运行方式主要有三种：中性点不接地、中性点经消弧线圈接地和中性点直接接地。前两种称为小电流接地系统，后一种称为大电流接地系统。在小电流接地系统中发生单相接地时，故障相对地电压为零，非故障相对地电压升高 $\sqrt{3}$ 倍，此时三相之间的线电压仍然对称，允许继续运行不得超过 2h；大电流接地系统发生单相接地时形成单相短路，引起保护装置动作跳闸，切除接地故障。

7. 消弧线圈的补偿方式有全补偿、欠补偿和过补偿，一般都采用过补偿方式。

8. 构建以新能源为主体的新型电力系统，是实现“双碳”目标的重要途径。“源网荷储”是新型电力系统的四大要素，安全高效、清洁低碳、柔性灵活、智慧融合是新型电力系统的四大特征。

思考题与习题

1-1 什么是电力系统？建立联合电力系统有哪些好处？

1-2 电能生产的主要特点是什么？对电力系统有哪些要求？

1-3 我国规定的三相交流电网额定电压等级有哪些？用电设备、发电机、变压器的额定电压与同级电网的额定电压之间有什么关系？为什么？

1-4 衡量电能质量的主要指标有哪些？

1-5 什么是小电流接地系统？什么是大电流接地系统？小电流接地系统发生一相接地时，各相对地电压如何变化？这时为何可以暂时继续运行，但又不允许长期运行？

1-6 消弧线圈的补偿方式有几种？一般采用哪种补偿方式？为什么？

1-7 为什么我国规定 110kV 以上的高压电网和 380V/220V 的低压电网要采用大电流接地系统？各有什么优点？

1-8 试确定图 1-9 所示供电系统中发电机和所有变压器的额定电压。

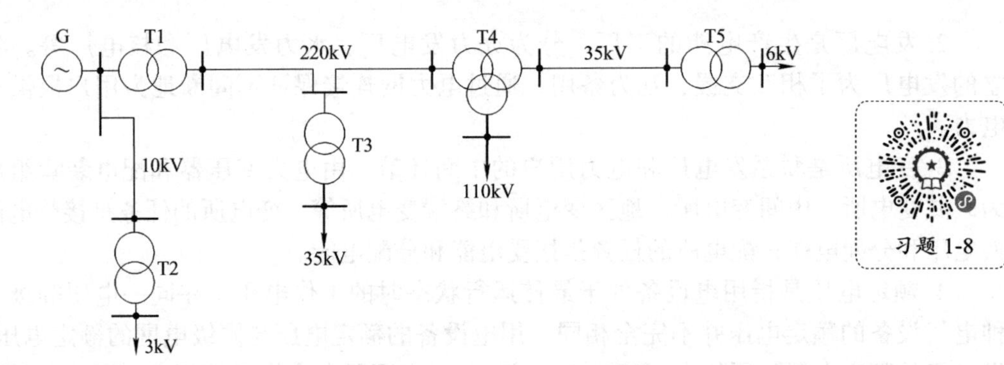

图 1-9　习题 1-8 图

1-9　某 10kV 电网，架空线路总长度 70km，电缆线路总长度 16km。试求此中性点不接地的电力系统发生单相接地时的接地电容电流，并判断此系统的中性点需不需要改为经消弧线圈接地。

第二章

负荷计算与无功功率补偿

本章首先简要介绍电力负荷及其相关概念，然后重点讲述常用的计算负荷确定方法，最后介绍功率因数和无功功率补偿等内容。本章内容是供配电系统运行分析和设计计算的基础。

第一节　概述

一、电力负荷的分级

电力负荷（power load）又称电力负载，按其对供电可靠性的要求可分为以下三级：

1. 一级负荷（first grade load）

中断供电将造成人身伤亡，或重大设备损坏且难以复修，或在政治、经济上造成重大损失者，均属于一级负荷。

一级负荷应由两个独立电源供电。对特别重要的一级负荷，两个独立电源应来自不同的地点。

独立电源是指若干电源中任一电源发生故障或停止供电时，不影响其他电源继续供电。同时具备下列两个条件的发电厂或变电所的不同母线段，均属独立电源：

1）每段母线的电源来自不同发电机。

2）母线段之间无联系，或虽有联系但在其中一段发生故障时，能自动将其联系断开，不影响另一段母线继续供电。

2. 二级负荷（second grade load）

中断供电将造成设备局部破坏或生产流程紊乱且较长时间才能恢复，或大量产品报废、重点企业大量减产，或在政治、经济上造成较大损失者，均属于二级负荷。

二级负荷应由双回线路供电，且双回线路应尽可能引自不同的变压器或母线段。但在负荷较小或取得两回线路有困难时，允许由一回专用架空线路供电。

3. 三级负荷（third grade load）

所有不属于一级和二级的一般电力负荷，均属于三级负荷。

三级负荷对供电电源无特殊要求，允许较长时间停电，可用单回线路供电。

二、用电设备的工作制及设备容量的计算

1. 用电设备的工作制

用电设备按工作方式不同可分为以下三种：

（1）连续运行工作制（continuous running duty-type）指工作时间较长、连续运行的用电设备，绝大多数用电设备都属于此类工作制，如通风机、压缩机、各种泵类、各种电炉、机床、电解电镀设备、照明灯等。这类设备的温升趋近于稳定温升。

（2）短时工作制（short-time duty-type）指工作时间很短而停歇时间很长的用电设备，如金属切削机床用的辅助机械（横梁升降、刀架快速移动装置等）。在工作时间内，用电设备来不及发热到稳定温升就开始冷却，而其发热足以在停歇时间内冷却到周围介质的温度。这类设备的数量很少，求计算负荷时一般不考虑短时工作制的用电设备。

（3）断续周期工作制（intermittent periodic duty-type）指周期性地时而工作，时而停歇，如此反复运行的用电设备，如起重设备用电动机、电焊用变压器等。这类设备在工作时间内达不到稳定温升，而且在停歇时间内设备温度也恢复不到周围介质温度。

通常用暂载率（duty cycle，又称负荷持续率）ε来表示反复短时工作制用电设备的工作繁重程度。暂载率是指设备工作时间与工作周期的百分比值，即

$$\varepsilon=\frac{t}{T}\times100\%=\frac{t}{t+t_0}\times100\% \qquad (2\text{-}1)$$

式中，T为工作周期；t为一个周期内的工作时间；t_0为一个周期内的停歇时间。

我国国家技术标准规定，断续周期工作制用电设备的额定工作周期为 10min。起重设备用电动机的标准暂载率有 15%、25%、40% 和 60% 四种；电焊设备的标准暂载率有 50%、65%、75% 和 100% 四种。

2. 设备容量的计算

确定计算负荷的第一步是求用电设备的设备容量（equipment capacity，又称设备功率）。每台用电设备的铭牌上都标有一个额定功率P_N，由于各用电设备的额定工作条件不同，比如有的是连续运行工作制，有的是断续周期工作制，因此就不能简单地将这些铭牌上的额定功率直接相加，而必须先将其换算成同一工作制下的额定功率，然后才能相加。经过换算至统一规定的工作制下的额定功率，称为用电设备的设备容量，用P_e表示。对连续运行工作制的用电设备，其设备容量就是铭牌上的额定功率，即$P_e=P_N$；对断续周期工作制的用电设备，其设备容量是指换算到统一暂载率下的额定功率。

1）起重设备电动机组：是指统一换算到$\varepsilon=25\%$时的额定功率，因此其设备容量为

$$P_e=P_N\sqrt{\frac{\varepsilon_N}{\varepsilon_{25}}}=2P_N\sqrt{\varepsilon_N} \qquad (2\text{-}2)$$

式中，P_N为起重设备电动机的铭牌额定功率（kW）；ε_N为与P_N相对应的额定暂载率（计

算中用小数）；ε_{25} 为其值等于 25% 的暂载率（计算中用 0.25）。

2）电焊机组：是指统一换算到 $\varepsilon=100\%$ 时的额定功率，因此其设备容量为

$$P_e = P_N\sqrt{\frac{\varepsilon_N}{\varepsilon_{100}}} = P_N\sqrt{\varepsilon_N} = S_N\cos\varphi_N\sqrt{\varepsilon_N} \tag{2-3}$$

式中，S_N 为电焊机的铭牌额定容量（kV·A）；ε_N 为与 S_N 相对应的额定暂载率（计算中用小数）；ε_{100} 为其值等于 100% 的暂载率（计算中用 1）；$\cos\varphi_N$ 为铭牌标称满载时的功率因数。

三、负荷曲线

负荷曲线（load curve）是表征电力负荷随时间变动情况的一种图形。一般绘制在直角坐标上，横坐标表示时间，纵坐标表示电力负荷。负荷曲线按负荷性质不同，可分为有功负荷曲线和无功负荷曲线；按负荷持续时间不同，可分为年负荷曲线、月负荷曲线、日负荷曲线或工作班的负荷曲线。

相对来说，无功负荷曲线的用途较小，无论是电力系统的运行或设计部门，一般都不编制无功负荷曲线，而只是隔一段时间编制一次无功功率平衡表或各枢纽点电压曲线。而有功负荷曲线对电力系统的运行十分有用，电力系统的计划生产主要是建立在预测的有功负荷曲线的基础之上的。其中最重要的是日有功负荷曲线和年有功负荷曲线。

1. 日有功负荷曲线

日负荷曲线表示一天（24h）内负荷变动的情况，可根据变电所的有功功率表，用测量的方法绘制。在一定的时间间隔内（如半小时）将仪表数据的平均值逐一记录下来，然后在直角坐标中逐点描绘而成，如图 2-1a 所示。负荷曲线下所包围的面积表示一天 24h 内所消耗的电能。时间间隔越短，描绘的负荷曲线越能反映实际负荷的变动情况。

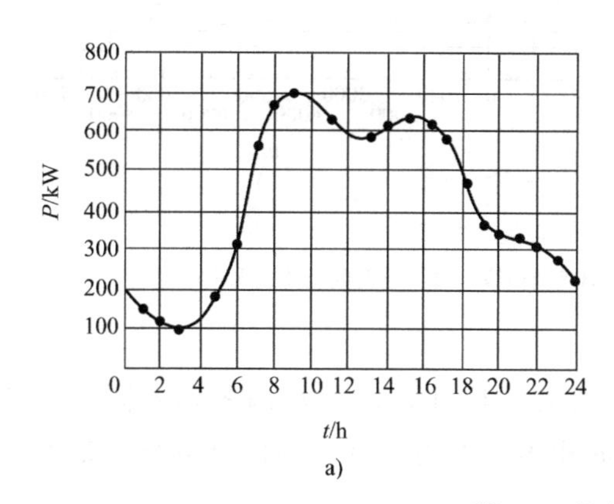

a)

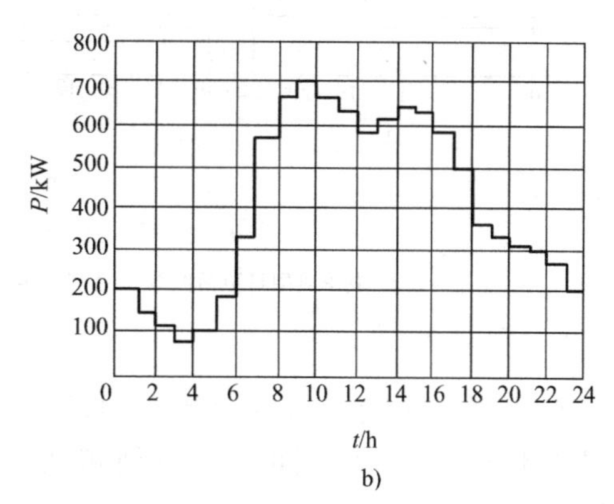

b)

图 2-1　日有功负荷曲线

a）折线图　b）梯形图

但是，逐点描绘的负荷曲线为依次连续的折线，不适合实际应用。为了计算方便，往往将逐点描绘的负荷曲线用等效的阶梯形曲线来代替，如图 2-1b 所示。阶梯曲线所包围的面积应和折线连成的曲线所包围的面积相等。

2. 年有功负荷曲线

年负荷曲线表示全年（8760h）内负荷变动的情况，可用两种方法来表示。一种称为年最大负荷曲线，或称运行年负荷曲线，表示一年中每日（或每月）最大有功负荷的变动情况，可根据全年日负荷曲线间接制成，如图 2-2 所示。这种负荷曲线主要用来安排发电机组的检修计划，确定发电厂运行机组的容量，也为有计划地扩建发电机组或新建发电厂提供依据。

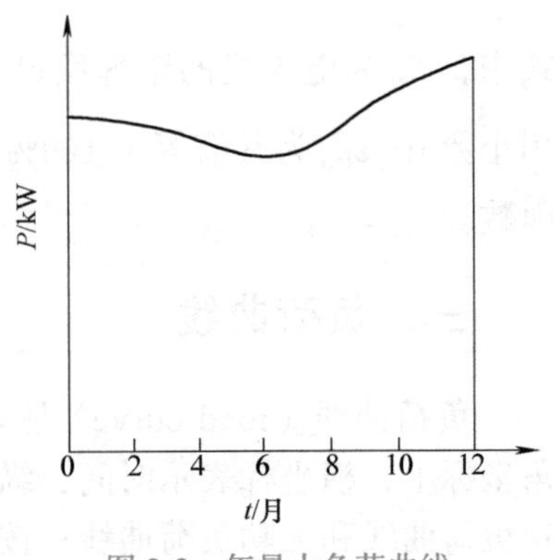

图 2-2　年最大负荷曲线

另一种称为全年时间负荷曲线，或称年负荷持续曲线，它是不分日月的界限，而是以实际使用的时间为横坐标，以有功负荷的大小为纵坐标来依次排列所制成的。这种年负荷曲线的绘制需借助一年中具有代表性的夏季和冬季的日负荷曲线，从两条典型日负荷曲线的最大值开始，依功率递减的次序依次绘制。夏季和冬季在一年中所占的天数取决于地理位置和气候。一般在我国北方，可近似取冬季为 200 天，夏季为 165 天；而在我国南方，可近似取冬季为 165 天，夏季为 200 天。图 2-3 所示为南方某工厂的年负荷持续曲线，其功率 P_1 所占全年时间为 $T_1 = 200(t_1 + t_1')$，而功率 P_2 所占全年时间为 $T_2 = 200t_2 + 165t_2'$，其余类推。

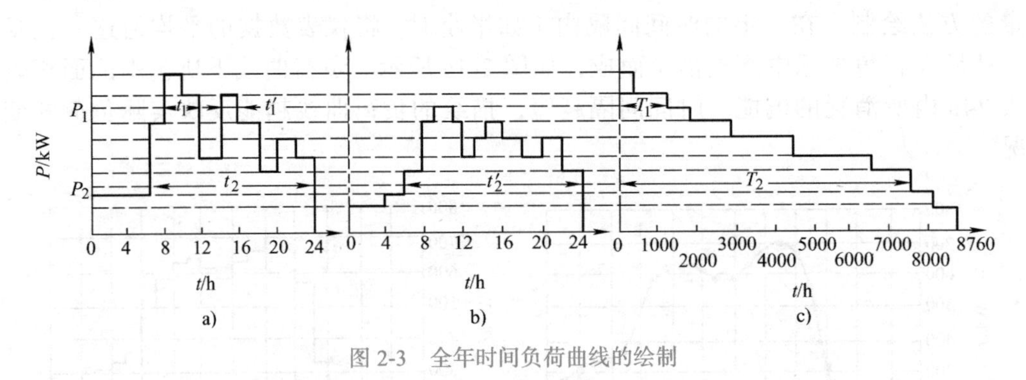

图 2-3　全年时间负荷曲线的绘制

a）夏季典型日负荷曲线　b）冬季典型日负荷曲线　c）全年时间负荷曲线

由此可见，某变电所的全年时间负荷曲线表示该变电所一年内各种不同大小负荷所持续的时间，全年时间负荷曲线所包围的面积等于变电所在一年时间内消耗的有功电能，即

$$W_a = \int_0^{8760} p\mathrm{d}t \tag{2-4}$$

四、与负荷计算有关的物理量

1. 年最大负荷和年最大负荷利用小时数

年最大负荷（annual maximum load）P_{max}，是指全年中有代表性的最大负荷班内消耗电能最多的半小时的平均功率（即年负荷曲线上的最高点），因此，也称为半小时最大负荷 P_{30}。

年最大负荷利用小时数（utilization hours of annual maximum load）T_{max}，是一个假想时间，在此时间内，用户以年最大负荷 P_{max} 持续运行所消耗的电能恰好等于全年实际消耗的电能，如图 2-4 所示。因此，T_{max} 可表示为

$$T_{max}=\frac{W_a}{P_{max}} \tag{2-5}$$

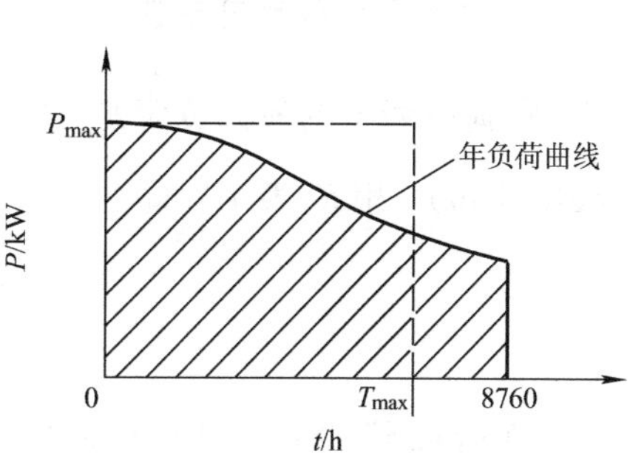

图 2-4　年最大负荷与年最大负荷利用小时数

式中，W_a 为全年消耗的电能量。

显然，年负荷曲线越平坦，T_{max} 值越大；反之，年负荷曲线越陡，T_{max} 值越小。因此，T_{max} 的大小是反映企业电力负荷是否均匀的一个重要指标。对于相同类型的用户，尽管 P_{max} 有所不同，但 T_{max} 却是基本接近的，这是生产流程大致相同的缘故。T_{max} 一般与企业类型及生产班制有较大的关系。一般情况下，一班制企业 $T_{max}\approx1800\sim3000h$；两班制企业 $T_{max}\approx3500\sim4800h$；三班制企业 $T_{max}\approx5000\sim7000h$。

2. 平均负荷与负荷系数

平均负荷（average load）P_{av}，是指电力负荷在一定时间 t 内平均消耗的功率，即

$$P_{av}=\frac{W_t}{t} \tag{2-6}$$

式中，W_t 为时间 t 内消耗的电能量。

对于年平均负荷 P_{av}，全年小时数 t 取 8760h，W_t 为全年消耗总电能 W_a（见图 2-5），则

$$P_{av}=\frac{W_a}{8760} \tag{2-7}$$

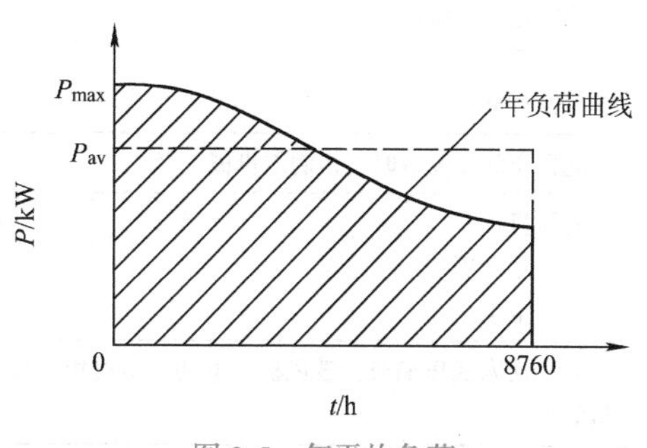

图 2-5　年平均负荷

平均负荷与最大负荷的比值称为负荷系数（load coefficient），用 K_L 表示，即

$$K_L = \frac{P_{av}}{P_{max}} \tag{2-8}$$

负荷系数也称负荷率，又叫作负荷曲线填充系数，它是表征负荷变化规律的一个参数。其值越大，说明负荷曲线越平坦，负荷波动越小。从发挥整个电力系统的效能来说，应尽量使用户不平坦的负荷曲线“削峰填谷”，提高负荷系数，因此用户供配电系统在运行中必须实行负荷调整。

3. 需要系数和利用系数

负荷曲线中的最大负荷 P_{max} 与用电设备的设备容量 P_e 的比值，称为需要系数（demand coefficient），用 K_d 表示，即

$$K_d = \frac{P_{max}}{P_e} \tag{2-9}$$

负荷曲线中的平均负荷 P_{av} 与用电设备的设备容量 P_e 的比值，称为利用系数（utilization coefficient），用 K_u 表示，即

$$K_u = \frac{P_{av}}{P_e} \tag{2-10}$$

对各类企业的负荷曲线进行观察发现，同一类型的用电设备组、车间或企业，其负荷曲线是大致相同的。这表明，对于同一类型的工业企业，其需要系数和利用系数十分相近，可以分别用典型数值表示它们。表 2-1 为工业企业常见用电设备组的需要系数 K_d 及相应的 $\cos\varphi$ 和 $\tan\varphi$ 值。

表 2-1　各用电设备组的需要系数 K_d 及功率因数

用电设备名称	K_d	$\cos\varphi$	$\tan\varphi$
单独传动的金属加工机床：			
1. 冷加工车间	0.14 ～ 0.16	0.5	1.73
2. 热加工车间	0.2 ～ 0.25	0.55 ～ 0.6	1.52 ～ 1.33
压床、锻锤、剪床及其他锻工机械	0.25	0.6	1.33
连续运输机械：			
1. 联锁的	0.65	0.75	0.88
2. 非联锁的	0.6	0.75	0.88
轧钢车间反复短时工作制的机械	0.3 ～ 0.4	0.5 ～ 0.6	1.73 ～ 1.33
通风机：			
1. 生产用	0.75 ～ 0.85	0.8 ～ 0.85	0.75 ～ 0.62
2. 卫生用	0.65 ～ 0.7	0.8	0.75
泵、活塞式压缩机、鼓风机、电动发电机组、排风机等	0.75 ～ 0.85	0.8	0.75
透平压缩机和透平鼓风机	0.85	0.85	0.62

（续）

用电设备名称	K_d	$\cos\varphi$	$\tan\varphi$
破碎机、筛选机、碾砂机等	0.75 ～ 0.85	0.8	0.75
磨碎机	0.8 ～ 0.85	0.8 ～ 0.85	0.75 ～ 0.62
铸铁车间造型机	0.7	0.75	0.88
搅拌器、凝结器、分级器等	0.75	0.75	0.88
水银整流机组（在变压器一次侧）：			
1. 电解车间用	0.9 ～ 0.95	0.82 ～ 0.9	0.7 ～ 0.48
2. 起重机负荷	0.3 ～ 0.5	0.87 ～ 0.9	0.57 ～ 0.48
3. 电气牵引用	0.4 ～ 0.5	0.92 ～ 0.94	0.43 ～ 0.36
感应电炉（不带功率因数补偿装置）：			
1. 高频	0.8	0.1	10.05
2. 低频	0.8	0.35	2.67
电阻炉：			
1. 自动装料	0.7 ～ 0.8	0.98	0.2
2. 非自动装料	0.6 ～ 0.7	0.98	0.2
小容量试验设备和实验台：			
1. 带电动发电机组	0.15 ～ 0.4	0.7	1.02
2. 带试验变压器	0.1 ～ 0.25	0.2	4.91
起重机：			
1. 锅炉房、修理、金工、装配车间	0.05 ～ 0.15	0.5	1.73
2. 铸铁车间、平炉车间	0.15 ～ 0.3	0.5	1.73
3. 轧钢车间、脱锭工部等	0.25 ～ 0.35	0.5	1.73
电焊机：			
1. 点焊与缝焊用	0.35	0.6	1.33
2. 对焊用	0.35	0.7	1.02
电焊变压器：			
1. 自动焊接用	0.5	0.4	2.29
2. 单头手动焊接用	0.35	0.35	2.68
3. 多头手动焊接用	0.4	0.35	2.68
焊接用电焊变压器组：			
1. 单头焊接用	0.35	0.6	1.33
2. 多头焊接用	0.7	0.75	0.8
电弧炼钢炉变压器	0.9	0.87	0.57
煤气电气滤轻机组	0.8	0.78	0.8

第二节　计算负荷的确定

一、概述

供配电系统进行电力设计的基本原始资料是用户提供的用电设备安装容量，这些原始资料首先要变成设计所需要的计算负荷，然后再根据计算负荷选择供配电系统的电气设备、导线电缆及电力变压器容量等。

计算负荷（calculated load）是根据已知的用电设备安装容量确定的、用以按发热条件选择导体和电气设备时所使用的一个假想负荷，用P_c、Q_c和S_c表示。计算负荷产生的热效应与实际变动负荷产生的热效应相等。按计算负荷选择的电气设备和导线电缆，如以最大负荷持续运行，其发热温度温升不会超过允许值，因而也不会影响其使用寿命。

由于导体通过电流达到稳定温升的时间大约为3τ～4τ（τ为发热时间常数），而一般截面在16mm^{2}及以上的导体，其τ都在10min以上，也就是说载流导体大约经半小时（30min）后可达到稳定温升值。可见，计算负荷实际上与从负荷曲线上查到的半小时最大负荷P_{30}（亦即年最大负荷P_{max}）基本是相当的。所以，计算负荷也可以认为就是半小时最大负荷，即

$$P_c = P_{30} = P_{max} \tag{2-11}$$

计算负荷是供配电设计计算的基本依据。计算负荷估算是否合理，将直接影响到电力设计的质量。若估算过高，将使设备和导线选择偏大，造成投资和有色金属的浪费；而估算过低，又将使设备和导线选择偏小，造成运行时过热，加快绝缘老化，降低使用寿命，增大电能损耗，影响供配电系统的正常运行。可见，正确计算电力负荷具有重要意义。

求计算负荷这项工作称为负荷计算。常用的确定计算负荷的方法有需要系数法、二项式系数法、利用系数法和单位产品耗电量法等。需要系数法的特点是计算简单方便，对于任何性质的企业负荷均适用，且计算结果基本上符合实际，为设计人员普遍接受，是国际上通用的确定计算负荷的方法。二项式系数法的应用局限性较大，主要适用于设备台数较少而容量差别悬殊的场合。利用系数法以平均负荷作为计算的依据，其理论基础是概率论和数理统计，因而计算结果更接近实际情况，但因这种方法目前积累的实用数据不多，且其计算比较烦琐，因此在工程设计中未得到普遍应用。单位产品耗电量法常用于方案估算。限于篇幅，这里仅介绍工程上应用较多的需要系数法，其他方法就不予介绍了。

二、三相用电设备组的负荷计算

对于一组用电设备，当在最大负荷运行时，所安装的所有用电设备不可能全部同时运行，也不可能全部在满负荷下运行，再加之线路在输送功率时要产生损耗，同时用电设备本身也有损耗，故不能将所有设备的额定容量简单相加来作为用电设备组的计算负荷，必须考虑在运行时可能出现的上述各种情况，即要对用电设备组的总额定容量打一个折扣。因此，一个用电设备组的需要系数可表示为

$$K_d = \frac{K_\Sigma K_L}{\eta_e \eta_{WL}} \tag{2-12}$$

式中，K_Σ为用电设备的同时系数；K_L为用电设备的负荷系数；η_e为用电设备组的平均效率；η_{WL}为供电线路的平均效率。

凡工艺性质相同、需要系数相近的用电设备即可归类于同一设备组。在一个车间中，可根据具体情况将用电设备分为若干组，对每一组选用合适的需要系数，算出每组用电设备的计算负荷，然后由各组计算负荷求总的计算负荷，这种方法称为需要系数法。

1. 单组用电设备计算负荷的确定

单组用电设备的计算负荷可按下式计算：

$$\begin{cases} P_{30}=K_{\rm d}P_{\rm e} \\ Q_{30}=P_{30}\tan\varphi \\ S_{30}=P_{30}/\cos\varphi \\ I_{30}=S_{30}/\sqrt{3}U_{\rm N} \end{cases} \tag{2-13}$$

式中，P_{30}、Q_{30}、S_{30}分别为该用电设备组的有功计算负荷（kW）、无功计算负荷（kvar）和视在计算负荷（kV·A）；$P_{\rm e}$为该用电设备组的设备容量，是指用电设备组所有设备（不包括备用设备）的额定容量之和（kW），即$P_{\rm e}=\sum P_{\rm N}$；$\tan\varphi$为该用电设备组平均功率因数角的正切值；$U_{\rm N}$为该用电设备组的额定电压（kV）；I_{30}为该用电设备组的计算电流（A）。

需要指出：表 2-1 所列需要系数值是按车间范围内设备台数较多且容量差别不大的情况来确定的，所以需要系数值都比较低，若设备台数较少时，$K_{\rm d}$值应适当取大些。只有1～2台设备时，$K_{\rm d}$可取1，即$P_{30}=P_{\rm e}$；对单台电动机及其他需要计及效率的单台用电设备，其$P_{30}=P_{\rm e}/\eta$。

2. 多组用电设备计算负荷的确定

在配电干线或车间变电所低压母线上，常有多个用电设备组同时工作，由于各个用电设备组的最大负荷不一定会同时出现，因此在求配电干线或车间变电所低压母线上的计算负荷时，应对其有功负荷和无功负荷再计入一个同时系数K_{Σ}，即

$$\begin{cases} P_{30}=K_{\Sigma}\sum P_{30.i} \\ Q_{30}=K_{\Sigma}\sum Q_{30.i} \\ S_{30}=\sqrt{P_{30}^2+Q_{30}^2} \\ I_{30}=S_{30}/\sqrt{3}U_{\rm N} \end{cases} \tag{2-14}$$

式中，K_{Σ}为同时系数，一般取0.85～0.95。

必须注意：由于各组设备的功率因数不一定相同，因此总的视在计算负荷和计算电流不能用各组的视在计算负荷或计算电流之和来计算。此外，在计算多组用电设备总的计算负荷时，为了简化和统一，各组设备的台数不论多少，各组的计算负荷均按表 2-1 所列的$K_{\rm d}$和$\cos\varphi$值来计算。

例 2-1　某机械加工车间380V线路上，接有流水作业的金属切削机床电动机30台，

共 85kW，通风机 3 台，共 5kW，起重机 1 台，3kW（$\varepsilon = 40\%$）。试用需要系数法确定此线路上的计算负荷。

解：先求各组的计算负荷

（1）金属切削机床组　查表 2-1，取 $K_d = 0.16$，$\cos\varphi = 0.5$，$\tan\varphi = 1.73$，因此

$$P_{30(1)} = 0.16 \times 85\text{kW} = 13.6\text{kW}$$

$$Q_{30(1)} = 13.6 \times 1.73\text{kvar} = 23.53\text{kvar}$$

（2）通风机组　查表 2-1，取 $K_d = 0.85$，$\cos\varphi = 0.85$，$\tan\varphi = 0.62$，因此

$$P_{30(2)} = 0.85 \times 5\text{kW} = 4.25\text{kW}$$

$$Q_{30(2)} = 4.25 \times 0.62\text{kvar} = 2.635\text{kvar}$$

（3）起重机组　查表 2-1，取 $K_d = 0.15$，$\cos\varphi = 0.5$，$\tan\varphi = 1.73$，而 $\varepsilon = 40\%$，故

$$P_e = 2 \times 3\sqrt{0.4}\text{kW} = 3.795\text{kW}$$

因此

$$P_{30(3)} = 0.15 \times 3.795\text{kW} = 0.569\text{kW}$$

$$Q_{30(3)} = 0.569 \times 1.73\text{kvar} = 0.984\text{kvar}$$

取 $K_\Sigma = 0.9$，可求得总的计算负荷为

$$P_{30} = 0.9 \times (13.6 + 4.25 + 0.569)\text{kW} = 16.58\text{kW}$$

$$Q_{30} = 0.9 \times (23.53 + 2.635 + 0.984)\text{kvar} = 24.43\text{kvar}$$

$$S_{30} = \sqrt{16.58^2 + 24.43^2}\text{kV} \cdot \text{A} = 29.52\text{kV} \cdot \text{A}$$

$$I_{30} = \frac{29.52}{\sqrt{3} \times 0.38}\text{A} = 44.85\text{A}$$

3. 对需要系数法的评价

1）公式简单，计算方便，只用一个原始公式 $P_{30} = K_d P_e$ 就可以表征普遍的计算方法。该公式对用电设备组、车间变电站乃至一个企业变电站的负荷计算都适用。

2）需要系数法的数据来源于大量的测定和统计，数值比较完整和准确，查取方便，因而为我国设计部门广泛采用。

3）K_d 是针对负荷群而言的，对于单台用电设备来说，不存在 K_d。负荷群中设备台数越多，K_d 越趋向准确；反之，K_d 越不准确。所以当某一负荷群中只有几台设备，且彼此容量相差悬殊时，使用需要系数法求计算负荷会有较大误差（在这种情况下，采用二项

式系数法更为准确)。

由此可见，需要系数法没有考虑大容量用电设备对计算负荷的特殊影响，其缺点是将 K_d 看作与负荷群中设备台数多少及设备容量悬殊情况都无关的固定值，这是不严格的。因为事实上，只有当设备台数足够多，总容量足够大，且无特大型用电设备时，K_d 才能趋于一个稳定数值。因此，需要系数法比较适用于求全厂或大型车间变电所的计算负荷。

三、单相用电设备组的负荷计算

在供配电系统中，除了广泛应用三相用电设备外，还有如照明、电炉等单相用电设备，应尽可能将单相设备均衡地分配在三相线路上，使三相负荷尽可能平衡。在计算过程中，当单相用电设备的总容量不超过三相用电设备总容量的 15% 时，其设备容量可直接按三相平衡负荷考虑；当超过 15%，且三相具有明显不对称时，则应将其换算为等效的三相设备容量，再同三相用电设备一起进行三相负荷计算。换算方法如下：

（1）单相设备接于相电压时

$$P_e = 3P_{e.m\varphi} \tag{2-15}$$

式中，P_e 为等效三相设备容量（kW）；$P_{e.m\varphi}$ 为最大负荷相所接的单相设备容量（kW）。

（2）单相设备接于同一线电压时

$$P_e = \sqrt{3}P_{e.\varphi} \tag{2-16}$$

式中，$P_{e.\varphi}$ 为接于同一线电压的单相设备容量（kW）。

（3）一般情况　通常，单相设备既有接于相电压的又有接于线电压的，此时应首先将接于线电压的单相设备容量换算为接于相电压的设备容量，换算公式如下：

A 相

$$P_A = p_{AB-A}P_{AB} + p_{CA-A}P_{CA} \tag{2-17}$$

$$Q_A = q_{AB-A}P_{AB} + q_{CA-A}P_{CA} \tag{2-18}$$

B 相

$$P_B = p_{BC-B}P_{BC} + p_{AB-B}P_{AB} \tag{2-19}$$

$$Q_B = q_{BC-B}P_{BC} + q_{AB-B}P_{AB} \tag{2-20}$$

C 相

$$P_C = p_{CA-C}P_{CA} + p_{BC-C}P_{BC} \tag{2-21}$$

$$Q_C = q_{CA-C}P_{CA} + q_{BC-C}P_{BC} \tag{2-22}$$

式中，P_{AB}、P_{BC}、P_{CA} 分别为接于 AB、BC、CA 相间的单相用电设备容量（kW）；P_A、P_B、P_C 为换算为 A、B、C 相上的有功设备容量（kW）；Q_A、Q_B、Q_C 为换算为 A、B、C 相上的无功设备容量（kvar）；p_{AB-A}、…及 q_{AB-A}、…分别为有功功率及无功功率换算系数，见表 2-2。

表 2-2　相间负荷换算为相负荷的功率换算系数

功率换算系数	负荷功率因数								
	0.35	0.4	0.5	0.6	0.65	0.7	0.8	0.9	1.0
p_{AB-A}、p_{BC-B}、p_{CA-C}	1.27	1.17	1.0	0.89	0.84	0.8	0.72	0.64	0.5
p_{AB-B}、p_{BC-C}、p_{CA-A}	−0.27	−0.17	0	0.11	0.16	0.2	0.28	0.36	0.5
q_{AB-A}、q_{BC-B}、q_{CA-C}	1.05	0.86	0.58	0.38	0.3	0.22	0.09	−0.05	−0.29
q_{AB-B}、q_{BC-C}、q_{CA-A}	1.63	1.44	1.16	0.96	0.88	0.8	0.67	0.53	0.29

然后分相计算各相的设备容量，找出最大负荷相的单相设备容量，取其3倍即为总的等效三相设备容量。

第三节　功率损耗与电能损耗计算

一、功率损耗

当电流流过供配电线路和变压器时，就要引起功率损耗（power loss）。因此，在确定总的计算负荷时，应将这部分功率损耗计入。

1. 线路的功率损耗

三相线路中的有功功率损耗 ΔP_{WL} 和无功功率损耗 ΔQ_{WL} 按下式计算：

$$\begin{cases}\Delta P_{WL}=3I_{30}^2R\times10^{-3}\\ \Delta Q_{WL}=3I_{30}^2X\times10^{-3}\end{cases} \tag{2-23}$$

式中，I_{30} 为线路的计算电流（A）；R 为线路每相的电阻（Ω），$R=r_1l$；X 为线路每相的电抗（Ω），$X=x_1l$；l 为线路长度（km）；r_1、x_1 为线路单位长度的电阻和电抗（Ω/km），可查相关手册或产品样本。

但是，查 x_1 不仅要根据导线的截面，而且要根据导线之间的几何均距。所谓几何均距，是指三相线路各相导线之间距离的几何平均值。当三相导线之间的距离分别为 s_{ab}、s_{bc}、s_{ca} 时，其几何均距 s_{av} 为

$$s_{av}=\sqrt[3]{s_{ab}s_{bc}s_{ca}} \tag{2-24}$$

若三相导线按图 2-6a 所示的等边三角形排列，则 $s_{av}=s$；若三相导线按图 2-6b 所示的水平等距排列，则 $s_{av}=\sqrt[3]{2s^3}=1.26s$。

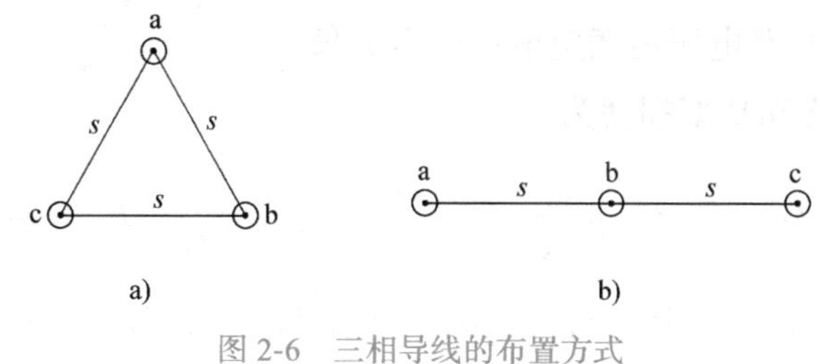

图 2-6　三相导线的布置方式

a）等边三角形布置　b）水平等距布置

2. 变压器的功率损耗

（1）有功功率损耗　变压器的有功功率损耗由两部分组成：

1）铁心中的有功功率损耗，即铁损 ΔP_{Fe}。当变压器一次绕组的外施电压和频率不变时，铁损是固定不变的，与负荷大小无关。铁损可由变压器空载实验测定。变压器的空载损耗 ΔP_0 可认为就是铁损，因为变压器的空载电流 I_0 很小，其在一次绕组中产生的有功功率损耗可略去不计。

2）消耗在变压器一、二次绕组电阻上的有功功率损耗，即铜损 ΔP_{Cu}。铜损与负荷电流（或功率）的二次方成正比。铜损可由变压器短路实验测定。变压器的短路损耗 ΔP_k 可认为就是额定电流下的铜损，因为变压器短路实验时一次侧施加的短路电压 U_k 很小，在铁心中产生的有功功率损耗可略去不计。

因此，变压器的有功功率损耗为

$$\Delta P_T = \Delta P_{Fe} + \Delta P_{Cu} \approx \Delta P_0 + \beta^2 \Delta P_k \tag{2-25}$$

式中，β 为变压器的负荷率，$\beta = S_{30}/S_N$；S_{30} 为变压器的计算负荷（kV·A）；S_N 为变压器的额定容量（kV·A）。

（2）无功功率损耗　变压器的无功功率损耗也由两部分组成。

1）用来产生主磁通（即产生励磁电流）的无功功率损耗，用 ΔQ_0 表示。它只与一次绕组电压有关，与负荷大小无关。其值与励磁电流（或近似地与空载电流）成正比，即

$$\Delta Q_0 \approx \frac{I_0\%}{100} S_N \tag{2-26}$$

式中，$I_0\%$ 为变压器空载电流占额定电流的百分值。

2）消耗在变压器一、二次绕组电抗上的无功功率损耗，其值与负荷电流（或功率）的二次方成正比。额定负荷下这部分无功功率损耗用 ΔQ_N 表示，因变压器绕组的电抗远大于电阻，因此，ΔQ_N 可认为近似地与短路电压（即阻抗电压）成正比，即

$$\Delta Q_N \approx \frac{U_k\%}{100} S_N \tag{2-27}$$

式中，$U_k\%$为变压器短路电压占额定电压的百分值。

因此，变压器的无功功率损耗为

$$\Delta Q_T = \Delta Q_0 + \beta^2 \Delta Q_N \approx \frac{I_0\%}{100} S_N + \frac{U_k\%}{100} \beta^2 S_N = \frac{S_N}{100}(I_0\% + \beta^2 U_k\%) \tag{2-28}$$

式（2-25）～式（2-28）中的ΔP_0、ΔP_k、$I_0\%$和$U_k\%$可从变压器的产品样本中查出。在负荷计算中，当变压器的型号未知时，其功率损耗可按下列简化公式近似计算：

$$\begin{cases} \Delta P_T \approx 0.015 S_{30} \\ \Delta Q_T \approx 0.06 S_{30} \end{cases} \tag{2-29}$$

二、电能损耗

1. 线路的电能损耗

线路上的电能损耗ΔW_a按下式计算：

$$\Delta W_a = 3 I_{30}^2 R \tau = \Delta P_{WL} \tau \tag{2-30}$$

式中，I_{30}为线路的计算电流（A）；R为线路每相的电阻（Ω），ΔP_{WL}为三相线路中的有功功率损耗（kW）；τ为年最大负荷损耗小时数。

年最大负荷损耗小时数τ实际上也是一个假想时间，在此时间内，线路（或变压器）持续通过计算电流（即最大负荷电流）I_{30}所产生的电能损耗，恰好与实际负荷电流全年在线路（或变压器）上产生的电能损耗相等。τ与年最大负荷利用小时数T_{max}和负荷的功率因数有关，如图2-7所示。

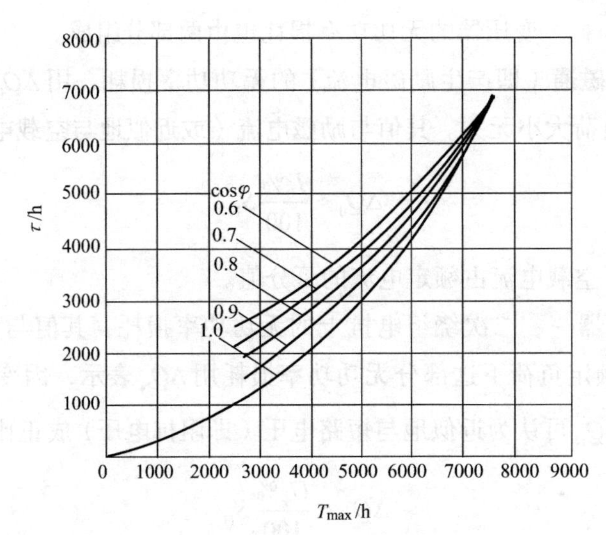

图2-7 τ与T_{max}关系曲线

2. 变压器的电能损耗

变压器的电能损耗包括两部分：一部分是由铁损 ΔP_{Fe} 引起的电能损耗，可近似地按其空载损耗 ΔP_0 计算；另一部分是由铜损 ΔP_{Cu} 引起的电能损耗，与负荷电流二次方成正比，可近似地按其短路损耗 ΔP_k 计算。因此，变压器全年的电能损耗为

$$\Delta W_a = \Delta P_{Fe} \times 8760 + \Delta P_{Cu}\tau \approx \Delta P_0 \times 8760 + \Delta P_k \beta^2 \tau \quad (2\text{-}31)$$

式中，τ 为变压器的年最大负荷损耗小时数，可查图 2-7。

三、线损率的计算

从发电厂发出来的电能，在电力网输送、变压、配电各环节所造成的损耗，称为电力网的电能损耗，简称为线损（line loss）。即电力网的线损是发电厂发出来的输入电网的电量与电力用户用电时所消耗的电量之差，它包括技术电能损耗（理论线损）和管理电能损耗（管理线损）两部分。

一定时间（一个月或一年）内，电网中的线损电量占电网供电量（等于系统中所有发电厂的总发电量与厂用电量之差）的百分数，称为线损率，即

$$线损率 = \frac{电网线损电量}{电网供电量} \times 100\% \quad (2\text{-}32)$$

在实际工作中，线损电量有两个值，即实际线损电量与理论线损电量，因此，线损率也有两个对应值，即实际线损率与理论线损率。且

$$实际线损率 = \frac{实际线损电量}{电网供电量} \times 100\% = \frac{供电量 - 售电量}{电网供电量} \times 100\% \quad (2\text{-}33)$$

$$理论线损率 = \frac{理论线损电量}{电网供电量} \times 100\% = \frac{固定损耗 + 可变损耗}{电网供电量} \times 100\% \quad (2\text{-}34)$$

线损率是衡量电力在传输过程中损耗高低的指标，它综合反映和体现了电力系统的规划、设计、运行和经营管理的水平，是国家考核电网经营企业的一项重要技术经济指标，因此，降低电能损耗是电网和电网经营企业的一项重要工作，也是取得经营效益的重要手段。

在正常情况下，电力网的实际线损率略高于理论线损率。当今，我国电力网的实际线损率为 7% ～ 8.5%，此线损率涵盖了我国城网和农网从配电变压器二次侧总表及以上至 220kV 或 500kV 线路设备的线损，而工业发达国家的线损率在 5% ～ 7% 之间。然而，我国的农村电网，由于负荷分散、接线杂乱、规格不一、管理薄弱等原因，造成农村电网实际线损率偏高的现象。究其原因，主要是网络布局不合理，供电路径过长，导线截面过小，功率因数低，设备利用率低，计量设备不全，用电管理不善等，从而导致农村电价高于城市电价，增加了农民的用电负担。因此，加快城乡电网改造，加强线损管理，降低电能损耗是摆在电网经营企业面前的一项长期而艰巨的任务。

第四节　企业计算负荷的确定

企业计算负荷是选择企业电源进线及其一、二次设备的基本依据，也是计算企业功率因数和企业年电能需要量的基本依据。企业计算负荷可按逐级计算法来确定。

所谓逐级计算法，是指从企业的用电端开始，逐级上推，直至求出电源进线端的计算负荷为止。一般工业企业的供电系统如图2-8所示（仅供说明负荷计算用），下面以该图为例说明采用逐级计算法确定企业的计算负荷的步骤。

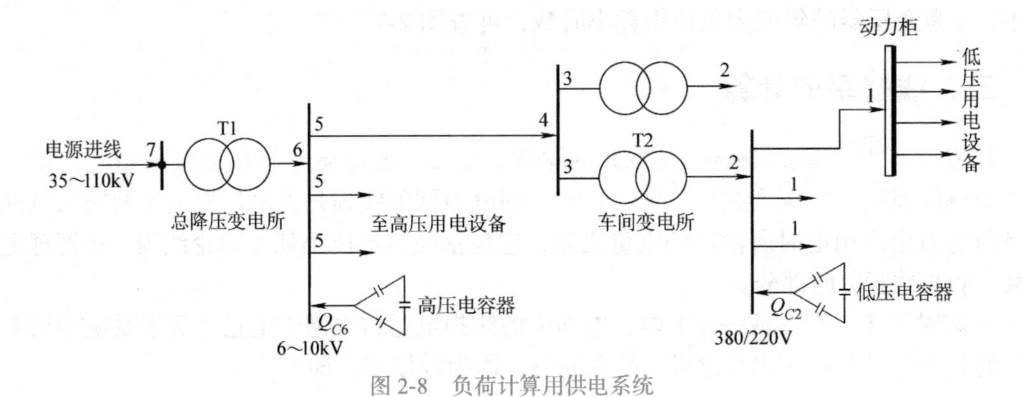

图2-8　负荷计算用供电系统

一、求用电设备组的计算负荷

先将车间用电设备按工作制不同分为若干组，求出各用电设备组的设备容量P_e，再用需要系数法确定各用电设备组的计算负荷，如图2-8中的1点（$P_{30.1}$、$Q_{30.1}$、$S_{30.1}$），以下各点负荷均与此表示方法类同。

二、确定车间变压器低压母线上的计算负荷

如图2-8中的2点，将各低压用电设备组的计算负荷总和乘以同时系数$K_{\Sigma 1}$，即为各车间变压器低压母线上的计算负荷$P_{30.2}$、$Q_{30.2}$、$S_{30.2}$，即

$$\begin{cases} P_{30.2}=K_{\Sigma 1}\sum P_{30.1} \\ Q_{30.2}=K_{\Sigma 1}\sum Q_{30.1} \\ S_{30.2}=\sqrt{P_{30.2}^2+Q_{30.2}^2} \end{cases} \tag{2-35}$$

若在车间变电所的低压母线上装有无功补偿用的静电电容器，其容量为Q_{C2}（kvar），则当计算$Q_{30.2}$时，要减去无功补偿容量，即

$$Q_{30.2}=K_{\Sigma 1}\sum Q_{30.1}-Q_{C2} \tag{2-36}$$

计算负荷$S_{30.2}$用于选择车间变压器的容量和低压导体截面。

三、确定车间变压器高压侧的计算负荷

如图 2-8 中的 3 点，将变压器低压侧的计算负荷加上该变压器的功率损耗（ΔP_{T2}、ΔQ_{T2}），即得变压器高压侧的计算负荷，即

$$\begin{cases}P_{30.3}=P_{30.2}+\Delta P_{T2}\\Q_{30.3}=Q_{30.2}+\Delta Q_{T2}\\S_{30.3}=\sqrt{P_{30.3}^2+Q_{30.3}^2}\end{cases} \tag{2-37}$$

该负荷值用于选择车间变电所高压侧进线导线截面。

若求计算负荷时车间变压器的容量和型号尚未确定，ΔP_T、ΔQ_T 可按式（2-29）的近似公式进行估算。

四、确定车间变电所高压母线上的计算负荷

当车间变电所的高压母线上接有多台电力变压器时，将车间变压器高压侧计算负荷相加，即得车间变电所高压母线上的计算负荷 $P_{30.4}$、$Q_{30.4}$、$S_{30.4}$，即

$$\begin{cases}P_{30.4}=\sum P_{30.3}\\Q_{30.4}=\sum Q_{30.3}\\S_{30.4}=\sqrt{P_{30.4}^2+Q_{30.4}^2}\end{cases} \tag{2-38}$$

五、确定总降压变电所出线上的计算负荷

将计算负荷 $P_{30.4}$ 加上高压配电线路中的功率损耗，即可得到总降压变电所 6 ～ 10kV 母线引出线上的计算负荷 $P_{30.5}$。但由于工业企业厂区范围不大，且高压线路中电流较小，故在高压线路中产生的功率损耗较小，在负荷计算中可以忽略不计，所以有

$$\begin{cases}P_{30.5}\approx P_{30.4}\\Q_{30.5}\approx Q_{30.4}\\S_{30.5}\approx S_{30.4}\end{cases} \tag{2-39}$$

六、确定总降压变电所低压母线上的计算负荷

将总降压变电所各 6 ～ 10kV 出线上的计算负荷（$P_{30.5}$、$Q_{30.5}$）相加后乘以同时系数 $K_{\Sigma 2}$，就可求得总降压变压器低压母线上的计算负荷 $P_{30.6}$、$Q_{30.6}$、$S_{30.6}$，即

$$\begin{cases} P_{30.6} = K_{\Sigma 2} \sum P_{30.5} \\ Q_{30.6} = K_{\Sigma 2} \sum Q_{30.5} \\ S_{30.6} = \sqrt{P_{30.6}^2 + Q_{30.6}^2} \end{cases} \tag{2-40}$$

如果根据技术经济比较结果，决定在总降压变电所6～10kV二次母线侧采用高压电容器进行无功功率补偿，则在计算$Q_{30.6}$时，应减去无功补偿容量Q_{C6}，即

$$Q_{30.6} = K_{\Sigma 2} \sum Q_{30.5} - Q_{C6} \tag{2-41}$$

计算负荷$S_{30.6}$是选择总降压变电所主变压器容量的依据。

七、确定企业总计算负荷

将总降压变电所低压母线上的计算负荷（$P_{30.6}$、$Q_{30.6}$）加上主变压器的功率损耗（ΔP_{T1}、ΔQ_{T1}），即可求得企业总计算负荷$P_{30.7}$、$Q_{30.7}$、$S_{30.7}$，即

$$\begin{cases} P_{30.7} = P_{30.6} + \Delta P_{T1} \\ Q_{30.7} = Q_{30.6} + \Delta Q_{T1} \\ S_{30.7} = \sqrt{P_{30.7}^2 + Q_{30.7}^2} \end{cases} \tag{2-42}$$

计算负荷$P_{30.7}$是用户向供电部门提供的企业最大有功计算负荷，作为申请用电之用。

注意：以上$K_{\Sigma i}$的取值一般为0.85～0.95，由于越趋近电源端负荷越平稳，所以对应的$K_{\Sigma i}$也越大。

第五节　功率因数与无功功率补偿

一、功率因数的计算

功率因数（power factor）是供用电系统的一项重要技术经济指标。在工程实际中，有几种计算功率因数的方法，它们各有不同的用途。

（1）瞬时功率因数　它是指某一瞬间的功率因数，可由功率因数表（相位表）直接读出，或由电压表、电流表和功率表在同一时刻的读数按下式求出

$$\cos\varphi = \frac{P}{\sqrt{3}UI} \tag{2-43}$$

式中，P为功率表读数（kW）；U为电压表读数（kV）；I为电流表读数（A）。

瞬时功率因数用来了解和分析工厂或车间无功功率的变化情况，以便采取相应的补偿措施，并为今后进行同类设计提供参考资料。

（2）均权功率因数　它是指在某一规定时间内功率因数的平均值，可根据有功电能

表和无功电能表的读数按下式进行计算

$$\cos\varphi_{av}=\frac{W_p}{\sqrt{W_p^2+W_q^2}} \tag{2-44}$$

式中，W_p 为某一时间内消耗的有功电能（kW·h）；W_q 为同一时间内消耗的无功电能（kvar·h）。

我国供电部门每月向工业用户收取电费，就是按月均权功率因数的高低来调整的。

（3）最大负荷时的功率因数　是指在负荷计算中按有功计算负荷 P_{30} 和视在计算负荷 S_{30} 计算而得的功率因数，即

$$\cos\varphi=\frac{P_{30}}{S_{30}} \tag{2-45}$$

我国《供电营业规则》规定：100kV·A 及以上高压供电的用户，其功率因数不应低于 0.9，其他电力用户的功率因数不应低于 0.85。若达不到以上要求，应装设必要的无功补偿（reactive power compensation）设备，否则要加收电费。在进行供配电工程设计时，可按此功率因数来计算无功功率补偿容量。

二、无功功率补偿

由于一般的企业都存在着大量的感性负荷，如感应电动机、变压器、电抗器等，因此，工厂供电系统除要供给有功功率（active power）外，还需要供给大量的无功功率（reactive power）。然而在供电系统输送的有功功率一定的情况下，无功功率增大，将使负载的功率因数降低，从而使电力系统内电气设备的容量不能得到充分利用，并增加输电线路的功率损耗、电能损耗及电压损耗，严重影响用户的电压质量。为此，必须设法提高用户的功率因数。

提高功率因数的途径主要在于如何减少电力系统中各个部分所需的无功功率，使电力系统在输送一定的有功功率时可降低其中通过的无功电流。

提高功率因数的方法很多，可分为两大类，即提高自然功率因数的方法和功率因数的人工补偿法。

1. 提高自然功率因数的方法

不加任何补偿设备，采取措施减少供电系统中无功功率的需要量，称为提高自然功率因数。

据统计，工业企业中消耗的无功功率，感应电动机约占 70%，各种变压器约占 20%，供电线路和其他用电设备约占 10%。可见，工业企业的无功功率主要消耗在感应电动机和变压器中，因此，要提高自然功率因数，通常可采取以下措施：

（1）正确选用感应电动机的型号和容量　感应电动机的功率因数和效率在 70% 至满载运行时较高，在额定负荷时的功率因数为 0.85 ～ 0.9，而在空载时功率因数只有 0.2 ～ 0.3。因此，正确选用感应电动机使其额定容量与它所拖动的负荷相匹配，避免不

合理的运行方式，对于改善功率因数是十分重要的。

为了避免“大马拉小车”的不合理运行方式，用小容量的电动机代替负荷不足的大容量电动机一般可使功率因数提高 20% ～ 25%。由于大容量电动机的效率比小容量电动机高，所以更换后合理与否应根据总的有功功率损耗减少为准。一般而言，当电动机的负荷系数 $K_L>70\%$ 时，可以不换；当电动机的负荷系数 $K_L<40\%$ 时，必须换小电动机；当电动机的负荷系数 $40\%<K_L<70\%$ 时，则需经过技术经济比较后再进行更换。

如果一时无适当的小容量电动机可供更换，可采用降低外加电压的办法来提高功率因数。因为降低电压就降低了感应电动机的无功功率需要量，从而可提高系统的功率因数。最简单的降低电压的办法是采用“△ -Y”换接法，即将正常运行时定子绕组为三角形接法的电动机，在负荷较低时改接为星形。但是，降低外加电压后，电动机的输出转矩也随之减小，所以只适用于轻载起动和轻载运行的感应电动机。

（2）限制感应电动机的空载运行　合理安排和调整生产工艺流程，改善电动机设备的运行状况，限制电焊机和机床电动机的空载运转（可采用空载自动延时断电装置)，对减少无功功率消耗、提高功率因数有很大意义。

（3）提高感应电动机的检修质量　检修感应电动机时，应严格按照电动机的各项额定数据进行，否则，电动机可能因为检修质量不高，增加了无功功率的需要量，使功率因数降低。如减少定子绕组的匝数、增大定子与转子之间的气隙等，都会引起电动机的励磁电流增加，导致企业的自然功率因数降低。

（4）合理使用变压器　变压器一次侧的功率因数不仅与负荷的功率因数有关，而且与负荷率有关。若变压器满载运行，一次侧功率因数仅比二次侧降低 3% ～ 5%；若变压器轻载运行，当负荷率小于 0.6 时，一次侧功率因数就显著下降，可达 11% ～ 18%。所以变压器的负荷率在 0.6 以上运行时才较经济，一般应在 75% ～ 80% 比较合适。因此，为了充分利用设备和提高功率因数，变压器不宜做轻载运行。但由于工厂中变压器数量较少，品种不多，不像感应电动机那样容易得到更换，而新购买一台又需增加较多投资，所以，一般当变压器的负荷系数 $K_L<30\%$ 时，才考虑更换小容量的变压器。

（5）感应电动机同步化运行　对不要求调速的生产工艺过程，采用同步电动机代替感应电动机，采用晶闸管整流电源励磁，根据电网功率因数的高低自动调节同步电动机的励磁电流。当电网功率因数较低时，使同步电动机运行在过励磁状态，同步电动机向电网输送无功功率，从而达到提高企业功率因数的目的。

2. 提高功率因数的补偿法

用户在充分发挥设备潜力、改善设备运行性能、采用提高自然功率因数的措施后仍不能达到规定的功率因数要求时，必须考虑装设无功补偿设备对功率因数进行人工补偿。根据补偿的无功功率性质，可分为稳态无功功率补偿设备和动态无功功率补偿设备两大类。

（1）稳态无功功率补偿设备　稳态无功功率补偿设备主要有同步调相机和并联电容器。

同步调相机（synchronous compensator）是一种专用来无功补偿的空载运行的同步电

动机，通过调节其励磁电流可以起到补偿系统无功功率的作用。由于它为旋转机械，安装和运行维修都相当复杂，所以在企业供配电系统中很少应用。

并联电容器（shunt capacitor）是一种专用来无功补偿的电力电容器。它与同步补偿机相比，因无旋转部分，具有安装简单、运行维护方便、有功功率损耗小及组装灵活、扩充方便等优点，因此是目前工业企业中应用最广泛的无功补偿设备。电容器补偿的缺点是只能有级调节，不能随负荷的变化进行连续平滑的自动调节。

并联电容器有手动投切和自动投切两种控制方式，但一般都采用自动投切方式，通常称为“无功自动补偿装置”，它能按照负荷变动情况进行补偿控制，可达到比较理想的无功补偿要求。高压电容器由于采用自动补偿时对电容器组回路切换元件的要求较高，价格较贵，而且维护检修比较困难，因此当补偿效果相同时，宜优先选用低压无功自动补偿装置。

低压并联电容器装置通常与低压配电屏配套制造安装，根据负荷变化相应循环投切的电容器组数一般有 4、6、8、10、12 组（取决于控制的回路数）等。电容器分组时，应满足以下要求：分组电容器投切时，不应产生谐振；适当减少分组组数和加大分组容量；应与配套设备的技术参数相适应；满足电压偏移的允许范围。

（2）动态无功功率补偿设备　动态无功功率补偿设备用于急剧变动的冲击负荷，如炼钢电弧炉、轧钢机等的无功功率补偿。

动态无功功率补偿设备又称为静止无功补偿器，简称“静补装置”（SVC）。其特点是将可控的电抗器与移相电容器并联使用，电容器可发出无功功率，可控电抗器可吸收无功功率，可按照负荷的变动情况改变无功功率的大小和方向，调节或稳定系统的运行电压，从而使功率因数保持在要求的水平上。所谓“静止”，就是它不同于同步调相机，其主要元件是不旋转的。它具有电力电容器的结构特点，又具有同步调相机良好的调节特性。

这种补偿方式为动态补偿，具有响应速度快、平滑调节性能好、补偿效率高、维修方便及谐波、噪声、损耗均小等优点，尤其适用于冲击性负荷的无功功率补偿，因此得到越来越广泛的应用。

三、电容器并联补偿的工作原理

在工业企业中，绝大部分是电感性和电阻性的负载，因此总的电流 $\dot{I}_{RL}$ 将滞后电压一个角度 φ。当在 R、L 电路中并联接入电容器 C 后，如图 2-9a 所示，其总电流为 $\dot{I}=\dot{I}_C+\dot{I}_{RL}$，由图 2-9b 或图 2-9c 的相量图可知，并联电容器后 $\dot{U}$ 与 $\dot{I}$ 之间的夹角变小了，因此，供电回路的功率因数提高了。

若补偿后电流 $\dot{I}$ 滞后于电压 $\dot{U}$，称为欠补偿，如图 2-9b 所示；若电流 $\dot{I}$ 超前于电压 $\dot{U}$，称为过补偿，如图 2-9c 所示。通常都不采用过补偿方式，因为这将引起变压器二次侧电压的升高，还会增大电容器本身的损耗，使温升增大，电容器寿命降低，同时还会使线路上的电能损耗增加。

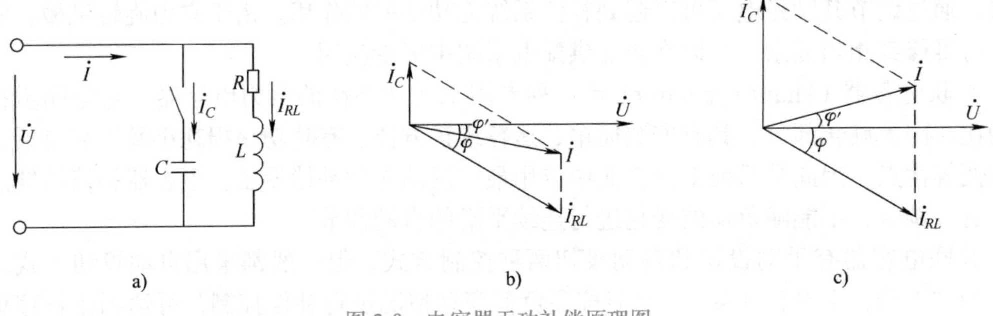

图 2-9　电容器无功补偿原理图

四、电容器的接线方式与装设位置

1. 电容器的接线方式

并联补偿的电力电容器有三角形和星形两种接线方式。

低压并联电容器，多数做成三相的，内部已接成三角形。高压并联电容器均做成单相的，一般采用三角形联结。这是因为电容器输出的无功容量为 $Q_C=\omega CU^2$（U 为电容器的端电压），即 $Q_C\propto U^2$，而三角形联结时加在电容 C 上的电压为星形联结时加在电容 C 上电压的 $\sqrt{3}$ 倍，即 $U_\Delta=\sqrt{3}U_\curlyvee$，因此电容器接成三角形时的容量 Q_C 为接成星形时容量的 3 倍，这是并联电容器接成三角形的一个优点。此外，电容器采用三角形联结时，其中任一电容器断线时，三相线路仍能得到无功补偿；而采用星形联结时，如一相电容器断线，该相将失去无功补偿，造成三相负荷不平衡。

电容器采用三角形联结时，任一电容器击穿将造成两相短路，从而有可能发生电容器爆炸等事故，因此，高压电容器组的每台电容器间必须装设高压熔断器进行短路保护。但是，如果电容器采用星形联结，当其中一相电容器击穿时，其短路电流数值相对较小（分析从略），因此星形联结较之三角形联结安全多了。按国家标准规定：低压电容器组应接成三角形；高压电容器组宜接成星形，但容量较小（450kvar 及以下）时可接成三角形。

2. 电容器的装设位置（补偿方式）

根据并联电容器在企业供配电系统中的装设位置不同，通常有高压集中补偿、低压成组补偿和分散就地补偿（个别补偿）三种补偿方式，它们的装设地点与补偿区的分布如图 2-10 所示。

（1）高压集中补偿　将高压电容器组集中安装在企业或地方总降压变电所 6 ～ 10kV 母线上，如图 2-10 中的 C_1。高压集中补偿一般设有专门的电容器室，并要求通风良好及配有可靠的放电设备。它只能补偿 6 ～ 10kV 母线以前的线路上的无功功率，不能补偿工业企业内部配电线路的无功功率。但这种补偿方式的投资较少，电容器组的利用率较高，能够提高整个变电所的功率因数，使该变电所供电范围内的无功功率基本平衡，因此在大中型企业中被广泛采用。

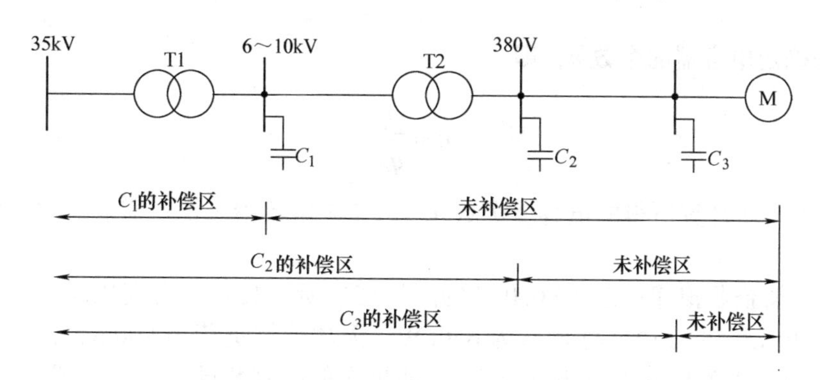

图 2-10　并联电容器的装设位置与补偿区

（2）低压成组补偿　将低压电容器组分别安装在各车间变电所低压母线上，如图 2-10 中的 C_2。它能够补偿变电所低压母线前的变压器和所有有关高压系统的无功功率，因此其补偿区大于高压集中补偿。低压成组补偿投资不大，通常安装在低压配电室内，而且运行维护方便，能够减小车间变压器的容量，降低电能损耗，所以在中小型企业中应用比较普遍。

（3）分散就地补偿（个别补偿）　将电容器组直接安装在需要进行无功补偿的各个用电设备附近，如图 2-10 中的 C_3。它能够补偿安装地点以前的变压器和所有高低压线路的无功功率，因此其补偿范围最大，补偿效果最好。但这种补偿方式的投资较大，且电容器组在被补偿的设备停止工作时也一并被切除，因此其利用率较低，所以只适用于负荷平稳、运行时间长的大容量用电设备。

在企业供配电设计中，通常采用综合补偿方式，即将这三种补偿方式通盘考虑，合理布局，以取得较佳的技术经济效益。

必须指出：电容器从电网上切除后有残余电压，其最高可达电网电压的峰值，这对人身是很危险的。所以电容器组应装设放电装置，且其放电回路中不得装设熔断器或开关设备，以免放电回路断开，危及人身安全。

为了使电容器尽快放电，必须装设放电电阻。对高压电容器，通常利用母线上电压互感器的一次绕组来放电；对分散补偿的低压电容器组，通常采用白炽灯的灯丝电阻来放电；对就地补偿的低压电容器组，通常利用用电设备本身的绕组来放电。

五、补偿容量的计算

图 2-11 表示功率因数的提高与无功功率和视在功率变化之间的关系。从图 2-11 可以看出，当有功负荷 P_{30} 不变时，要使功率因数从 $\cos\varphi$ 提高到 $\cos\varphi'$，必须装设的无功补偿容量为

$$Q_C = Q_{30} - Q'_{30} = P_{30}(\tan\varphi - \tan\varphi') \tag{2-46}$$

式中，P_{30} 为最大有功计算负荷（kW）；$\tan\varphi$ 和 $\tan\varphi'$ 分别为补偿前、后的功率因数角的正切值。

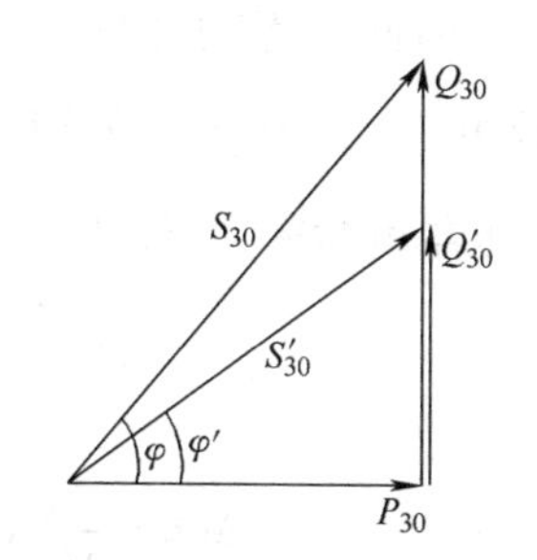

图 2-11　功率因数与无功功率和视在功率的关系

在确定了总的补偿容量 Q_C 后，就可根据所选电容器的单

个容量 q_C 来确定电容器的个数 n，即

$$n = \frac{Q_C}{q_C} \tag{2-47}$$

由式（2-47）计算所得的电容器个数 n，对单相电容器来说，应取3的倍数，以便三相均衡分配。

例 2-2

例 2-2　某企业拟建一座10/0.4kV的降压变电所，装有一台变压器。已知变电所低压侧的有功计算负荷为650kW，无功计算负荷为800kvar，现要求变电所高压侧功率因数不低于0.9，如果在低压侧装设并联电容器进行补偿，问补偿容量需装设多少？

解：（1）补偿前的变压器容量和功率因数　变电所低压侧的视在计算负荷为

$$S_{30(2)} = \sqrt{650^2 + 800^2}\text{kV} \cdot \text{A} = 1031\text{kV} \cdot \text{A}$$

根据变压器容量的选择原则（见第五章第四节），应选一台容量为1250kV·A的变压器。

变电所低压侧的功率因数为

$$\cos\varphi_{(2)} = \frac{P_{30(2)}}{S_{30(2)}} = \frac{650}{1031} = 0.63$$

（2）确定无功补偿容量　现要求变电所高压侧的功率因数不低于0.9，而在变压器低压侧进行补偿时，考虑到变压器的无功功率损耗远大于其有功功率损耗，可按低压侧补偿后的功率因数为0.92来计算补偿容量。因此，需装设的电容器容量为

$$Q_C = 650[\tan(\arccos 0.63) - \tan(\arccos 0.92)]\text{kvar} = 524.55\text{kvar}$$

查表A-7，选BW0.4–12–1型电容器，则所需电容器个数为 $n = Q_C/q_C = 524.55/12 = 43.7$。取 $n = 45$，则实际补偿容量为 $Q_C = 12 \times 45\text{kvar} = 540\text{kvar}$。

（3）补偿后的变压器容量和功率因数　无功补偿后变电所低压侧的视在计算负荷为

$$S'_{30(2)} = \sqrt{650^2 + (800 - 540)^2}\text{kV} \cdot \text{A} = 700\text{kV} \cdot \text{A}$$

因此，无功补偿后变压器的容量改选为800kV·A。查表A-1知，SCB10–800/10型（Dyn11）电力变压器的技术数据为：$\Delta P_0 = 1.33\text{kW}$，$\Delta P_\text{k} = 6.07\text{kW}$，$I_0\% = 0.8$，$U_\text{k}\% = 6$。变压器负荷率为 $\beta = S'_{30(2)}/S_\text{N} = 700/800 = 0.875$，则变压器功率损耗为

$$\Delta P_\text{T} = \Delta P_0 + \beta^2 \Delta P_\text{k} = 1.33\text{kW} + 0.875^2 \times 6.07\text{kW} = 5.98\text{kW}$$

$$\Delta Q_\text{T} = \frac{S_\text{N}}{100}(I_0\% + \beta^2 U_\text{k}\%) = \frac{800}{100}(0.8 + 0.875^2 \times 6)\text{kvar} = 43.15\text{kvar}$$

变压器高压侧的计算负荷为

$$P'_{30(1)} = 650\text{kW} + 5.98\text{kW} = 655.98\text{kW}$$

$$Q'_{30(1)} = (800-540)\text{kvar} + 43.15\text{kvar} = 303.15\text{kvar}$$

$$S'_{30(1)} = \sqrt{655.98.14^2 + 303.15^2}\text{kV} \cdot \text{A} = 722.64\text{kV} \cdot \text{A}$$

变电所高压侧的功率因数为

$$\cos\varphi' = \frac{P'_{30(1)}}{S'_{30(1)}} = \frac{655.98}{722.64} = 0.91 > 0.9$$

（4）无功补偿前后变压器容量的变化

$$S_{\text{N}} - S'_{\text{N}} = 1250\text{kV} \cdot \text{A} - 800\text{kV} \cdot \text{A} = 450\text{kV} \cdot \text{A}$$

由此可见，无功补偿后变压器容量减少了 450kV · A，不仅减少了投资，而且减少了电费支出，提高了功率因数。

第六节　尖峰电流的计算

尖峰电流（peak current）是持续 1 ～ 2s 的短时最大负荷电流。它主要用来计算电压波动、选择熔断器和自动开关等电气设备，也用来整定继电保护装置和校验电动机的自起动条件等。

一、单台用电设备的尖峰电流

单台用电设备的尖峰电流就是其起动电流（starting current），即

$$I_{\text{pk}} = I_{\text{st}} = K_{\text{st}} I_{\text{N}} \tag{2-48}$$

式中，I_{N} 为用电设备的额定电流；I_{st} 为用电设备的起动电流；K_{st} 为用电设备的起动电流倍数，对笼型电动机取 5 ～ 7，绕线式电动机取 2 ～ 3，直流电动机取 1.5 ～ 2，电焊变压器取 3 或稍大。

二、多台用电设备的尖峰电流

引至多台用电设备的线路上的尖峰电流按下式计算：

$$I_{\text{pk}} = K_{\Sigma} \sum_{i=1}^{n-1} I_{\text{N}.i} + I_{\text{st.max}} \tag{2-49}$$

或

$$I_{\text{pk}} = I_{30} + (I_{\text{st}} - I_{\text{N}})_{\max} \tag{2-50}$$

式中，$I_{\text{st.max}}$ 和 $(I_{\text{st}} - I_{\text{N}})_{\max}$ 分别为用电设备中起动电流与额定电流之差最大的那台设备的起动电流及其起动电流与额定电流之差；$\sum_{i=1}^{n-1} I_{\text{N}.i}$ 为将起动电流与额定电流之差最大的那台

设备除外的其他 $n-1$ 台设备的额定电流之和；K_{Σ} 为 $n-1$ 台设备的同时系数，按台数多少选取，一般为 0.7 ～ 1，台数少取较大值，反之取较小值；I_{30} 为全部设备投入运行时线路的计算电流。

例 2-3 有一 380V 三相线路，供电给表 2-3 所示 4 台电动机。试计算该线路的尖峰电流。

表 2-3 例 2-3 的负荷资料

参数	电动机			
	M1	M2	M3	M4
额定电流 I_N/A	5.8	5	35.8	27.6
起动电流 I_{st}/A	40.6	35	197	193.2

解：由表 2-3 可知，电动机 M4 的 $I_{st}-I_N=193.2\text{A}-27.6\text{A}=165.6\text{A}$ 为最大，取 $K_{\Sigma}=0.9$，则该线路的尖峰电流为

$$I_{pk}=0.9\times(5.8+5+35.8)\text{A}+193.2\text{A}=235\text{A}$$

本章小结

1. 电力负荷按对供电可靠性的要求可分为一级负荷、二级负荷和三级负荷三类，它们对供电的可靠性和电能质量的要求也各不相同。

2. 负荷曲线是表征电力负荷随时间变动情况的一种图形。按负荷性质不同，可分为有功负荷曲线和无功负荷曲线；按负荷持续时间不同，可分为年负荷曲线、月负荷曲线、日负荷曲线或工作班的负荷曲线。与负荷曲线有关的物理量有年最大负荷、年最大负荷利用小时数、平均负荷和负荷系数等。

3. 计算负荷是按发热条件选择导体和电气设备的一个假想负荷。确定计算负荷的方法有很多种，本章主要介绍了需要系数法。需要系数法计算较简单，应用较广泛，但它视 K_d 为常数，没有考虑大容量用电设备对计算负荷的特殊影响，适用于容量差别不大、设备台数较多的场合。若用电设备组的设备台数较少，且容量差别较大时，用需要系数法求出的计算负荷会偏小。

4. 当电流流过供配电线路和变压器时，势必要引起功率损耗和电能损耗。在确定企业总的计算负荷时，应计入这部分损耗。要求掌握线路及变压器的功率损耗和电能损耗的计算方法。

5. 功率因数太低对电力系统有不良影响，所以要提高功率因数。工厂的自然功率因数一般达不到规定的数值，通常需要装设无功补偿装置进行人工补偿。其中人工补偿最常用的是并联电容器补偿，补偿方式有高压集中补偿、低压成组补偿和分散就地补偿（个别补偿）三种。要求能熟练计算补偿容量。

6. 尖峰电流是持续 1 ～ 2s 的短时最大负荷电流，它是选择、校验电气设备以及整定继电保护的主要依据。

思考题与习题

2-1 电力负荷按重要程度分为哪几级？各级负荷对供电电源有什么要求？

2-2 何谓负荷曲线？试述年最大负荷利用小时数和负荷系数的物理意义。

2-3 什么叫计算负荷？确定计算负荷的意义是什么？

2-4 什么叫暂载率？反复短时工作制用电设备的设备容量如何确定？

2-5 需要系数法有什么计算特点？适用哪些场合？

2-6 什么是最大负荷损耗小时？它与哪些因素有关？

2-7 功率因数低的不良影响有哪些？如何提高企业的自然功率因数？

2-8 并联电容器的补偿方式有哪几种？各有什么优缺点？

2-9 某工厂车间 380V 线路上接有冷加工机床 50 台，共 200kW；起重机 3 台，共 4.5kW（$\varepsilon=15\%$）；通风机 8 台，每台 3kW；电焊变压器 4 台，每台 22kV・A（$\varepsilon=65\%$，$\cos\varphi_N=0.5$）。试确定该车间的计算负荷。

2-10 有一条 10kV 高压线路供电给两台并列运行的 S11-800/10（Dyn11 联结）型电力变压器，高压线路采用 LJ-70 铝绞线，水平等距离架设，线间几何均距为 1.25m，长 6km。变压器低压侧的计算负荷为 900kW，$\cos\varphi=0.8$，$T_{max}=5000h$。试分别计算此高压线路和电力变压器的功率损耗和年电能损耗。

习题 2-10

2-11 某电力用户 10kV 母线的有功计算负荷为 1200kW，自然功率因数为 0.65，现要求提高到 0.90，试问需装设多少无功补偿容量？如果用 BWF10.5-40-1W 型电容器，需装设多少个？装设以后该厂的视在计算负荷为多少？比未装设时的视在计算负荷减少了多少？

2-12 某降压变电所装有一台 Yyn0 联结的 SCB-800/10 型电力变压器，其二次侧（380V）的有功计算负荷为 520kW，无功计算负荷为 430kvar，试求此变电所一次侧的计算负荷和功率因数。如果功率因数未达到 0.9，问应在此变电所低压母线上装多大并联电容器容量才能达到要求？

第 2 章
测试题

第三章

电 力 网

本章首先简要介绍电力网的接线方式，然后重点介绍电力线路和变压器的参数计算、电力网的电压计算以及输电线路导线截面的选择计算等内容。

第一节 电力网的接线方式

一、概述

电力网的接线是用来表示电力网中各主要元件相互连接关系的。电力网的接线对电力系统运行的安全性、经济性和对用户供电的可靠性都有极大的影响。

电力网按其职能可分为输电网和配电网两种类型，这两种电力网对其接线方式的要求是不一样的。输电网一般由电力系统中电压等级最高的一级或两级电力线路组成，它的主要任务是将各种大型发电厂的电能可靠而经济地输送到负荷中心，因而对输电网的要求主要是：供电的可靠性要高；符合电力系统运行稳定性的要求；便于系统实现经济调度；具有灵活的运行方式且适应系统发展的需要等。配电网的主要功能是将小型发电厂或变电所的电能通过合适的电压等级配送到每个用户，因而对配电网的要求是：接线要简单明了，结构合理；供电的可靠性和安全性要高；符合配电网自动化发展的要求等。

电力网的接线方式按其布置方式可分为放射式（radial mode）、树干式（tree mode）、链式（chained mode）、环式（ring mode）及两端供电式接线；按其对负荷供电可靠性的要求可分为无备用接线和有备用接线。

由一条电源线路向电力用户供电的电力网称为无备用接线方式的电力网，也称为开式电力网，简称开式网。无备用接线方式包括单回路放射式、树干式、链式等网络，如图 3-1 所示。

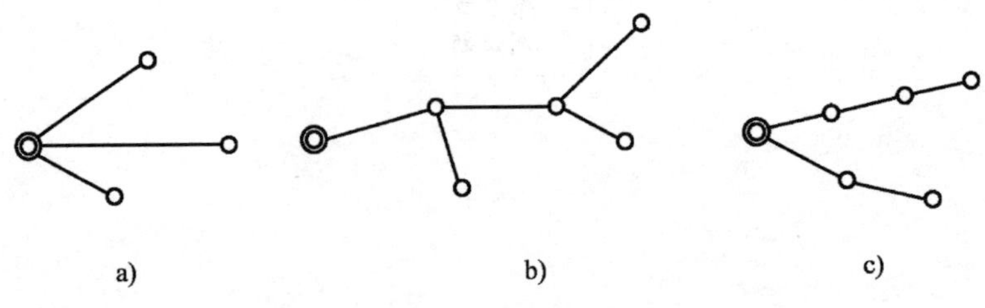

图 3-1 无备用接线

a）单回路放射式 b）单回路树干式 c）单回路链式

◎—电源点 ○—负荷点

无备用接线方式电力网的优点是简单明了，运行方便，投资费用少，但是供电的可靠性较低，任何一段线路故障或检修都会影响对用户的供电。因此，这种接线方式不适用于向重要用户供电，只适用于向普通负荷供电。

由两条及两条以上电源线路向电力用户供电的电力网称为有备用接线方式的电力网，也称为闭式电力网，简称闭式网。有备用接线包括双回路放射式、树干式、链式及环式和两端供电式等网络，如图 3-2 所示。

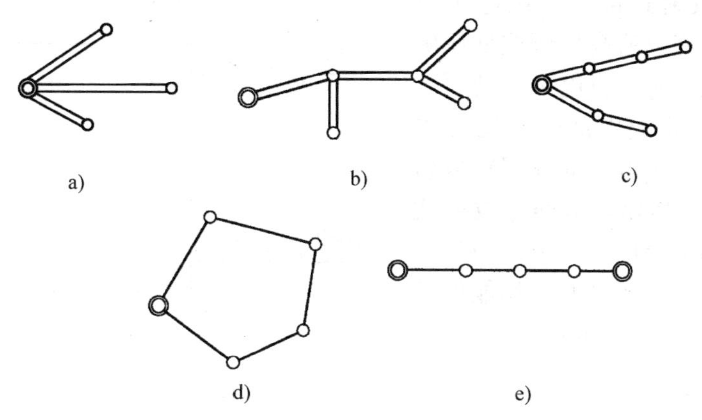

图 3-2 有备用接线

a）双回路放射式 b）双回路树干式 c）双回路链式 d）环式 e）两端供电式

◎—电源点 ○—负荷点

在有备用接线方式电力网中，双回路的放射式、树干式、链式网络的优点是供电的可靠性和电压质量明显提高，但设备费用增加很多，不够经济。

环式接线具有较高的供电可靠性和良好的经济性，但是当环网的节点较多时运行调度较复杂，且故障时的电压质量较差。

两端供电网络在有备用接线方式中最为常见，其供电可靠性很高，但这种接线方式必须有两个独立电源。

下面主要介绍高压配电系统中常用的几种接线方式。

二、高压配电系统的接线方式

高压配电系统（high-voltage distribution system）又称高压配电网，是指从总降压变电所至车间变电所和高压用电设备受电端的高压电力线路及其设备，起着输送和分配高压电能的作用。高压配电系统的接线方式有放射式、树干式、环式等。

1. 放射式接线

放射式接线是指由地区变电所或企业总降压变电所 6 ～ 10kV 母线直接向用户变电所供电，沿线不接其他负荷，各用户变电所之间也无联系，如图 3-3 所示。这种接线方式具有结构简单、操作维护方便、保护装置简单和便于实现自动化等优点，但它的供电可靠性较差，只能用于三级负荷和部分次要的二级负荷。

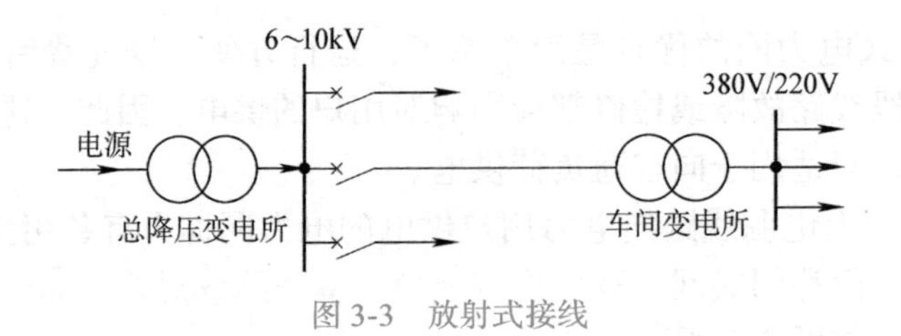

图 3-3　放射式接线

为了提高放射式接线的供电可靠性，可以在用户变电所高压侧或低压侧之间敷设联络线。对于供电可靠性要求较高的某些工业企业内部的车间变电所，可采用来自两个电源的双回路放射式接线，如图 3-4 所示。双回路放射式线路连接在不同电源的母线上，当任一线路或任一电源发生故障时，均能保证不间断供电，适用于一级负荷。

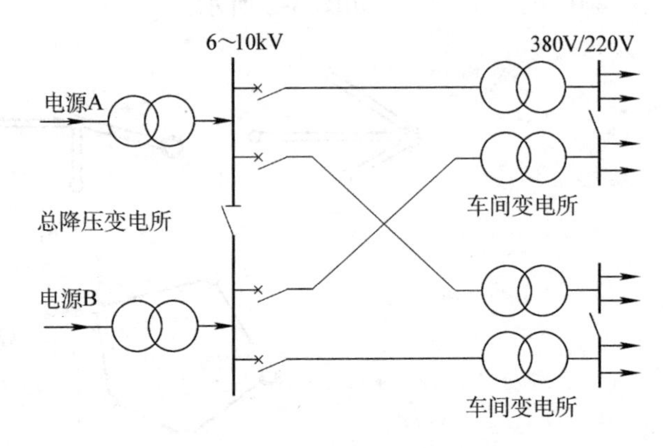

图 3-4　双回路放射式接线

2. 树干式接线

树干式接线分为直接连接树干式和串联型树干式两种类型。所谓直接连接树干式，是指由地区变电所或企业总降压变电所 6 ～ 10kV 母线向外引出高压供配电干线，沿途从干线上直接接出分支线引入用户（或车间）变电所，如图 3-5a 所示。这种接线方式的优点是，线路敷设比较简单，变电所出线回路数少，高压配电装置和线路投资较小，有色金属消耗量低，比较经济。它的缺点是供电可靠性差，当高压配电干线上任一段线路发生故障时，接于该干线的所有用户变电所都将停电，影响面较大，且在实现自动化方面，适应性较差。因此，这种接线方式只能用于向三级负荷配电，且分支数目不宜过多，变压器容量也不宜过大。

为了充分发挥树干式线路的优点，尽可能地减轻其缺点所造成的影响，可采用串联型树干式接线，如图 3-5b 所示。这种改进后的树干式接线特点是：干线的进出侧均安装了隔离开关，当发生故障时，可在找到故障点后，拉开相应的隔离开关继续供电，从而缩小停电范围，使供电可靠性有所提高。

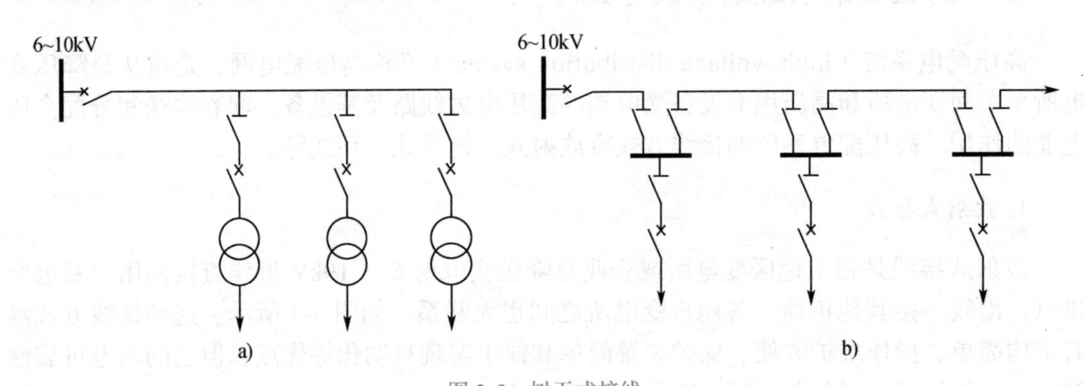

图 3-5　树干式接线

a）直接连接树干式　b）串联型树干式

为了提高供电可靠性，可采用双回路树干式（见图 3-6）或两端供电树干式（见图 3-7）接线方式。

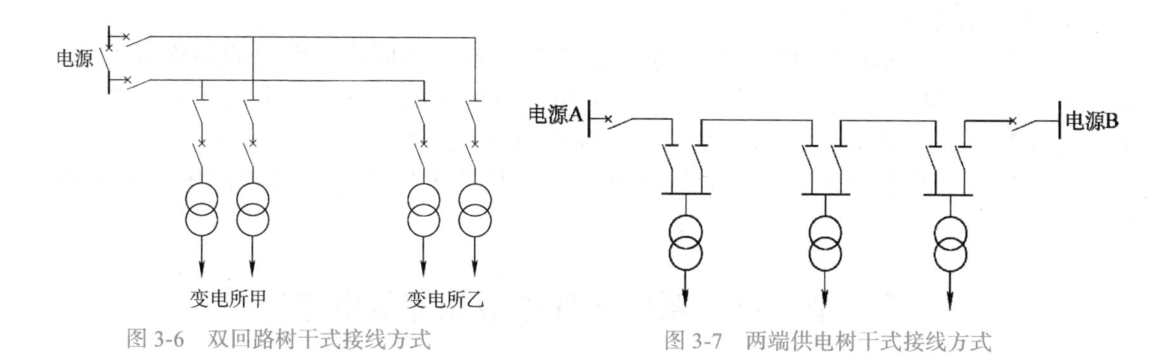

图 3-6 双回路树干式接线方式　　图 3-7 两端供电树干式接线方式

3. 环式接线

在配电网中应用的普通环式接线可以认为是串联型树干式的改进，只要把两路串联型树干式线路联络起来就构成了环式接线，如图 3-8 所示。环式接线的优点是运行灵活，供电可靠性高，当线路的任何线段发生故障时，在短时停电后经过“倒闸操作”，拉开故障线路两侧的隔离开关，将故障线段切除后，全部用户变电所均可恢复供电。

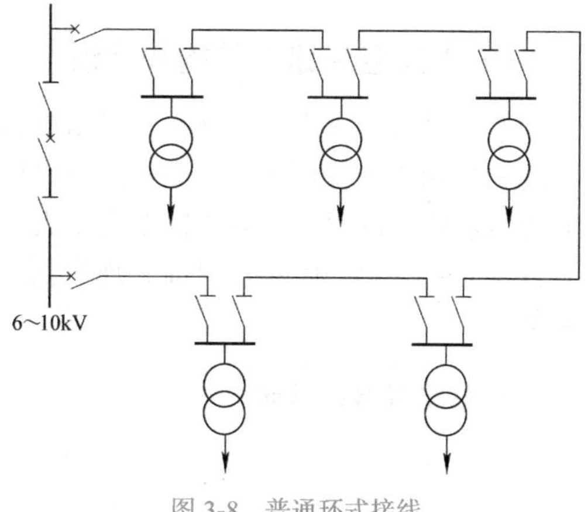

图 3-8 普通环式接线

环式接线有开环和闭环两种运行方式。闭环运行时形成两端供电，当任一线段故障时，将使两路进线端的断路器均跳闸，造成全部停电。因此，一般均采用开环运行方式，即正常运行时环形线路在某点是断开的。普通环式接线一般适用于允许停电 30 ～ 40min 的二、三级负荷。

环式供电系统的导线截面应按有可能通过的全部负荷来考虑，因此截面较大，投资较高，而且切换操作比较频繁，对继电保护和自动装置要求也较高，技术上比较复杂。

近几年，我国配电网广泛采用拉手环式（亦称“手拉手”接线）供电方式，它实质上是将以往的放射式接线改造成双电源供电，中间以联络开关将两段线路连接起来，如图 3-9 所示。在正常运行时联络开关打开，以减少短路电流和可能出现的环流等，当线路失去一端电源时，将联络开关合上，从另一端电源对失去电源线路上的用户供电。这种接线方式的供电可靠性较高，易于实现配电网自动化，因此在配电网建设与改造中被广泛采用。

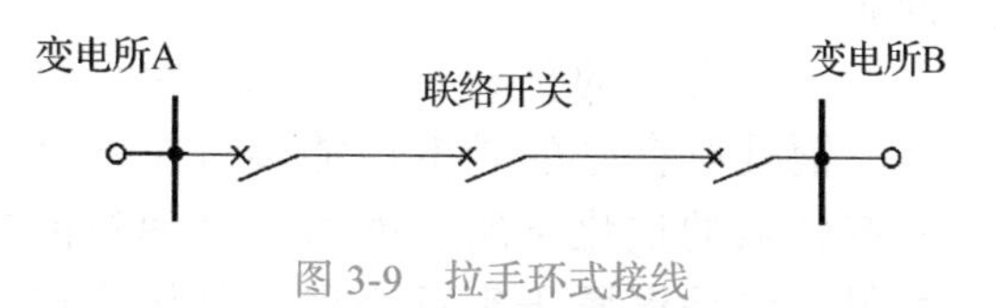

图 3-9 拉手环式接线

低压配电系统（low-voltage distribution system）又称低压配电网，是指从车间变电所至低压用电设备受电端的低压电力线路及其设备，担负着直接向低压用电设备配电的任务。低压配电系统也有放射式、树干式、环式等接线方式，而实际上多采用几种接线方式的组合，依具体情况而定。

实际电力系统的配电网络比较复杂，往往是由各种不同接线方式的网络所组成。在选择接线方式时，首先考虑的因素是满足用户对供电的可靠性和电能质量的要求，同时还应考虑运行灵活性、操作安全、有利于自动化、投资费用少、运行费用低和留有发展余地等基本要求。一般要对多种可能的接线方案进行技术经济比较后才能确定。

第二节　电力系统元件参数和等效电路

一、电力线路的结构和敷设

电力线路按结构可分为架空线路（overhead line）和电缆线路（cable line）两大类。

（一）架空线路的结构和敷设

架空线路与电缆线路相比，具有成本低、投资少、安装容易、维护检修方便、易于发现和排除故障等优点，因而被广泛采用。但由于架空线路露天架设，容易遭受雷击和风雨等自然灾害的侵袭，且它需要占用大片土地作出线走廊，有时会影响交通和市容，因此其使用受到一定的限制。目前，现代化城市和工厂有逐渐减少架空线路、采用电缆线路的趋势。

1. 架空线路的结构

架空线路主要由导线、杆塔、横担、绝缘子和金具等部件组成，如图 3-10 所示。为了防雷，有的架空线路上还装设有避雷线（架空地线）。为了加强杆塔的稳固性，有的杆塔还安装有拉线或板桩。

（1）导线　架空线路的导线和避雷线是在露天条件下运行的，它不仅要承受导线自重、风压、冰霜及温度变化的影响，还要承受空气中各种有害气体的化学侵蚀，其工作条件相当恶劣。因此，必须有较高的机械强度和耐化学腐蚀能力，而且导线还应有良好的导电性能。

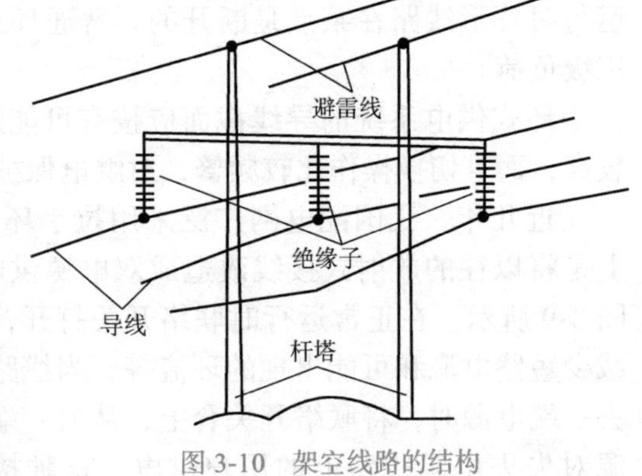

图 3-10　架空线路的结构

导线常用的材料有铜、铝、铝合金和钢等。铜具有良好的导电性能和抗拉强度，且具有较强的抗化学腐蚀能力，是理想的导线材料，但是铜属于贵重金属，其用途广，成本高，应尽量节约。铝的导电性能比较好（仅次于铜），且具有质轻价廉的优点，所以在档距较小的10kV及以下线路上被广泛采用，但铝机械强度较差，通常采用铝合金来改善其机械强度。钢的机械强度很高，而且价廉，但其导电性能差，且为磁性材料，感抗大，趋肤效应显著，故一般不宜单独作导线材料，而用作铝导线的钢芯或避雷线。

导线可分为裸导线（bare conductor）和绝缘导线（insulated conductor）两大类。除低压配电线路使用绝缘导线以保证人身和设备安全外，高压线路基本上都用裸导线。裸导线按结构分，有单股线和多股绞线两种，绞线又分为铜绞线（TJ）、铝绞线（LJ）和钢芯铝绞线（LGJ）。在企业中常用的是铝绞线，但对机械强度要求较高和35kV及以上的架空线路上，则多采用钢芯铝绞线，其截面示意图如图3-11所示。

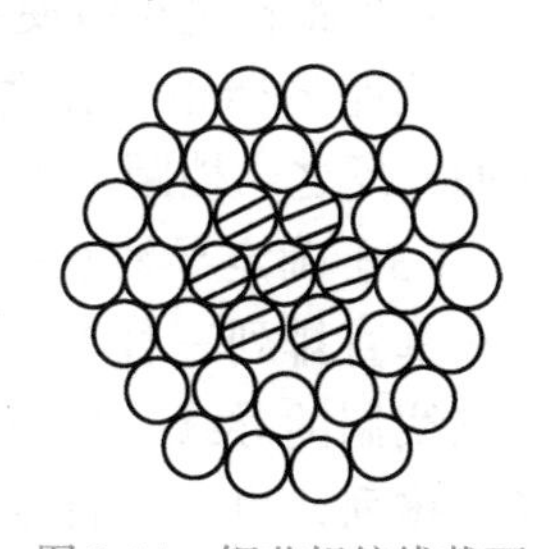

图3-11 钢芯铝绞线截面示意图

（2）杆塔 杆塔俗称电杆，是用来支撑绝缘子和导线，并使导线相互之间、导线与大地之间保持一定的安全距离，以保证供电与人身安全。

杆塔按材料分，有木杆、钢筋混凝土杆（水泥杆）和铁塔三种类型。现在，木杆已基本不用，110kV及以下线路一般采用水泥杆，220kV及以上线路以及大跨越线路常采用铁塔。

杆塔按用途分，有直线杆塔（中间杆塔）、转角杆塔、耐张杆塔（承力杆塔）、终端杆塔、换位杆塔和跨越杆塔等。

（3）横担 横担的主要作用是用来固定绝缘子，并使各相导线之间保持一定的距离，防止风吹摆动而造成相间短路。常用的有木横担、铁横担和瓷横担。从保护环境和经久耐用看，现在架空线路上普遍采用的是铁横担和瓷横担。瓷横担是我国独创的产品，具有良好的电气绝缘性能，兼有绝缘子和横担的双重功能，能节约大量的木材和钢材，有效地降低杆塔的高度，一般可节省线路投资30%～40%。同时其表面便于雨水冲洗，可减少维护工作量。但瓷横担比较脆，在安装和使用中应引起注意。

横担的长度取决于电路电压的高低、档距的大小、安装方式和使用地点等。主要是保证在最困难条件下（如最大弧垂时受风吹动）导线之间的绝缘要求。

（4）绝缘子 绝缘子用来将导线固定在杆塔上，并使带电导线之间、导线与横担之间、导线与杆塔之间保持绝缘，故绝缘子应有良好的绝缘性能和机械强度，并能承受各种气象条件的变化而不破裂。架空线路用的绝缘子主要有针式、悬式和棒式三种。

（5）金具 金具是用来连接导线和绝缘子的金属部件的总称。架空线路上使用的金具种类很多，如连接悬式绝缘子使用的挂环和挂板；把导线固定在悬式绝缘子上用的各种线夹；连接导线用的接线管以及防止导线震动用的护线条、防振锤等。

2. 架空线路的敷设

（1）正确选择线路路径 选择线路路径的主要要求是：路径要短，转角要少，地质条件要好，施工维护方便，尽量减少与其他设施交叉或跨越建筑物，并与建筑物保持一定的安全距离，同时还应考虑线路经过地段经济发展的统一规划等因素。

（2）确定档距、弧垂和杆高 档距（跨距）是指相邻两根电杆之间的水平距离。导线悬挂在杆塔的绝缘子上，自悬挂点至导线最低点的垂直距离称为弧垂。

弧垂的大小与档距长度、导线自重、架设松紧和气候条件等有关。弧垂不宜过大，也不宜过小，过大可造成导线对地或对其他物体的安全距离不够，而且导线摆动时容易引起相间短路；过小将使导线内的应力增大，容易使导线断线。

线路的档距、弧垂与杆高互相影响。档距越大，杆塔数量越少，则弧垂增大，杆高增加；反之，档距越小，杆塔数量越多，则弧垂减小，杆高降低。

（3）确定导线在杆塔上的排列方式 导线在杆塔上的排列方式有水平排列、三角排列和垂直排列三种方式。通常，三相四线制低压线路的导线，一般都采用水平排列；三相三线制的导线，可三角排列，也可水平排列；多回路导线同杆架设时，可三角、水平混合排列，也可垂直排列；电压不同的线路同杆架设时，电压较高的线路应架设在上面，电压较低的线路应架设在下面；动力线与照明线同杆架设时，动力线在上面，照明线在下面。

为了保证架空导线有足够的机械强度，有关规程中规定了导线允许的最小截面，同时在GB 50061—2010中规定了导线的档距、线间距离、导线距地面和建筑物的最小允许距离等，在设计和安装架空线路时必须严格遵守。

（二）电缆线路的结构和敷设

电缆线路与架空线路相比，具有成本高、投资大、查找故障困难等缺点，但它具有运行可靠、不易受外力和自然环境的影响、不占地面空间和不影响市容等优点，因此，在不适宜采用架空线路的地方（如人口稠密区、重要的公共场所、过江、跨海、严重污秽区以及某些工矿企业厂区等），宜采用电缆线路。在现代化城市和工厂中，电缆线路得到了越来越广泛的应用。

1. 电缆线路的结构

电缆的结构一般包括导体、绝缘层和保护包皮三部分。

电缆的导体通常采用多股铜绞线或铝绞线制成。根据电缆中导体的数目不同，电缆可分为单芯、三芯和四芯等种类。单芯电缆的导体截面是圆形的；三芯或四芯电缆的导体截面除圆形外，更多是采用扇形，以便充分利用电缆的截面积，如图3-12所示。

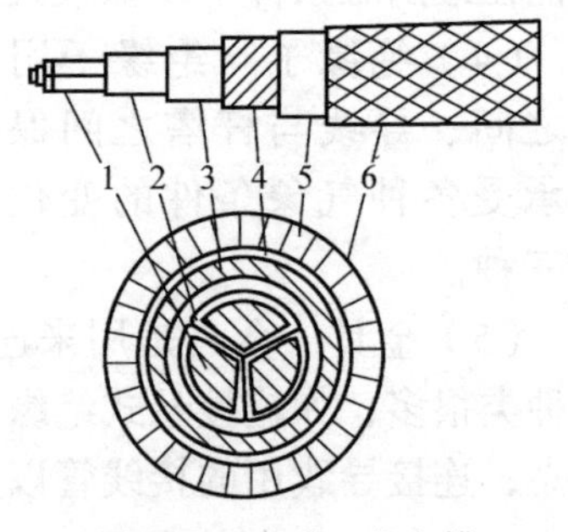

图3-12 扇形三芯电缆

1—导体 2—纸绝缘 3—铅包皮 4—麻衬 5—钢带铠甲 6—麻被

电缆的绝缘层用来使导体与导体之间、导体与保护包皮之间保持绝缘。电缆使用的绝缘材料一般有油浸纸、橡胶、聚乙烯、交联聚氯乙烯等。

电缆的保护包皮用来保护绝缘层，使其在运输、敷设及运行过程中不受机械损伤，并防止水分浸入和绝缘油外渗。所以，要求它有一定的机械强度和密封性。常用的包皮有铝包皮和铅包皮。此外，在电缆的最外层还包有钢带铠甲，以防止电缆受外界的机械损伤和化学腐蚀。

2. 电缆头

电缆头包括电缆中间接头和终端头。电缆头是电缆线路的薄弱环节，大部分电缆线路的故障都发生在电缆头处。因此，电缆头的安装质量至关重要，要求密封性好，有足够的机械强度，其绝缘耐压强度不低于电缆本身的耐压强度。

3. 电缆的敷设

电缆的敷设路径要尽可能短，转弯最少，尽量避免与各种地下管道交叉，散热要好。工厂中电缆常用的敷设方式有直接埋地敷设、电缆沟敷设和电缆桥架敷设三种方式，而电缆隧道、电缆排管等敷设方式较少采用。

（1）直接埋地敷设　首先挖一深 0.7 ～ 1m 的壕沟，在沟底填上细沙或软土，再铺设电缆，然后在周围填以沙土，加上保护板，最后回填土。这种敷设方式具有施工简单、投资少等优点，但易受机械损伤和土壤中酸性物质的腐蚀，可靠性差，检修不便，多用于电缆根数不多的场合。

（2）电缆沟敷设　当同一路径敷设的电缆根数较多时，宜采用电缆沟敷设。电缆沟由砖砌成或混凝土浇筑而成，电缆置于电缆沟的电缆支架上，沟面用水泥板覆盖。这种敷设方式投资稍高，但检修方便，占地面积少，所以在工厂配电系统中应用较广泛，但在容易积水的场所不宜使用。

（3）电缆桥架敷设　对于工厂配电所、车间、大型商厦和科研单位等场所，因其电缆数量较多或较集中，通常采用电缆桥架敷设电缆线路。电缆桥架装置由支架、盖板、支臂和线槽等组成，电缆敷设在电缆桥架内。这种敷设方式结构简单、安装灵活、可任意走向，并具有绝缘和防腐蚀功能，适用于各种类型的工作环境，使配电线路的敷设成本大大降低。

二、输电线路的参数计算及等效电路

1. 输电线路的参数计算

输电线路的参数是指其电阻（resistor）、电抗（reactance）、电导（conductance）和电纳（susceptance）。电阻反映线路通过电流时产生的有功功率损失效应；电抗反映载流导线周围产生的磁场效应；电导反映电晕现象产生的有功功率损失效应；电纳反映载流导线周围产生的电场效应。通常，这些参数是沿线路均匀分布的，精确计算时应采用分布参数。但工程上认为，长度不超过 300km 的架空线路和长度不超过 100km 的电缆线路，用集中参数代替分布参数引起的误差很小，可以满足工程计算的精度要求。

输电线路包括架空线和电缆。电缆由工厂按标准规格制造，可根据厂家提供的数据或者通过实测求得其参数，这里不予讨论。下面着重介绍架空线路的参数计算。

（1）电阻　单根导线的直流电阻按下式计算：

$$R = \rho \frac{l}{A} \tag{3-1}$$

式中，R 为单根导线直流电阻（Ω）；ρ 为导线材料的电阻率（$\Omega \cdot mm^2/km$）；A 为导线的截面积（mm^2）；l 为导线的长度（m）。

在交流电路中，由于趋肤效应和邻近效应的影响，导线的交流电阻比直流电阻增大 0.2% ~ 1%；此外，由于所用导线为多股绞线，使每股导线的实际长度比线路长度增大 2% ~ 3%，而导线的额定截面（即标称截面）一般略大于实际截面。综合考虑以上因素后，式（3-1）中的电阻率 ρ 通常都略大于相应材料的直流电阻率。在电力系统实用计算时，导线材料的电阻率常取下列数值：铜为 $18.8\Omega \cdot mm^2/km$，铝为 $31.5\Omega \cdot mm^2/km$。

工程计算中，可以直接从手册中查出各种导线单位长度（km）电阻值 r_1，然后按下式计算导线的电阻

$$R = r_1 l \tag{3-2}$$

（2）电抗 线路电抗是由于导线中有交流电流流过时，在导线周围产生磁场形成的。对于三相线路，每相线路都存在有自感和互感，当三相导线对称排列，或虽排列不对称但经完全换位后，每相导线单位长度的等效电抗为

$$x_1 = 2\pi f(4.6\lg\frac{s_{av}}{r} + 0.5\mu_r) \times 10^{-4} = 0.1445\lg\frac{s_{av}}{r} + 0.0157\mu_r \tag{3-3}$$

式中，μ_r 为导体的相对磁导率，铜和铝的 $\mu_r = 1$；r 为导线半径（m）；s_{av} 为三相导线的线间几何均距（m）。

当三相导线不是布置在等边三角形的顶点上时，各相导线的电抗值是不同的，如果不采取措施，将导致电力网运行的不对称。消除的办法是将输电线路的各相导线进行换位，使三相导线的电气参数均衡，换位的方法如图 3-13 所示。这里表示的是一个整循环换位的情况，即每相导线都由三个线段组成，所以每相导线都经过空间的三个不同位置。

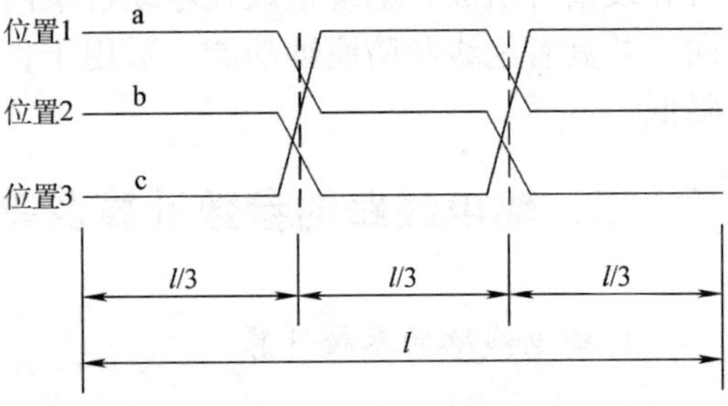

图 3-13 一次整循环换位

从式（3-3）可以看出，由于电抗与导线的几何均距、导体半径之间成对数关系，因此导线在杆塔上的布置方式及导线截面的大小对线路电抗值影响不大。通常架空线路的电抗值都在 0.35 ~ 0.45Ω/km，在工程近似计算中一般取此值。因此，线路的电抗在实用计算时可按下式计算：

$$X = x_1 l \tag{3-4}$$

（3）电导 高压线路在输送功率的过程中，除了电阻引起的有功功率损耗外，还有由于沿线路绝缘子表面的泄漏电流和导线周围空气电离产生电晕的损耗，这也是一种有功功率损耗。通常，线路的绝缘良好，泄漏电流很小，可以忽略不计，所以主要考虑电晕（corona）现象引起的功率损耗。所谓电晕现象，就是架空线路带有高电压的情况下，当导线表面的电场强度超过空气的击穿强度时，导线周围的空气被电离而产生局部放电的现

象。这时可听到明显的“嗤嗤”放电声，并产生臭氧，夜间还可看到蓝紫色的晕光。电晕产生的条件与导线表面的光滑程度、导线周围的空气密度、导线的布置方式及所处的气象状况等因素有关，而与线路的电流值无关。

线路开始出现电晕的电压称为临界电压（critical voltage）。如果线路正常运行时的电压低于电晕临界电压，则不会产生电晕损耗；当线路电压高于电晕临界电压时，将出现电晕损耗，与电晕相对应的导线单位长度的等效电导（S/km）为

$$g_1 = \frac{\Delta P_g}{U^2} \times 10^{-3} \tag{3-5}$$

式中，ΔP_g 为实测三相线路单位长度的电晕损耗功率（kW/km）；U 为线路的额定电压。

电晕不仅要消耗能量，还有噪声并对无线电和高频通信产生干扰，因此，应当尽量避免。实际上，在设计架空线路时一般不允许在正常的气象条件下（晴天）发生电晕，并依据电晕临界电压规定了不需要验算电晕的导线最小外径，例如，110kV 的导线外径不应小于 9.6mm，220kV 导线外径不应小于 21.3mm 等。60kV 及以下的导线不必验算电晕临界电压。对于 220kV 以上的超高压输电线，单靠增大导线截面的办法来限制电晕损耗是不经济的，通常采用分裂导线或扩径导线以增大每相导线的等值半径，提高电晕临界电压。

一般情况下，由于架空线路的泄漏损耗值很小，而电晕损耗已在设计时采取了各种措施（如合理选择导线的结构和尺寸），将其限制在较小的数值内。所以，在进行电力网的电气参数计算时，可以将电导忽略，即近似认为 $g_1 = 0$。

（4）电纳　线路的电纳是由导线与导线之间以及导线与大地之间的分布电容所决定的。电容的大小与相间距离、导线截面、杆塔结构尺寸等因素有关。三相导线对称排列，或虽排列不对称但经完全换位后，每相导线单位长度的等效电容（F/km）为

$$C_1 = \frac{0.0241}{\lg \frac{s_{av}}{r}} \times 10^{-6} \tag{3-6}$$

其相应的单位长度的电纳（S/km）为

$$b_1 = \omega C_1 = \frac{7.58}{\lg \frac{s_{av}}{r}} \times 10^{-6} \tag{3-7}$$

在实用计算时，b_1 的值可以从有关的手册中查出，一般架空线路的 b_1 值为 2.85×10^{-6} S/km 左右。因此，线路的电纳可按下式计算：

$$B = b_1 l \tag{3-8}$$

2. 输电线路的等效电路

由于正常情况下三相线路是对称的，故可以用单相等效电路来代表三相。

工程上，根据输电线路的长短，分别采用以下两种类型的等效电路。

（1）一字形等效电路　对于长度不超过 100km、电压在 35kV 及以下的架空线路和线路不长的电缆线路，线路的电导和电纳均可忽略不计，只剩下电阻和电抗两个参数，于是就得到如图 3-14 所示的一字形等效电路。图中 $Z=R+\mathrm{j}X$ 为线路的阻抗（impedance）。

（2）Π 形或 T 形等效电路　对于长度在 100 ～ 300km 的架空线路（电压等级一般在 110 ～ 220kV）和长度不超过 100km 的电缆线路，线路的电纳已不可忽略，通常采用 Π 形或 T 形等效电路，如图 3-15 所示。图中，Y 为线路的导纳（admittance），$Y=G+\mathrm{j}B$。当 $G=0$ 时，$Y=\mathrm{j}B$。

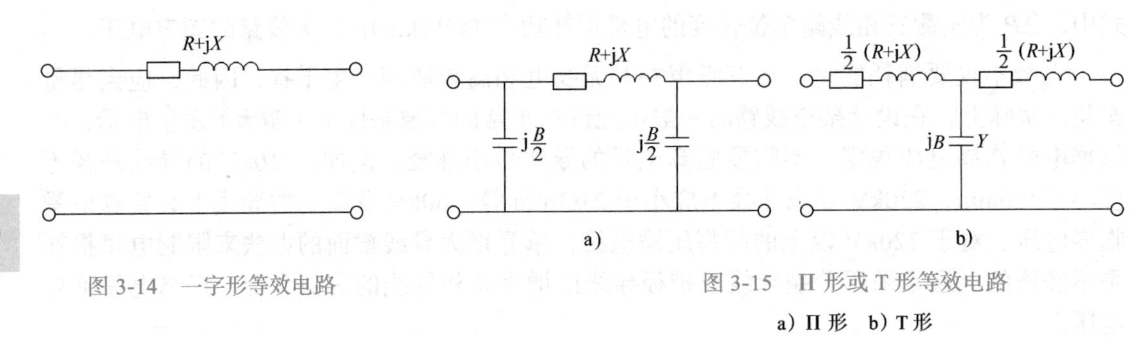

图 3-14　一字形等效电路

图 3-15　Π 形或 T 形等效电路
a）Π 形　b）T 形

Π 形等效电路是将线路的导纳平分为两半，分别并联在线路的始末两端，而 T 形等效电路是将线路的阻抗平分为两半，分别串联在线路的两侧。

Π 形等效电路和 T 形等效电路都只是电力线路的一种近似等效电路，相互之间并不等值，因此两者之间不能用Y－△变换公式进行等效变换。此外，由于 T 形等效电路中间增加了一个节点，从而增加了电网计算的工作量，因此，在电力系统计算中，常用的是 Π 形等效电路。

三、变压器的参数及等效电路

1. 双绕组变压器

在电机学中，双绕组变压器一般用 T 形等效电路表示，但在电力系统计算中，为了减少网络的节点数，通常将励磁支路前移到电源侧，并将变压器二次绕组的阻抗折算到一次侧后，再和一次绕组的阻抗合并，用等效阻抗 $Z_{\mathrm{T}}=R_{\mathrm{T}}+\mathrm{j}X_{\mathrm{T}}$ 表示，便得到双绕组变压器的 Γ 形等效电路，如图 3-16a 所示。变压器的励磁支路一般用导纳 $Y_{\mathrm{T}}=G_{\mathrm{T}}-\mathrm{j}B_{\mathrm{T}}$ 表示（负号表明该支路是感性的），但在实际计算中，常将励磁支路用励磁功率 $\Delta P_0+\mathrm{j}\Delta Q_0$ 表示，如图 3-16b 所示。对于 35kV 及以下的变压器，励磁支路的损耗很小，在近似计算中可忽略不计，故其等效电路可简化为图 3-16c 所示的 R_{T} 和 X_{T} 串联的等效电路。

双绕组变压器的参数包括等效电路中的电阻 R_{T}、电抗 X_{T}、电导 G_{T} 和电纳 B_{T}，这四

个参数可以根据变压器铭牌上给出的短路试验和空载试验的四个特性数据来计算，这四个数据是短路损耗 ΔP_k、空载损耗 ΔP_0、短路电压 $U_k\%$ 和空载电流 $I_0\%$。

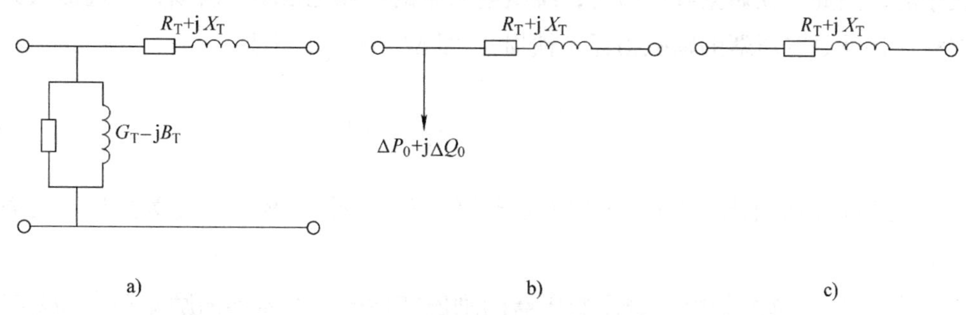

图 3-16　双绕组变压器的等效电路

a）Γ 形等效电路　b）励磁支路用功率表示的等效电路　c）简化等效电路

（1）电阻 R_T　变压器的短路损耗 ΔP_k，可近似认为就是变压器通过额定电流时高、低压绕组电阻中的总损耗（铜耗），即

$$\Delta P_k \approx \Delta P_{Cu} = 3I_N^2 R_T \times 10^{-3} = \frac{S_N^2}{U_N^2} R_T \times 10^{-3}$$

所以变压器的每相电阻为

$$R_T = \frac{\Delta P_k U_N^2}{S_N^2} \times 10^3 \tag{3-9}$$

式中，R_T 为变压器高低压绕组的总电阻（Ω）；U_N 为变压器的额定电压（kV）；S_N 为变压器的额定容量（kV · A）；ΔP_k 为变压器的短路损耗（kW）。

（2）电抗 X_T　变压器铭牌上给出的短路电压百分数 $U_k\%$，是变压器通过额定电流时在阻抗上产生的电压降的百分数。对于大容量变压器，其绕组电阻比电抗小得多，于是

$$U_k\% = \frac{\sqrt{3} I_N Z_T}{U_N \times 10^3} \times 100 \approx \frac{S_N X_T}{10 U_N^2}$$

所以变压器的每相电抗为

$$X_T = \frac{10 U_N^2 U_k\%}{S_N} \tag{3-10}$$

式中，X_T 为高低压绕组的总电抗（Ω）；U_N 为变压器的额定电压（kV）；S_N 为变压器的额定容量（kV · A）；$U_k\%$ 为变压器的短路电压百分数。

小型变压器的绕组电阻通常不能忽略，否则引起的计算误差较大，此时按式（3-10）计算出的是变压器的阻抗，则变压器的电抗 X_T 应按下式求出：

$$X_T = \sqrt{Z_T^2 - R_T^2} \tag{3-11}$$

（3）电导 G_T　变压器的电导是用来表示铁心损耗的。由于空载电流相对额定电流而言是很小的，因此，在做空载试验时，绕组电阻中的损耗也很小，所以，可近似认为变压器的空载损耗就是变压器的励磁损耗（铁损），即 $\Delta P_0 \approx \Delta P_{Fe}$，于是

$$G_T = \frac{\Delta P_{Fe}}{U_N^2} \times 10^{-3} \approx \frac{\Delta P_0}{U_N^2} \times 10^{-3} \tag{3-12}$$

式中，G_T 为变压器的电导（S）；ΔP_0 为变压器的空载损耗（kW）；U_N 为变压器的额定电压（kV）。

（4）电纳 B_T　电纳是用来表征变压器的励磁特性的。变压器的励磁功率 ΔQ_0 与变压器的电纳相对应，即

$$B_T = \frac{\Delta Q_0}{U_N^2} \times 10^{-3}$$

变压器的空载电流包括有功分量和无功分量，与励磁功率对应的是无功分量。由于有功分量很小，因此可把空载电流看作全部供给励磁功率的无功分量，即

$$\Delta Q_0 = \sqrt{3} U_N I_0$$

由于

$$I_0\% = \frac{I_0}{I_N} \times 100 = \frac{\sqrt{3} U_N I_0}{\sqrt{3} U_N I_N} \times 100 = \frac{\Delta Q_0}{S_N} \times 100$$

则

$$\Delta Q_0 = \frac{I_0\%}{100} S_N$$

所以变压器的电纳为

$$B_T = \frac{I_0\% S_N}{U_N^2} \times 10^{-5} \tag{3-13}$$

式中，B_T 为变压器的电纳（S）；S_N 为变压器的额定容量（kV·A）；$I_0\%$ 为变压器的空载电流百分数；U_N 为变压器的额定电压（kV）。

2. 三绕组变压器

三绕组变压器的等效电路如图 3-17 所示。其导纳支路参数 G_T 和 B_T 的计算公式与双绕组变压器完全相同，下面主要讨论三绕组变压器各绕组电阻和电抗的计算方法。

（1）电阻 R_{T1}、R_{T2}、R_{T3}　三绕组变压器按三个绕组的容量比有三种不同类型。第一种为 100/100/100，即三个绕组的额定容量均等于变压器的额定容量；第二种为 100/100/50，即第三个绕组的容量为变压器额定容量的 50%；第三种为 100/50/100，即第二个绕组的容量为变压器额定容量的 50%。

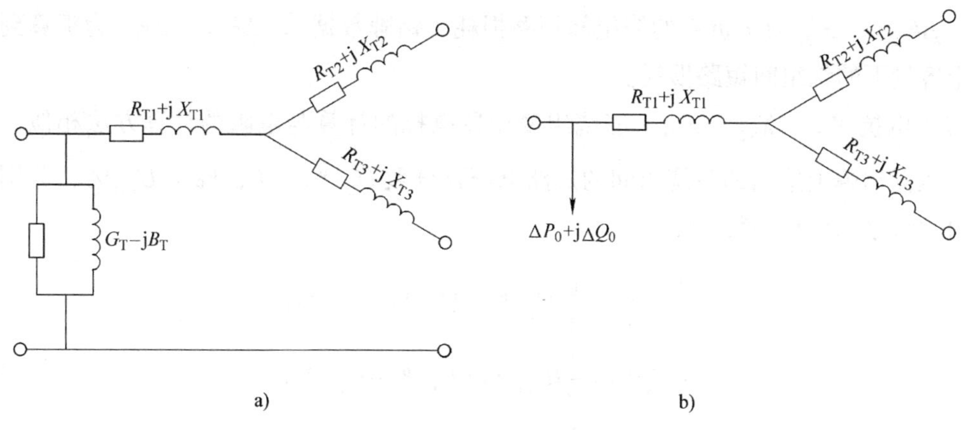

图 3-17 三绕组变压器的等效电路

a）励磁回路用导纳表示 b）励磁回路用功率表示

对于三个绕组容量比为 100/100/100 的变压器来说，通过短路试验可得到任两个绕组的短路损耗 ΔP_{k12}、ΔP_{k23}、ΔP_{k31}，则每一个绕组的短路损耗为

$$\begin{cases} \Delta P_{k1} = \dfrac{1}{2}(\Delta P_{k12} + \Delta P_{k31} - \Delta P_{k23}) \\ \Delta P_{k2} = \dfrac{1}{2}(\Delta P_{k12} + \Delta P_{k23} - \Delta P_{k31}) \\ \Delta P_{k3} = \dfrac{1}{2}(\Delta P_{k23} + \Delta P_{k31} - \Delta P_{k12}) \end{cases} \tag{3-14}$$

然后，用和双绕组变压器相似的公式计算出各绕组的电阻

$$\begin{cases} R_{T1} = \dfrac{\Delta P_{k1} U_N^2}{S_N^2} \times 10^3 \\ R_{T2} = \dfrac{\Delta P_{k2} U_N^2}{S_N^2} \times 10^3 \\ R_{T3} = \dfrac{\Delta P_{k3} U_N^2}{S_N^2} \times 10^3 \end{cases} \tag{3-15}$$

对于三个绕组容量比为 100/100/50 和 100/50/100 的变压器来说，由于短路试验时受 50% 容量绕组的限制，故有两组数据是按 50% 容量的绕组达到额定容量时测量的值。而三绕组变压器的额定容量是指三个绕组中容量最大的一个绕组的容量，即 100% 绕组的额定容量，因此，应先将各绕组的短路损耗按变压器的额定容量进行折算，然后再按式（3-14）和式（3-15）计算电阻。如对容量比为 100/100/50 的变压器，其折算公式为

$$\begin{cases} \Delta P_{k23} = \Delta P'_{k23}\left(\dfrac{S_N}{S_{N3}}\right)^2 = \Delta P'_{k23}\left(\dfrac{100}{50}\right)^2 = 4\Delta P'_{k23} \\ \Delta P_{k31} = \Delta P'_{k31}\left(\dfrac{S_N}{S_{N3}}\right)^2 = \Delta P'_{k31}\left(\dfrac{100}{50}\right)^2 = 4\Delta P'_{k31} \end{cases} \tag{3-16}$$

式中，$\Delta P'_{k23}$、$\Delta P'_{k31}$为未折算的绕组间短路损耗（铭牌数据）；ΔP_{k23}、ΔP_{k31}为折算到变压器额定容量下的绕组间短路损耗。

（2）电抗X_{T1}、X_{T2}、X_{T3}　三绕组变压器电抗的计算与电阻的计算方法相似，首先根据变压器铭牌上给出的各绕组间的短路电压百分数$U_{k12}\%$、$U_{k23}\%$、$U_{k31}\%$，分别求出各绕组的短路电压百分数，即

$$\begin{cases} U_{k1}\% = \dfrac{1}{2}(U_{k12}\% + U_{k31}\% - U_{k23}\%) \\ U_{k2}\% = \dfrac{1}{2}(U_{k12}\% + U_{k23}\% - U_{k31}\%) \\ U_{k3}\% = \dfrac{1}{2}(U_{k23}\% + U_{k31}\% - U_{k12}\%) \end{cases} \tag{3-17}$$

然后，按与双绕组变压器相似的公式计算出各绕组的电抗

$$\begin{cases} X_{T1} = \dfrac{10U_{k1}\%U_N^2}{S_N} \\ X_{T2} = \dfrac{10U_{k2}\%U_N^2}{S_N} \\ X_{T3} = \dfrac{10U_{k3}\%U_N^2}{S_N} \end{cases} \tag{3-18}$$

值得注意，制造厂家给出的短路电压百分数已归算到变压器的额定容量，因此在计算电抗时，不论变压器各绕组的容量比如何，其短路电压百分数不必再进行折算。

需要指出，三绕组变压器按其三个绕组排列方式不同有升压结构和降压结构两种形式。对升压结构的变压器，从绕组最外层至铁心的排列顺序为高压绕组、低压绕组和中压绕组，由于高、中压绕组相隔最远，两者间的漏抗最大，因此短路电压百分数$U_{k12}\%$最大，而$U_{k23}\%$、$U_{k31}\%$都较小。而对于降压结构的变压器，从绕组最外层至铁心的排列顺序为高压绕组、中压绕组和低压绕组，因此$U_{k31}\%$最大，而$U_{k12}\%$、$U_{k23}\%$都较小。

第三节　电力网的电压计算

地方电力网电压损失计算

一、概述

当输电线路传输功率时，电流将在线路的阻抗上产生电压降落，由于电压变化程度是衡量电能质量的重要指标，所以研究电力网的电压变化规律是十分必要的。

电压降落（voltage drop）$\Delta\dot{U}$是指线路始末端电压的相量差。设线路始端电压为$\dot{U}_1$，末端电压为$\dot{U}_2$，则电压降落可表示为

$$\Delta\dot{U}=\dot{U}_1-\dot{U}_2 \tag{3-19}$$

对应的相量图如图 3-18 所示。

电压损失（voltage loss）ΔU 是指线路始末端电压的代数差，通常以线路额定电压的百分数表示，即

$$\Delta U\%=\frac{U_1-U_2}{U_N}\times 100 \tag{3-20}$$

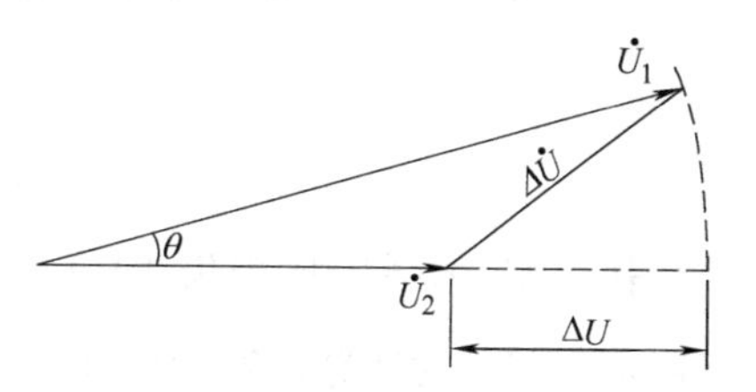

图 3-18 线路的电压降落和电压损失相量图

线路的始端电压一般很少变化，而电压损失则随负荷的变化而改变。线路的电压损失越大，用电设备的电压质量越差，因此应把电压损失限制在允许的范围之内。

二、地方电力网的电压损失计算

地方电力网是指 110kV 以下电压等级的电力网。由于地方电力网的线路较短、电压等级较低、输送容量较小，因此可以忽略导纳支路的影响，输电线路采用一字形等效电路。

1. 放射式线路电压损失计算

放射式线路可以简化成终端有一个集中负荷的三相线路，如图 3-19a 所示。由于三相电路正常情况下基本对称，因此，可以先计算一相的电压损失，然后换算成线电压损失。

设线路始末端相电压分别为 $\dot{U}_{\varphi1}$ 和 $\dot{U}_{\varphi2}$，负荷电流为 $\dot{I}$，负荷的功率因数为 $\cos\varphi$，则

$$\dot{U}_{\varphi1}=\dot{U}_{\varphi2}+\Delta\dot{U}_{\varphi}=\dot{U}_{\varphi2}+\dot{I}R+\mathrm{j}\dot{I}X$$

以末端电压 $\dot{U}_{\varphi2}$ 为参考向量的相量图如图 3-19b 所示。

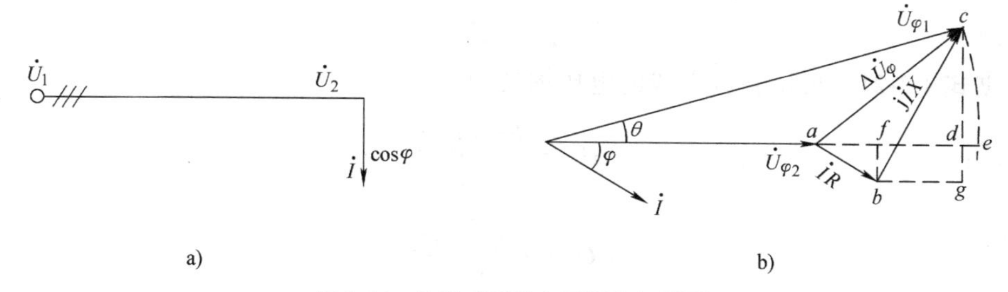

图 3-19 放射式线路电压损失相量图

由图 3-19b 可知，一相的电压损失为 $\Delta U_{\varphi}=U_{\varphi1}-U_{\varphi2}=\overline{ae}$。为便于计算，用 $\overline{ad}$ 代替 $\overline{ae}$，其误差在允许范围之内（小于 5%），因此相电压损失为

$$\Delta U_{\varphi}\approx\overline{ad}=\overline{af}+\overline{fd}=\overline{af}+\overline{bg}=IR\cos\varphi+IX\sin\varphi$$

换算成线电压损失为

$$\Delta U=\sqrt{3}\Delta U_{\varphi}=\sqrt{3}I(R\cos\varphi+X\sin\varphi)$$

当线路末端三相负载功率用有功功率 P（kW）表示时，有 $P=\sqrt{3}U_{\mathrm{N}}I\cos\varphi$，则

$$\Delta U=\sqrt{3}\frac{P}{\sqrt{3}U_{\mathrm{N}}\cos\varphi}(R\cos\varphi+X\sin\varphi)=\frac{PR+QX}{U_{\mathrm{N}}} \tag{3-21}$$

式中，ΔU 为线电压损失（V）；P 为三相有功负荷功率（kW）；Q 为三相无功负荷功率（kvar）；U_{N} 为线路的额定电压（kV）；R、X 为线路的电阻和电抗（Ω）。

2. 树干式线路电压损失计算

树干式线路上接有多个集中负荷，计算其电压损失时，应先计算出各线段线路的电压损失，则总电压损失等于各段线路的电压损失之和。

下面以图 3-20 所示的带三个集中负荷的三相电路为例进行说明。图中各支线的负荷功率用小写 p、q 表示；各段干线的功率用大写 P、Q 表示；各段线路的长度、电阻和电抗分别用小写 l、r 和 x 表示；各个负荷到电源之间的干线长度、电阻和电抗分别用大写 L、R 和 X 表示。

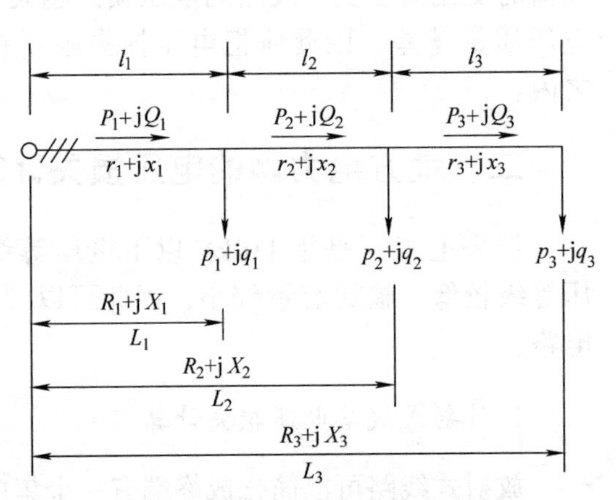

图 3-20　树干式线路电压损失计算

为便于计算，可暂忽略各段线路的功率损耗（引起的误差尚在允许范围之内），所以每段干线的功率可用各支线的负荷功率表示，即

l_1 段：　$P_1=p_1+p_2+p_3$　$Q_1=q_1+q_2+q_3$

l_2 段：　$P_2=p_2+p_3$　$Q_2=q_2+q_3$

l_3 段：　$P_3=p_3$　$Q_3=q_3$

根据式（3-21）可得各段干线的电压损失为

l_1 段：　$$\Delta U_1=\frac{P_1r_1+Q_1x_1}{U_{\mathrm{N}}}$$

l_2 段：　$$\Delta U_2=\frac{P_2r_2+Q_2x_2}{U_{\mathrm{N}}}$$

l_3 段：　$$\Delta U_3=\frac{P_3r_3+Q_3x_3}{U_{\mathrm{N}}}$$

由此可知，n 段干线的总电压损失为各段干线的电压损失之和，即

$$\Delta U=\sum_{i=1}^{n}\Delta U_i=\sum_{i=1}^{n}\frac{P_ir_i+Q_ix_i}{U_{\mathrm{N}}} \tag{3-22}$$

若将各干线段的负荷用各支线负荷表示，则式（3-22）可写成

$$\Delta U=\sum_{i=1}^{n}\frac{p_iR_i+q_iX_i}{U_{\rm N}} \tag{3-23}$$

电压损失的百分数为

$$\Delta U\%=\frac{\Delta U}{U_{\rm N}\times10^3}\times100=\frac{1}{10U_{\rm N}^2}\sum_{i=1}^{n}(P_ir_i+Q_ix_i) \tag{3-24}$$

或

$$\Delta U\%=\frac{1}{10U_{\rm N}^2}\sum_{i=1}^{n}(p_iR_i+q_iX_i) \tag{3-25}$$

若各段线路的导线截面、材料和布置方式均相同，则 $r_i=r_1l_i$，$x_i=x_1l_i$，$R_i=r_1L_i$，$X_i=x_1L_i$，代入式（3-24）和式（3-25）得

$$\Delta U\%=\frac{1}{10U_{\rm N}^2}\left(r_1\sum_{i=1}^{n}P_il_i+x_1\sum_{i=1}^{n}Q_il_i\right) \tag{3-26}$$

和

$$\Delta U\%=\frac{1}{10U_{\rm N}^2}\left(r_1\sum_{i=1}^{n}p_iL_i+x_1\sum_{i=1}^{n}q_iL_i\right) \tag{3-27}$$

3. 均匀无感线路电压损失计算

对于全线的导线型号一致且可不计线路感抗或负荷 $\cos\varphi\approx1$ 的线路（如电缆和低压室内线路），其电压损失百分数可表示为

$$\Delta U\%=\frac{r_1}{10U_{\rm N}^2}\sum_{i=1}^{n}p_iL_i=\frac{\sum_{i=1}^{n}p_iL_i}{10\gamma AU_{\rm N}^2}=\frac{\sum M}{CA} \tag{3-28}$$

式中，γ 为导线的电导率；A 为导线的截面；$\sum M=\sum p_iL_i=\sum P_il_i$ 为线路的所有功率矩之和（或叫负荷矩）；C 为计算系数，与线路电压、接线方式及导线材料有关，可查表 3-1。

表 3-1　计算系数 C 值

线路电压 /V	线路类别	C 的计算式	计算系数 C/（kW·m/mm²）	
			铜线	铝线
380/220	三相四线	$\gamma U_{\rm N}^2/100$	76.5	46.2
	两相三线	$\gamma U_{\rm N}^2/225$	34.0	20.5

（续）

线路电压 /V	线路类别	C 的计算式	计算系数 C/（kW·m/mm²）	
			铜线	铝线
220	单相及直流	$\gamma U_N^2/200$	12.8	7.74
110			3.21	1.94

4. 均匀分布负荷的三相线路电压损失计算

图 3-21 所示为一具有均匀分布负荷的开式电力网。设单位长度的负荷电流为 i（A/km），则微小线段 dl 上的负荷电流为 idl，这一负荷电流通过长度为 l、电阻为 $r_1 l$ 的线路所产生的电压损失为

$$\mathrm{d}(\Delta U)=\sqrt{3}i\mathrm{d}lr_1 l$$

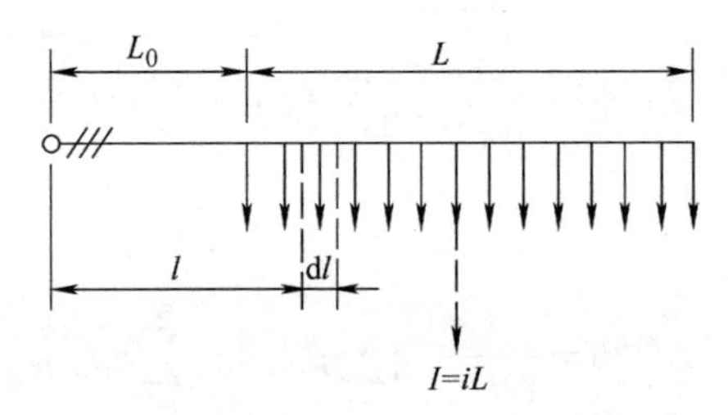

图 3-21　具有均匀分布负荷的开式电力网

因此，整个线路由分布负荷产生的电压损失为

$$\begin{aligned}\Delta U&=\int_{L_0}^{L_0+L}\sqrt{3}ir_1 l\mathrm{d}l=\sqrt{3}ir_1\frac{l^2}{2}\bigg|_{L_0}^{L_0+L}=\frac{\sqrt{3}U_N ir_1}{U_N}\frac{L(2L_0+L)}{2}\\&=\frac{\sqrt{3}U_N(iL)r_1}{U_N}\frac{2L_0+L}{2}=\frac{Pr_1}{U_N}\left(L_0+\frac{L}{2}\right)\end{aligned}\tag{3-29}$$

式中，$iL=I$ 为与均匀分布负荷等效的集中负荷。

式（3-29）说明，计算均匀分布负荷线路的电压损失时，可以用一个与均匀分布的总负荷相等，位于均匀分布负荷中点的集中负荷等效代替。

三、高压电网中电压损失的计算

在 110kV 及以上的高压电网中，由于线路的电纳不允许忽略，输电线路采用 Π 形等效电路，因此电压损失的计算方法与前面讨论的有所区别。

设图 3-22a 所示 Π 形等效电路的始端电压为 $\dot{U}_1$，末端电压为 $\dot{U}_2$，负荷电流为 $\dot{I}_2$，负荷的功率因数角为 φ，线路阻抗中流过的电流为 $\dot{I}=\dot{I}_{C2}+\dot{I}_2$，则电压降落为

$$\Delta\dot{U}=\dot{U}_1-\dot{U}_2=\dot{I}(R+jX)\tag{3-30}$$

对应的相量图如图 3-22b 所示。图中 $\overline{ac}$ 即为电压降落 $\Delta\dot{U}$。$\Delta\dot{U}$ 在水平轴上的投影（图中 $\overline{ad}$ 段），称为电压降落的纵分量，用 $\Delta\dot{U}_2$ 表示；$\Delta\dot{U}$ 在垂直轴上的投影（图中 $\overline{dc}$ 段），称为电压降落的横分量，用 $\delta\dot{U}_2$ 表示。

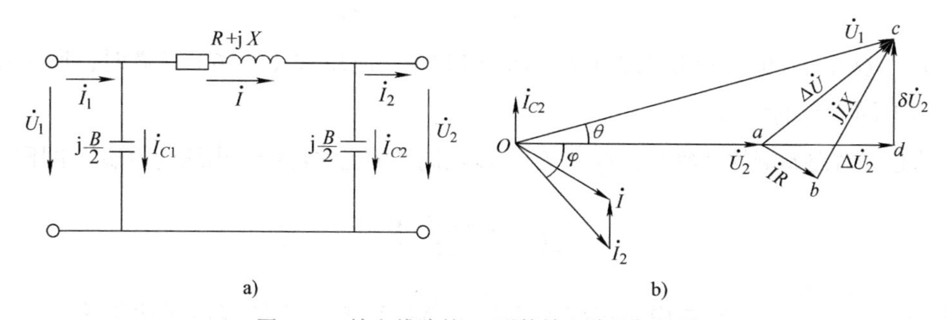

图 3-22 输电线路的 Π 形等效电路及相量图

a）等效电路 b）相量图

根据图 3-22b 的相量图可以得到线路始端电压有效值为

$$U_1 = \sqrt{(U_2 + \Delta U_2)^2 + \delta U_2^2} \tag{3-31}$$

将式（3-31）按二项式定理展开并取前两项可得

$$U_1 \approx U_2 + \Delta U_2 + \frac{\delta U_2^2}{2(U_2 + \Delta U_2)} \tag{3-32}$$

由于 $\Delta U_2 \ll U_2$，故式（3-32）可进一步简化为

$$U_1 \approx U_2 + \Delta U_2 + \frac{\delta U_2^2}{2U_2} \tag{3-33}$$

因此，电压损失 ΔU 可按下式进行计算

$$\Delta U = U_1 - U_2 = \Delta U_2 + \frac{\delta U_2^2}{2U_2} \tag{3-34}$$

由式（3-34）可知，只要计算出电压降落的纵分量 ΔU_2 和横分量 δU_2，即可求得电压损失。

当负荷为感性时，$\tilde{S}_2 = \dot{U}_2 \overset{*}{I} = P_2 + \mathrm{j}Q_2$，将 $\dot{I} = \left(\frac{\tilde{S}_2}{\dot{U}_2}\right)^* = \frac{P_2 - \mathrm{j}Q_2}{U_2}$ 代入式（3-30）可得

$$\begin{cases} \Delta U_2 = \dfrac{P_2 R + Q_2 X}{U_2} \\ \delta U_2 = \dfrac{P_2 X - Q_2 R}{U_2} \end{cases} \tag{3-35}$$

通常在 220kV 及以上的超高压线路才计及 δU_2 的影响，对于 110kV 及以下的地方电力网，可忽略 δU_2，此时，电压损失就等于电压降落的纵分量 ΔU_2，即

$$\Delta U = U_1 - U_2 \approx \Delta U_2 = \frac{P_2R + Q_2X}{U_2} \tag{3-36}$$

式中，P_2、Q_2、U_2 的单位分别为 kW、kvar 和 kV。应用式（3-36）计算时，所有参数必须是线路上同一点的参数。

如果已知线路始端的参数 P_1、Q_1 和 U_1，则按同样的方法可计算出线路始端的电压损失为

$$\Delta U = \frac{P_1R + Q_1X}{U_1} \tag{3-37}$$

应当注意，以上的推导均是按感性无功负荷进行的，若是容性无功负荷，则上述各式中无功功率前面的符号应变号。

第四节　输电线路导线截面的选择

一、导线截面选择的基本原则

输配电线路导线截面的选择对电力网的技术经济性能有很大影响。输配电线路导线截面的选择应满足以下基本原则：

1. 发热条件

通过导线的电流越大，导线温度越高，容易使导线接头处剧烈氧化以致过热而发生断线事故；另外，温度过高还可能使架空线路的弧垂增大，以致造成导线对地的安全距离不满足要求等。为了保证输配电线路的安全可靠运行，导线的温度应限制在一定的允许范围之内。一般裸导线正常运行时的最高允许温度为 70℃，故障情况下不得超过 90℃。因此，选择导线截面时，应保证导线在通过正常最大负荷电流（计算电流）时产生的发热温度不超过其正常运行时的最高允许温度。

2. 电压损失条件

由于线路上存在电阻和电抗，因此，当电流通过导线时将产生电压损失。电压损失超过一定范围后，会严重影响用电设备的正常工作。所以，为保证用电设备的正常运行，必须按允许电压损失来选择导线截面，使线路电压损失低于允许值，以保证供电质量。

3.机械强度条件

架空线路要经受风雨、覆冰和多种因素的影响，因此必须有足够的机械强度以保证安全运行。架空线路按其重要程度一般可分为三个等级，通常 35kV 及以上线路为Ⅰ级，1 ～ 35kV 线路为Ⅱ级，1kV 以下为Ⅲ级。对于不同电压等级的线路，按其机械强度所要求的最小导线截面见表 3-2。

表 3-2　架空线路按机械强度要求的最小允许导线截面　（单位：mm^2）

导线种类	35kV 及以上线路	6 ～ 10kV 线路		1kV 以下低压线路	
		居民区	非居民区	一般	与铁路交叉时
铝及铝合金线	35	35	25	16	35
钢芯铝绞线	35	25	16	16	16
铜线	35	25	16	16	16

4. 经济条件

选择导线截面时，既要降低线路的电能损耗和维修费等年运行费用，又要尽可能减少线路投资和有色金属消耗量，通常可按国家规定的经济电流密度选择导线截面。

根据设计经验，对于供配电系统中 35kV 及以上的外部供电线路，因其传输容量较大，线路也较长，通常先按经济电流密度选择截面，然后再校验其他条件。按经济电流密度选出的导线截面一般偏大，但年运行费用低，电能损耗小。对于供电线路较长（几千米至几十千米）的 6 ～ 10kV 线路，通常先按允许电压损失条件选择截面，然后再校验发热条件和机械强度。当 6 ～ 10kV 供电线路较短时，则应按发热条件选择截面，然后校验电压损失和机械强度。对于低压照明线路，因其对电压质量要求较高，故先按允许电压损失条件选择截面，再校验其他条件；而对低压动力线路，因其负荷电流较大，则应按发热条件选择截面，再校验其他条件。

二、按发热条件选择导线截面

导线通过电流就会发热，导线的正常发热温度不得超过它的最高允许温度。根据最高允许温度，可以计算出导线在某一截面的允许持续负荷电流（允许载流量）I_{al}，把这些载流量列成表格，在设计时按这些表格来选择截面，叫作按发热条件选择截面，也叫作按允许载流量选择截面。

按发热条件选择三相系统中的相线截面时，应使导线的允许载流量 I_{al} 不小于通过相线的计算电流 I_{30}，即

$$I_{al} \geqslant I_{30} \tag{3-38}$$

应当注意，导线的允许载流量与环境温度和敷设条件有关。如果导线敷设地点的环境温度与导线允许载流量所采用的环境温度不同时，则导线的允许载流量应乘以温度校正系数 K_θ，即

$$K_\theta = \sqrt{\frac{\theta_{al} - \theta_0'}{\theta_{al} - \theta_0}} \tag{3-39}$$

式中，θ_{al} 为导线材料的最高允许温度；θ_0 为导线的允许载流量所采用的环境温度；θ_0' 为导线敷设地点的实际环境温度。

此时，按发热条件选择截面的条件为

$$K_{\theta}I_{al} \geqslant I_{30} \tag{3-40}$$

在室外，环境温度一般取当地最热月每日最高气温的月平均值（即最热月平均最高气温）；在室内（包括电缆沟内或隧道内），则取当地最热月平均最高气温加 5℃。对埋入土中的电缆，取当地最热月地下 0.8 ～ 1m 深处的土壤月平均气温。

必须注意，按发热条件选择导线或电缆截面时，还必须与其相应的过电流保护装置（熔断器或低压断路器的过电流脱扣器）的动作电流相配合，以便在线路过负荷或短路时及时切断线路电流，保护导线或电缆不被毁坏。因此，应满足的条件是

$$I_{op} \leqslant K_{oL}I_{al} \tag{3-41}$$

式中，I_{op} 为过电流保护装置的动作电流，对于熔断器为熔体的额定电流 $I_{N\cdot FE}$；K_{oL} 为绝缘导线或电缆的允许短时过负荷倍数（详见第五章第八节相关部分）。

三、按允许电压损失选择导线截面

由于线路阻抗的存在，因此当负荷电流通过线路时将产生电压损失。电压损失越大，则用电设备的端电压越低，电压偏差越大，当电压偏差超过允许值时将严重影响电气设备的正常运行。为保证供电质量，按规定高压配电线路的电压损失一般不得超过线路额定电压的 5%；从配电变压器低压侧母线到用电设备受电端的低压配电线路的电压损失一般也不超过线路额定电压的 5%；对视觉要求较高的照明线路，则不得超过其额定电压的 2% ～ 3%。如果线路的电压损失超过了允许值，应适当加大导线或电缆的截面，直至满足要求。

由式（3-23）可得

$$\Delta U = \sum_{i=1}^{n} \frac{p_i R_i + q_i X_i}{U_N} = \Delta U_a + \Delta U_r \tag{3-42}$$

式中，ΔU_a 为有功功率在导线电阻上的电压损失；ΔU_r 为无功功率在导线电抗上的电压损失。

由式（3-3）知，导线截面对线路电抗的影响不大，故式（3-42）的第二项可用平均电抗来计算。因此，可初选一种导线的单位长度电抗值（如 6 ～ 110kV 架空线路取 0.35 ～ 0.4Ω/km），按下式计算无功功率在导线电抗上的电压损失 ΔU_r：

$$\Delta U_r = \frac{\sum_{i=1}^{n} q_i X_i}{U_N} = \frac{x_1 \sum_{i=1}^{n} q_i L_i}{U_N} \tag{3-43}$$

而电压损失的允许值 ΔU_{al} 为

$$\Delta U_{al} = \frac{\Delta U_{al}\%}{100} \times U_N \tag{3-44}$$

则线路电阻部分的电压损失 ΔU_a 为

$$\Delta U_{\mathrm{a}}=\Delta U_{\mathrm{al}}-\Delta U_{\mathrm{r}} \tag{3-45}$$

由于
$$\Delta U_{\mathrm{a}}=\frac{\sum_{i=1}^{n}p_iR_i}{U_{\mathrm{N}}}=\frac{r_1\sum_{i=1}^{n}p_iL_i}{U_{\mathrm{N}}}=\frac{\sum_{i=1}^{n}p_iL_i}{\gamma AU_{\mathrm{N}}}$$

所以，导线截面 A 为

$$A=\frac{\sum_{i=1}^{n}p_iL_i}{\gamma\Delta U_{\mathrm{a}}U_{\mathrm{N}}} \tag{3-46}$$

式中，A 为导线截面（mm^2）；U_{N} 为线路的额定电压（kV）；γ 为导线材料的电导率（$\mathrm{km}/\Omega\cdot\mathrm{mm}^2$），铜取 0.053，铝取 0.032；$\Delta U_{\mathrm{a}}$ 为电阻上的电压损失（V）；p_i 为各支线的有功负荷（kW）；L_i 为电源至各负荷间的距离（km）。

若 $\cos\varphi\approx1$，可不计 ΔU_{r}，则

$$A=\frac{\sum_{i=1}^{n}p_iL_i}{\gamma\Delta U_{\mathrm{al}}U_{\mathrm{N}}} \tag{3-47}$$

例 3-1

式中，ΔU_{al} 为允许电压损失（V）。

例 3-1 一条 10kV 线路向两个用户供电，三相导线为 LJ 型且呈等边三角形布置，线间距离为 1m，环境温度为 35℃，允许电压损失为 5%，其他参数如图 3-23 所示，试按允许电压损失选择其导线截面，并按发热条件和机械强度进行校验。

图 3-23 例 3-1 图

解：（1）按允许电压损失选择导线截面

设 x_1 =0.4Ω/km，则

$$\Delta U_{\mathrm{al}}=\frac{\Delta U_{\mathrm{al}}\%}{100}\times U_{\mathrm{N}}=\frac{5}{100}\times10000\mathrm{V}=500\mathrm{V}$$

$$\Delta U_{\mathrm{r}}=\frac{x_1\sum_{i=1}^{n}q_iL_i}{U_{\mathrm{N}}}=\frac{0.4\times(800\times2+200\times3)}{10}\mathrm{V}=88\mathrm{V}$$

$$\Delta U_a = \Delta U_{al} - \Delta U_r = 500\text{V} - 88\text{V} = 412\text{V}$$

因此，导线截面为

$$A = \frac{\sum_{i=1}^{n} p_i L_i}{\gamma \Delta U_a U_N} = \frac{1000 \times 2 + 500 \times 3}{0.032 \times 412 \times 10}\text{mm}^2 = 26.55\text{mm}^2$$

初步选LJ–35型铝绞线。

（2）按发热条件进行校验　线路的最大负荷电流为AB段承载电流，其值为

$$I_{30} = \frac{\sqrt{(p_1 + p_2)^2 + (q_1 + q_2)^2}}{\sqrt{3} U_N} = \frac{\sqrt{(1000 + 500)^2 + (800 + 200)^2}}{\sqrt{3} \times 10}\text{A} = 104\text{A}$$

查表A-10和表A-12知，35℃时LJ–35型铝绞线的允许载流量为$K_\theta I_{al} = 0.88 \times 170\text{A} = 149.6\text{A} > 104\text{A}$，故满足发热条件。

（3）按机械强度进行校验　查表3-2知，10kV架空铝绞线的最小截面为$25\text{mm}^2 < 35\text{mm}^2$，故满足机械强度要求。

四、按经济电流密度选择导线截面

导线截面越大，线路的功率损耗和电能损耗越小，但是线路投资和有色金属消耗量都要增加；反之，导线截面越小，线路投资和有色金属消耗量越少，但是线路的功率损耗和电能损耗却要增大。线路投资和电能损耗都影响年运行费。因此，综合以上两种情况，使年运行费用达到最小、初投资费用又不过大而确定的符合总经济利益的导线截面，称为经济截面，用A_{ec}表示。

对应于经济截面的导线电流密度，称为经济电流密度，用j_{ec}表示。我国现行的经济电流密度规定见表3-3。

表3-3　经济电流密度　（单位：A/mm^2）

导线材料	年最大负荷利用小时数/h		
	<3000	3000～5000	>5000
铝线	1.65	1.15	0.9
铜线	3.00	2.25	1.75
铝芯电缆	1.92	1.73	1.54
铜芯电缆	2.50	2.25	2.00

图3-24是线路年运行费用F与导线截面A的关系曲线。其中，曲线1表示年折旧费和线路的年维修管理费之和与导线截面的关系曲线；曲线2表示线路的年电能损耗费与导线截面的关系曲线；曲线3为曲线1与曲线2的叠加，表示线路的年运行费与导线截面的关系曲线。由图3-24可以看出，曲线3的最低点（a点）的年运行费用F_a具有最小值，

但与 a 点相对应的导线截面 A_a 并不一定是最为经济合理的截面，因为曲线 3 在 a 点附近比较平坦。如果将导线截面再选小一些，如选为 A_b（b 点），年运行费 F_b 增加不多，但导线截面（即有色金属消耗量）却减少很多。因此从综合经济效益考虑，导线截面选 A_b 比选 A_a 更为经济合理，即 A_b 为经济截面。

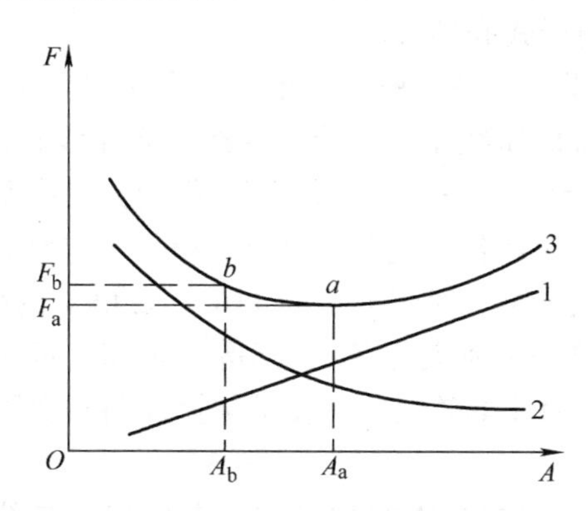

图 3-24 线路年运行费用 F 与导线截面 A 的关系曲线

按经济电流密度选择导线截面时，可按下式计算：

$$A_{ec}=\frac{I_{30}}{j_{ec}} \tag{3-48}$$

式中，I_{30} 为线路通过的计算电流。

根据式（3-48）计算出经济截面 A_{ec} 后，应选最接近而又偏小一点的标准截面，这样可节省初投资和有色金属消耗量。

例 3-2 有一条长 15km 的 35kV 架空线路，计算负荷为 4850kW，功率因数为 0.8，年最大负荷利用小时数为 4600h。试按经济电流密度选择其导线截面，并校验其发热条件和机械强度。

解：（1）按经济电流密度选择导线截面 线路的计算电流为

$$I_{30}=\frac{P_{30}}{\sqrt{3}U_N\cos\varphi}=\frac{4850}{\sqrt{3}\times35\times0.8}\ \text{A}=100\text{A}$$

由表 3-3，查得 $j_{ec}=1.15\ \text{A/mm}^2$，因此，导线的经济截面为

$$A_{ec}=\frac{100}{1.15}\text{mm}^2=87\text{mm}^2$$

选用与 87mm² 接近的标准截面 70mm²，即选 LGJ–70 型钢芯铝绞线。

（2）校验发热条件 查表 A-10 知，LGJ–70 钢芯铝绞线的允许载流量（室外 25℃）$I_{al}=275\text{A}>I_{30}=100\text{A}$，因此发热条件满足要求。

（3）校验机械强度 查表 3-2 知，35kV 钢芯铝绞线的最小允许截面为 35mm²，因此所选 LGJ–70 钢芯铝绞线满足机械强度要求。

本章小结

1. 电力网的接线方式按其布置方式可分为放射式、树干式、链式、环式及两端供电式接线；按其对负荷供电可靠性的要求可分为无备用接线和有备用接线。高压配电系统常用的接线方式有放射式、树干式和环式。

2. 架空线路主要由导线、杆塔、横担、绝缘子和金具等部件组成。导线可分为裸导线和绝缘导线两大类，通常低压线路采用绝缘导线，高压线路采用裸导线。其中在 10kV 及以下线路上一般采用铝绞线，在 35kV 及以上线路一般采用钢芯铝绞线。

3. 电力线路和变压器的参数包括电阻、电抗、电导和电纳。对于 35kV 及以下的架空线路，通常采用一字形等效电路；对于电压为 110 ～ 220kV 的架空线路，通常采用 Π 形或 T 形等效电路；双绕组变压器通常采用 Γ 形等效电路，但 35kV 及以下的变压器，可忽略励磁支路的损耗，采用简化等效电路。要求掌握线路和变压器的各种等效电路的应用场合及相应的参数计算。

4. 电压降落是指线路始末端电压的相量差；电压损失是线路始末端电压的代数差。要求掌握地方电力网电压损失的计算方法。

5. 进行输电线路导线截面选择时，应满足发热条件、电压损失条件、机械强度条件和经济条件要求。对于 35kV 及以上高压线路，一般先按经济电流密度选择截面，然后再校验其他条件；对于供电线路较长的 6 ～ 10kV 线路和低压照明线路，先按允许电压损失条件选择截面，再校验其他条件；对于供电线路较短的 6 ～ 10kV 线路和低压动力线路，则先按发热条件选择截面，再校验其他条件。

思考题与习题

3-1　试比较架空线路和电缆线路的优缺点。

3-2　架空线路由哪几部分组成？各部分的作用是什么？

3-3　什么是电压降落？什么是电压损失？

3-4　导线截面选择的基本原则是什么？

3-5　什么是经济截面？如何按经济电流密度来选择导线和电缆截面？

3-6　有一条 110kV 的双回架空线路，长度为 100km，导线型号为 LGJ–150，计算外径为 16.72mm，水平排列，相间距离为 4m，试计算线路参数并绘制其 Π 形等效电路。

3-7　某变电所装有一台 S11–3150/35 型的三相双绕组变压器，额定电压为 35/10.5kV，试求变压器的阻抗及导纳参数，并绘制其等效电路。

3-8　某降压变电所装有一台 SFSZ9–40000/110 型、容量比为 100/100/100 的三绕组变压器，试求变压器等效电路中各支路的电抗（归算到 110kV 侧）。

3-9　某 10kV 线路如图 3-25 所示，已知导线型号为 LJ–50，线间几何均距为 1m，$p_1 = 250$ kW，$p_2 = 400$ kW，$p_3 = 300$ kW，全部用电设备的 $\cos\varphi = 0.8$，试求该线路的电压损失。

3-10　一条 10kV 线路向两个用户供电，允许电压损失为 5%，环境温度为 30℃，其他参数如图 3-26 所示，若用相同截面的 LJ 型架空线路，试按允许电压损失选择其导线截面，并按发热条件和机械强度进行校验。

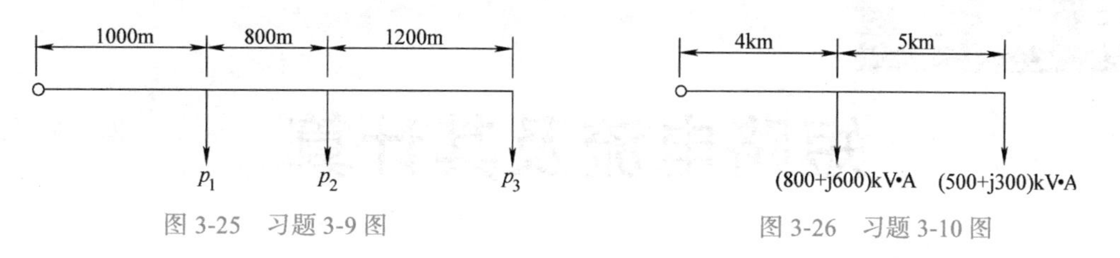

图 3-25　习题 3-9 图

图 3-26　习题 3-10 图

3-11　某 110kV 架空线路，输送功率为 20MW，功率因数为 0.85，年最大负荷利用小时数为 5500h，试按经济电流密度选择其 LGJ 型钢芯铝绞线的导线截面。

第四章 短路电流及其计算

本章主要介绍电力系统短路故障的基本概念及其计算方法。短路电流计算是电力系统设计和运行的基础，它对电气设备选择及继电保护整定都有重要意义，因此必须牢固掌握。

第一节 概述

一、短路的原因及其后果

短路（short circuit）是电力系统中最常见和最严重的一种故障（fault）。所谓短路，是指电力系统正常情况以外的一切相与相之间或相与地之间发生通路的情况。

引起短路的主要原因是电气设备载流部分绝缘损坏。引起绝缘损坏的原因有：各种形式的过电压（如遭到雷击）、绝缘材料的自然老化、遭受机械损伤以及设备运行维护不良等。此外，运行人员由于未遵守安全操作规程而带来的误操作（如带负荷拉刀开关、线路或设备检修后未拆除地线而送电等）、鸟兽跨接在裸露的载流部分以及风、雪、雨、雹等自然现象均会引起短路故障。

电力系统发生短路时，由于系统的总阻抗大为减小，因此伴随短路所产生的基本现象是：电流剧烈增加，短路电流为正常工作电流的几十倍甚至几百倍，在大容量电力系统中发生短路时，短路电流可高达几万安甚至几十万安。在电流急剧增加的同时，系统中的电压将大幅度下降，如发生三相短路时，短路点的电压将降到零。

由于短路时有上述现象发生，因此短路所引起的后果是破坏性的。具体表现在：

1）短路电流所产生的热效应使设备发热急剧增加，短路持续时间较长时，可使设备因过热而损坏甚至烧毁。

2）短路电流产生很大的电动力，可引起设备机械变形、扭曲甚至损坏。

3）短路时系统电压大幅度下降，将严重影响用户的正常工作。电力系统中最主要的负荷是异步电动机，电压降低时其电磁转矩将显著减小，转速随之下降或停转，造成产品报废甚至设备损坏。

4）短路情况严重时，可使系统中的功率分布突然发生变化，导致并列运行的发电厂失去同步，破坏系统的稳定性，造成大面积停电。

5）发生不对称短路时，不平衡电流所产生的不平衡磁场会对邻近的平行线路（通信线路、铁道信号系统等）产生电磁干扰，影响其正常工作。

由此可见，对短路过程的研究具有十分重要的意义。实际上，在电力系统设计和运行的许多工作中，都必须有短路计算的结果作为依据，例如：选择合理的电气接线图，选择有足够动稳定度和热稳定度的电气设备及载流导体，合理配置各种继电保护和自动装置并正确地整定其参数等。因此，深入研究有关短路问题的理论及其计算方法是很有必要的。

二、短路的种类

在三相系统中，可能发生的短路有三相短路、两相短路、单相接地短路和两相接地短路，分别用 $k^{(3)}$、$k^{(2)}$、$k^{(1)}$ 和 $k^{(1,1)}$ 表示。三相短路是对称短路，其他类型的短路都是不对称短路。

各种短路的示意图如图 4-1 所示。

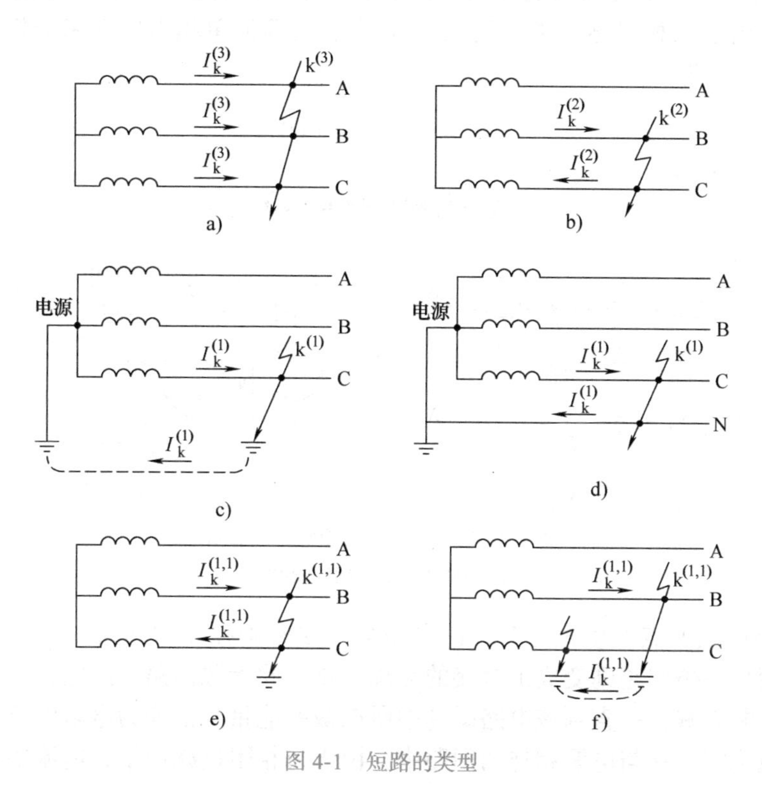

图 4-1 短路的类型

a）三相短路 b）两相短路 c）、d）单相接地短路 e）、f）两相接地短路

运行经验表明，在电力系统各种短路故障中，单相接地短路占大多数（大约占 80%），而三相短路的机会最少（只占 5%），但三相短路故障对系统造成的后果最为严重，必须给予足够的重视。此外，三相短路计算又是一切不对称短路计算的基础。事实上，从以后的分析计算中可以看出，一切不对称短路的计算，都是应用对称分量法将其转化为对称短路来计算的。因此，对三相短路的研究具有重要的意义。

第二节　无限容量系统三相短路暂态分析

一、由无限容量系统供电时三相短路的物理过程

无限容量系统（infinite system）亦称无限大功率电源，它是一个相对概念，真正的无限大功率电源是不存在的。当电源的容量足够大时，其等值内阻抗就很小，这时若在电源外部发生短路，则整个短路回路中各个元件（如线路、变压器、电抗器等）的等值阻抗将比电源内阻抗大得多，因而电源母线上的电压变化甚微，甚至可认为没有变化，即认为它是一个恒压源。在短路计算中，当电源内阻抗不超过短路回路总阻抗的 10% 时，就可以认为该电源是无限大功率电源。

图 4-2a 所示为一由无限大功率电源供电的三相对称电路。短路发生前，电路处于某一稳定状态，由于三相对称，可以用图 4-2b 所示的等值单相电路图来分析。系统中的 a 相电压和电流分别为

$$u_a = U_m \sin(\omega t + \alpha) \tag{4-1}$$

$$i_a = I_m \sin(\omega t + \alpha - \varphi) \tag{4-2}$$

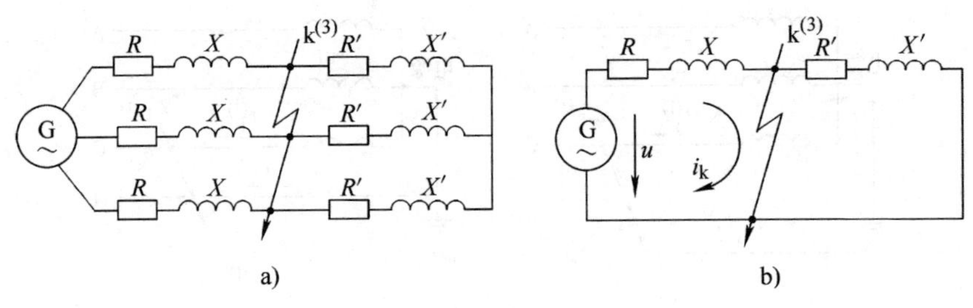

图 4-2　无限容量系统中的三相短路

a）三相电路　b）等值单相电路

当在电路中的 k 点发生短路时，此电路被分成两条独立的回路。其中一条回路仍与电源相连，而另一条回路则变成被短接的无源回路，此无源回路中的电流将从短路发生瞬间的初始值不断衰减，一直到该电路磁场中所储藏的能量全部变为电阻中所消耗的热能为止，电流衰减到零。在与电源相连的回路中，由于每相阻抗减小了，电流要在短时间内增大，电流的变化应符合以下微分方程：

$$Ri_k + L\frac{di_k}{dt} = U_m \sin(\omega t + \alpha) \tag{4-3}$$

解此微分方程得

$$i_k = \frac{U_m}{Z}\sin(\omega t + \alpha - \varphi_k) + Ce^{-\frac{t}{T_a}} = I_{pm}\sin(\omega t + \alpha - \varphi_k) + Ce^{-\frac{t}{T_a}} = i_p + i_{np} \tag{4-4}$$

式中，i_p 为短路电流的周期分量（periodic component）；I_{pm} 为周期分量电流的幅值，

$I_{pm}=U_m/Z$；i_{np} 为短路电流的非周期分量（aperiodic component）；T_a 为非周期分量电流的衰减时间常数，$T_a=L/R$；α 为电源电压的相位角（合闸相位角）；Z 为电源至短路点的阻抗，$Z=\sqrt{R^2+(\omega L)^2}$；$\varphi_k$ 为短路电流与电压之间的相角；C 为积分常数，由初始条件决定。

在含有电感的电路中，电流不能突变，短路前一瞬间的电流应与短路后一瞬间的电流相等。将 $t=0$ 分别代入式（4-2）和式（4-4）中，得

$$I_m\sin(\alpha-\varphi)=I_{pm}\sin(\alpha-\varphi_k)+C \tag{4-5}$$

所以

$$C=I_m\sin(\alpha-\varphi)-I_{pm}\sin(\alpha-\varphi_k)=i_{np0} \tag{4-6}$$

式中，i_{np0} 为非周期分量电流的初始值；φ 为短路前电流与电压之间的相角。

将式（4-6）代入式（4-4）中，即得短路全电流的表达式为

$$i_k=I_{pm}\sin(\omega t+\alpha-\varphi_k)+[I_m\sin(\alpha-\varphi)-I_{pm}\sin(\alpha-\varphi_k)]e^{-\frac{t}{T_a}} \tag{4-7}$$

在短路回路中，通常电抗远大于电阻，可认为 $\varphi_k\approx 90°$，将它代入式（4-7）可得

$$i_k=-I_{pm}\cos(\omega t+\alpha)+[I_m\sin(\alpha-\varphi)+I_{pm}\cos\alpha]e^{-\frac{t}{T_a}} \tag{4-8}$$

分析式（4-8）可知，当非周期分量电流的初始值最大时，短路全电流的瞬时值为最大，短路情况最严重，其必备的条件是：①短路前空载（即 $I_m=0$）；②短路正好发生在电源电压过零（即 $\alpha=0$）时。

将 $I_m=0$ 和 $\alpha=0$ 代入式（4-8）得

$$i_k=-I_{pm}\cos\omega t+I_{pm}e^{-\frac{t}{T_a}} \tag{4-9}$$

根据式（4-9），可绘制短路电流的变化曲线，如图 4-3 所示。

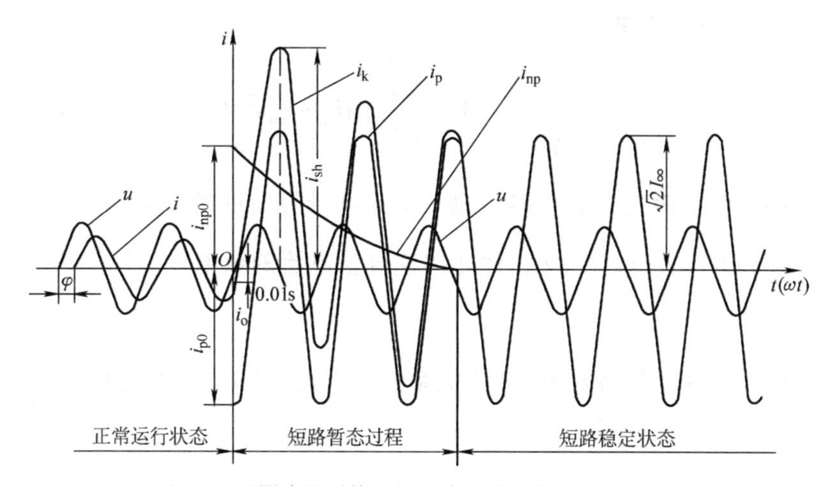

图 4-3　无限容量系统三相短路时的短路电流变化曲线

二、三相短路冲击电流

在最严重短路情况下，三相短路电流的最大瞬时值称为冲击电流（impulse current)，用 i_{sh} 表示。由图 4-3 可知，这一电流将在短路发生后约半个周期（即 $t=0.01\text{s}$）出现。所以冲击电流为

$$i_{sh}=I_{pm}+I_{pm}e^{-\frac{0.01}{T_a}}=I_{pm}\left(1+e^{-\frac{0.01}{T_a}}\right)=\sqrt{2}K_{sh}I_p \tag{4-10}$$

式中，I_p 为短路电流周期分量有效值；K_{sh} 为短路电流冲击系数（impact coefficient)，$K_{sh}=1+e^{-\frac{0.01}{T_a}}$，它表示冲击电流对周期分量幅值的倍数。

当回路内仅有电抗，而电阻 $R=0$ 时，$K_{sh}=2$，意味着短路电流的非周期分量不衰减；当回路内仅有电阻，而电感 $L=0$ 时，$K_{sh}=1$，意味着不产生非周期分量。因此，当时间常数 T_a 的值由零变到无限大时，$1<K_{sh}<2$。

在工程计算中，当在高压电网中短路时，取 $K_{sh}=1.8$，但在发电机端部短路时，取 $K_{sh}=1.9$；在低压电网中短路时，取 $K_{sh}=1.3$。

当 $K_{sh}=1.9$ 时 $$i_{sh}=2.69I_p \tag{4-11}$$

当 $K_{sh}=1.8$ 时 $$i_{sh}=2.55I_p \tag{4-12}$$

当 $K_{sh}=1.3$ 时 $$i_{sh}=1.84I_p \tag{4-13}$$

冲击短路电流主要是用于校验电气设备和载流导体的动稳定度。

三、短路电流的最大有效值

在短路过程中，任一时刻 t 的短路电流有效值 I_{kt}，是指以时刻 t 为中心的一个周期内短路全电流瞬时值的方均根值，即

$$I_{kt}=\sqrt{\frac{1}{T}\int_{t-\frac{T}{2}}^{t+\frac{T}{2}}i_k^2\mathrm{d}t}=\sqrt{\frac{1}{T}\int_{t-\frac{T}{2}}^{t+\frac{T}{2}}(i_{pt}+i_{npt})^2\mathrm{d}t} \tag{4-14}$$

实用计算中，为了简化 I_{kt} 的计算，通常假设在计算所取的一个周期内周期分量电流的幅值为常数，即 $I_{pt}=I_p=I_{pm}/\sqrt{2}$，而非周期分量电流的数值在该周期内恒定不变且等于该周期中点的瞬时值，即 $I_{npt}=i_{npt}$。

根据上述假设条件，并将 I_{pt} 和 I_{npt} 的关系式代入式（4-14），经过积分和代数运算后，可得

$$I_{kt} = \sqrt{I_{pt}^2 + I_{npt}^2} = \sqrt{I_p^2 + i_{npt}^2} \quad (4\text{-}15)$$

由图 4-3 可见，短路电流的最大有效值也是发生在短路后半个周期（$t = 0.01s$）时，此时的 I_{kt} 就是冲击电流的有效值 I_{sh}，即

$$I_{sh} = \sqrt{I_p^2 + i_{np(t=0.01)}^2} \quad (4\text{-}16)$$

式中，$i_{np(t=0.01)}$ 为三相短路电流非周期分量在 $t = 0.01s$ 时的瞬时值，其值为

$$i_{np(t=0.01)} = I_{pm} e^{-\frac{0.01}{T_a}} = \sqrt{2} I_p (K_{sh} - 1) \quad (4\text{-}17)$$

将式（4-17）代入式（4-16）中，得

$$I_{sh} = \sqrt{I_p^2 + [\sqrt{2}(K_{sh} - 1) I_p]^2} = I_p \sqrt{1 + 2(K_{sh} - 1)^2} \quad (4\text{-}18)$$

当 $K_{sh} = 1.9$ 时　　$I_{sh} = 1.62 I_p$　（4-19）

当 $K_{sh} = 1.8$ 时　　$I_{sh} = 1.51 I_p$　（4-20）

当 $K_{sh} = 1.3$ 时　　$I_{sh} = 1.09 I_p$　（4-21）

短路电流的最大有效值常用于校验某些电气设备的断流能力或耐压强度。

四、三相短路稳态电流

三相短路稳态电流是指短路电流非周期分量衰减完后的短路全电流，其有效值用 I_∞ 表示。

在无限大容量系统中，由于系统母线电压维持不变，所以短路后任何时刻的短路电流周期分量有效值（习惯上用 I_k 表示）始终不变，所以有

$$I'' = I_{0.2} = I_\infty = I_p = I_k \quad (4\text{-}22)$$

式中，I'' 为次暂态短路电流或超瞬变短路电流，它是短路瞬间（$t = 0s$）时三相短路电流周期分量的有效值；$I_{0.2}$ 为短路后 0.2s 时三相短路电流周期分量的有效值。

第三节　无限大容量系统三相短路电流计算

一、概述

在短路电流计算中，各电气量如电流、电压、阻抗、功率（或容量）等的数值，可以用有名值表示，也可以用标幺值表示。为了计算方便，通常在 1kV 以下的低压系统中宜采用有名值，而高压系统中由于有多个电压等级，存在电抗换算问题，所以宜

采用标幺值。

在高压电网中短路电流的计算中，通常总电抗远大于总电阻，所以一般可以只计各主要元件的电抗而忽略其电阻，只有当短路回路的总电阻 $R_{\Sigma} > X_{\Sigma}/3$ 时才需计及电阻。

二、标幺制的概念

所谓标幺制（per–unit system），就是把各个物理量均用标幺值来表示的一种相对单位制。某一物理量的标幺值，等于它的实际值与所选定的基准值的比值，即

$$标幺值=\frac{有名值}{基准值} \tag{4-23}$$

在进行标幺值计算时，首先要选定基准值。基准值原则上可以任意选定，但因物理量之间有内在的必然联系，所以并非所有的基准值都可以任意选取。在短路计算中经常用到的四个物理量是容量 S、电压 U、电流 I 和电抗 X。通常先选定基准容量 S_d 和基准电压 U_d，则基准电流 I_d 和基准电抗 X_d 分别为

$$I_d=\frac{S_d}{\sqrt{3}U_d} \tag{4-24}$$

$$X_d=\frac{U_d}{\sqrt{3}I_d}=\frac{U_d^2}{S_d} \tag{4-25}$$

在工程计算中，为了计算方便，常取基准容量 $S_d=100\text{MV}\cdot\text{A}$，基准电压用各级线路的平均额定电压，即 $U_d=U_{av}$。通常线路的平均额定电压为其额定电压的 1.05 倍，见表 4-1。

表 4-1　线路的额定电压与平均额定电压

额定电压 U_N/kV	0.38	3	6	10	35	110	220	330	500
平均额定电压 U_{av}/kV	0.4	3.15	6.3	10.5	37	115	230	345	525

三、不同基准标幺值之间的换算

在产品样本中，电力系统中各电气设备如发电机、变压器、电抗器等所给出的标幺值，都是以其本身额定值（额定容量 S_N、额定电压 U_N）为基准的标幺值或百分值，即额定标幺值。由于各电气设备的额定值往往不尽相同，基准值不同的标幺值是不能直接进行运算的，因此，必须把不同基准值的标幺值换算成统一基准值的标幺值。

换算的方法是：先将以额定值为基准的标幺值还原为有名值，比如对于电抗，若已知其额定标幺值为 X_N^*，则其有名值 X 为

$$X = X_N^* X_N = X_N^* \frac{U_N^2}{S_N} \tag{4-26}$$

在选定了基准容量S_d和基准电压U_d后，则以此为基准的电抗标幺值为

$$X_d^* = \frac{X}{X_d} = X\frac{S_d}{U_d^2} = X_N^* \frac{U_N^2}{S_N}\frac{S_d}{U_d^2} \tag{4-27}$$

在近似计算时，通常取$U_d = U_N = U_{av}$，则式（4-27）可简化为

$$X_d^* = X_N^* \frac{S_d}{S_N} \tag{4-28}$$

四、电力系统各元件电抗标幺值的计算

1. 发电机或系统的电抗标幺值

发电机的次暂态电抗X_G''通常是已知的，X_G''实际上就是以发电机额定值为基准的电抗标幺值，若发电机的额定容量为S_{NG}，则换算到基准值下的发电机电抗标幺值X_G为

$$X_G^* = X_G'' \frac{S_d}{S_{NG}} \tag{4-29}$$

对于无限大容量系统，其内部电抗分为两种情况：①若不知道系统（电源）的短路容量，可认为系统电抗为零；②若已知系统（电源）母线处的短路容量S_k（当S_k未知时，也可由系统变电所高压馈电线出口处断路器的断流容量S_{oc}代替）及平均电压U_{av}，系统电抗可由下式求得：

$$X_S = \frac{U_{av}^2}{S_k} = \frac{U_{av}^2}{S_{oc}} \tag{4-30}$$

则系统电抗的标幺值为

$$X_S^* = \frac{X_S}{X_d} = \frac{U_{av}^2/S_k}{U_d^2/S_d} = \frac{S_d}{S_k} = \frac{S_d}{S_{oc}} \tag{4-31}$$

2. 电力线路的电抗标幺值

若已知线路长度、单位长度电抗值和线路所在区段的平均电压，可按下式求出其电抗标幺值

$$X_{WL}^* = \frac{X_{WL}}{X_d} = x_1 l \frac{S_d}{U_d^2} = x_1 l \frac{S_d}{U_{av}^2} \tag{4-32}$$

3. 变压器的电抗标幺值

变压器通常给出额定容量、额定电压和短路电压百分数 $U_k\%$，由于

$$U_k\% = \frac{U_k}{U_N}\times 100 \approx \frac{\sqrt{3}I_N X_T}{U_N}\times 100 = X_{NT}^* \times 100$$

所以

$$X_T^* = X_{NT}^* \frac{S_d}{S_{NT}} = \frac{U_k\%}{100}\frac{S_d}{S_{NT}} \tag{4-33}$$

式中，S_{NT} 为变压器的额定容量；X_{NT}^* 为变压器的额定电抗标幺值。

4. 电抗器的电抗标幺值

电抗器通常给出额定电压 U_{NL}、额定电流 I_{NL} 和电抗百分数 $X_L\%$，其中

$$X_L\% = \frac{\sqrt{3}I_{NL}X_L}{U_{NL}}\times 100 = \frac{X_L}{X_N}\times 100 = X_{NL}^* \times 100$$

所以

$$X_L^* = \frac{X_L}{X_d} = \frac{X_L\%}{100}\frac{U_{NL}}{\sqrt{3}I_{NL}}\frac{S_d}{U_d^2} = \frac{X_L\%}{100}\frac{S_d}{S_{NL}}\frac{U_{NL}^2}{U_d^2} = X_{NL}^*\frac{S_d}{S_{NL}}\frac{U_{NL}^2}{U_{av}^2} \tag{4-34}$$

式中，S_{NL} 为电抗器的额定容量，$S_{NL} = \sqrt{3}U_{NL}I_{NL}$。

五、不同电压等级电抗标幺值的关系

在实际的电力系统中，往往有多个不同电压等级的线路，它们之间通过变压器相连。在进行短路电流计算时，必须把不同电压等级中各个元件的电抗都归算到同一个电压等级，即全部归算到所谓基本电压级。下面以图 4-4 所示的具有三个电压等级的电力网为例说明换算的基本方法。

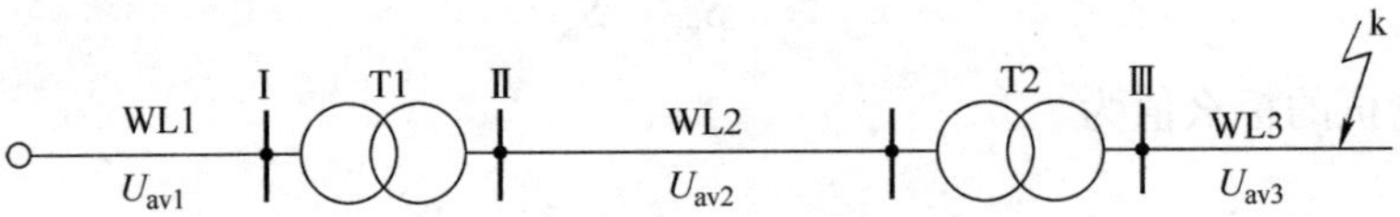

图 4-4　具有三个电压等级的电力网

设短路发生在第Ⅲ段线路，取 $U_d = U_{av3}$，则第Ⅰ段内的线路 WL1 的电抗 X_1 折算到短路点的电抗 X_1' 为

$$X_1' = X_1 K_{T1}^2 K_{T2}^2 = X_1\left(\frac{U_{av2}}{U_{av1}}\right)^2\left(\frac{U_{av3}}{U_{av2}}\right)^2 = X_1\left(\frac{U_{av3}}{U_{av1}}\right)^2$$

则 X_1 折算到第Ⅲ段的标幺值为

$$X_1^* = \frac{X_1'}{X_d} = X_1\left(\frac{U_{av3}}{U_{av1}}\right)^2 \frac{S_d}{U_{av3}^2} = X_1 \frac{S_d}{U_{av1}^2} \tag{4-35}$$

式（4-35）说明：不论在哪一电压级发生短路，各段元件参数的标幺值只需用元件所在级的平均电压作为基准电压来计算，而无须再进行电压折算。即任何一个用标幺值表示的量，经变压器变换后数值不变。因此，采用标幺值进行短路计算时，短路回路中总电抗的标幺值可以直接由各元件的电抗标幺值相加而得，从而可使计算简化。

六、短路回路总电抗标幺值

将各元件的电抗标幺值求出后，就可以画出由电源到短路点的等效电路图，并对网络进行化简，最后求出短路回路总电抗标幺值X_Σ^*。图 4-5 就是图 4-4 的等效电路图。

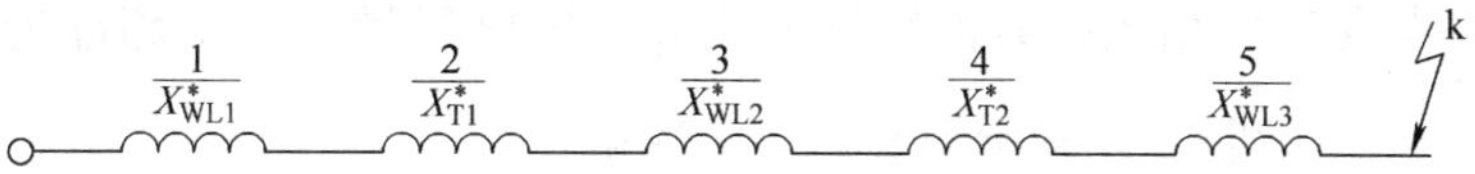

$\frac{1}{X_{WL1}^*}$　$\frac{2}{X_{T1}^*}$　$\frac{3}{X_{WL2}^*}$　$\frac{4}{X_{T2}^*}$　$\frac{5}{X_{WL3}^*}$　k

图 4-5　图 4-4 的等效电路图

应该指出，求电源到短路点的总电抗时，必须是电源与短路点直接相连的电抗，中间不经过公共电抗。当网络比较复杂时，需要对网络进行化简，求出电源至短路点直接相连的电抗（即转移电抗）。常用的网络化简方法有串、并联，星形－三角形变换以及利用电路的对称性来化简网络等。

七、无限大容量系统短路电流和短路容量的计算

1. 短路电流

根据标幺值的定义，短路电流的标幺值I_k^*为

$$I_k^* = \frac{I_k}{I_d} = \frac{U_{av}}{\sqrt{3}X_\Sigma}\bigg/\frac{U_d}{\sqrt{3}X_d} = \frac{U_{av}}{U_d}\bigg/\frac{X_\Sigma}{X_d} = \frac{1}{X_\Sigma^*} \tag{4-36}$$

式（4-36）说明，短路电流的标幺值等于短路回路总电抗标幺值的倒数。

求出I_k^*后，再乘以基准电流I_d，就可得出短路电流的有名值I_k，即

$$I_k = I_d I_k^* = \frac{S_d}{\sqrt{3}U_d}\frac{1}{X_\Sigma^*} \tag{4-37}$$

2. 短路容量

短路容量也称短路功率，等于短路电流乘以短路处的正常工作电压（一般用平均额定电压），即

$$S_k = \sqrt{3}U_{av}I_k \tag{4-38}$$

若用标幺值表示，则为

$$S_k^* = \frac{S_k}{S_d} = \frac{\sqrt{3}U_{av}I_k}{\sqrt{3}U_dI_d} = \frac{I_k}{I_d} = I_k^* = \frac{1}{X_\Sigma^*} \tag{4-39}$$

式（4-39）说明，短路容量的标幺值等于短路电流的标幺值，也等于短路回路总电抗标幺值的倒数。

求出 S_k^* 后，再乘以基准容量 S_d，就可得出短路容量的有名值 S_k，即

$$S_k = S_d S_k^* = \frac{S_d}{X_\Sigma^*} \tag{4-40}$$

短路容量主要用于校验断路器的断流能力。

例 4-1 试求图 4-6 所示供电系统中，总降压变电所 10kV 母线上 k_1 点和车间变电所 380V 母线上 k_2 点发生三相短路时的短路电流 I_k、短路容量 S_k、短路冲击电流 i_{sh} 及冲击电流有效值 I_{sh}。图中标明了计算所需要的技术数据。

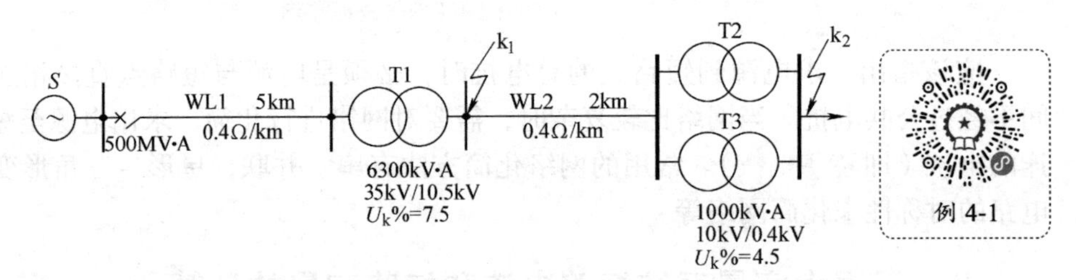

图 4-6 例 4-1 接线图

解：（1）选取基准容量 $S_d = 100\text{MV}\cdot\text{A}$，各段的基准电压取其所在线路的平均额定电压，即 $U_d = U_{av}$，则各元件电抗标幺值为

电力系统 $X_1^* = \frac{100}{500} = 0.2$

线路 WL1 $X_2^* = 0.4 \times 5 \times \frac{100}{37^2} = 0.146$

变压器 T1 $X_3^* = \frac{7.5}{100} \times \frac{100}{6.3} = 1.19$

线路 WL2 $X_4^* = 0.4 \times 2 \times \frac{100}{10.5^2} = 0.726$

变压器 T2、T3 $X_5^* = X_6^* = \frac{4.5}{100} \times \frac{100}{1} = 4.5$

（2）绘制等效电路 如图 4-7 所示，图上标出各元件的序号和电抗标幺值，并标出短路计算点。

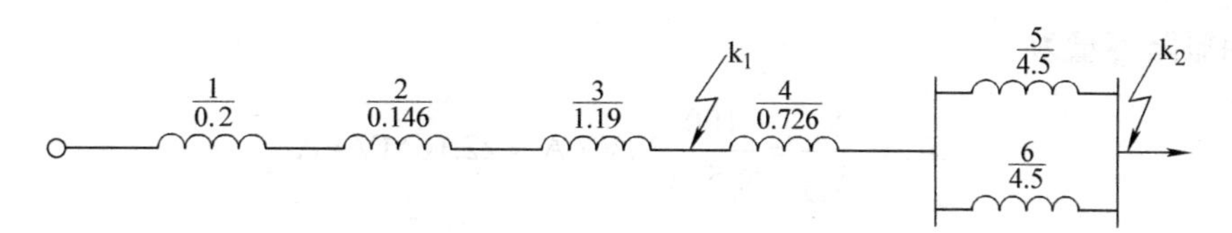

图 4-7　例 4-1 的短路等效电路图

（3）k_1 点短路　总电抗标幺值为

$$X_{\Sigma 1}^{*}=X_{1}^{*}+X_{2}^{*}+X_{3}^{*}=0.2+0.146+1.19=1.536$$

k_1 点所在处的线路平均额定电压为 10.5kV，对应的基准电流为

$$I_{d1}=\frac{100}{\sqrt{3}\times 10.5}\text{kA}=5.5\text{kA}$$

因此 k_1 点的三相短路电流为

$$I_{k1}=\frac{I_{d1}}{X_{\Sigma}^{*}}=\frac{5.5}{1.536}\text{kA}=3.58\text{kA}$$

冲击电流及其有效值为

$$i_{sh}=2.55I_{k1}=2.55\times 3.58\text{kA}=9.13\text{kA}$$

$$I_{sh}=1.51I_{k1}=1.51\times 3.58\text{kA}=5.41\text{kA}$$

三相短路容量为

$$S_{k1}=\frac{S_{d}}{X_{\Sigma 1}^{*}}=\frac{100}{1.536}\text{MV}\cdot\text{A}=65.1\text{MV}\cdot\text{A}$$

（4）k_2 点短路　总电抗标幺值为

$$X_{\Sigma 2}^{*}=X_{1}^{*}+X_{2}^{*}+X_{3}^{*}+X_{4}^{*}+\frac{X_{5}^{*}}{2}=0.2+0.146+1.19+0.726+\frac{4.5}{2}=4.512$$

k_2 点所在处的线路平均额定电压为 0.4kV，对应的基准电流为

$$I_{d2}=\frac{100}{\sqrt{3}\times 0.4}\text{kA}=144.3\text{kA}$$

因此 k_2 点的三相短路电流为

$$I_{k2}=\frac{I_{d2}}{X_{\Sigma 2}^{*}}=\frac{144.3}{4.512}\text{kA}=32\text{kA}$$

冲击电流及其有效值为

$$i_{sh}=1.84I_{k2}=1.84\times 32\text{kA}=58.88\text{kA}$$

$$I_{sh}=1.09I_{k2}=1.09\times 32\text{kA}=34.88\text{kA}$$

三相短路容量为

$$S_{k2} = \frac{S_d}{X_{\Sigma 2}^*} = \frac{100}{4.512}\text{MV} \cdot \text{A} = 22.16\text{MV} \cdot \text{A}$$

第四节　有限容量系统三相短路电流的实用计算

一、由有限容量系统供电时三相短路的物理过程

当向短路点输送短路电流的电源容量较小，或者短路点离电源很近时，这种情况称为有限容量系统（finite system）供电的短路。在此条件下，电源电压不可能维持恒定，因此，短路电流周期分量的幅值也将随时间而变化，短路的暂态过程将更为复杂。

短路电流周期分量的变化规律，与发电机是否装有自动调节励磁装置有关。如果发电机没有装设自动调节励磁装置，在短路过程中，由于发电机电枢反应的去磁作用增大，使定子电动势减小，因而使短路电流周期分量幅值和有效值逐渐减小，其变化曲线如图 4-8 所示。

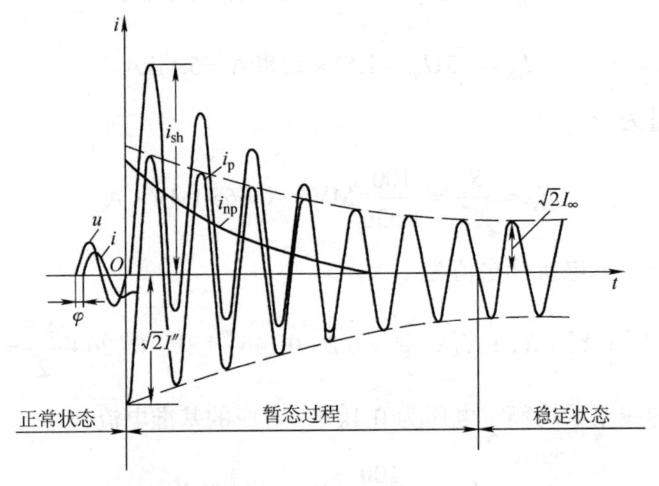

图 4-8　没有自动调节励磁装置时的三相短路暂态过程

现在的同步发电机一般均装有自动调节励磁装置，其作用是在发电机电压变动时，能自动调节励磁电流，维持发电机端电压在规定的范围内。但由于自动调节励磁装置有一定的动作时间，同时励磁回路有较大的电感，因此，励磁电流不能立即增大。实际上自动调节励磁装置是在短路后一定时间才开始起作用。所以，不论发电机有无自动调节励磁装置，在短路瞬间以及短路后几个周期内，短路电流变化情况是一样的。在有自动调节励磁装置的发电机电路中发生短路时，短路电流周期分量最初仍是减小，随着自动调节励磁装置的作用逐渐增大，最后过渡到稳态，其变化过程如图 4-9 所示。

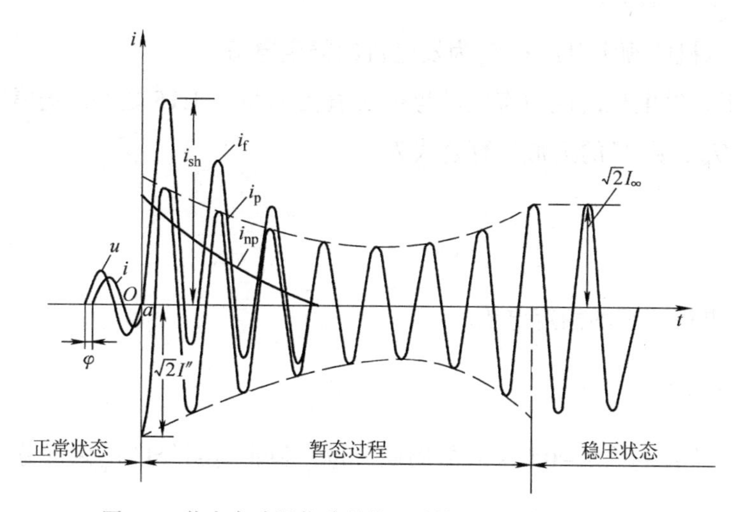

图 4-9　装有自动调节励磁装置时的三相短路暂态过程

短路点与发电机之间电气距离的大小可用短路回路的计算电抗 X_c^* 来表示，其数值可按下式计算

$$X_c^* = X_\Sigma^* \frac{S_{N\Sigma}}{S_d} \tag{4-41}$$

式中，$S_{N\Sigma}$ 为短路回路所连发电机的总容量；X_Σ^* 为短路回路总电抗标幺值；S_d 为基准容量。

由式（4-41）可见，计算电抗 X_c^* 与短路回路所连接全部发电机总容量 $S_{N\Sigma}$ 以及短路回路总电抗标幺值 X_Σ^* 有关。$S_{N\Sigma}$ 和 X_Σ^* 越大，则 X_c^* 越大，发电机电压下降得越小；反之则越大。显然，不同的 X_c^* 值对短路电流周期分量的变化有不同的影响。

二、起始次暂态短路电流和冲击电流的计算

1. 次暂态短路电流

次暂态短路电流 I'' 可按下式进行计算

$$I'' = \frac{E_d''}{\sqrt{3}(X_d'' + X_{ex})} \tag{4-42}$$

式中，E_d'' 为发电机的次暂态电动势；X_d'' 为发电机的次暂态电抗；X_{ex} 为发电机出口至短路点的外部电抗。

E_d'' 的近似理论计算式为

$$\dot{E}_d'' \approx \dot{U}_N + j\dot{I}_N X_d'' \tag{4-43}$$

式中，$\dot{U}_N$为发电机的额定电压；$\dot{I}_N$为发电机的额定电流。

一般情况下，发电机的次暂态电动势标幺值在1.05～1.15之间。通常，为简化计算，可近似取$E''_d \approx U_N$，则I''的近似计算公式为

$$I'' \approx \frac{U_N}{\sqrt{3}(X''_d + X_{ex})} \approx \frac{U_{av}}{\sqrt{3}(X''_d + X_{ex})} \tag{4-44}$$

式中，U_{av}为发电机的平均额定电压。

2. 短路冲击电流

短路冲击电流i_{sh}包含$t=0.01$s时的周期分量i_p和非周期分量i_{np}两部分，即

$$i_{sh} = i_{p(t=0.01)} + i_{np(t=0.01)} = \sqrt{2}K_{sh}I'' \tag{4-45}$$

对一般高压电网，取$K_{sh}=1.8$，则

$$i_{sh} = 2.55I'' \tag{4-46}$$

在发电机端部短路时，取$K_{sh}=1.9$，则

$$i_{sh} = 2.69I'' \tag{4-47}$$

三、任意时刻三相短路电流的计算——计算曲线法

在短路过程中，短路电流的非周期分量衰减很快，短路计算主要是针对短路电流的周期分量。但要想准确计算短路后任意时刻的短路电流周期分量有效值是很复杂的，在工程计算中多采用计算曲线法。计算曲线是表明三相短路过程中，不同时间短路点的短路电流周期分量有效值的标幺值I^*_{pt}与短路计算电抗X^*_c之间的函数关系，即$I^*_{pt}=f(t,X^*_c)$。因此，根据不同的计算电抗X^*_c，可在不同时间t的曲线上，查出相应的I^*_{pt}。

计算曲线按汽轮发电机和水轮发电机分别制作，为了便于查找，通常将这些曲线制成数字表格，见附录B。计算曲线只做到$X^*_c=3.45$为止，当$X^*_c>3.45$时，表明发电机离短路点电气距离很远，可近似认为短路电流周期分量已不随时间而变。

当网络中有多台发电机时，为了使计算工作简化，在工程计算中常采用合并电源的方法来简化网络。把短路电流变化规律大致相同的发电机尽可能多地合并起来，同时对于条件比较特殊的某些发电机给以个别的考虑。这样，根据不同的具体条件，可将网络中的电源分成几个组，每组都用一个等效发电机来代替。合并的主要原则是：距短路点的电气距离相差不大的同类型发电机可以合并；远离短路点的不同类型发电机可以合并；直接与短路点相连的发电机应单独考虑；无限大功率电源应单独考虑。

应用计算曲线计算短路电流的步骤如下：

（1）绘制等效网络　选取基准容量S_d和基准电压$U_d=U_{av}$，计算系统中各元件的电

抗标幺值。

（2）进行网络变换　按电源归并原则，将网络中的电源合并成若干组，每组用一个等效发电机代替，无限大功率电源单独考虑，通过网络变换求出各等效发电机对短路点的转移电抗X_{ik}^*（转移电抗是指连接电源与短路点之间的分支等效电抗）。

（3）求计算电抗　将转移电抗按各等效发电机的额定容量归算为计算电抗，即

$$X_{ci}^* = X_{ik}^* \frac{S_{Ni}}{S_d} \tag{4-48}$$

式中，S_{Ni}为第i台等效发电机中各发电机的额定容量之和。

（4）由计算曲线确定短路电流周期分量标幺值　根据各计算电抗和指定时刻t，从相应的计算曲线或对应的数字表格中查出各等效发电机提供的短路电流周期分量标幺值。

（5）计算短路电流周期分量的有名值　将（4）中各电流标幺值换算成有名值相加，即为所求时刻t的短路电流周期分量有名值。

例 4-2　图 4-10a 所示电力系统在 k 点发生三相短路，试求$t=0\text{s}$和$t=0.5\text{s}$时的短路电流。

例 4-2

已知各元件的型号和参数为：发电机 G1、G2 为汽轮发电机，每台容量为 31.25MV・A，$X_d''=0.13$，发电机 G3、G4 为水轮发电机，每台容量为 62.5MV・A，$X_d''=0.135$；变压器 T1、T2 每台容量为 31.5MV・A，$U_k\%=10.5$，变压器 T3、T4 每台容量为 63MV・A，$U_k\%=10.5$；母线电抗器 L 为 10kV，1.5kA，$X_L\%=8$；线路 WL1、WL2 的长度分别为 50km 和 80km，单位长度电抗为 0.4 Ω/km；无限大功率系统内电抗$X=0$。

解：（1）绘制等效电路

取$S_d=100\ \text{MV・A}$，$U_d=U_{av}$，则各元件电抗标幺值为

发电机 G1、G2　$$X_1^* = X_2^* = 0.13\times\frac{100}{31.25} = 0.416$$

变压器 T1、T2　$$X_3^* = X_4^* = 0.105\times\frac{100}{31.5} = 0.333$$

电抗器 L　$$X_5^* = \frac{8}{100}\times\frac{10}{\sqrt{3}\times 1.5}\times\frac{100}{10.5^2} = 0.279$$

线路 WL1　$$X_6^* = 0.4\times 50\times\frac{100}{115^2} = 0.151$$

线路 WL2　$$X_7^* = 0.4\times 80\times\frac{100}{115^2} = 0.242$$

变压器 T3、T4　$$X_8^* = X_9^* = 0.105\times\frac{100}{63} = 0.167$$

发电机 G3、G4　　$X_{10}^* = X_{11}^* = 0.135 \times \dfrac{100}{62.5} = 0.216$

各元件的电抗标幺值已标于等效电路图 4-10b 中。

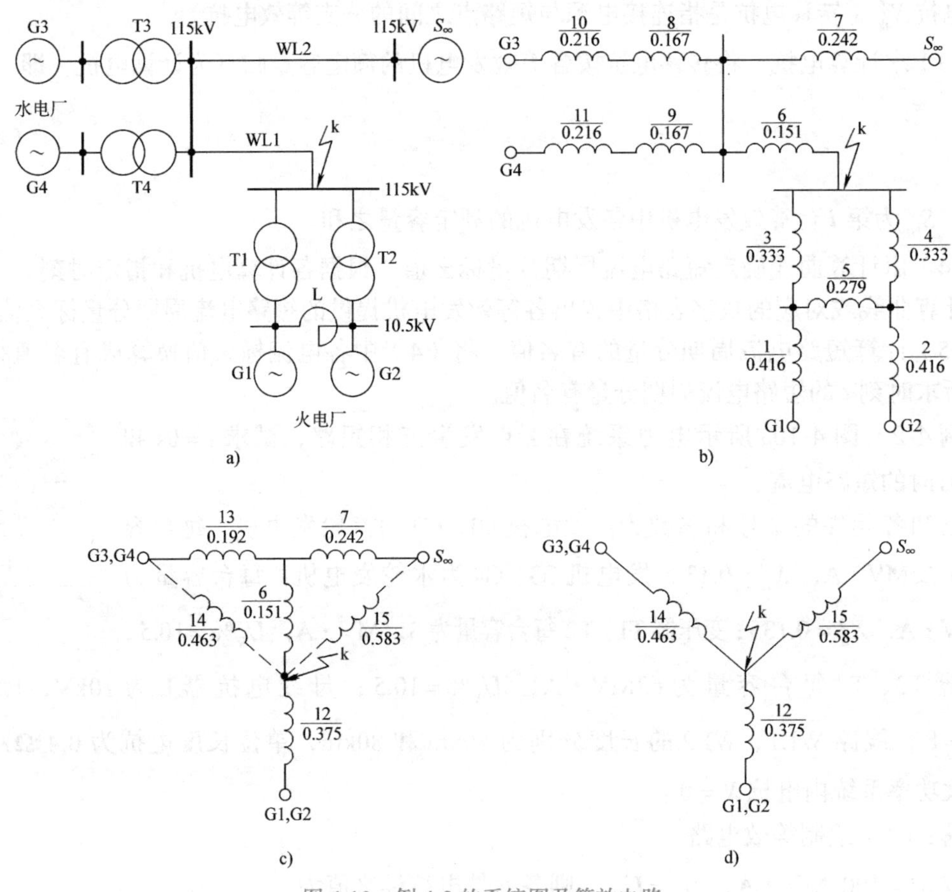

图 4-10　例 4-2 的系统图及等效电路

a）系统接线图　b）等效电路　c）化简后网络（I）　d）化简后网络（II）

（2）化简网络，求各电源到短路点的转移电抗

从图 4-10a 可以看出，由火电厂组成的等效电路对 k 点具有对称性。因此，发电机组 G1 和 G2 机端等电位，可以将其短接，并除去电抗器支路。G1 和 G2 可合并组成等效发电机组。G3 和 G4 距短路点较远，且具有相等的电气距离，可将其合并成另一等效发电机组。无限大功率系统不能与其他电源合并，只能单独处理。合并后的等效网络如图 4-10c 所示。

在图 4-10c 中，有

$$X_{12}^* = \frac{1}{2}(X_1^* + X_3^*) = \frac{1}{2} \times (0.416 + 0.333) = 0.375$$

$$X_{13}^* = \frac{1}{2}(X_8^* + X_{10}^*) = \frac{1}{2} \times (0.167 + 0.216) = 0.192$$

对图 4-10c 作Y－△变换，并除去电源间的转移电抗支路，可得到图 4-10d。在图 4-10d 中，有

$$X_{14}^{*}=0.151+0.192+\frac{0.151\times0.192}{0.242}=0.463$$

$$X_{15}^{*}=0.151+0.242+\frac{0.151\times0.242}{0.192}=0.583$$

因此，各等效发电机对短路点的转移电抗分别为

G1、G2 支路　　　　$X_{1k}^{*}=X_{12}^{*}=0.375$

G3、G4 支路　　　　$X_{2k}^{*}=X_{14}^{*}=0.463$

无限大功率系统　　　　$X_{3k}^{*}=X_{15}^{*}=0.583$

（3）求各电源的计算电抗

$$X_{c1}^{*}=0.375\times\frac{2\times31.25}{100}=0.234$$

$$X_{c2}^{*}=0.463\times\frac{2\times62.5}{100}=0.58$$

（4）查计算曲线数字表，并用插值法求短路电流周期分量标幺值

对汽轮发电机 G1、G2，$X_{c1}^{*}=0.234$，查表 B-1 可得

当 $X_{c}^{*}=0.22$ 时　　　　$I_{0}^{*}=4.938$，$I_{0.5}^{*}=2.951$

当 $X_{c}^{*}=0.24$ 时　　　　$I_{0}^{*}=4.526$，$I_{0.5}^{*}=2.816$

因此，当 $X_{c1}^{*}=0.234$ 时，$t=0\text{s}$ 和 $t=0.5\text{s}$ 时的短路电流周期分量标幺值分别为

$$I_{0}^{*}=4.526+\frac{4.938-4.526}{0.24-0.22}\times(0.24-0.234)=4.65$$

$$I_{0.5}^{*}=2.816+\frac{2.951-2.816}{0.24-0.22}\times(0.24-0.234)=2.86$$

同理，对水轮发电机 G3、G4，$X_{c2}^{*}=0.58$，查表 B-2 可得 $t=0\text{s}$ 和 $t=0.5\text{s}$ 时的短路电流周期分量标幺值分别为

$$I_{0}^{*}=1.802+\frac{1.938-1.802}{0.6-0.56}\times(0.6-0.58)=1.87$$

$$I_{0.5}^{*}=1.744+\frac{1.845-1.744}{0.6-0.56}\times(0.6-0.58)=1.79$$

对无限大功率系统

$$I_0^* = I_{0.5}^* = \frac{1}{X_{3k}^*} = \frac{1}{0.583} = 1.72$$

（5）计算短路电流有名值

归算到短路点的各等效电源的额定电流或基准电流为

G1、G2 支路 $$I_N = \frac{2\times 31.25}{\sqrt{3}\times 115}\text{kA} = 0.314\text{kA}$$

G3、G4 支路 $$I_N = \frac{2\times 62.5}{\sqrt{3}\times 115}\text{kA} = 0.628\text{kA}$$

无限大功率系统 $$I_d = \frac{100}{\sqrt{3}\times 115}\text{kA} = 0.502\text{kA}$$

因此，$t=0\text{s}$ 和 $t=0.5\text{s}$ 时的短路电流周期分量有名值分别为

$$I_0 = 4.65\times 0.314\text{kA} + 1.87\times 0.628\text{kA} + 1.72\times 0.502\text{kA} = 3.5\text{kA}$$

$$I_{0.5} = 2.86\times 0.314\text{kA} + 1.79\times 0.628\text{kA} + 1.72\times 0.502\text{kA} = 2.89\text{kA}$$

第五节 不对称短路电流计算简介

一、对称分量法

实际电力系统中的短路故障大多数是不对称的，为了保证电力系统及其各种电气设备的安全运行，必须进行各种不对称短路的分析和计算，以便为正确地选择系统的接线方案，选择继电保护装置及整定其参数提供依据。

不对称短路电流和电压的计算，通常采用对称分量法（symmetrical component method）。这种方法的基本原理是：任何一个三相不对称的系统都可以分解成三相对称的三个分量系统，即正序（positive sequence）、负序（negative sequence）和零序（zero sequence）分量系统。其中正序分量的相序与正常对称运行下的相序相同，而负序分量的相序则与正序相反，零序分量则三相同相位。对于每一个相序分量来说，都能独立地满足电路的欧姆定律和基尔霍夫定律，从而把不对称短路计算问题转化成各个相序下对称电路的计算问题。以三相不对称电流为例，可将其进行如下分解（以下标 1、2、0 分别表示各相的正、负、零三序对称分量）

$$\begin{cases} \dot{I}_a = \dot{I}_{a1} + \dot{I}_{a2} + \dot{I}_{a0} \\ \dot{I}_b = \dot{I}_{b1} + \dot{I}_{b2} + \dot{I}_{b0} \\ \dot{I}_c = \dot{I}_{c1} + \dot{I}_{c2} + \dot{I}_{c0} \end{cases} \tag{4-49}$$

令 $a = e^{j120^\circ} = -\frac{1}{2} + j\frac{\sqrt{3}}{2}$，$a^2 = e^{j240^\circ} = -\frac{1}{2} - j\frac{\sqrt{3}}{2}$，且有 $a^3 = 1$ 和 $1 + a + a^2 = 0$，则 B 相

和C相的各序分量都可用A相的序分量来表示，即 $\dot{I}_{b1}=a^2\dot{I}_{a1}$，$\dot{I}_{c1}=a\dot{I}_{a1}$，$\dot{I}_{b2}=a\dot{I}_{a2}$，$\dot{I}_{c2}=a^2\dot{I}_{a2}$，$\dot{I}_{b0}=\dot{I}_{c0}=\dot{I}_{a0}$，则式（4-49）可改写为

$$\begin{cases}\dot{I}_a=\dot{I}_{a1}+\dot{I}_{a2}+\dot{I}_{a0}\\ \dot{I}_b=a^2\dot{I}_{a1}+a\dot{I}_{a2}+\dot{I}_{a0}\\ \dot{I}_c=a\dot{I}_{a1}+a^2\dot{I}_{a2}+\dot{I}_{a0}\end{cases} \tag{4-50}$$

以矩阵形式表示，则

$$\begin{bmatrix}\dot{I}_a\\ \dot{I}_b\\ \dot{I}_c\end{bmatrix}=\begin{bmatrix}1 & 1 & 1\\ a^2 & a & 1\\ a & a^2 & 1\end{bmatrix}\begin{bmatrix}\dot{I}_{a1}\\ \dot{I}_{a2}\\ \dot{I}_{a0}\end{bmatrix} \tag{4-51}$$

其逆关系为

$$\begin{bmatrix}\dot{I}_{a1}\\ \dot{I}_{a2}\\ \dot{I}_{a0}\end{bmatrix}=\frac{1}{3}\begin{bmatrix}1 & a & a^2\\ 1 & a^2 & a\\ 1 & 1 & 1\end{bmatrix}\begin{bmatrix}\dot{I}_a\\ \dot{I}_b\\ \dot{I}_c\end{bmatrix} \tag{4-52}$$

这样，根据式（4-51）可以把三组三相对称相量合成三个不对称相量；而根据式（4-52）可以把三个不对称相量分解成三组三相对称相量。

由式（4-52）可知，在三相对称系统中，因三相量的和为零，所以不存在零序分量。因此，只有当三相电流（或电压）之和不等于零时才有零序分量。如果三相系统是三角形联结，或者是没有中性线的星形联结，三相线电流之和总为零，就不可能有零序分量电流。换言之，只有在有中性线的星形联结中才有可能 $\dot{I}_a+\dot{I}_b+\dot{I}_c\neq 0$，且中性线中的电流为三倍零序电流，即 $3\dot{I}_0$。

二、对称分量法在不对称短路计算中的应用

当电力系统的某一点发生不对称短路时，短路点将出现不对称的三相电压 $\dot{U}_a$、$\dot{U}_b$ 和 $\dot{U}_c$，利用式（4-52）可将其分解成三组各自对称的正序、负序和零序分量。这样，研究电力系统不对称短路只需取其中一相（通常选a相）来分析即可。设 $\dot{U}_{a1}$、$\dot{U}_{a2}$、$\dot{U}_{a0}$ 是从短路点的三相不对称电压中分解出来的各序电压对称分量，它们分别与相应序的电流对称分量成正比，因此，正序、负序和零序对称系统，都能独立地满足欧姆定律。也就是说，不同相序的对称分量之间是没有关系的，所以对正序、负序和零序系统可以分别绘制等效电路，通常称为序网络图，如图4-11所示。

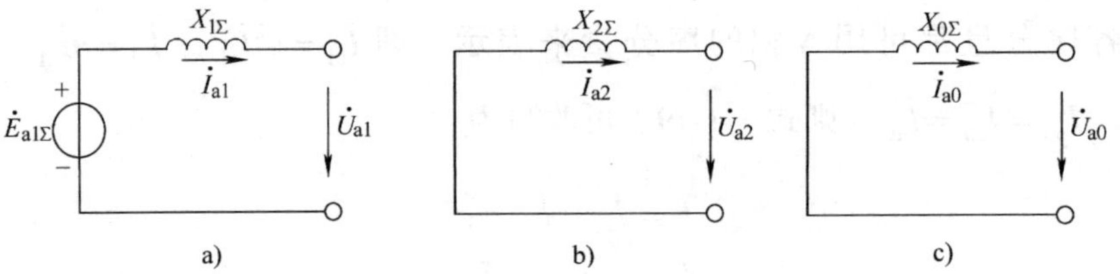

图 4-11　序网络图

a）正序网络　b）负序网络　c）零序网络

无论是正常情况还是故障情况，发电机的电动势总被认为是纯正弦的正序对称电动势，不存在负序和零序分量。因此，由图 4-11，可以列出各序网的基本方程为

$$\begin{cases}\dot{U}_{a1}=\dot{E}_{a1\Sigma}-j\dot{I}_{a1}X_{1\Sigma}\\ \dot{U}_{a2}=-j\dot{I}_{a2}X_{2\Sigma}\\ \dot{U}_{a0}=-j\dot{I}_{a0}X_{0\Sigma}\end{cases} \tag{4-53}$$

式中，$\dot{U}_{a1}$、$\dot{U}_{a2}$、$\dot{U}_{a0}$为短路点电压的正序、负序和零序分量；$\dot{I}_{a1}$、$\dot{I}_{a2}$、$\dot{I}_{a0}$为短路点的正序、负序和零序电流；$X_{1\Sigma}$、$X_{2\Sigma}$、$X_{0\Sigma}$为正序、负序和零序网络对短路点的等效电抗；$\dot{E}_{a1\Sigma}$为正序网络中发电机的等效电动势。

由此可见，应用对称分量法进行不对称故障计算时，需要求出各序网络的等效电抗。为此，必须先求出系统中各主要元件（发电机、变压器、线路等）的各序电抗值。下面讨论各元件的序电抗及各序等效电路。

三、电力系统中各主要元件的序电抗

1. 发电机的序电抗

同步发电机正常对称运行时，只有正序电动势和正序电流，相应的发电机参数就是正序参数。因此，发电机的正序电抗包括稳态时的同步电抗X_d、X_q，暂态过程中的X'_d、X'_q和X''_d、X''_q。同步发电机的负序电抗与故障类型有关，零序电抗和发电机结构有关。发电机的各序电抗标幺值的平均值见表 4-2。

表 4-2　发电机的正序、负序和零序电抗的平均值

发电机类型	超瞬态电抗X''_d	正序电抗X_1	负序电抗X_2	零序电抗X_0
汽轮发电机	0.125	1.62	0.16	0.06
水轮发电机（有阻尼绕组）	0.20	1.15	0.25	0.07
水轮发电机（无阻尼绕组）	0.27	1.15	0.45	0.07

2. 变压器的序电抗

三相变压器的负序电抗与正序电抗相等，而零序电抗则可能不同。变压器的零序电

抗与变压器的铁心结构及三相绕组的接线方式等因素有关。

（1）变压器零序电抗与铁心结构的关系　对于由三个单相变压器组成的变压器组及三相五柱式或壳式变压器，零序主磁通与正序主磁通一样，都以铁心为回路，因磁导大，零序励磁电流很小，故零序励磁电抗 X_{m0} 的数值很大，在短路计算中可当作 $X_{m0}=\infty$。对于三相三柱式变压器，零序主磁通不能在铁心内形成闭合回路，只能通过充油空间及油箱壁形成闭合回路，因磁导小，励磁电流很大，所以零序励磁电抗 X_{m0} 要比正序励磁电抗 X_{m1} 小得多，在短路计算中，应视为有限值，通常取 $X_{m0}=0.3\sim1$。

（2）变压器零序电抗与三相绕组接线方式的关系　在星形联结的绕组中，零序电流无法流通，从等效电路的角度来看，相当于变压器绕组开路；在中性点接地的星形联结的绕组中，零序电流可以畅通，所以从等效电路的角度来看，相当于变压器绕组短路；在三角形联结的绕组中，零序电流只在绕组内部环流，不能流到外电路，因此从外部看进去，相当于变压器绕组开路。可见，变压器三相绕组不同的接线方式对零序电流的流通情况有很大的影响，因此其零序电抗也不相同。

根据上述讨论，可以绘制各类变压器的零序等效电路，如图 4-12 所示。

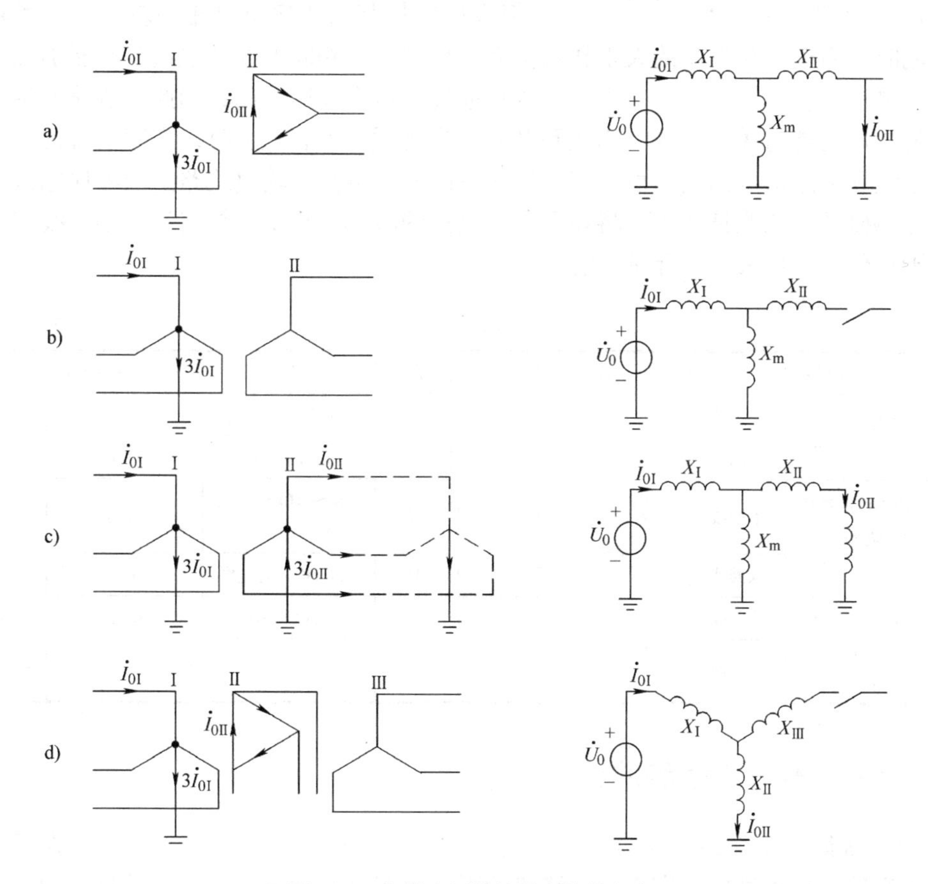

图 4-12　各类变压器的零序等效电路

a）YNd 联结　b）YNy 联结　c）YNyn 联结　d）YNdy 联结

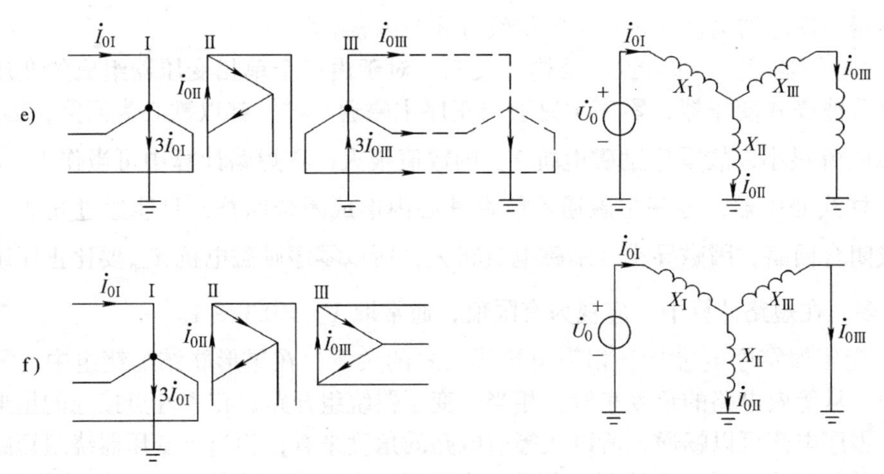

图 4-12　各类变压器的零序等效电路（续）

e）YNdyn 联结　f）YNdd 联结

3. 线路的序电抗

线路的负序电抗和正序电抗相等，但零序电抗却与正序电抗相差较大。当线路通过零序电流时，由于三相电流的大小和相位完全相同，各相间的互感磁通是互相加强的，因此，零序电抗要大于正序电抗。零序电流是通过大地形成回路的，因此，线路的零序电抗与土壤的导电性能有关。此外，当线路装有架空地线（避雷线）时，零序电流的一部分通过架空地线和大地形成回路，由于架空地线中的零序电流与输电线路上的零序电流方向相反，其互感磁通是相互抵消的，将导致零序电抗的减小。在实用短路计算中，线路的零序电抗的平均值可采用表 4-3 所列数据。

表 4-3　线路各序电抗的平均值

序号	线路名称		$x_1=x_2$（Ω/km）	x_0/x_1	序号	线路名称	$x_1=x_2$（Ω/km）	x_0/x_1
1	无避雷线的架空输电线路	单回线	0.4	3.5	7	1kV 三芯电缆	0.06	0.7
2		双回线		5.5	8	1kV 四芯电缆	0.066	0.17
3	有钢质避雷线的架空输电线路	单回线		3	9	6 ～ 10kV 三芯电缆	0.08	0.28
4		双回线		5	10	20kV 三芯电缆	0.11	0.38
5	有良导体避雷线的架空输电线路	单回线		2	11	35kV 三芯电缆	0.12	0.42
6		双回线		3				

四、简单不对称短路的分析计算

电力系统简单不对称短路有单相接地短路、两相短路和两相接地短路。为了简化计算，假定短路是金属性的，即不计短路点的弧光电阻和接地电阻。无论是哪一种短路，利用对称分量法，都可按式（4-53）写出短路点各序网的电压方程。式（4-53）的三个方程式中包含了六个未知量。因此，还需根据不对称短路的边界条件列出另外三个方程式，才能进行求解。

1. 单相接地短路

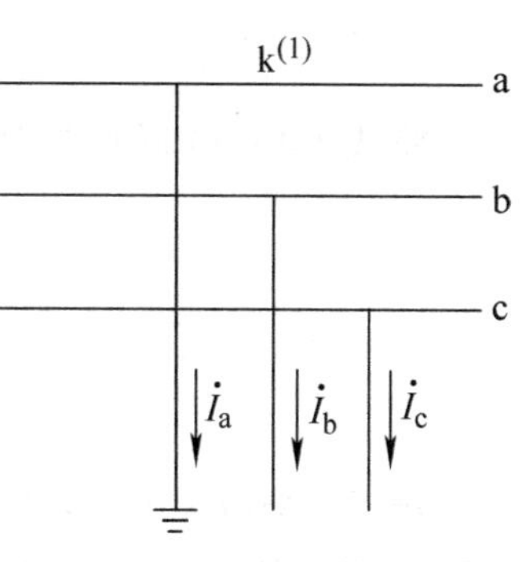

图 4-13　单相接地短路

图 4-13 表示 a 相接地短路，短路点的边界条件为

$$\begin{cases}\dot{U}_a=0\\ \dot{I}_b=\dot{I}_c=0\end{cases} \tag{4-54}$$

将式（4-54）转换为对称分量的形式，并经整理后可得用序分量表示的边界条件为

$$\begin{cases}\dot{U}_{a1}+\dot{U}_{a2}+\dot{U}_{a0}=0\\ \dot{I}_{a1}=\dot{I}_{a2}=\dot{I}_{a0}\end{cases} \tag{4-55}$$

联立求解式（4-53）和式（4-55），就可以求出短路点电流、电压的对称分量。但通常采用复合序网法进行求解。

所谓复合序网，是指根据边界条件所确定的短路点各序量之间的关系，由各序网络互相连接起来所构成的网络。由式（4-55）可见，由于各序电流相等，所以正序网、负序网、零序网应互相串联；同时因各个序量电压之和等于零，故三个序网串联后应短接。这就决定了单相接地短路时的复合序网如图 4-14 所示。从复合序网可得

$$\dot{I}_{a1}=\dot{I}_{a2}=\dot{I}_{a0}=\frac{\dot{E}_{a1\Sigma}}{j(X_{1\Sigma}+X_{2\Sigma}+X_{0\Sigma})} \tag{4-56}$$

$$\begin{cases}\dot{U}_{a2}=-j\dot{I}_{a2}X_{2\Sigma}=-j\dot{I}_{a1}X_{2\Sigma}\\ \dot{U}_{a0}=-j\dot{I}_{a0}X_{0\Sigma}=-j\dot{I}_{a1}X_{0\Sigma}\\ \dot{U}_{a1}=\dot{E}_{a1\Sigma}-j\dot{I}_{a1}X_{1\Sigma}=j\dot{I}_{a1}(X_{2\Sigma}+X_{0\Sigma})\end{cases} \tag{4-57}$$

短路点的故障相电流为

$$\dot{I}_a=\dot{I}_{a1}+\dot{I}_{a2}+\dot{I}_{a0}=3\dot{I}_{a1} \tag{4-58}$$

则单相接地短路电流为

$$I_k^{(1)}=\left|\dot{I}_a\right|=\left|3\dot{I}_{a1}\right|=\frac{3E_{a1\Sigma}}{X_{1\Sigma}+X_{2\Sigma}+X_{0\Sigma}} \tag{4-59}$$

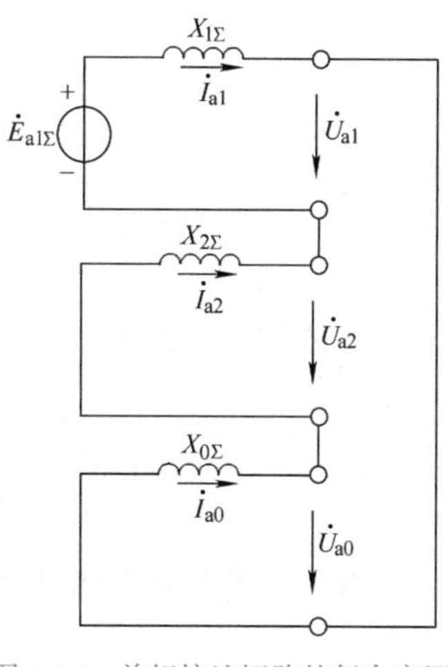

图 4-14　单相接地短路的复合序网

式（4-59）是工程上常用的计算公式。如需要计算非故障相电压，可由式（4-57）各序电压合成得到。

2. 两相短路

图 4-15 表示 b、c 两相短路的情况，短路点的边界条件为

$$\begin{cases}\dot{I}_a = 0 \\ \dot{I}_b = -\dot{I}_c \\ \dot{U}_b = \dot{U}_c\end{cases} \tag{4-60}$$

将式（4-60）转换为对称分量的形式，并经整理后可得用序分量表示的边界条件为

$$\begin{cases}\dot{I}_{a0} = 0 \\ \dot{I}_{a1} = -\dot{I}_{a2} \\ \dot{U}_{a1} = \dot{U}_{a2}\end{cases} \tag{4-61}$$

由式（4-61）可见，由于$\dot{I}_{a0}=0$，所以零序网络开路；又因$\dot{I}_{a1}=-\dot{I}_{a2}$、$\dot{U}_{a1}=\dot{U}_{a2}$，所以两相短路的复合序网是由正序网和负序网并联而成的，如图4-16所示。从复合序网可得

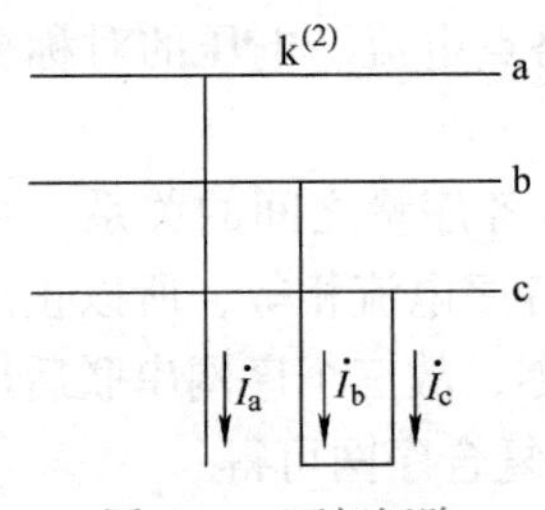

图 4-15 两相短路

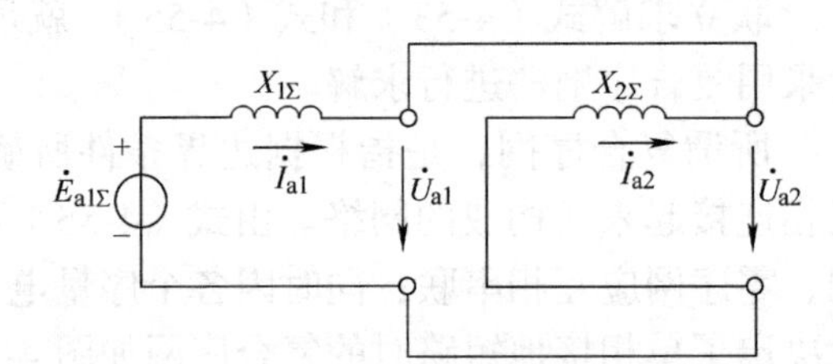

图 4-16 两相短路的复合序网

$$\dot{I}_{a1} = -\dot{I}_{a2} = \frac{\dot{E}_{a1\Sigma}}{j(X_{1\Sigma}+X_{2\Sigma})} \tag{4-62}$$

$$\dot{U}_{a1} = \dot{U}_{a2} = -j\dot{I}_{a2}X_{2\Sigma} = j\dot{I}_{a1}X_{2\Sigma} \tag{4-63}$$

短路点的故障相电流为

$$\begin{cases}\dot{I}_b = a^2\dot{I}_{a1} + a\dot{I}_{a2} = (a^2-a)\dot{I}_{a1} = -j\sqrt{3}\dot{I}_{a1} \\ \dot{I}_c = a\dot{I}_{a1} + a^2\dot{I}_{a2} = (a-a^2)\dot{I}_{a1} = j\sqrt{3}\dot{I}_{a1}\end{cases} \tag{4-64}$$

当在远离发电机的地方发生两相短路电流时，可认为$X_{1\Sigma}=X_{2\Sigma}$，两相短路电流为

$$I_k^{(2)} = \left|\dot{I}_b\right| = \left|\dot{I}_c\right| = \sqrt{3}I_{a1} = \sqrt{3}\frac{E_{a1\Sigma}}{X_{1\Sigma}+X_{2\Sigma}} = \frac{\sqrt{3}}{2}\frac{E_{a1\Sigma}}{X_{1\Sigma}} = \frac{\sqrt{3}}{2}I_k^{(3)} \tag{4-65}$$

式（4-65）表明，两相短路电流为同一地点三相短路电流的$\sqrt{3}/2$倍。

3. 两相接地短路

图4-17表示b、c两相接地短路的情况，短路点的边界条件为

$$\begin{cases}\dot{I}_a = 0 \\ \dot{U}_b = \dot{U}_c = 0\end{cases} \quad (4\text{-}66)$$

将式（4-66）转换为对称分量的形式，并经整理后可得用序分量表示的边界条件为

$$\begin{cases}\dot{I}_{a1} + \dot{I}_{a2} + \dot{I}_{a0} = 0 \\ \dot{U}_{a1} = \dot{U}_{a2} = \dot{U}_{a0}\end{cases} \quad (4\text{-}67)$$

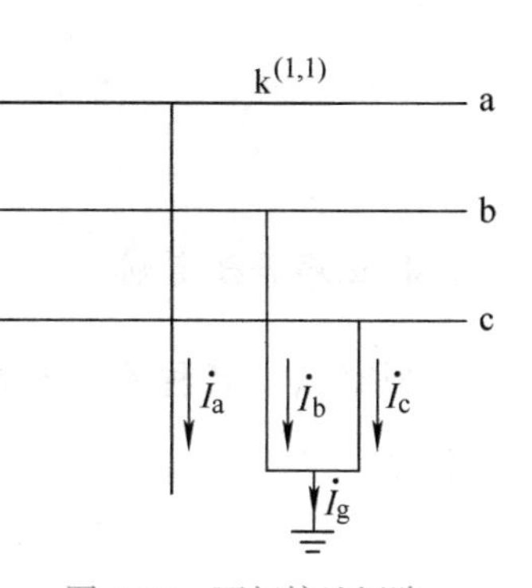

图 4-17　两相接地短路

根据式（4-67）可作出两相接地短路的复合序网如图 4-18 所示，它是由正序网、负序网和零序网并联而成的。

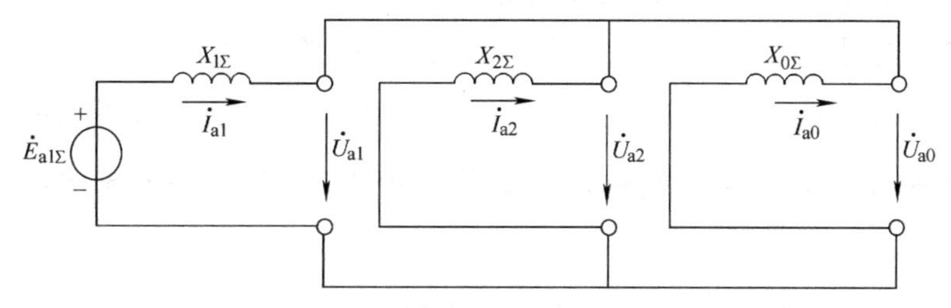

图 4-18　两相接地短路的复合序网

根据复合序网，可得两相接地短路时短路点电流和电压的各序分量分别为

$$\begin{cases}\dot{I}_{a1} = \dfrac{\dot{E}_{a1\Sigma}}{\mathrm{j}(X_{1\Sigma} + X_{2\Sigma} // X_{0\Sigma})} \\ \dot{I}_{a2} = -\dot{I}_{a1}\dfrac{X_{0\Sigma}}{X_{2\Sigma} + X_{0\Sigma}} \\ \dot{I}_{a0} = -\dot{I}_{a1}\dfrac{X_{2\Sigma}}{X_{2\Sigma} + X_{0\Sigma}}\end{cases} \quad (4\text{-}68)$$

$$\dot{U}_{a1} = \dot{U}_{a2} = \dot{U}_{a0} = \mathrm{j}\dot{I}_{a1}\frac{X_{2\Sigma}X_{0\Sigma}}{X_{2\Sigma} + X_{0\Sigma}} \quad (4\text{-}69)$$

短路点的故障相电流为

$$\begin{cases}\dot{I}_b = a^2\dot{I}_{a1} + a\dot{I}_{a2} + \dot{I}_{a0} = \dot{I}_{a1}\left(a^2 - \dfrac{X_{2\Sigma} + aX_{0\Sigma}}{X_{2\Sigma} + X_{0\Sigma}}\right) \\ \dot{I}_c = a\dot{I}_{a1} + a^2\dot{I}_{a2} + \dot{I}_{a0} = \dot{I}_{a1}\left(a - \dfrac{X_{2\Sigma} + a^2X_{0\Sigma}}{X_{2\Sigma} + X_{0\Sigma}}\right)\end{cases} \quad (4\text{-}70)$$

则两相接地短路电流为

$$I_k^{(1,1)} = \left|\dot{I}_b\right| = \left|\dot{I}_c\right| = \sqrt{3}\sqrt{1 - \frac{X_{2\Sigma}X_{0\Sigma}}{(X_{2\Sigma} + X_{0\Sigma})^2}}I_{a1} \quad (4\text{-}71)$$

两相接地短路时，流入地中的电流为

$$\dot{I}_{g}=\dot{I}_{b}+\dot{I}_{c}=3\dot{I}_{a0}=-3\dot{I}_{a1}\frac{X_{2\Sigma}}{X_{2\Sigma}+X_{0\Sigma}} \tag{4-72}$$

4. 正序等效定则

观察以上各种不对称故障时的正序电流计算式可知，故障相正序电流绝对值 $I_{a1}^{(n)}$ 可表示为

$$I_{a1}^{(n)}=\frac{E_{a1\Sigma}}{X_{1\Sigma}+X_{\Delta}^{(n)}} \tag{4-73}$$

式中，$X_{\Delta}^{(n)}$ 为对应短路类型（n）的附加电抗。

式（4-73）表明，在简单不对称短路的情况下，短路点的正序电流分量，与在短路点每一相中接入附加电抗 $X_{\Delta}^{(n)}$ 而发生三相短路的电流相等。这就是正序等效定则。

此外，各种不对称故障时短路电流的绝对值 $I_{k}^{(n)}$ 与其正序电流的绝对值 $I_{a1}^{(n)}$ 成正比，即

$$I_{k}^{(n)}=m^{(n)}I_{a1}^{(n)} \tag{4-74}$$

式中，$m^{(n)}$ 为比例系数，其值随短路类型而异。

各种不同短路类型的附加电抗 $X_{\Delta}^{(n)}$ 和比例系数 $m^{(n)}$ 见表 4-4。

表 4-4　各种短路时的 $X_{\Delta}^{(n)}$ 和 $m^{(n)}$ 值

短路类型	$X_{\Delta}^{(n)}$	$m^{(n)}$	短路类型	$X_{\Delta}^{(n)}$	$m^{(n)}$
三相短路	0	1	单相接地短路	$X_{2\Sigma}+X_{0\Sigma}$	3
两相短路	$X_{2\Sigma}$	$\sqrt{3}$	两相接地短路	$\frac{X_{2\Sigma}X_{0\Sigma}}{X_{2\Sigma}+X_{0\Sigma}}$	$\sqrt{3}\sqrt{1-\frac{X_{2\Sigma}X_{0\Sigma}}{(X_{2\Sigma}+X_{0\Sigma})^{2}}}$

综上所述，简单不对称短路电流的计算，重点在于先求出系统对短路点的各序电抗 $X_{1\Sigma}$、$X_{2\Sigma}$ 和 $X_{0\Sigma}$，再根据不同的短路类型确定相应的附加电抗 $X_{\Delta}^{(n)}$ 并接入短路点，最后根据正序等效定则，像计算三相短路电流一样计算出短路点的正序电流。所以，三相短路电流的各种计算方法均适用于不对称短路计算。

第六节　电动机对短路电流的影响

当靠近短路点处接有交流电动机时，在计算短路电流冲击值时，应把电动机作为附加电源来考虑。因为当电网发生三相短路时，短路点的电压突然下降，接在短路点附近的电动机电压也大大下降，如果电动机的反电动势小于电网在该点的残余电压，则电动机仍能从电网取得电能并在低压状态下运转；如果电动机的反电动势大于电网在该点的残余电

压，则电动机将变为发电机运行，就要向短路点输送反馈电流。同时，由于该电动机已失去电源，电动机将迅速受到制动，送到短路点的反馈电流亦迅速减小，所以电动机的反馈电流一般只影响短路电流的冲击值。在实际计算中，只有当电动机距短路点很近，且电动机额定功率较大（高压电动机总功率不小于100kW，低压电动机单机功率在20kW及以上）时，才计及电动机的反馈电流。

电动机的反馈电流可按下式计算

$$i_{sh \cdot M} = \sqrt{2}\frac{E''^{*}_{M}}{X''^{*}_{M}}K_{sh.M}I_{NM} = CK_{sh.M}I_{NM} \tag{4-75}$$

式中，E''^{*}_{M}为电动机次暂态电动势标幺值，见表4-5；X''^{*}_{M}为电动机次暂态电抗标幺值，见表4-5；C为电动机反馈电流系数，见表4-5；$K_{sh.M}$为电动机短路电流冲击系数，对3～6kV电动机可取1.4～1.6，对380V电动机可取1；I_{NM}为电动机的额定电流。

表4-5　交流电动机的E''^{*}_{M}、X''^{*}_{M}及C值

电动机类型	E''^{*}_{M}	X''^{*}_{M}	C	电动机类型	E''^{*}_{M}	X''^{*}_{M}	C
感应电动机	0.9	0.2	6.5	同步补偿机	1.2	0.16	10.6
同步电动机	1.1	0.2	7.8	综合性负荷	0.8	0.35	3.2

计及电动机反馈冲击电流后，短路点的总冲击电流为

$$i_{sh\Sigma} = i^{(3)}_{sh} + i_{sh.M} = \sqrt{2}K_{sh}I_{k} + CK_{sh.M}I_{NM} \tag{4-76}$$

第七节　低压电网短路电流计算

一、低压电网短路电流计算的特点

1）由于低压电网中配电变压器容量远小于高压电力系统的容量，所以在计算配电变压器低压侧短路电流时，可认为配电变压器高压侧电压保持不变。

2）由于低压回路中各元件的电阻与电抗相比已不能忽略，所以计算时需用阻抗值。

3）由于低压电网的电压等级通常只有一级，所以计算中采用有名值计算比较方便。

二、低压电网中各主要元件的阻抗

（1）电力系统的阻抗　电力系统的电阻相对于电抗来说很小，一般不予考虑。电力系统的电抗可按下式来计算：

$$X_{S} = \frac{U^{2}_{av}}{S_{oc}} \times 10^{-3} \tag{4-77}$$

式中，X_{S}为电力系统的电抗（mΩ）；S_{oc}为电力系统出口的三相短路容量或高压断路器的

断流容量（MV·A）；U_{av} 为配电变压器低压侧线路的平均额定电压，取400V。

（2）变压器的阻抗　变压器的电阻 R_T、电抗 X_T 及阻抗 Z_T 可按下式来计算：

$$\begin{cases} R_T = \dfrac{\Delta P_k U_N^2}{S_N^2} \\ X_T = \sqrt{{Z_T}^2 - {R_T}^2} \\ Z_T = \dfrac{U_k\%}{100}\dfrac{U_N^2}{S_N} \end{cases} \tag{4-78}$$

式中，R_T、X_T、Z_T 分别为变压器的电阻、电抗及阻抗（mΩ）；ΔP_k 为变压器额定短路损耗（kW）；S_N 为变压器的额定容量（kV·A）；$U_k\%$ 为变压器的短路电压百分数；U_N 为变压器低压侧的额定电压（V）。

（3）母线的阻抗　母线的电阻 R_W 可按下式计算：

$$R_W = \frac{l}{\gamma A} \times 10^3 \tag{4-79}$$

式中，R_W 为母线的电阻（mΩ）；l 为母线长度（m）；γ 为导线的电导率 [m/(Ω·mm²)]；A 为母线截面积（mm²）。

水平排列的矩形母线，每相母线的电抗 X_W 可按下式计算：

$$X_W = 0.145 l \lg \frac{4 s_{av}}{b} \tag{4-80}$$

式中，X_W 为每相母线的电抗（mΩ）；l 为母线长度（m）；b 为母线宽度（mm）；s_{av} 为母线的相间几何均距（mm）。

但在工程实用计算中，多采用以下简化公式计算，即

母线截面积500mm² 以下时，$X_W = 0.17l$；

母线截面积500mm² 以上时，$X_W = 0.13l$。

（4）其他元件阻抗　低压断路器过电流线圈的阻抗、低压断路器及刀开关触头的接触电阻、电流互感器一次绕组的阻抗及电缆的阻抗等可查有关产品样本得到。

三、低压电网三相短路电流计算

1. 三相短路电流有效值的计算

对三相阻抗相同的低压配电系统，三相短路电流有效值可按下式计算：

$$I_k^{(3)} = \frac{U_{av}}{\sqrt{3}\sqrt{R_\Sigma^2 + X_\Sigma^2}} \tag{4-81}$$

式中，R_Σ 及 X_Σ 为短路回路每相的总电阻和总电抗（mΩ）；U_{av} 为低压侧平均线电压，取400V。

如仅在一相或两相上装设电流互感器而使短路电流不对称时，仍可按式（4-81）计算，但式中的 R_Σ 和 X_Σ 采用没有电流互感器那一相的总阻抗。

2. 短路冲击电流的计算

由于低压电网的电阻值较大，非周期分量电流衰减较快，一般不超过0.03s，所以只有在变压器低压侧母线附近短路时，才在短路第一个周期内考虑非周期分量。低压电网短路冲击电流 i_{sh} 按下式计算：

$$i_{sh}=\sqrt{2}K_{sh}I_k^{(3)} \tag{4-82}$$

式中，K_{sh} 为短路电流冲击系数，可根据短路回路中 X_Σ/R_Σ 的比值从图4-19中查得。若短路点不在变压器低压侧母线附近，则可不考虑非周期分量，即 $K_{sh}=1$。

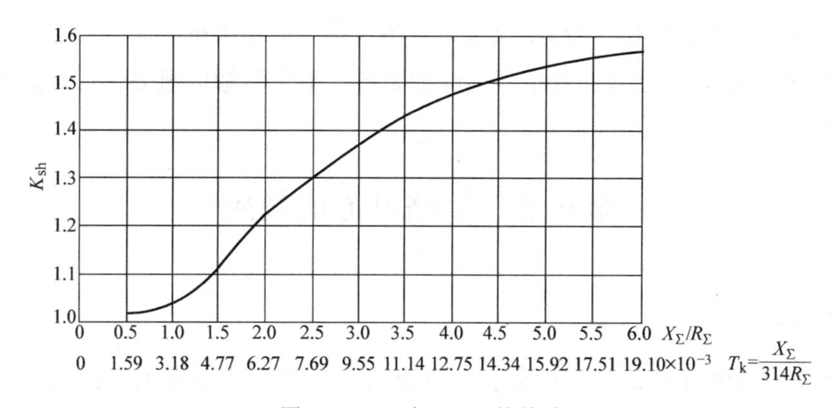

图4-19　K_{sh} 与 X_Σ/R_Σ 的关系

3. 冲击电流有效值的计算

当 K_{sh} >1.3时

$$I_{sh}=I_k^{(3)}\sqrt{1+2(K_{sh}-1)^2} \tag{4-83}$$

当 $K_{sh}\leqslant 1.3$ 时

$$I_{sh}=I_k^{(3)}\sqrt{1+\frac{T_k}{0.02}} \tag{4-84}$$

式中，T_k 为短路回路的时间常数，$T_k=\dfrac{X_\Sigma}{314R_\Sigma}$。

四、低压电网两相短路电流计算

由于低压电网距电源（发电机）较远，且变压器容量远小于系统容量，所以两相短路电流可按下式计算：

$$I_k^{(2)}=\frac{\sqrt{3}}{2}I_k^{(3)} \tag{4-85}$$

五、低压电网单相短路电流计算

应用对称分量法，可求得单相短路电流为

$$I_k^{(1)}=\frac{3U_\varphi}{(Z_{1\Sigma}+Z_{2\Sigma}+Z_{0\Sigma})} \tag{4-86}$$

式中，U_φ为电源相电压（V）；$Z_{1\Sigma}$、$Z_{2\Sigma}$、$Z_{0\Sigma}$分别为电源到短路点的总正序、负序和零序阻抗（Ω）。

在实际计算中，单相短路电流常通过“相－零”回路阻抗来求，即

$$I_k^{(1)}=\frac{U_\varphi}{Z_T+Z_{\varphi0}} \tag{4-87}$$

式中，Z_T为变压器的单相阻抗（Ω）；$Z_{\varphi0}$为“相－零”回路阻抗（Ω），它包括除变压器外的所有电器元件的阻抗，如线路和电器线圈的阻抗、触头接触电阻等，可通过查阅有关产品样本获得。

第八节 短路电流的效应

一、概述

短路电流通过电气设备和导体时，一方面将产生很大的电动力，即力效应；另一方面会产生很高的温度，即热效应。力效应可能会使设备变形损坏，而热效应可能会烧毁电气设备。因此，电力系统中的设备和载流导体应能承受住这两种效应的作用，并依此两种效应校验电气设备的动稳定和热稳定。

二、短路电流的力效应

在正常运行时，电气设备和载流导体通过的负荷电流不大，因此，相邻载流导体间的相互作用力也不大。当发生短路时，特别是流过短路冲击电流的瞬间，相邻载流导体间会产生很大的电动力，可能会使电气设备和载流导体遭到破坏。所以必须要求电气设备有足够承受电动力的能力，即动稳定性，才能可靠地工作。

1. 两平行导体间的电动力

两根平行敷设的载流导体，当其分别流过电流i_1、i_2时，它们之间的作用力为

$$F=2Ki_1i_2\frac{l}{s}\times10^{-7} \tag{4-88}$$

式中，F为两平行导体间的电动力（N）；i_1、i_2为载流导体中的电流（A）；l为平行敷设的载流导体的长度（m）；s为两载流导体轴线间的距离（m）；K为与载流导体形状和相对位置有关的形状系数，对圆形和管形导体取K=1；对矩形导体，其值可根据$\dfrac{s-b}{b+h}$和$m=\dfrac{b}{h}$查图4-20求得。由图4-20可见，K值在0～1.4范围内变化，当$\dfrac{s-b}{b+h}\geqslant 2$时，$K\approx 1$。

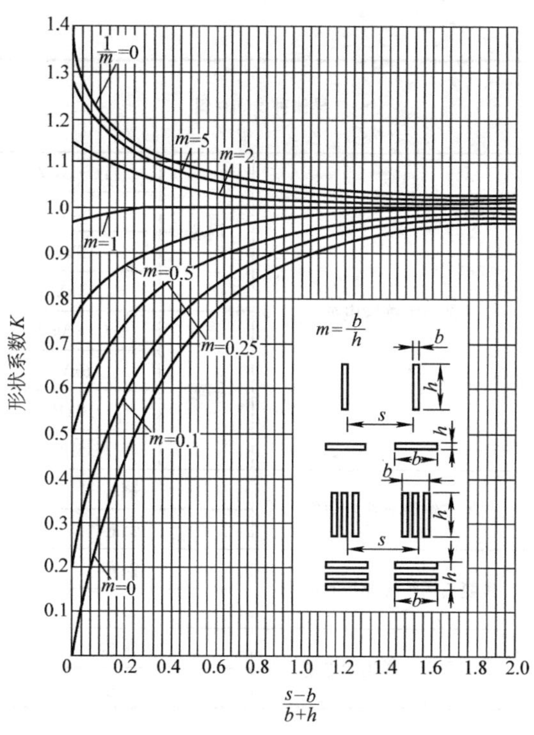

图4-20　矩形母线的形状系数

2. 三相平行导体间的电动力

在电力系统中，经常遇到的是三相导体平行布置在同一平面内，在这种情况下，因任一时刻总有一相电流与其余两相方向相反，所以，三相短路时中间相（B相）和两个边相（A、C相）受力情况并不一样。经分析知，中间相受到的电动力最大，当三相短路冲击电流i_{sh}通过导体时产生的最大电动力为

$$F_{max}=1.73Ki_{sh}^2\frac{l}{s}\times 10^{-7} \tag{4-89}$$

式中，F_{max}为三相母线所受的最大电动力（N）；i_{sh}为最大冲击短路电流（A）；l为支持绝缘子之间的跨距（m）；s为相间距离（m）。

三、短路电流的热效应

当系统发生短路故障时，通过导体的电流要比正常工作电流大很多倍。虽然继电保护装置能在很短的时间内切除故障，但导体的温度仍有可能被加热到很高的程度，导致电气设备的损坏。如果导体在短路时的最高温度不超过设计规程规定的允许温度（见表4-6），则认为导体是满足热稳定要求的。所以短路时发热计算的目的是确定导体在短路时的最高温度，再与该类导体在短路时的最高允许温度相比较。

表4-6　导体在正常和短路时的最高允许温度及热稳定系数

导体种类和材料		最高允许温度/℃		热稳定系数C/($\mathrm{A\sqrt{s}/mm^2}$)
		正常θ_L	短路θ_k	
母线	铜芯	70	300	171
	铝芯	70	200	87

（续）

导体种类和材料			最高允许温度/℃		热稳定系数 C/ $(A\sqrt{s}/mm^2)$
			正常 θ_L	短路 θ_k	
油浸纸绝缘电缆	铜芯	1～3kV	80	250	148
		6kV	65	250	150
		10kV	60	250	153
		35kV	50	175	—
	铝芯	1～3kV	80	200	84
		6kV	65	200	87
		10kV	60	200	88
		35kV	50	175	—
橡皮绝缘导线和电缆	铜芯		65	150	131
	铝芯		65	150	87
聚氯乙烯绝缘导线和电缆	铜芯		65	130	115
	铝芯		65	130	676
交联聚乙烯绝缘电缆	铜芯		90	250	137
	铝芯		90	200	77

1. 短路时导体发热计算的特点

1）由于短路时间很短，温度上升速度很快，可以认为短路过程是一个绝热过程，即短路电流产生的热量不向周围介质散发，全部用来使导体的温度升高。

2）由于导体的温度上升得很高，不能把导体的电阻和比热看成常数，而是随温度而变化的。

3）由于短路电流的变化规律复杂，要想把短路电流在导体中产生的热量直接计算出来是很困难的，通常用等效发热的方法进行分析计算。

2. 短路时导体的发热计算

图4-21表示短路前后导体的温度变化情况。导体在短路前正常负荷时的温度为 θ_L，设在 t_1 时刻发生短路，导体温度按指数规律迅速升高，在 t_2 时刻保护装置动作将故障切除，这时导体的温度为 θ_k。短路切除后，导体内无电流，不再产生热量，只向周围介质散热，最后冷却到周围介质温度 θ_0。

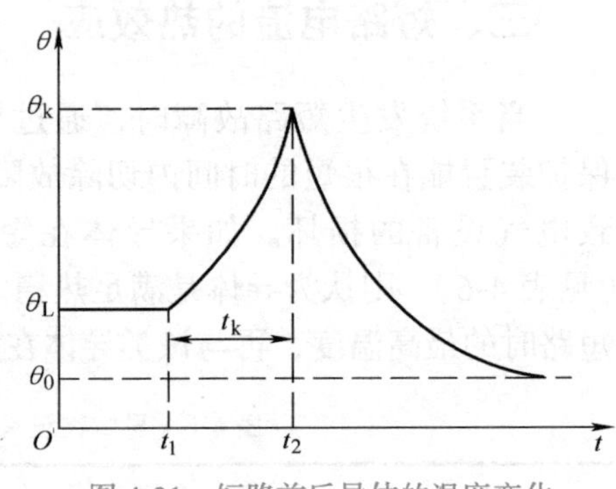

图4-21　短路前后导体的温度变化

要确定短路后导体的最高温度 θ_k，就必须先求出实际的短路电流 i_k 或 I_{kt} 在短路时间内产生的热量 Q_k，即

$$Q_k = \int_{t_1}^{t_2} I_{kt}^2 R\mathrm{d}t = \int_0^{t_k} I_{kt}^2 R\mathrm{d}t \tag{4-90}$$

式中，I_{kt} 为短路全电流的有效值（A）；R 为导体的电阻（Ω）；t_k 为短路电流作用时间（s）。

由于短路电流的变化规律比较复杂，按式（4-90）计算 Q_k 相当困难，因此一般用稳态短路电流 I_∞ 来代替实际短路电流 I_{kt}，并设定一个假想时间 t_{ima}，认为短路电流 I_{kt} 在短路时间 t_k 内产生的热量 Q_k，恰好等于稳态短路电流 I_∞ 在假想时间 t_{ima} 内产生的热量，即

$$\int_0^{t_k} I_{kt}^2 R\mathrm{d}t = I_\infty^2 R t_{ima} \tag{4-91}$$

式中，t_{ima} 为假想时间（imagine time），如图 4-22 所示。

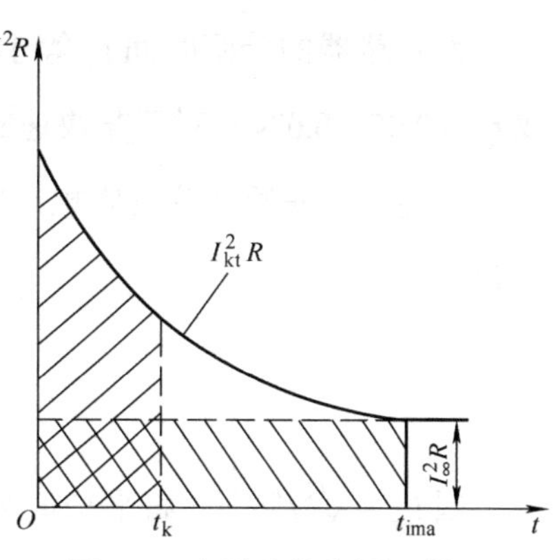

图 4-22　短路发热的假想时间

（1）假想时间的计算　假想时间与短路电流的变化特性有关。短路电流分为周期分量和非周期分量，根据式（4-15），短路电流的有效值可表示为

$$I_{kt}^2 = I_{pt}^2 + i_{npt}^2$$

代入式（4-91），便有

$$\int_0^{t_k} I_{kt}^2 R\mathrm{d}t = \int_0^{t_k} I_{pt}^2 R\mathrm{d}t + \int_0^{t_k} i_{npt}^2 R\mathrm{d}t = I_\infty^2 R t_{ima}$$

设假想时间也分为相应的周期分量假想时间 $t_{ima.p}$ 和非周期分量假想时间 $t_{ima.np}$，即

$$t_{ima} = t_{ima.p} + t_{ima.np} \tag{4-92}$$

则有

$$\int_0^{t_k} I_{pt}^2 R\mathrm{d}t + \int_0^{t_k} i_{npt}^2 R\mathrm{d}t = I_\infty^2 R t_{ima.p} + I_\infty^2 R t_{ima.np} \tag{4-93}$$

根据式（4-93），周期分量假想时间可表示为

$$t_{ima.p} = \frac{1}{I_\infty^2}\int_0^{t_k} I_{pt}^2 \mathrm{d}t \tag{4-94}$$

图 4-23 为短路电流周期分量假想时间曲线，有 $t_{ima.p} = f(\beta'', t)$。因为短路电流的周期分量与电源容量有关，用 $\beta'' = I''/I_\infty$ 表示电源系统的情况。

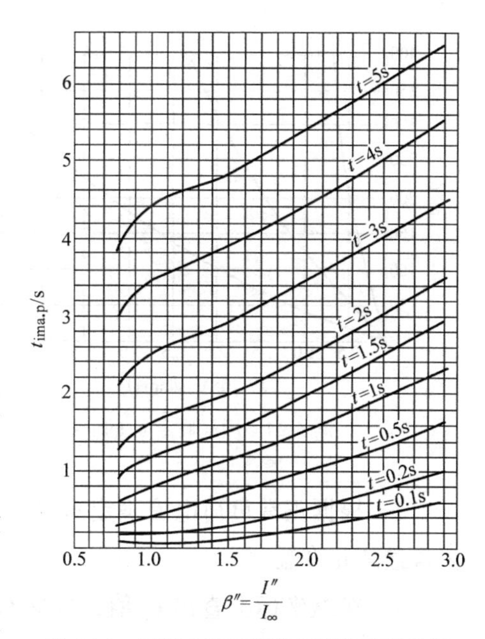

图 4-23　短路电流周期分量假想时间曲线

对无限容量系统，$I'' = I_p = I_\infty$，因此周期分量假想时间就等于短路的延续时间，即 $t_{ima.p} = t_k$。t_k 等于保护装置的实际动作时间 t_{pr} 和断路器的分闸时间 t_{oc} 之和，即

$$t_k = t_{pr} + t_{oc} \tag{4-95}$$

而断路器的分闸时间 t_{oc} 等于其固有分闸时间与燃弧时间之和，对于快速断路器，可取 $t_{oc} = 0.05 \sim 0.08\text{s}$；对于非快速断路器，可取 $t_{oc} = 0.1\text{s}$。

短路电流非周期分量假想时间 $t_{ima.np}$ 只有在短路时间较短（t_k <1s）时才考虑，可用下式表示：

$$t_{ima.np} = \frac{1}{I_\infty^2}\int_0^{t_k} i_{npt}^2 \mathrm{d}t \tag{4-96}$$

因 $i_{npt} = \sqrt{2}I''\mathrm{e}^{-\frac{t}{T_a}}$，将平均值 $T_a = 0.05\text{s}$ 及 $t = 0.1\text{s}$ 代入式（4-96）得

$$t_{ima.np} = 0.05(\beta'')^2 \tag{4-97}$$

在无限容量系统中，$\beta'' = 1$，故 $t_{ima.np} = 0.05\text{s}$。

（2）短路时导体的最高温度　求出短路时间内产生的热量 Q_k 后，就可根据热平衡方程计算出导体在短路后所达到的最高温度 θ_k。但计算过程相当复杂，而且涉及的导体电阻率和比热容等都不是常数，因此工程上多采用查曲线的近似方法计算。图4-24是按铜、铝、钢的比热容、密度、电阻率等的平均值作出的 $K = f(\theta)$ 曲线，横坐标为导体加热系数 K，纵坐标为导体温度 θ。

（3）根据曲线确定 θ_k 的方法（见图4-25）

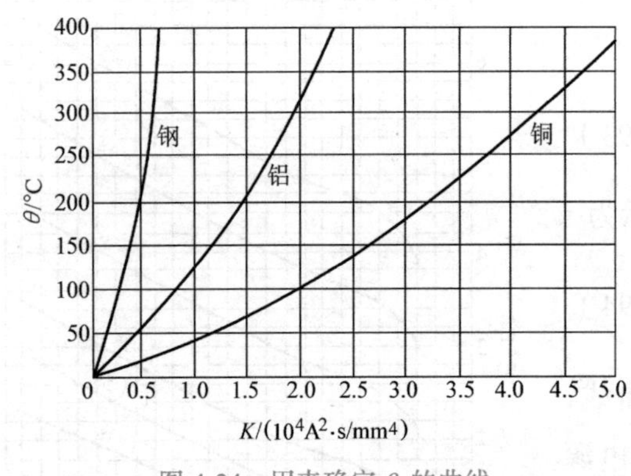

图4-24　用来确定 θ_k 的曲线

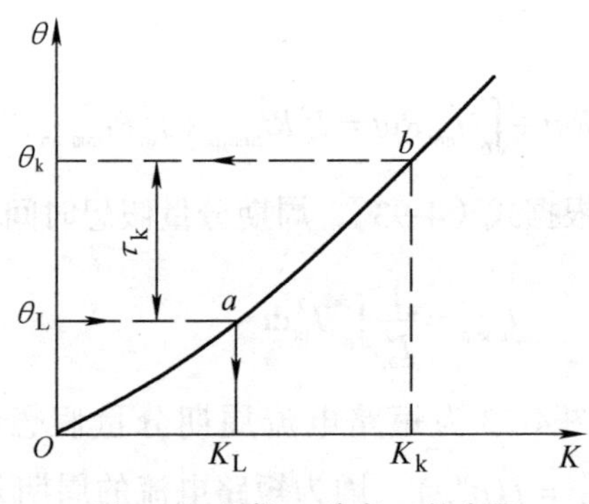

图4-25　根据 θ_L 确定 θ_k 的步骤

1）根据正常负荷电流确定短路前导体的温度 θ_L；如果难以确定，可选用导体材料的正常最高允许温度。

2）在纵坐标上查出 θ_L 值，并向右在对应的材料曲线上查出 a 点，再由 a 点在横坐标上查出加热系数 K_L。

3）利用下式计算短路时的加热系数 K_k：

$$K_k = K_L + \left(\frac{I_\infty}{A}\right)^2 t_{ima} \tag{4-98}$$

式中，A 为导体的截面积（mm^2）；I_∞ 为三相短路稳态电流（A）；t_{ima} 为假想时间（s）；K_L 和 K_k 分别为正常和短路时的加热系数（$A^2 \cdot s/mm^4$）。

4）从横坐标上找出 K_k 的值，并向上在对应的曲线上查出 b 点，再由 b 点向左在纵坐标上查出 θ_k 值。

第九节　三相短路的 MATLAB 仿真

随着电力工业的快速发展，电力系统的规模越来越大、自动化程度越来越高，使得电力系统中的许多计算和控制问题越来越复杂，从技术和安全上考虑不可能直接在高电压、大电流的电力系统中进行电力试验，因此在电力系统的生产和研究中，仿真软件的应用越来越广泛。目前，电力系统中使用的仿真软件有很多，其中 MATLAB 以其优秀的数值计算能力和强大的数据可视化功能被高校师生、设计院所、科研部门等广泛使用。Simulink 是 MATLAB 所提供的对动态系统进行建模、仿真和分析的仿真环境，其提供的电力系统模块（SimPowerSystem）中包含了各种电机的仿真模型、电力电子器件模型及各种测量装置模型等，从而使得一个复杂电力系统的建模和仿真变得相当简单和直观。

下面以图 4-26 所示的无穷大功率电源供电系统为例，先利用 Simulink 对其建立仿真模型，再对变压器低压母线发生三相短路故障情况进行仿真分析。图中线路长度为 50km，$r_1 = 0.17\Omega/km$，$x_1 = 0.4\Omega/km$；变压器额定容量为 $S_N = 20MV \cdot A$，变比为 110kV/11kV，YNd11 联结，$\Delta P_0 = 24kW$，$\Delta P_k = 93.6kW$，$I_0\% = 0.84$，$U_k\% = 10.5$；负载为有功功率负荷，大小为 18MW。

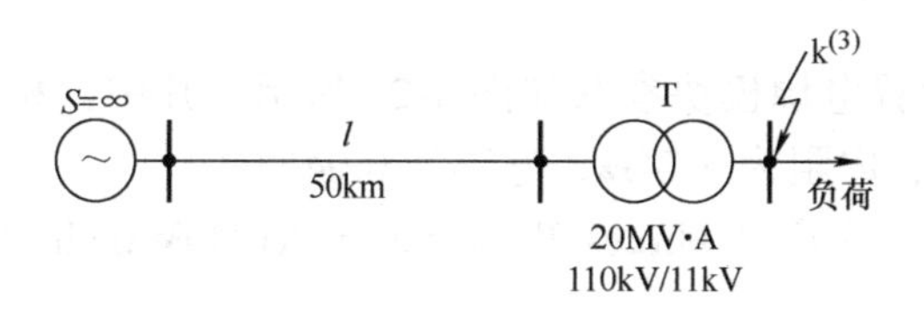

图 4-26　无穷大功率电源供电系统

一、建立仿真模型

在 MATLAB 环境下，键入 Simulink 命令后，打开 SimPowerSystem 模块库，在新建模型窗口搭建如图 4-27 所示电力系统的仿真模型，各模块的名称及提取路径见表 4-7。

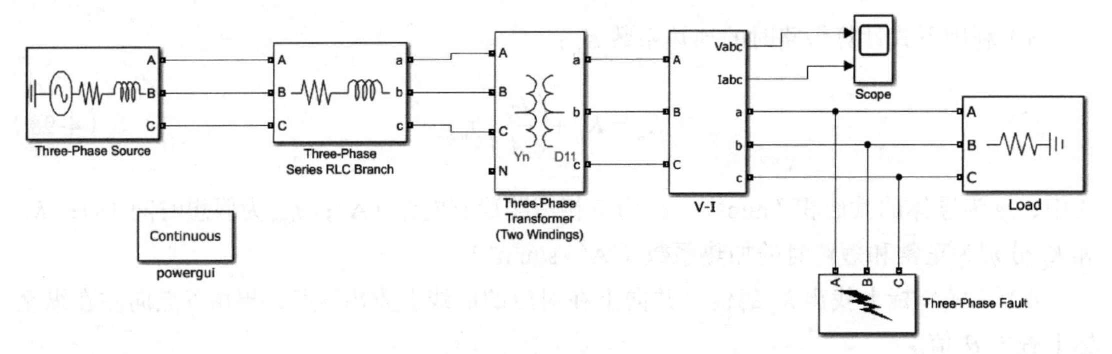

图 4-27 无穷大功率电源供电系统的仿真模型

表 4-7 图 4-27 中各模块的名称及提取路径

序号	元件名称	模块名称	提取路径
1	无穷大功率电源	Three-Phase Source	SimPowerSystems/Electrical Sources
2	变压器	Three-Phase Transformer (Two Windings)	SimPowerSystems/Elements
3	输电线路	Three-Phase Series RLC Branch	SimPowerSystems/Elements
4	负荷	Three-Phase Series RLC Load	SimPowerSystems/Elements
5	三相电压电流测量模块	Three-Phase V-I Measurement	SimPowerSystems/Measurements
6	三相线路故障模块	Three-Phase Fault	SimPowerSystems/Elements
7	示波器	Scope	SimPowerSystems/Sinks
8	电力系统图形用户界面	Powergui	SimPowerSystems/Foudamental Blocks

二、仿真参数设置

（1）电源模块 设置电源模块参数如图 4-28 所示，其中三相电源电压为 110kV，频率为 50Hz，Yg 型接法，内阻为 5.74Ω，电感为 0.0452H。

（2）输电线路模块 采用“Three-Phase Series RLC Branch”模型，根据给定的线路参数计算可得

$$R_{WL} = r_1 l = 0.17 \times 50\Omega = 8.5\Omega$$

$$X_{WL} = x_1 l = 0.4 \times 50\Omega = 20\Omega$$

$$L_{WL} = \frac{X_{WL}}{2\pi f} = \frac{20}{2 \times 3.14 \times 50}\text{H} = 0.064\text{H}$$

输电线路模块的参数设置如图 4-29 所示。

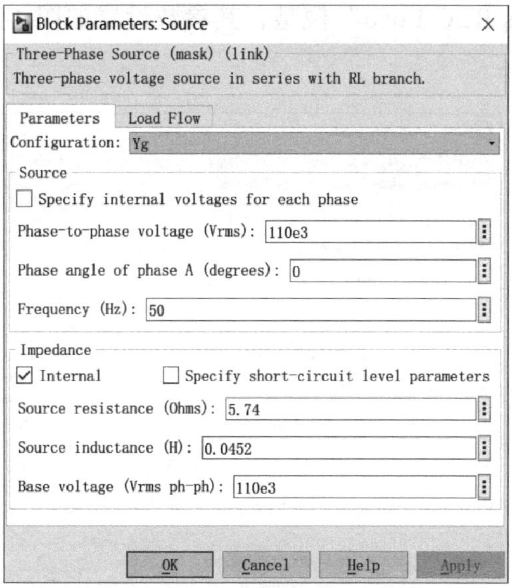

Block Parameters: Source

Three-Phase Source (mask) (link)

Three-phase voltage source in series with RL branch.

Parameters　Load Flow

Configuration: Yg

Source

☐ Specify internal voltages for each phase

Phase-to-phase voltage (Vrms): 110e3

Phase angle of phase A (degrees): 0

Frequency (Hz): 50

Impedance

☑ Internal　☐ Specify short-circuit level parameters

Source resistance (Ohms): 5.74

Source inductance (H): 0.0452

Base voltage (Vrms ph-ph): 110e3

OK　Cancel　Help　Apply

图 4-28　电源模块参数设置

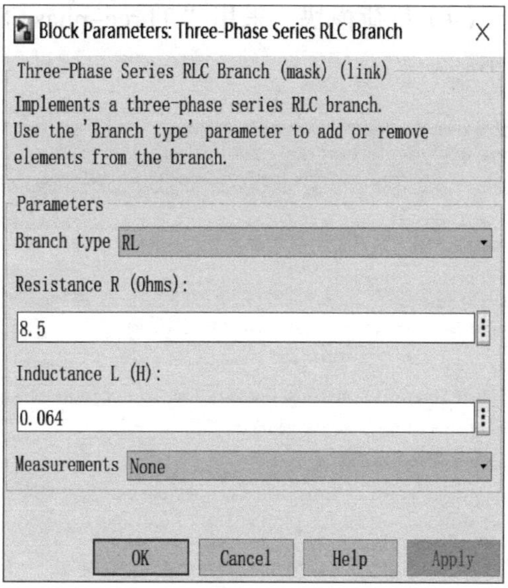

Block Parameters: Three-Phase Series RLC Branch

Three-Phase Series RLC Branch (mask) (link)

Implements a three-phase series RLC branch.
Use the 'Branch type' parameter to add or remove elements from the branch.

Parameters

Branch type RL

Resistance R (Ohms):

8.5

Inductance L (H):

0.064

Measurements None

OK　Cancel　Help　Apply

图 4-29　输电线路模块参数设置

（3）变压器模块　采用“Three-Phase Transformer (Two Windings)”模型，YNd11 联结，根据给定的变压器数据，由式（3-9）和式（3-10），可得折算到 110kV 侧的变压器电阻和电抗分别为

$$R_{\mathrm{T}}=\frac{\Delta P_{\mathrm{k}}U_{\mathrm{N}}^{2}}{S_{\mathrm{N}}^{2}}\times10^{3}=\frac{93.6\times110^{2}}{20000^{2}}\times10^{3}\Omega=2.83\Omega$$

$$X_{\mathrm{T}}=\frac{10U_{\mathrm{N}}^{2}U_{\mathrm{k}}\%}{S_{\mathrm{N}}}=\frac{10\times110^{2}\times10.5}{20000}\Omega=63.53\Omega$$

则变压器的漏感为

$$L_{\mathrm{T}}=\frac{X_{\mathrm{T}}}{2\pi f}=\frac{63.53}{2\times3.14\times50}\mathrm{H}=0.202\mathrm{H}$$

再由式（3-12）和式（3-13），可推出折算到 110kV 侧的变压器励磁电阻和励磁电抗分别为

$$R_{\mathrm{m}}=\frac{1}{G_{\mathrm{T}}}=\frac{U_{\mathrm{N}}^{2}}{\Delta P_{0}}\times10^{3}=\frac{110^{2}}{24}\times10^{3}\Omega=504166.67\Omega$$

$$X_{\mathrm{m}}=\frac{1}{B_{\mathrm{T}}}=\frac{U_{\mathrm{N}}^{2}}{I_{0}\%S_{\mathrm{N}}}\times10^{5}=\frac{110^{2}}{0.84\times20000}\times10^{5}\Omega=72024\Omega$$

则变压器的励磁电感为

$$L_{\mathrm{m}}=\frac{X_{\mathrm{m}}}{2\pi f}=\frac{72024}{2\times3.14\times50}\mathrm{H}=229.4\mathrm{H}$$

变压器模块采用有名值时的参数设置如图 4-30 所示。

（4）负荷模块 采用“Three-phase Series RLC Load”模型，其参数设置如图4-31所示。

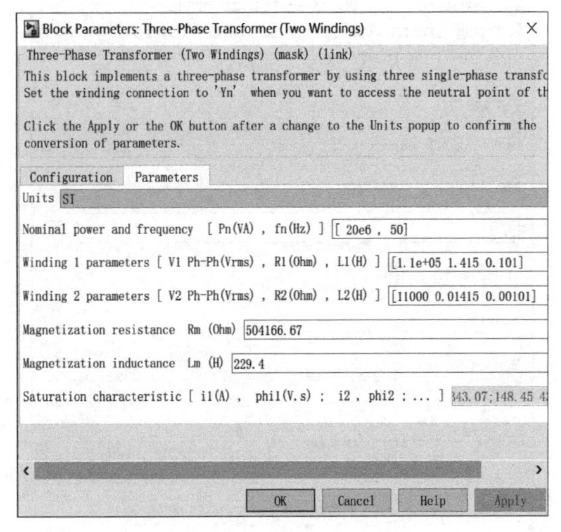

图4-30 变压器模块参数设置

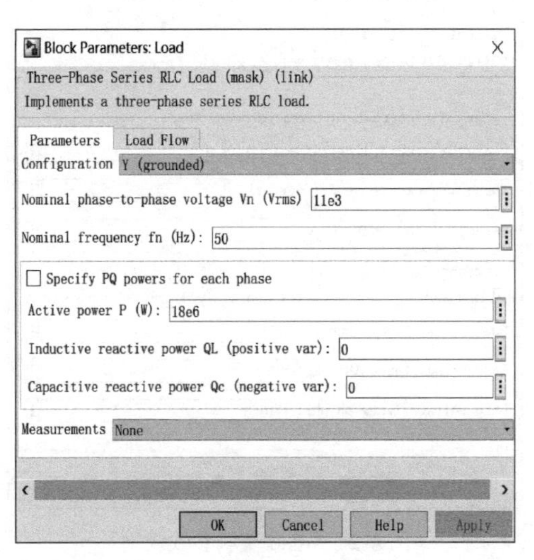

图4-31 负荷模块参数设置

（5）测量模块 三相电压电流测量模块“Three-Phase V-I Measurement”将在变压器低压侧测量到的电压、电流信号转变成Simulink信号，相当于电压、电流互感器的作用，其参数设置如图4-32所示。

（6）故障模块 三相故障模块“Three-Phase Fault”用来设置故障点的故障类型，其参数设置如图4-33所示，图中设置的是0.04s时刻发生三相短路故障。

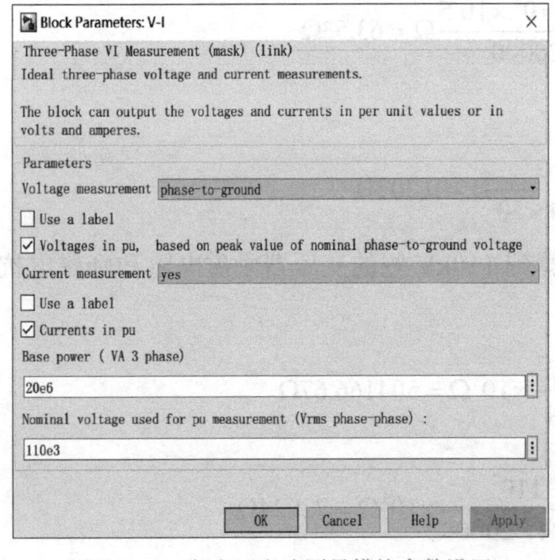

图4-32 三相电压电流测量模块参数设置

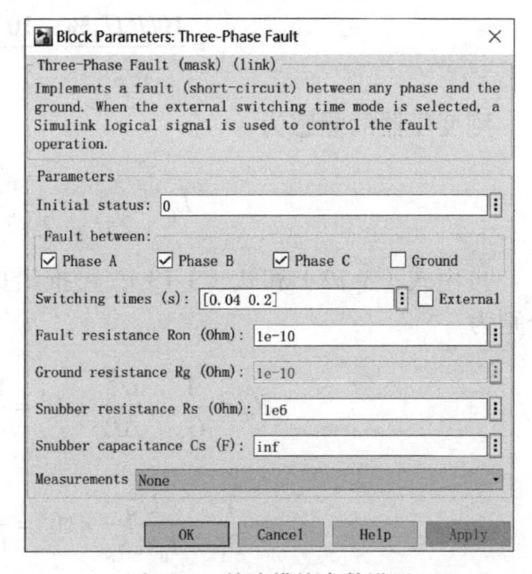

图4-33 故障模块参数设置

（7）其他参数设置 仿真参数选择可变步长的ode23t算法，仿真起始时间为0s，终止时间为0.2s，其他参数采用默认设置。

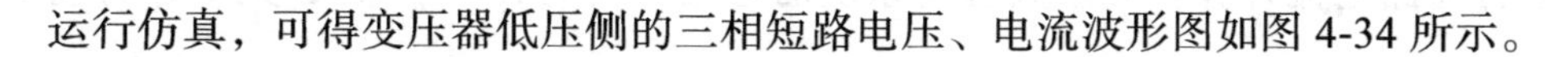

三、仿真结果分析

运行仿真，可得变压器低压侧的三相短路电压、电流波形图如图 4-34 所示。

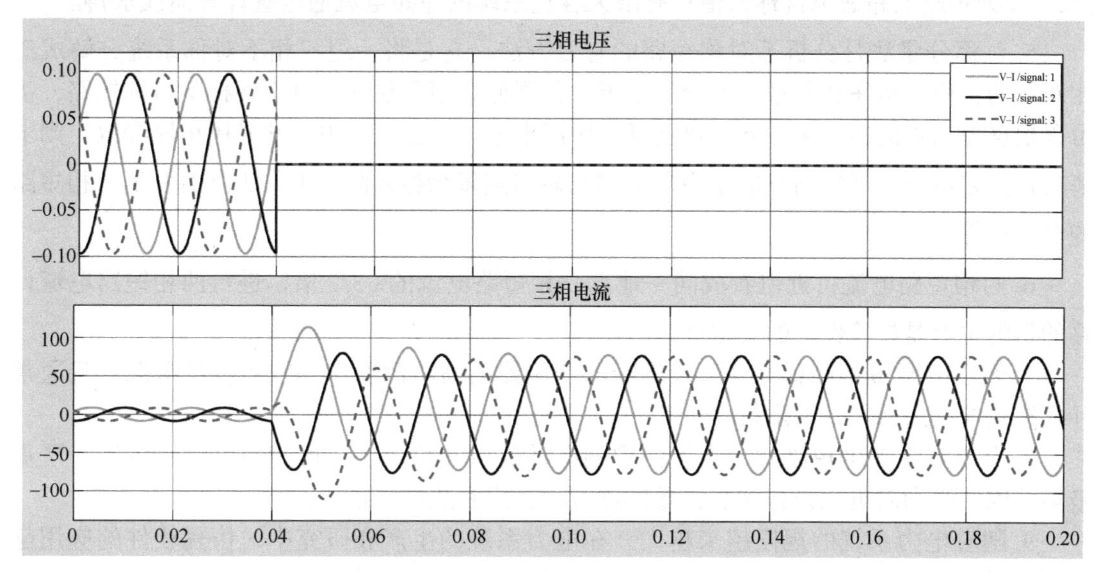

图 4-34 三相短路电压、电流波形图

由图 4-34 可知，发生三相短路之前，系统处于稳定运行的工作状态，三相电压、电流对称。在 0.04s 时发生三相短路故障，三相电压迅速下降为 0V；三相电流迅速上升为短路电流，且其最大瞬时值在短路后约半个周期出现，短路电流经暂态过程进入稳态后，可保持三相电流对称，说明三相短路为对称短路。可见，该仿真结果与理论分析一致。

仿真结果图中短路电流的数值可从示波器模块得到，此数据与理论计算相比可能会稍有误差，这是由于仿真模型中电源模块和输电线路模块的参数设置与理论计算时不完全相同而造成的。

本章小结

1. 短路的种类有三相短路、两相短路、单相接地短路和两相接地短路。其中发生单相接地短路的概率最大，发生三相短路的概率最小，但一般三相短路电流最大，造成的危害也最严重，因此，选择、校验电气设备用的短路电流，以三相短路计算值为主。

2. 采用标幺值法计算三相短路电流，避免了多级电压系统中的阻抗变换，计算简便，在工程中广泛应用。应掌握基准值的选取、电力系统各元件电抗标幺值的计算方法。

3. 无限大容量系统发生三相短路时，短路全电流由周期分量和非周期分量组成。短路电流周期分量在短路过程中保持不变，从而$I''=I_{\infty}=I_{\mathrm{p}}=I_{\mathrm{k}}$，使短路计算十分简便；而有限容量系统发生三相短路时，短路电流周期分量的幅值随时间发生变化，因此不存在这种关系。应了解次暂态短路电流、稳态短路电流、冲击短路电流、短路全电流和短路容量的物理意义。在进行电气设备动稳定和热稳定校验时，短路稳态电流、短路冲击电流是校验电气设备的重要依据。

4. 由于无限大容量系统与有限容量系统短路电流变化规律不同，因此，必须采用不同方法进行短路电流计算。无限大容量系统的短路电流为 $I_k = I_d / X_\Sigma^*$，其中 I_d 为基准电流，X_Σ^* 为短路回路总电抗标幺值；有限大容量系统的短路电流通过查计算曲线求得。

5. 对称分量法是分析不对称短路的有效方法，它是将一组三相不对称系统分解成三相对称的正序、负序和零序三个分量系统，各序分量相互独立。对于各种不对称短路，都可以根据短路点的边界条件方程建立复合序网求解。工程计算中，常采用正序等效定则求解对称短路电流，即短路点的正序电流与在短路点每相接入附加电抗 $X_\Delta^{(n)}$ 而发生三相短路的电流相等。

6. 两相短路电流可近似看成同一地点三相短路电流的 $\sqrt{3}/2$ 倍，进行两相短路电流计算的目的主要是校验保护的灵敏度。

7. 低压电网短路计算时，一般将配电变压器的高压侧看作无限大容量电源，且通常计入短路电路所有元件的阻抗。

8. 电力系统发生短路时会产生强烈的电动效应和热效应，可能使电气设备遭受严重破坏。因此必须对电气设备和载流导体进行动稳定和热稳定校验。

9. 随着电力系统的规模越来越大，在电力系统的生产和研究中，仿真软件的应用越来越广泛。

思考题与习题

4-1　什么是短路？短路的类型有哪几种？短路对电力系统有哪些危害？

4-2　什么是标幺值？在短路电流计算中，各物理量的标幺值是如何计算的？

4-3　什么是无限大容量系统？它有什么特征？

4-4　什么是短路冲击电流 i_{sh}、短路次暂态电流 I'' 和短路稳态电流 I_∞？在无限大容量系统中，它们与短路电流周期分量有效值有什么关系？

4-5　如何计算电力系统各元件的正序、负序和零序电抗？变压器的零序电抗与哪些因素有关？

4-6　什么是复合序网？各种简单不对称短路的复合序网是什么？

4-7　何谓正序等效定则？如何应用它来计算各种不对称短路？

4-8　什么是短路电流的力效应？什么是短路电流的热效应？短路发热的假想时间是什么意思？如何计算？

4-9　某工厂变电所装有两台并列运行的 S11-800（Yyn0 联结）型变压器，其电源由地区变电站通过一条 8km 的 10kV 架空线路供给。已知地区变电站出口断路器的断流容量为 500MV·A，试用标幺制法求该厂变电所 10kV 高压侧和 380V 低压侧的三相短路电流 I_k、i_{sh}、I_{sh} 及三相短路容量 S_k。

4-10　如图 4-35 所示网络，各元件的参数已标于图中，试用标幺值法计算 k 点发生三相短路时短路点的短路电流。

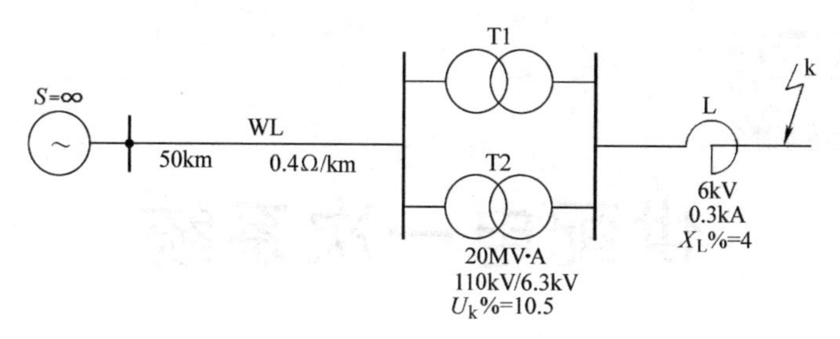

图 4-35　习题 4-10 图

4-11　在图 4-36 所示电力系统中，所有发电机均为汽轮发电机。各元件的参数如下：发电机 G1、G2 容量均为 31.25MV・A，$X''_d=0.13$，发电机 G3 容量为 50MV・A，$X''_d=0.125$；变压器 T1、T2 每台容量为 31.5MV・A，$U_k\%=10.5$，变压器 T3 容量为 50MV・A，$U_k\%=10.5$；线路 WL 的长度为 50km，单位长度电抗为 $0.4\,\Omega/\text{km}$，电压为 110kV 级，试用运算曲线法计算 10kV 电压级的 k 点发生短路时 0s 和 0.2s 时的短路电流。

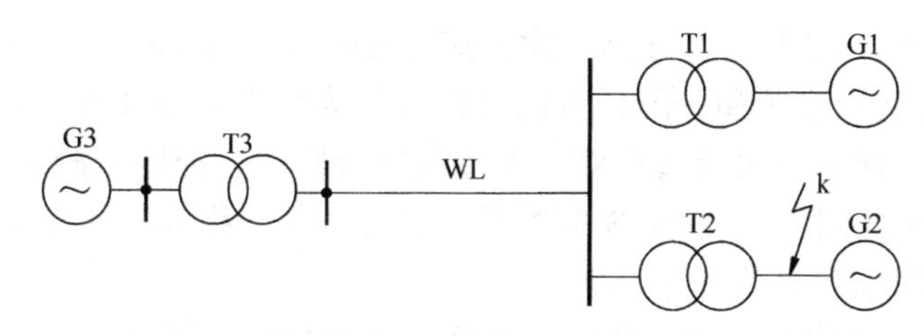

图 4-36　习题 4-11 图

4-12　已知某一不平衡的三相系统的 $\dot{U}_A=80\angle 10^\circ$V，$\dot{U}_B=70\angle 135^\circ$V，$\dot{U}_C=85\angle 175^\circ$V，试求其正序、负序及零序电压。

第五章

供配电一次系统

本章主要介绍供配电系统中常用一次设备的功能、结构特点及其选择与校验方法，并对变电所的电气主接线进行详细介绍，着重阐述其基本要求、结构形式及其设计原则。

本章是本课程的重点之一，也是从事电力工程设计与运行必备的基础知识。

第一节　电气设备概述

电力系统按其作用的不同可分为一次系统（primary system）和二次系统（secondary system）。其中担负电能输送和分配任务的系统，称为一次系统（或一次回路），一次系统中的所有电气设备，称为一次设备；对一次系统进行监视、控制、测量和保护的系统，称为二次系统（或二次回路），二次系统中的所有电气设备，称为二次设备。

一次设备按其功能可分为以下几类：

（1）变换设备　指按系统工作要求来改变电压或电流的设备，如电力变压器（power transformer）、电流互感器（current transformer）、电压互感器（voltage transformer）等。

（2）开关设备　指按系统工作要求来接通或断开一次电路的设备，如断路器（circuit breaker）、隔离开关（isolating switch）、负荷开关（load switch）、接触器（contactor）等。

（3）保护设备　指用来对系统进行过电流和过电压保护的设备，如熔断器（fuse）、避雷器（arrester）等。

（4）无功补偿设备　指用来补偿系统中的无功功率、提高功率因数的设备，如电力电容器、静止补偿器等。

（5）成套配电装置　指按照一定的线路方案将有关一、二次设备组合为一体的电气装置，如高压开关柜、低压配电屏等。

第二节　高低压开关电器

一、开关电器的灭弧原理

开关电器（switching device）是电力系统中的重要设备之一。在运行中，任一电路的投入和切除都要使用开关电器。而在开关电器切断电路时，当动、静触头间的电压高于10V、电流大于80mA时，就会在触头间产生电弧。尽管此时电路连接已被开断，但电流可继续通过电弧流动，这在短路时就使短路电流危害的时间延长，会对电力系统中的设备造成更大的损坏。同时，电弧的高温可能会烧坏开关触头，烧坏电气设备和导线电缆，还可能引起弧光短路，甚至引起火灾和爆炸事故。因此，研究电弧的产生和熄灭过程，对电气设备的设计制造和运行维护部门都有非常重要的意义。

1. 电弧的产生

电弧（electric arc）的产生和维持是触头间中性质点（分子和原子）被游离的结果。游离就是中性质点转化为带电质点。产生电弧的游离方式主要有以下四种：

（1）高电场发射　在开关触头分开的最初瞬间，由于触头间距离很小，电场强度很大。在高电场的作用下，阴极表面的电子就会被强拉出去，进入触头间隙成为自由电子。这是在弧隙间最初产生电子的原因。

（2）热电发射　触头是由金属材料做成的，在常温下，金属内部就存在大量运动着的自由电子。当开关触头分断电流时，弧隙间的高温使触头阴极表面受热出现强烈的炽热点，不断地向外发射自由电子，在电场力的作用下，向阳极做加速运动。

（3）碰撞游离　当触头间隙存在足够大的电场强度时，其中的自由电子以相当大的动能向阳极运动，途中与中性质点碰撞，当电子的动能大于中性质点的游离能时，便产生碰撞游离，原中性质点被游离成正离子和自由电子。新产生的自由电子和原来的自由电子一起向阳极做加速运动，继续产生碰撞游离，结果使触头间介质中的离子数越来越多，形成“雪崩”现象。当离子浓度足够大时，介质击穿而形成电弧。

（4）热游离　由于电弧的温度很高，在高温下电弧中的中性质点会产生剧烈运动，它们之间相互碰撞，又会游离出正离子和自由电子，从而进一步加强了电弧中的游离。触头越分开，电弧越大，热游离越显著。

综上所述，开关电器触头间的电弧是由于阴极在强电场作用下发射自由电子，而该电子在触头外加电压作用下发生碰撞游离所形成的。在电弧高温作用下，阴极表面产生热发射，并在介质中发生热游离，使电弧得以维持和发展。这就是电弧产生的主要过程。

2. 电弧的熄灭

在电弧中发生游离过程的同时，同时还存在着相反的过程，这就是使带电质点减少的去游离过程。去游离主要有复合和扩散两种形式。复合是指正离子和自由电子重新结合为中性质点的过程。扩散是指弧柱中的带电质点不断向周围介质逸出的过程。

如果游离过程与去游离过程处于动态平衡状态，电弧将稳定燃烧。如果去游离过程大于游离过程，电弧将越来越小，直至最后熄灭。因此，要想熄灭电弧，必须使触头间电弧中的去游离率大于游离率，即使离子消失的速度大于离子产生的速度。

3. 交流电弧的特性与熄灭

交流电弧电流每半个周期要过零值一次。在电流过零时，电弧暂时熄灭，因此熄灭交流电弧，就是让其过零后不再重燃。

交流电弧过零暂时熄灭后，弧隙中同时存在着两个对立的过程。一个是弧隙介质强度的恢复过程，即弧隙的绝缘能力由熄弧后的较低值逐渐向正常值恢复的过程，主要取决于灭弧介质和灭弧装置的结构；另一个是弧隙电压的恢复过程，即弧隙电压从不大的熄弧电压经电磁振荡逐渐恢复到电源电压的过程，主要取决于电路参数和负荷性质。交流电弧过零后是否重燃，取决于这两个过程变化速度的相对快慢。

电弧电流过零后，如果弧隙电压的恢复速度高于弧隙介质强度的恢复速度，电弧将会重燃，电路开断失败。相反，如果弧隙介质强度的恢复速度高于弧隙电压的恢复速度，电弧就不会重燃，电路开断成功。

4. 开关电器中常用的灭弧方法

（1）速拉灭弧法　迅速拉长电弧，可使弧隙的电场强度骤降，离子的复合迅速增强，从而加速电弧的熄灭。因此，在高压开关中需装设强有力的断路弹簧，以便提高开关电器的分闸速度。这是开关电器中普遍采用的最基本的灭弧方法。

（2）冷却灭弧法　降低电弧的温度，可使电弧中的热游离减弱，正负离子的复合增强，从而有助于电弧的熄灭。

（3）吹弧灭弧法　利用外力（如气流、油流等）吹动电弧，使电弧拉长、冷却，加强弧隙内的去游离作用，从而加速电弧的熄灭。按吹动气流的方向分，有横吹和纵吹两种方式，如图 5-1 所示。横吹主要是把电弧拉长，使电弧表面积增大并加强冷却；纵吹主要是使电弧冷却变细，最后熄灭。按外力的性质分，有气吹、油吹、电动力吹和磁吹等方式。

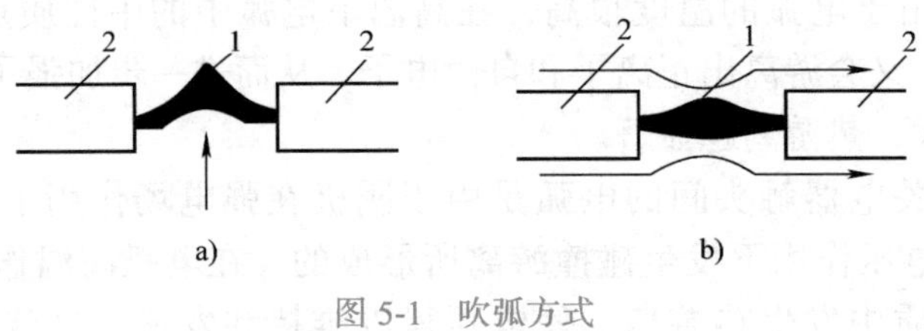

图 5-1　吹弧方式

a）横吹　b）纵吹

1—电弧　2—触头

（4）长弧切短灭弧法　这种灭弧原理常用于低压电器，其灭弧装置是一个金属栅灭弧罩，如图 5-2 所示。当触头间产生电弧时，利用电弧电流产生的磁场与铁磁材料间产生的相互作用力，使触头间的电弧被快速吸引到金属栅片内，将长弧分割成若干段短弧，而短电弧的电压主要降落在阴、阳极区内，如果栅片的数目足够多，使各段维持电弧燃烧所需的最低电压降的总和大于触头间的外加电压时，电弧就会迅速熄灭。

（5）粗弧分细灭弧法　将粗大的电弧分成若干并行的细小电弧，使电弧与周围介质的接触面积增大，改善电弧的散热条件，降低电弧的温度，从而使电弧中离子的复合和扩散都得到增强，使电弧加速熄灭。

（6）狭缝灭弧法　在低压开关电器中，也广泛采用狭缝灭弧装置。如图 5-3 所示，灭弧栅片由陶土或有机固体材料等制成。当触头间产生电弧时，在磁吹线圈产生的磁场作用下，对电弧产生电动力，将电弧拉长进入灭弧栅片的狭缝中，电弧与栅片紧密接触，有机固体介质在高温作用下分解而产生气体，使电弧强烈冷却，从而使电弧中的去游离加强，最终使电弧熄灭。

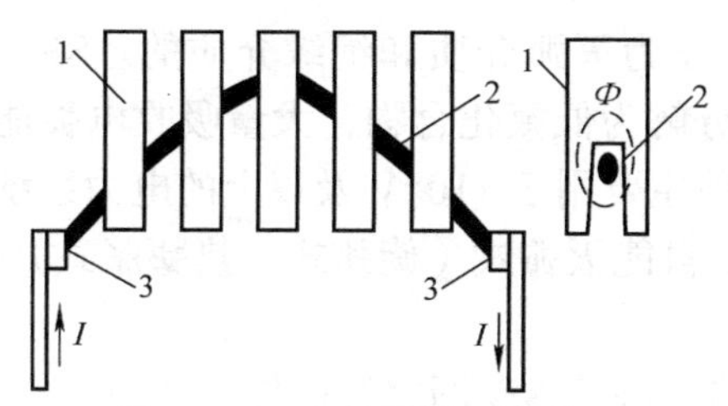

图 5-2　钢灭弧栅对电弧的作用

1—金属栅片　2—电弧　3—触头

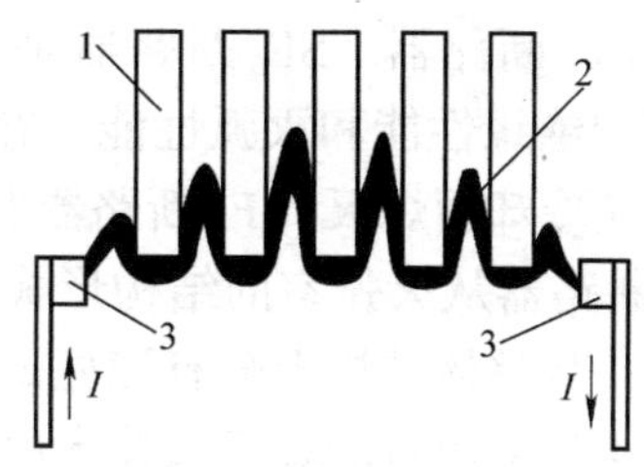

图 5-3　狭缝灭弧原理

1—绝缘栅片　2—电弧　3—触头

（7）采用多断口灭弧　在高压断路器中，为加速电弧的熄灭，常制成每相有两个或多个断口串联，这可使每一断口上的电压降低，并能加快电弧拉长的速度，使弧隙电阻迅速增加，从而增大介质强度的恢复速度，使电弧易于熄灭。

（8）采用新型介质灭弧　利用灭弧性能强的新型介质（如 SF_6、真空等）可有效加强去游离作用，促进电弧的熄灭。SF_6 气体具有良好的绝缘性能和灭弧性能，它的绝缘强度约为空气的 3 倍，灭弧能力比空气强 100 倍，用 SF_6 气体来灭弧可提高开关的断流容量、缩短灭弧时间。真空具有较高的绝缘强度，由于真空间隙内的气体稀薄，分子的自由行程大，发生碰撞的概率很小，使电弧难以产生和维持。

在现代的开关电器中，常常是根据具体情况，综合利用以上几种灭弧方法来达到迅速熄灭电弧的目的。

二、高压断路器

1. 高压断路器的用途和基本结构

高压断路器（high-voltage circuit breaker）是电力系统中最重要的开关设备，它具有完善的灭弧装置，因此不仅能通断正常负荷电流，而且能切断一定的短路电流，并能在保护装置作用下自动跳闸，切除短路故障。

高压断路器的种类很多，但就其结构而言，都是由开断元件、支撑元件、传动元件、基座及操动机构五个基本部分构成。开断元件是断路器的核心元件，主要由触头、导电部分和灭弧室组成。触头的分、合动作是依靠操动机构来带动的。开断元件一般经绝缘支座安装在基座或是密封的容器内。其他部分都是配合开断元件为完成上述动作而设置的。

2. 高压断路器的类型

高压断路器按其采用灭弧介质的不同，可分为油断路器、SF_6（六氟化硫）断路器、真空断路器等。

（1）油断路器　油断路器是利用油作为灭弧介质的，按其油量的多少和油的作用，可分为多油断路器和少油断路器两大类。多油断路器的油量多，其油既作为灭弧介质，又作为绝缘介质；少油断路器中的油量很少，其油只作为灭弧介质。断路器分闸时，产生电弧，在油流的横吹、纵吹和机械运动引起油吹的联合作用下，使电弧迅速熄灭。

少油断路器曾在供配电系统中广泛应用，后来随着开关无油化进程的开展，现在已基本被淘汰，被 SF_6 断路器或真空断路器所取代。

（2）SF_6断路器 SF_6断路器是利用SF_6气体作为灭弧介质和绝缘介质的。SF_6气体具有良好的绝缘性能和灭弧性能，在电弧作用下分解为低氟化合物，大量吸收电弧能量，使电弧迅速冷却而熄灭。SF_6断路器发展较快，目前主要用于110kV及以上的电力系统中。

SF_6断路器从灭弧室的结构形式分有压气式、自能灭弧式（旋弧式、热膨胀式）和混合灭弧式；从整体结构上分有瓷柱式和罐式。

图5-4为采用自能式灭弧技术的LW36-126型瓷柱式SF_6断路器的外形结构。

SF_6断路器具有断流能力强、灭弧速度快、绝缘性能好、检修周期长、没有燃烧爆炸危险等优点，但要求加工精度高，密封性能好，因此价格较昂贵。在电力系统中，SF_6断路器已得到越来越广泛的应用，尤其在全封闭组合电器中，多采用该型断路器。

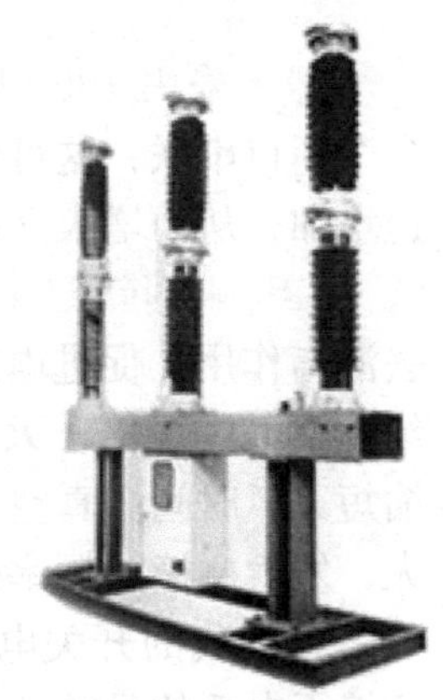
图5-4 LW36-126型瓷柱式SF_6断路器

（3）真空断路器 真空断路器是利用真空作为灭弧介质和绝缘介质的。这里所谓的真空，是指真空度在0.13Pa以下的空间。在这种气体稀薄空间，其绝缘强度很高，因此电弧很容易熄灭。

真空断路器的触头装在真空灭弧室内。由于真空中没有可被游离的气体，当触头刚分离时，只有高电场发射和热电发射使触头间产生的真空电弧。电弧的温度很高，使触头表面产生金属蒸气。随着触头的分开和电弧电流的减小，触头间金属蒸气的密度也逐渐减小。当电弧电流过零时，电弧暂时熄灭，触头周围的金属离子迅速扩散，使触头间隙的绝缘强度迅速恢复。电流过零后，外加电压虽然恢复，但触头间隙不会再被击穿，真空电弧在电流第一次过零时就能完全熄灭。

真空断路器按安装地点分为户内式和户外式。图5-5为ZN63A（VS1）-12型户内式真空断路器的外形结构，适用于额定电压10kV的电力系统中，可供工矿企业、发电厂及变电站电气设备的保护和控制之用。该真空断路器既可配用于KYN28A-12等中置手车式开关柜，也可安装于XGN2等固定式开关柜内。

图5-6为ZW7-40.5型户外式真空断路器的外形结构，该断路器采用的是互感器置于机构箱内的整体结构，可内配LZZBJ4-40.5型电流互感器，广泛应用于35kV户外配电装置中，是取代DW型多油断路器的理想产品。

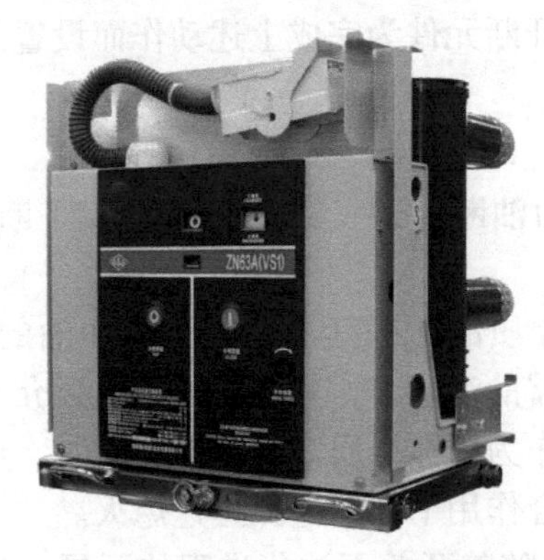

图5-5 ZN63A（VS1）-12型户内式真空断路器

图5-6 ZW7-40.5型户外式真空断路器

真空断路器具有体积小、质量小、动作快、寿命长、操作噪声小、安全可靠和便于维护等优点，但价格较贵。真空断路器是变电站实现无油化改造的理想设备，目前主要用在35kV及以下的现代化配电网中。

近些年，国家电网为了提升配电网的水平，不断地增加对智能电网的投资和建设，为了解决配电网规模化建设改造中一次高压开关和二次智能馈线终端设备不匹配的问题，国家电网于2016年提出了配电设备一二次融合技术方案（即未来电力系统中的一次设备中将含有部分二次设备智能单元，让一次设备更加智能化，使一次设备内自带测量、计量、保护、监测、控制等功能），旨在提高配电一二次设备的标准化、集成化水平，提升配电设备运行水平和运维质量与效率等。图5-7为ZW32-12型柱上一二次深度融合户外真空断路器的外形结构，它是将电子式传感器与断路器绝缘极柱一体式固封，断路器具备丰富的信息采集能力，主要用于额定电压10kV的户外配电系统中，起分断、控制、保护和线损采集等作用。智能深度融合断路器可以快速研判线路故障并进行故障隔离，并能统计节点电量信息，方便对线路线损进行统计分析，适应于各种通信方式，便于实现配网自动化。可见，一二次融合断路器是将传统柱上断路器以物联网和智能化技术进行改造，使其具备了人机互连能力、终端研判能力及深度集成化的特点，已成为配电网的重要发展方向。

图5-7　ZW32-12型柱上一二次深度融合户外真空断路器

目前，该户外真空断路器的新一代小型化产品——磁控速动型柱上断路器已投产使用，该产品采用新型磁性材料，采用磁控操作机构，具有整机体积小、质量轻、功耗低、分闸速度快、可靠性高、安装便利、便于维护等特点，内置多种精密传感器，满足了配电设备智能化及深度融合应用，支持多种馈线自动化模式，可实现线路故障快速就地隔离和自愈。该产品突破了配电网多级级差保护配合的瓶颈，可有效提高配电网架空线路的供电可靠性，推动了配电设备向高可靠、智能化升级换代。

柱上断路器

3. 断路器的操动机构

操动机构是指用以进行断路器合闸、保持合闸位置和跳闸的设备。每种操动机构均包括合闸机构、跳闸机构和维持机构三部分。断路器操动机构的动作是靠外部能量作用来实现的。操动机构的发展经历了几个重要阶段：电磁操动机构、弹簧操动机构和永磁操动机构。

最早的电磁操动机构完全依靠合闸电流流过合闸线圈产生的电磁力来合闸，同时压紧跳闸弹簧，跳闸时主要依靠跳闸弹簧来提供能量。所以该类型操动机构的跳闸电流较小，但合闸电流非常大，需用直流操作电源。电磁操动机构的优点是结构简单，零件数量少，工作可靠，制造成本低，其缺点是合闸线圈消耗的功率太大，因而要求配用昂贵的蓄电池，加上电磁机构的结构笨重，动作时间较长，因此逐渐被市场淘汰。

弹簧操动机构是在合闸前利用交直流两用电动机使弹簧储能，然后利用弹簧所储能量使断路器合闸。这种操动机构大大减少了合闸电流，从而对电源要求较低，交直流均可操作，其分合闸速度不受电源电压波动的影响，相当稳定，因此在近些年得到广泛应用。但其结构复杂，零件数量多，加工工艺复杂，制造成本高，产品可靠性不易保证。

永磁操动机构是针对电磁操动机构和弹簧操动机构存在的缺点而研制生产出的一种新型的断路器操动机构，由永久磁铁、合闸线圈和分闸线圈组成，取消了弹簧操动机构和电磁操动机构中的运动连杆、脱扣和锁扣装置，其结构简单、零部件极少（比弹簧操动机构减少80%)，工作时主要运动部件只有一个，具有很高的可靠性。它利用永久磁铁进行断路器位置保持，是一种电磁操动、永磁保持、电子控制的操动机构。另外，其寿命特别长，超过十万次，为研制真正免维护超长寿命的真空开关奠定了良好的基础。近几年，永磁操动机构在12kV电压等级的真空断路器上已得到了广泛应用。

三、高压隔离开关

高压隔离开关（high-voltage disconnector）俗称刀闸，又称刀开关，它没有专门的灭弧装置，断流能力差，所以不能带负荷操作。高压隔离开关的主要功能是隔离电源，以保证其他设备及线路的安全检修。隔离开关断开后在电路中形成明显可见的断开点，并建立可靠的绝缘间隙。隔离开关与断路器配合使用时，必须保证隔离开关的“先通后断”，即送电时应先合隔离开关，后合断路器，断电时应先断开断路器，后断开隔离开关。上述倒闸操作顺序绝对不允许颠倒，否则将发生严重事故。通常在隔离开关和断路器之间设置闭锁机构，以防止误操作。

隔离开关可用来通断一定的小电流，如励磁电流不超过2A的空载变压器、电容电流不超过5A的空载线路以及电压互感器和避雷器电路等。

高压隔离开关的种类很多，按安装地点的不同可分为户内式和户外式两种；按绝缘支柱的数目不同可分为单柱式、双柱式和三柱式三种；按刀闸的运行方式不同可分为水平旋转式、垂直旋转式、摆动式和插入式四种；按有无接地刀闸可分为单接地刀闸、双接地刀闸和无接地刀闸三种。

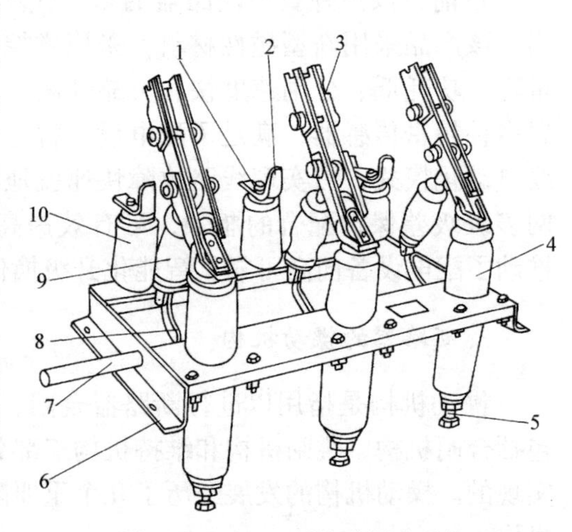

图5-8 GN8-10型户内隔离开关

1—上接线端子 2—静触头 3—闸刀
4—套管绝缘子 5—下接线端子 6—框架
7—转轴 8—拐臂 9—升降绝缘子 10—支持绝缘子

户内式隔离开关有单极式和三极式两种，常用的有GN8、GN10和GN28等系列。图5-8为GN8-10型户内隔离开关的外形结构，它的三相共装在同一底座上，分合闸操作由操动机构通过连杆操动转轴完成。户内式隔离开关一般都采用手动式操动机构。

户外式隔离开关可分为单柱式、双柱式和三柱式三种，常用的有GW4、GW5和

GW13 等系列。图 5-9 为 GW4-110 型双柱式户外隔离开关的外形结构。每相有两个支柱绝缘子，分别装在底座两端轴承座上，以交叉连杆连接，可以水平旋转。导电刀闸分成两半，分别固定在支柱绝缘子上，触头的接触位于两个瓷柱的中间。隔离开关的分、合闸操作是由传动轴通过连杆机构带动两侧的支柱绝缘子沿相反方向各转动 90°，使刀闸在水平面上转动来实现的。图中的刀闸在合闸位置。当主刀闸分开后，利用接地刀闸将待检修线路或设备接地，以保证安全。该系列隔离开关的主刀闸和接地刀闸可分别配各类电动型或手动型操动机构进行三相联动操作。

图 5-10 为 GW5-110D 型 V 形双柱式户外隔离开关的外形结构。它的基本结构与双柱式相同，但它的底座较小，可节约钢材，并使配电装置中的水泥支架和基础尺寸也相应缩小。它可采用手动或气动操动机构，在发电厂、变电所中应用较广泛。同时为保证检修工作安全还设置了接地刀闸。

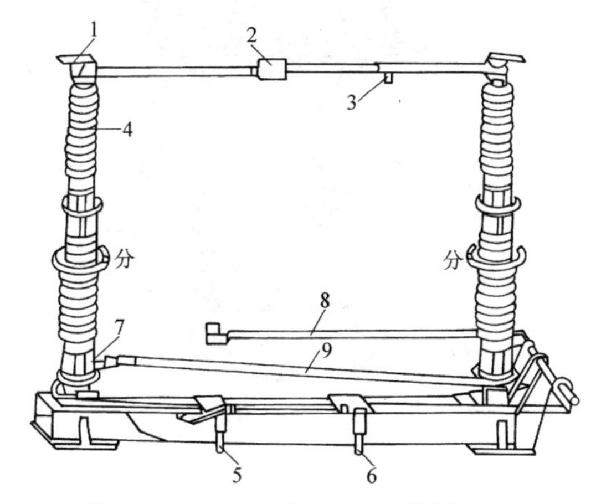

图 5-9　GW4-110 型双柱式户外隔离开关

1—接线座　2—主触头　3—接地刀闸触头
4—支柱绝缘子　5—主刀闸传动轴
6—接地刀闸传动轴　7—轴承座
8—接地刀闸　9—交叉连杆

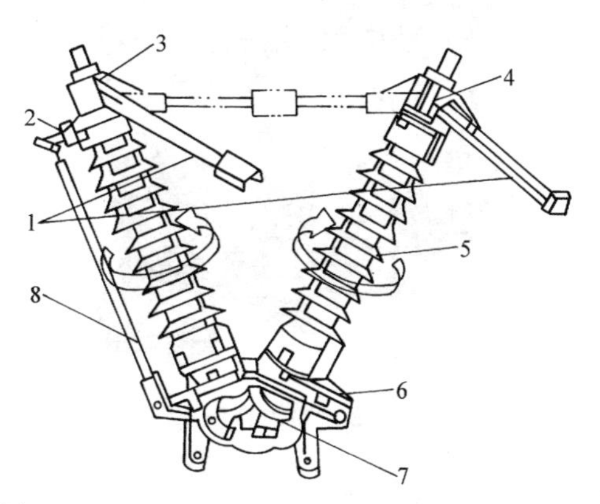

图 5-10　GW5-110D 型 V 形双柱式户外隔离开关

1—主闸刀底座　2—接地静触头　3—出线座
4—导电带　5—绝缘子　6—轴承座
7—伞齿轮　8—接地刀闸

隔离开关的操动机构有手动式、电动式和气动式三种。目前变电所中应用较多的是手动操动机构，它具有结构简单、价格低廉等优点，但不能实现远距离控制。当隔离开关采用电动或气动操动机构时，可以实现远距离控制和自动控制。

四、高压负荷开关

高压负荷开关（high-voltage load switch）是一种介于断路器和隔离开关之间的结构简单的高压电器，具有简单的灭弧装置和明显的断开点，可以通断一定的负荷电流和过负荷电流，有隔离开关的作用，但不能断开短路电流。高压负荷开关常与高压熔断器配合使用，由负荷开关分断负荷电流，利用熔断器切断故障电流。通常在容量不是很大、同时对保护性能要求也不是很高的场所，可用负荷开关与熔断器组合起来使用来取代价格较贵的断路器，以便降低设备的投资费和运行费。这种形式在城网改造和农村电网应用得比较多。

高压负荷开关按灭弧介质不同可分为压气式、产气式、真空式和 SF_6 负荷开关等；按安装地点的不同可分为户内式和户外式两大类。目前较为流行的是真空负荷开关，主要使用于配电网中的环网开关柜中。

图5-11和图5-12分别为ZFN–10型户内高压真空负荷开关和ZFN–10R型户内高压真空负荷开关–熔断器组合电器的外形结构。该系列负荷开关具有安全可靠、开断能力大、电寿命长、可频繁操作和维护工作量少等优点，特别适用于在无油化、不检修及频繁操作的场所使用。

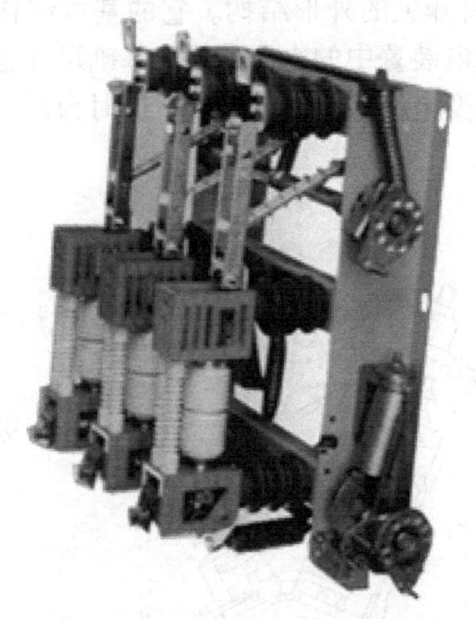

图5-11　ZFN–10型户内高压真空负荷开关

图5-12　ZFN–10R型户内高压真空负荷开关–熔断器组合电器

五、低压刀开关和负荷开关

1. 低压刀开关

低压刀开关（low–voltage knife switch）的种类很多，按极数分，有单极、双极和三极三种；按用途分，有单投和双投两种；按操作方式分，有直接手柄操作和连杆操作两种；按灭弧结构分，有不带灭弧罩和带灭弧罩两种。

不带灭弧罩的刀开关只能在无负荷下操作，可作低压隔离开关使用。带灭弧罩的刀开关能通断一定的负荷电流。

2. 低压刀熔开关

低压刀熔开关又称熔断器式刀开关，是一种由低压刀开关和低压熔断器组合而成的低压电器。通常是把刀开关的闸刀换成具有刀形触头的熔断器的熔管。

刀熔开关具有刀开关和熔断器双重功能。采用这种组合型开关电器，可以简化低压配电装置的结构，经济实用，因此在低压配电装置中被广泛采用。

3. 低压负荷开关

低压负荷开关由带灭弧罩的低压刀开关与低压熔断器串联组合而成，外装封闭式铁壳或开启式胶盖。装铁壳的俗称“铁壳开关”，装胶盖的俗称“胶壳开关”。低压负荷开关具有带灭弧罩的刀开关和熔断器的双重功能，既可以带负荷操作，又能进行短路保护。常用的低压负荷开关有 HH 和 HK 两种系列。其中 HH 系列为封闭式负荷开关；HK 系列为开启式负荷开关。

六、低压断路器

低压断路器（low–voltage circuit breaker）又称低压自动空气开关，是一种性能最完善的低压开关电器，它既能带负荷通断电路，又能在线路发生短路、过负荷、低电压（或失电压）等故障时自动跳闸。

1. 低压断路器的工作原理

低压断路器的工作原理图如图 5-13 所示。图中所示为合闸状态，此时主触头 1 通过跳钩 2 保持在合闸位置。锁扣 3 可以绕转轴转动，如果锁扣 3 被向上顶开，即跳钩与锁扣脱扣，则主触头 1 在断路器弹簧的作用下迅速跳闸。脱扣动作通过各种脱扣器来完成，这些脱扣器有：

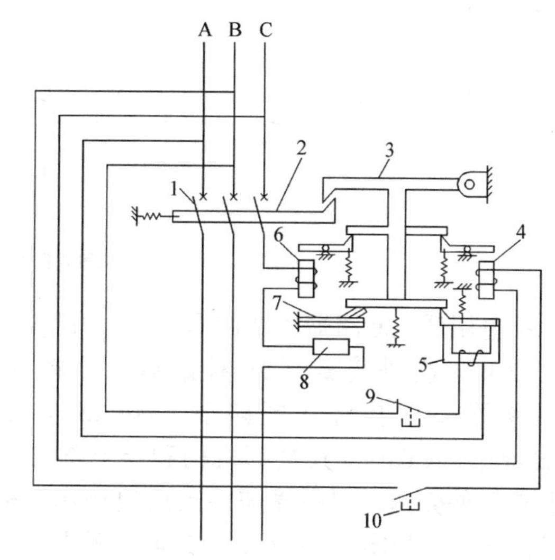

图 5-13 低压断路器的工作原理图

1—主触头 2—跳钩 3—锁扣 4—分励脱扣器 5—失电压脱扣器 6—过电流脱扣器 7—热脱扣器 8—加热电阻 9、10—脱扣按钮

（1）过电流脱扣器 用于短路或过负荷保护。当电流超过某一规定值时，过电流脱扣器 6 的电磁吸力大于右端弹簧的拉力，衔铁转动，使锁扣 3 顶开，断路器跳闸。

（2）失电压（欠电压）脱扣器 用于失电压或欠电压保护。当电源电压低于某一规定值时，失电压脱扣器 5 的电磁吸力减小，释放衔铁，顶开锁扣 3，使断路器跳闸。

（3）热脱扣器 用于线路或设备长时间过负荷保护。当线路出现过负荷时，加热电阻 8 使由双金属片组成的热脱扣器 7 发热弯曲，同样将锁扣 3 顶开，使断路器跳闸。

（4）分励脱扣器 用于远距离跳闸。按下脱扣按钮 10，分励脱扣器 4 的线圈通电，可实现远距离跳闸。

2. 低压断路器的类型

低压断路器按其灭弧介质分，有空气断路器和真空断路器等；按用途分，有配电用、电动机保护用、照明用和漏电保护用等。

配电用低压断路器按保护性能分，有非选择型和选择型两类。非选择型断路器一般为瞬时动作，只作短路保护用；也有的为长延时动作，只作过负荷保护用。选择型断路器有两段保护、三段保护和智能化保护等。两段式保护特性分为瞬时和长延时两段，三段式保护特性分为瞬时、短延时和长延时三段。其中瞬时和短延时特性适用于短路保护，长延时特性适用于过负荷保护。图 5-14 所示为低压断路器的三种保护特性曲线。而智能化保护，其脱扣器为微机控制，保护功能更多，选择性更好，这种断路器通常称为智能型断路器。

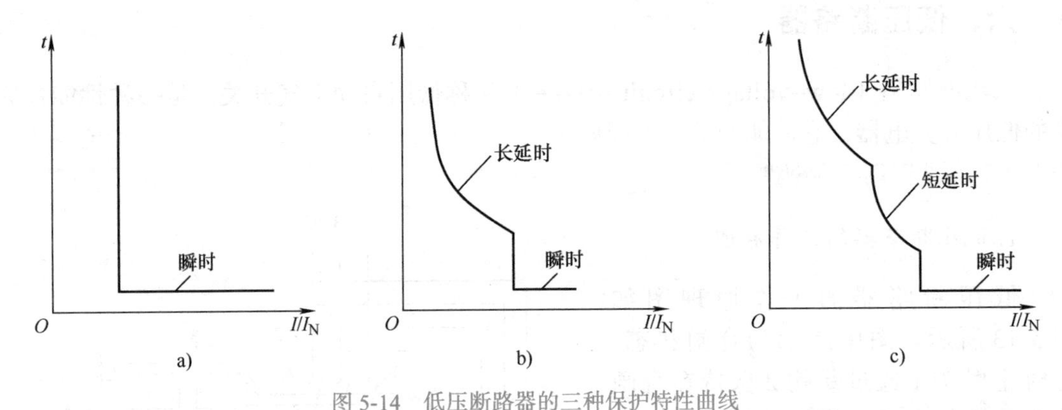

图 5-14 低压断路器的三种保护特性曲线

a）瞬时特性 b）两段式保护特性 c）三段式保护特性

配电用低压断路器按结构形式分，有塑料外壳式和万能式两大类。

（1）塑料外壳式低压断路器 塑料外壳式低压断路器又称装置式断路器（Molded Case Circuit Breakers，MCCB），其全部机构和导电部分均装设在一个塑料外壳内，仅在壳盖中央露出操作手柄，供手动操作之用，如图 5-15 所示。其辅助触点、欠电压脱扣器以及分励脱扣器等多采用模块化，结构非常紧凑，一般不考虑维修。

图 5-15 塑料外壳式低压断路器

塑料外壳式低压断路器的操作方式有手动操作和电动操作两种，但一般采用手动操作，大容量可选择电动分合。该类型断路器可根据需要装设复式脱扣器（可同时实现过负荷保护和短路保护）、电磁脱扣器（只作短路保护）和热脱扣器（只作过负荷保护）。

塑料外壳式低压断路器具有体积小、质量轻、操作简便、使用安全、脱扣速度快（一般不超过 0.02s）等优点，但是其通断能力较低，保护方案和操作方式较少，且多为非选择型，常用于低压配电装置中，作为配电馈线或电动机回路的控制与保护开关。

目前国产比较先进的是以 CM1 系列为代表的塑料外壳式低压断路器。

小型断路器又称微型断路器（Micro Circuit Breaker，MCB），具有结构先进、性能可靠、外形美观小巧等特点，主要用于工业、商业、高层和民用住宅等各种建筑电气终端配电装置中，有单极（1P）、二极（2P）、三极（3P）和四极（4P）四种类型。

（2）万能式低压断路器　万能式低压断路器又称框架式断路器（Air Circuit Breaker，ACB），其全部机构和导电部分均装设在一个绝缘的金属框架内，常为开启式，可装设多种附件，更换触头和部件较为方便。

万能式低压断路器有手动和电动两种操作方式，有固定式和抽屉式两种安装方式。固定式断路器由断路器本体、脱扣单元和附件组成；把固定式断路器本体装入专用的抽屉座就成为抽屉式断路器。抽屉座由带有导轨的左右侧板、底座和横梁等组成，底座上设有推进机构，并装有“连接”“试验”和“分离”三个位置指示，抽屉座的上方装有辅助电路静隔离触头。

万能式低压断路器有非选择型和选择型两种保护特性。选择型万能式低压断路器多采用电子式过电流脱扣器，具有长延时、短延时和瞬时三段保护特性。智能型万能式低压断路器内置单片机，具有显示、报警、自检和通信功能，可与工控机组成监控系统。

万能式低压断路器的最大特点是容量大，极限分断能力较强，可装设的脱扣器较多，辅助触点的数量也较多，并具有足够的短时耐受电流，因此该型断路器具有很好的选择性和稳定性。其缺点是价格较高、脱扣速度稍慢（超过0.02s），主要用于低压配电装置中作主开关和起总保护作用。

目前国产比较先进的万能式低压断路器是以CW1系列为代表的智能型断路器，其主要特点是分断能力强、零飞弧、可靠性高、保护性能完善，具有智能化功能和隔离功能。图5-16所示为CW1系列智能型万能式低压断路器的外形结构。

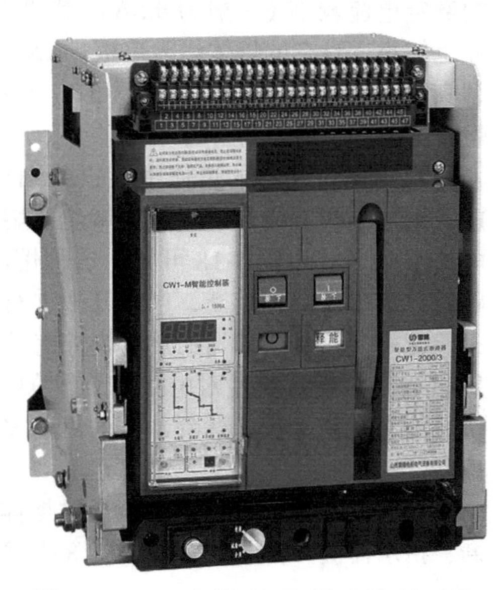

图5-16　CW1系列智能型万能式低压断路器

第三节　高低压保护电器和限流电器

一、熔断器

熔断器（fuse）是最简单和最早使用的一种过电流保护电器，当通过的电流超过某一规定值时，熔断器的熔体会因自身产生的热量自行熔断而断开电路。其主要功能是对电路及其设备进行短路或过负荷保护。熔断器的特点是结构简单、维护方便、体积小、价格便宜，因此在35kV及以下小容量电网中被广泛采用。它的主要缺点是熔体熔断后必须更换熔体才能恢复供电，供电可靠性较差，因此必须和其他电器配合使用。

(一)高压熔断器

根据安装地点的不同，高压熔断器分为户内式和户外式两大类。户内广泛采用RN系列的高压管式限流熔断器，户外则广泛使用RW系列的高压跌落式熔断器。

1. 户内式熔断器

户内式熔断器常用型号有RN1和RN2两种，两者结构基本相同，都是充有石英砂填料的密闭管式熔断器。RN1型用来保护电力线路和电力变压器，其熔体的额定电流较大，因此结构尺寸也较大，且它的熔体为一根或几根并联；RN2型用来保护电压互感器，其熔体的额定电流较小（一般为0.5A），因此结构尺寸也较小，且它的熔体均为单根。RN1、RN2型高压熔断器的外形结构如图5-17所示，其熔管的内部结构如图5-18所示。

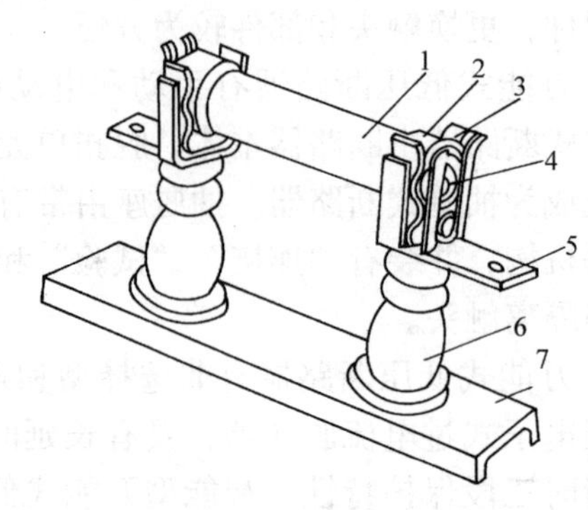

图5-17　RN1、RN2型高压熔断器的外形结构

1—瓷熔管　2—金属管帽　3—弹性触座　4—熔断器指示　5—接线端子　6—瓷绝缘子　7—底座

户内式熔断器的熔体由镀银的细铜丝制成，铜丝上焊有锡球以降低铜熔丝的熔点，从而使熔断器能在较小的故障电流或过负荷电流下动作。由图5-18可知，这种熔断器采用几根熔丝并联，当电路长期过负荷或短路时，熔丝发热而熔断，产生几根并行的电弧，利用粗弧分细弧灭弧法来加速电弧的熄灭。此外，这种熔断器的熔管内充有石英砂填料，熔丝熔断时产生的电弧完全在石英砂里燃烧，由于石英砂对电弧有强烈的去游离作用，因此其灭弧能力很强，灭弧速度很快，能在短路电流未达到冲击值以前完全熄灭电弧，因此，这种熔断器属于“限流”式熔断器。

当短路电流或过负荷电流通过熔体时，熔断器的工作熔体先熔断，而后指示熔体熔断，指示器被弹簧推出（如图5-18中虚线所示），给出熔断器的指示信号。

2. 户外式熔断器

跌落式熔断器（drop-out fuse）常用型号有RW4和RW10两种。其中RW4型为一般跌落式熔断器，它只能在无负荷下操作，或通断小容量的空载变压器和空载线路等，其操作要求与高压隔离开关相同；RW10型为负荷型跌落式熔断器，它是在一般跌落式熔断器的基础上加装了简单的灭弧室，因此可以带负荷操作，其操作要求与高压负荷开关相同。图5-19为RW4型高压跌落式熔断器的外形结构。

跌落式熔断器主要由固定的瓷绝缘支座和活动的熔管两大部分组成。熔断器的熔管由钢纸管、虫胶桑皮纸等固体产气材料制成。正常运行时，熔管上部的动触头借熔丝拉力拉紧后，推到上静触头内锁紧，同时下动触头与下静触头也相互压紧，从而使电路接通。当电路长期过负荷或发生短路时，熔丝因过热而熔断，熔管的上动触头因失去熔丝的张力拉紧而下翻，使锁紧机构释放熔管，在动触头上翻的弹力和熔管自身重力作用下，熔管回转跌落，一方面作熔断指示，另一方面造成明显可见的断开间隙，起到了隔离开关的作用。同时，熔丝刚熔断时，熔管内产生电弧，熔管内壁在电弧作用下产生大量气体，由于管内压力很高，使气体高速向外喷出，形成强烈的气流纵向吹弧，使电弧迅速拉长而熄灭。

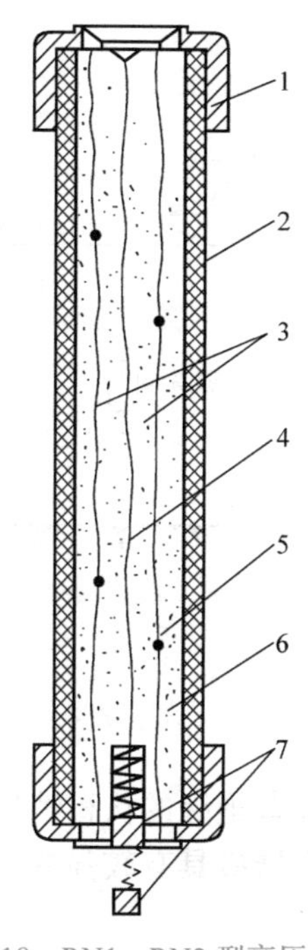

图 5-18　RN1、RN2 型高压熔断器熔管的内部结构

1—金属管帽　2—瓷管　3—工作熔体　4—指示熔体　5—锡球　6—石英砂填料　7—熔断器指示器

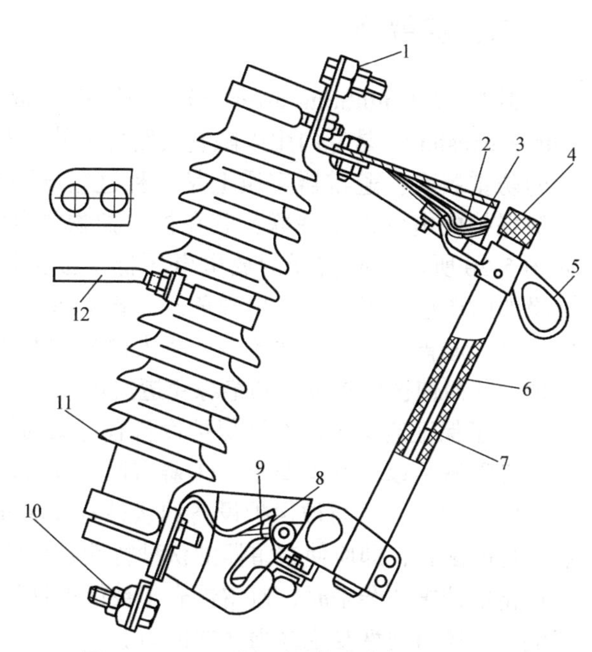

图 5-19　RW4 型高压跌落式熔断器的外形结构

1—上接线端子　2—上静触头　3—上动触头　4—管帽　5—操作环　6—熔管　7—铜熔丝　8—下动触头　9—下静触头　10—下接线端子　11—瓷绝缘支座　12—固定安装板

跌落式熔断器不仅可作为 35kV 以下电力线路和电力变压器的短路保护，还可用高压绝缘钩棒拉合熔管，以接通或开断小容量的空载变压器、空载线路和小负荷电流。它的灭弧能力不强，灭弧速度不高，不能在短路电流达到冲击值以前熄灭电弧，属于“非限流”式熔断器。

（二）低压熔断器

低压熔断器是串接在低压线路中的保护电器，主要用作低压配电系统的短路保护或过负荷保护。低压熔断器的种类很多，有瓷插式（RC 型）、螺旋式（RL 型）、无填料密闭管式（RM 型）、有填料密闭管式（RT 型）和自复式（RZ 型）等。其中，在低压供配电系统中应用较多的是 RT 型熔断器，它的熔体是用薄铜片冲制成的变截面栅状铜熔体，装配时将熔体卷成笼状放入瓷管中，管内充有石英砂填料。其栅状铜熔体具有引燃栅，利用引燃栅的等电位作用可使熔体在短路电流通过时形成多根并联电弧。同时，利用熔体具有的变截面小孔可将长电弧切割为多段短电弧。加之所有电弧都在石英砂中燃烧，可使电弧中离子的复合加强。此外，其熔体中部焊有“锡桥”，利用其“冶金效应”可使熔断器在较小的短路电流和过负荷电流时动作。因此，这类熔断器的灭弧能力很强，具有“限流”作用。这类熔断器的保护性能好，断流能力大，在低压配电装置中被广泛采用。但它的熔体为不可拆式，因此在熔体熔断后整个熔断器报废，不够经济。

二、避雷器

避雷器（lightning arrester）又称浪涌放电器（surge arrester），是专门用以限制线路传来的雷电过电压的防雷装置。避雷器实质上是一种过电压限制器，与被保护的电气设备并联，装在被保护物的电源侧，如图5-20所示。避雷器的放电电压低于被保护设备绝缘的耐压值，当线路上出现危及设备绝缘的雷电过电压时，避雷器立即对地放电，将大部分雷电流泄入大地，从而使被保护设备的绝缘免遭损坏。

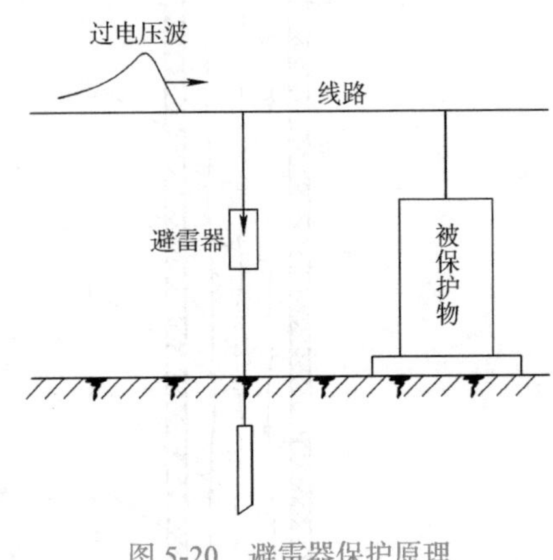

图5-20　避雷器保护原理

为了保证避雷器能对被保护设备有可靠的保护作用，必须满足以下基本要求：①避雷器应具有较好的伏秒特性曲线，并与被保护设备的伏秒特性曲线之间有合理的配合，即应使避雷器的伏秒特性始终低于被保护设备绝缘的伏秒特性，这样才能确保雷电冲击波袭来时，避雷器先于被保护物放电；②避雷器应具有较强的快速切断工频续流、快速自动恢复绝缘强度的能力。

避雷器的常用类型有保护间隙、管式避雷器、阀式避雷器和金属氧化物避雷器（常称氧化锌避雷器）等。其中，保护间隙和管式避雷器一般用于配电线路、线路和变电站进线段的保护，以及户外输电线路的防雷保护，阀式避雷器和金属氧化物避雷器主要用于变配电所的进线防雷电波侵入保护。

1. 保护间隙

保护间隙又称角式避雷器，是最简单又最原始的防雷保护装置，它由两个电极（主间隙）组成，其中一个电极接线路，另一个电极接地，如图5-21所示。当雷电波入侵时，间隙先击穿，工作母线接地，避免了被保护设备上的电压升高，从而保护了设备。辅助间隙的作用是为了防止主间隙被异物短路引起误动作。

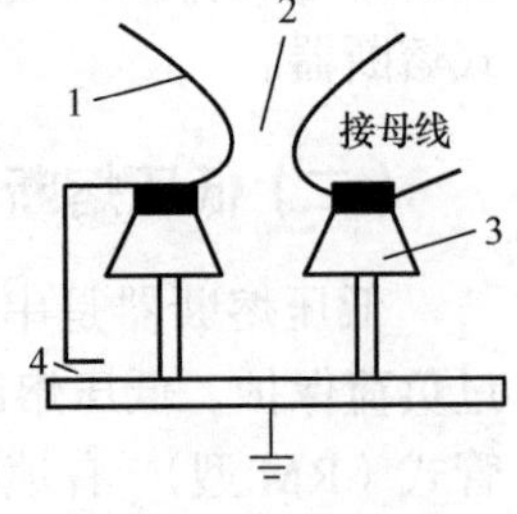

图5-21　保护间隙

1—角形电极　2—主间隙
3—瓷瓶　4—辅助间隙

当过电压消失后，间隙中仍有由工作电压所产生的工频电弧电流（称为工频续流）流过，由于间隙的熄弧能力差，工频电弧不能自行熄灭，续流必须依靠断路器切断才能断开。可见，保护间隙虽然简单经济，维修方便，但它的保护性能差，容易造成开关跳闸，线路停电。因此，为了提高供电的可靠性，一般应将其与自动重合闸配合使用。

保护间隙主要用于室外且负荷不重要的架空线路上。

2. 管式避雷器

管式避雷器又称“排气式避雷器”，它实质上是一种具有较高熄弧能力的保护间隙，由内部间隙、外部间隙和产气管组成，其结构原理如图 5-22 所示。产气管由纤维、有机玻璃或塑料制成。内部间隙装在产气管内，管内棒形电极通过接地支座与接地体相连接；环形电极经过外部间隙与线路相连。

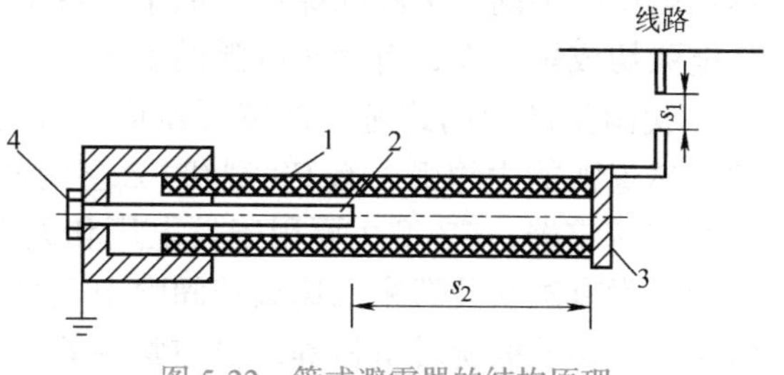

图 5-22　管式避雷器的结构原理

1—产气管　2—棒形电极　3—环形电极　4—螺母
s_1—外部间隙　s_2—内部间隙

当雷电波沿线路袭来时，内外间隙被击穿，雷电流通过接地装置泄入大地。雷电过电压消失后，随之而来的工频续流产生强烈的电弧，使产气管内的产气材料分解出大量高压气体，从环形电极的开口喷出，形成强烈的纵吹作用，使工频电弧第一次过零时熄灭，灭弧时间不超过 0.01s。

管式避雷器的熄弧能力由开断电流的大小决定。续流太小时产气太少，避雷器将不能灭弧；续流太大时产气过多，又会使管子爆炸或破裂。因此，管式避雷器熄灭电弧续流的能力具有一定的范围。选择管式避雷器时，应使其安装处的短路电流最大有效值（考虑非周期分量）小于开断续流的上限，短路电流的最小有效值（不考虑非周期分量）大于开断续流的下限。

另外，管式避雷器在使用过程中，随着动作次数增加，管径逐渐增大，管壁变薄，下限电流将升高，因此选择下限电流时要留有裕度。

3. 阀式避雷器

阀式避雷器是一种性能较好的避雷器，它的基本元件是装在密封瓷套中的火花间隙和非线性阀片，如图 5-23 所示。火花间隙用铜片冲制而成，每个火花间隙均由两个黄铜电极和一个云母垫圈组成。阀片是用金刚砂（SiC）颗粒和结合剂在一定温度下烧结而成的非线性电阻元件，它的阻值随通过电流的大小而变化，当通过电流较大时，电阻值很小；当通过电流较小时，电阻值很大。

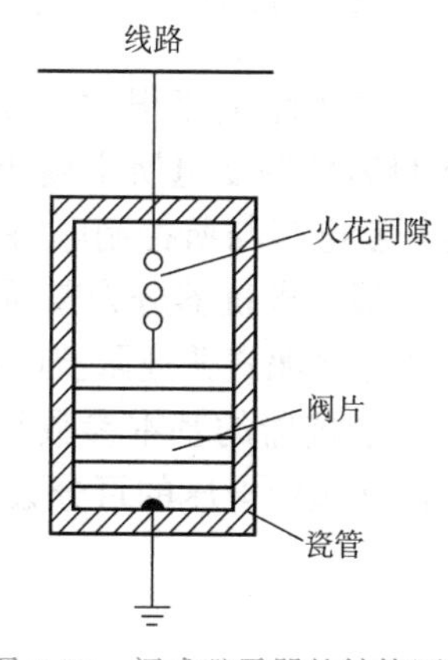

图 5-23　阀式避雷器的结构原理

阀式避雷器的作用依靠火花间隙和阀片配合来完成。当线路上出现雷电过电压时，其火花间隙被击穿，此时阀片电阻很小，雷电流顺畅地泄入大地，在阀片上产生的残压不高，低于被保护设备的冲击耐压。当雷电过电压消失、线路上恢复工频电压时，间隙中将流过工频续流，此时阀片电阻变得很大，将工频续流限制到很小，从而很快被火花间隙切断，线路恢复正常运行。由此可见，这里的非线性电阻很像一个阀门：对雷电流，阀门打开使其泄入大地；对工频续流，阀门关闭，迅速切断，故称为阀式避雷器。

阀式避雷器中串联的火花间隙和阀片的多少取决于线路电压等级的高低。根据电网额定电压的不同，火花间隙可由数个或数十个统一规格的单个间隙串联而成，这样可以将长电弧切成短电弧，有利于电弧的熄灭。

我国生产的阀式避雷器按灭弧形式分为普通型和磁吹型两类。普通型完全依靠间隙的自然熄弧能力熄弧，有FS型和FZ型两种系列。FS型主要用于中小型变电所，称为所用阀式避雷器；FZ型主要用于发电厂和大型变电站，称为站用阀式避雷器。磁吹避雷器的内部附有磁吹装置来加速火花间隙中电弧的熄灭，熄弧能力大，主要用于保护重要的而绝缘又较薄弱的旋转电机等，目前常用的有FCZ站用型和FCD旋转电机型。

4. 金属氧化物避雷器

金属氧化物避雷器又称压敏避雷器，它没有火花间隙，只有压敏电阻片。压敏电阻片是以氧化锌为主要材料，掺以其他金属氧化物添加剂在高温下烧结而成的陶瓷元件，具有良好的非线性压敏电阻特性。在工频电压下，阀片具有很大的电阻，呈绝缘状态，能迅速有效地抑制工频续流，因此无须火花间隙来熄灭工频电压引起的电弧；当电压超过一定值（称为起始动作电压）时，阀片“导通”，呈低阻状态，将大电流泄入地中；当危险过电压消失后，阀片迅速恢复高阻绝缘状态。同时，压敏电阻的通断能力很强，阀片面积较小，避雷器的体积也较小，工作寿命较长，特别适合SF_6全封闭组合电器应用。

氧化锌避雷器具有无间隙、无续流、通断容量大、残压低、体积小、质量小、可靠性高、维护简单等优点，对大气过电压和雷电过电压都能起到很好的保护作用。目前氧化锌避雷器已广泛应用于高低压电气设备的防雷保护中，而且它的发展潜力很大，是目前世界各国避雷器发展的主要方向，也是未来特高压系统过电压保护的关键设备之一。

三、限流电抗器

当短路电流很大，致使短路容量过大，无法选择轻型断路器时，在10kV、35kV甚至110kV的变电所主接线中常采用电抗器来限制短路电流。所谓“轻型”，是指断路器额定开断电流与所控制电路的短路电流相适应，使断路器及其相应的电器比较经济合理。

限流电抗器分为普通电抗器和分裂电抗器两种，在35kV及以下供配电系统中应用最多的是水泥式普通限流电抗器。

电抗器的基本参数是额定电抗百分数，它等于在电抗器中流过额定电流时的感抗压降占其额定电压的百分数，即

$$X_L\% = \frac{\sqrt{3}I_{NL}X_L}{U_{NL}} \times 100 \tag{5-1}$$

式中，I_{NL}为电抗器的额定电流（A）；U_{NL}为电抗器的额定电压（kV）；X_L为电抗器的电抗值。

电抗器按其电流不同有三种布置方式：三相垂直布置、品字形布置和三相水平布置，如图5-24所示。通常线路电抗器额定电流较小，电抗器质量小，可采用垂直布置或品字

形布置；当额定电流大于1000A，电抗百分数大于5%～6%，电抗器质量及尺寸较大，垂直布置有困难时，一般采用品字形布置；当额定电流大于1500A时，需采用水平布置。

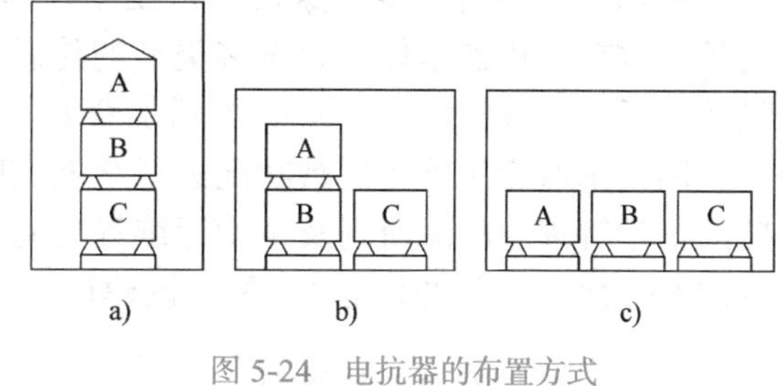

图5-24　电抗器的布置方式

a）三相垂直布置　b）品字形布置　c）三相水平布置

电抗器垂直布置时，B相应放在A、C相中间；品字形布置时，不应将A、C相重叠在一起。这是因为B相电抗器线圈的绕向与A、C相相反，这样在外部短路时，电抗器间的最大电动力是吸力，而不是斥力，以利于水泥电抗器支持绝缘子的稳定性。

当普通电抗器不能满足要求时，可采用分裂电抗器。分裂电抗器在线圈中间有一个抽头，将线圈分成匝数相等的两部分，中间抽头通常接在电源侧。在正常运行时电抗器的回路阻抗很小，短路时电抗器的回路阻抗很大，因此分裂电抗器具有正常时运行压降小、短路时限流作用大的特点。

第四节　电力变压器

一、电力变压器的常用类型及联结组别

1. 电力变压器的常用类型

电力变压器是变电所中最重要的一次设备，其功能是将电力系统中的电压升高或降低，以利于电能的合理输送、分配和使用。

电力变压器的种类很多。按用途分，有升压变压器和降压变压器；按相数分，有单相变压器和三相变压器；按绕组材料分，有铜绕组变压器和铝绕组变压器；按绕组形式分，有双绕组变压器、三绕组变压器和自耦变压器；按调压方式分，有无载调压变压器和有载调压变压器；按绕组绝缘和冷却方式分，有油浸式、干式（环氧树脂浇注绝缘）和充气式（SF_6气体）变压器。

电力变压器的额定容量等级采用国际通用的R10标准容量系列，即容量按$\sqrt[10]{10}\approx1.26$倍数递增，容量有100kV·A、125kV·A、160kV·A、200kV·A、250kV·A、315kV·A、400kV·A、500kV·A、630kV·A、800kV·A、1000kV·A等。在110kV以下供配电系统中，用户变电所大多采用S11、S13等系列油浸式变压器或SC9、SC10等系列干式变压器，其中干式变压器采用较多的是环氧树脂浇注绝缘，该系列产品具有结构简单、维护方便、防火、阻燃、防尘、低噪声、维护简单、安全可靠等特点，广泛应用于35kV及以下的供配电系统中。但在一些新设计的供配电系统中，则趋向于采用非晶合金铁心的新型低损耗节能配电变压器，与采用硅钢片铁心的传统变压器相比，其空载损耗可降低70%～80%，并可减少二氧化碳等温室气体的排放量。因此，在城乡电网系统发展与改造过程中，大量推广采用非晶铁心配电变压器，将会在节能环保方面取得良好的经

济效益。

目前，国内有不少厂家已生产出了一体化的全感知智能干式变压器，它是通过在变压器本体上设置多类型的传感器（包括电参量、运行状态参量及运行环境参量传感器等），并增加获取相应检测信息的智能终端，基于互联网技术对变压器的运行状况进行全面实时监测，实现变压器全生命周期的科学管理、故障研判及主动运维等功能，极大地提高了干式变压器运行的安全性，从本质上提升了配电网建设、运维和管理水平。

2. 电力变压器的联结组别

按照国家标准，双绕组电力变压器采用以下三种联结组别：

（1）YNd11 联结　用于高压侧为 110kV 及以上的大电流接地系统中的变压器。

（2）Yd11 联结　用于高压侧为 35 ～ 60kV、低压侧为 6 ～ 10kV 的输配电系统。

（3）Yyn0 联结　用于高压侧为 6 ～ 10kV、低压侧为 380V/220V 的配电变压器，其低压侧引出中性线，构成三相四线制供电。

我国过去 6 ～ 10kV 配电变压器均采用 Yyn0 联结，但近年来 Dyn11 联结的配电变压器已在被逐步推广和应用。经分析比较可知，变压器采用 Dyn11 联结有以下优点：

1）Dyn11 联结变压器能有效地抑制 3 的整数倍高次谐波电流的影响。其 $3n$ 次谐波电流只能在一次绕组内形成环流，不至于流入公共的高压电网中去。

2）Dyn11 联结变压器的零序电抗比 Yyn0 联结变压器小得多，因此 Dyn11 联结变压器二次侧的单相接地短路电流比 Yyn0 联结变压器二次侧的单相接地短路电流大得多，从而更有利于低压侧单相接地短路故障的切除。

3）Dyn11 联结变压器承受单相不平衡负荷的能力远比 Yyn0 联结的变压器大。当变压器低压侧接有单相不平衡负荷时，规程规定：Yyn0 联结的变压器中性线电流不得超过二次绕组额定电流的 25%，而 Dyn11 联结变压器中性线电流不得超过二次绕组额定电流的 75%，因此，其承受单相不平衡负荷的能力远比 Yyn0 联结变压器大。

但是，Dyn11 联结变压器一次绕组的绝缘强度要求较高，制造成本略高于 Yyn0 联结变压器，且目前我国生产 Dyn11 联结变压器的生产厂家相对较少，因此 Yyn0 联结变压器在低压配电系统中仍被广泛采用。随着低压电网中不平衡单相负荷的急剧增长，Dyn11 联结变压器将会在城乡电网的建设与改造中得到大力推广和应用。

二、电力变压器的过负荷能力

1. 变压器的额定容量和实际容量

变压器的额定容量是指在规定的环境温度下，在规定的使用年限（一般为 20 年）内，室外安装时，所能连续输出的最大视在功率。

按 GB/T 1094.1—2013《电力变压器　第 1 部分：总则》规定，电力变压器正常使用的环境温度条件为：最高气温为 40℃，最热月平均气温为 30℃，最高年平均气温为 20℃。如果变压器安装地点的年平均气温 $\theta_{0.av} \neq 20$℃，则每升高 1℃，变压器的容量就要

减少 1%，因此，室外变压器的实际容量为

$$S_{\mathrm{T}}=\left(1-\frac{\theta_{0.\mathrm{av}}-20}{100}\right)S_{\mathrm{NT}} \tag{5-2}$$

对室内变压器，由于散热条件差，一般室内环境温度比室外大约高 8℃，因此其容量还要减少 8%，所以室内变压器的实际容量为

$$S_{\mathrm{T}}=\left(0.92-\frac{\theta_{0.\mathrm{av}}-20}{100}\right)S_{\mathrm{NT}} \tag{5-3}$$

2. 变压器的正常过负荷

变压器在正常运行时，其负荷总是在变化的，在昼夜 24h 中，很多时间的负荷都低于最大负荷，而变压器的额定容量又是按最大负荷选择的，因此变压器在实际运行时没有充分发挥其负荷能力。此外，变压器是按环境温度 40℃、最高日平均气温 30℃设计的，实际上，即使我国最热的地区也不可能全年维持在这个温度上。所以变压器在必要时可以过负荷运行而不致影响其使用寿命。对于油浸式变压器，其允许过负荷包括以下两部分：

（1）由于昼夜负荷不均匀而考虑的变压器过负荷　可由变压器的日负荷系数 $\beta=I_{\mathrm{av}}/I_{\mathrm{N}}$ 和最大负荷持续时间 t，在图 5-25 所示曲线上确定允许过负荷倍数 $K_{\mathrm{OL(1)}}$。

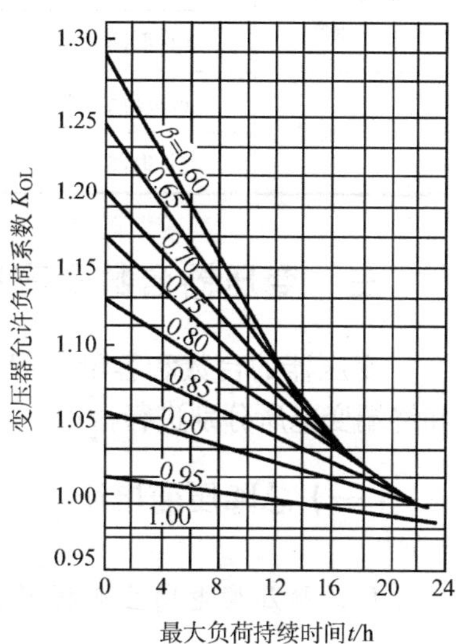

图 5-25　油浸式变压器允许过负荷曲线

（2）由于夏季欠负荷而在冬季考虑的变压器过负荷　如果在夏季（6、7、8 三个月）的平均日负荷曲线中的最大负荷 S_{m} 低于变压器的实际容量 S_{T} 时，则每低 1%，可在冬季（12、1、2 三个月）过负荷 1%，但最高不得超过 15%，即其允许过负荷倍数为

$$K_{\mathrm{OL(2)}}=1+\frac{S_{\mathrm{T}}-S_{\mathrm{m}}}{S_{\mathrm{T}}}\leqslant 1.15 \tag{5-4}$$

以上两部分过负荷可同时考虑，则变压器总的过负荷倍数为

$$K_{\mathrm{OL}}=K_{\mathrm{OL(1)}}+K_{\mathrm{OL(2)}}-1 \tag{5-5}$$

但是，室内变压器的正常过负荷不得超过 20%，室外变压器的正常过负荷不得超过 30%，因此，变压器在冬季的正常过负荷能力为

$$S_{\mathrm{T(OL)}}=K_{\mathrm{OL}}S_{\mathrm{T}}\leqslant(1.2\sim1.3)\,S_{\mathrm{T}} \tag{5-6}$$

式中，系数 1.2 适用于室内，1.3 适用于室外。

干式电力变压器一般不考虑正常过负荷问题。

3. 电力变压器的事故过负荷

电力变压器在事故情况下（如并联运行的两台变压器因故障切除一台时），为了保证对重要负荷的连续供电，允许短时间内较大幅度地过负荷运行，称为变压器的事故过负荷能力。

变压器一般情况下都是在欠负荷下运行的，短时间的过负荷通常不会引起绝缘的明显损坏，但会使变压器的正常使用寿命减少。变压器事故过负荷的运行时间不得超过表 5-1 所规定的时间。

表 5-1 电力变压器事故过负荷运行的允许时间

油浸自冷式变压器	过负荷值（%）	30	45	60	75	100	200
	允许时间 / min	120	80	45	20	10	1.5
干式变压器	过负荷值（%）	10	20	30	40	50	60
	允许时间 / min	75	60	45	32	16	5

三、变压器台数及容量的选择

变压器的台数和容量一般是与变电所的主接线方案同时确定。下面对总降压变电所和终端变电所分别进行讨论。

（一）总降压变电所

1. 总降压变电所主变压器台数的选择

变电所主变压器台数的选择应根据负荷大小、负荷对供电可靠性的要求、经济性及用电发展规划等因素综合考虑确定。变压器台数越多，供电可靠性越高，但设备投资大、运行费用高。因此，在满足供电可靠性要求的前提下，变压器台数越少越好。在确定变压器台数时，应遵循以下原则：

1）对有大量一、二级负荷的变电所，应满足电力负荷对供电可靠性的要求，宜选用两台主变压器，当其中一台变压器出现故障或检修时，另一台能够承担对全部一、二级负荷的供电。对只有少量二级负荷而无一级负荷的变电所，如果能从邻近企业取得低压备用电源时，可采用一台主变压器。

2）对季节性负荷或昼夜负荷变化较大时，应使变压器在经济状态下运行，无论负荷性质如何，均可用两台主变压器供电，以便在低谷负荷时切除一台变压器。

3）除上述两种情况外，对于供电给三级负荷的变电所可只采用一台主变压器。但是，当集中负荷较大时，也可采用两台或多台主变压器。

4）在确定变电所主变压器台数时，应适当考虑负荷的发展，留有一定的余地。

2. 总降压变电所主变压器容量的选择

（1）装有一台主变压器的变电所　主变压器的容量 S_T 应满足全部用电设备总计负荷

S_{30}的需要，即

$$S_T \geqslant S_{30} \tag{5-7}$$

（2）装有两台主变压器的变电所　每台主变压器的容量S_T应同时满足以下两个条件：

1）任一台变压器单独运行时，应满足总计负荷S_{30}大约70%的需要，即

$$S_T \approx 0.7S_{30} \tag{5-8}$$

2）任一台变压器单独运行时，应满足全部一、二级负荷$S_{30(I+II)}$的需要，即

$$S_T \geqslant S_{30(I+II)} \tag{5-9}$$

（二）终端变电所

终端变电所直接向电力负荷用户输出电能，包括工业企业的车间变电所、杆上变电所、城市居民小区的变电所、农村的乡镇变电所及可移动的箱式变电所等。总体而言，终端变电所变压器台数和容量的选择原则与总降压变电所基本相同，即在保证电能质量的前提下，应尽量减少投资、运行费用和有色金属消耗量。

1. 终端变电所变压器台数的选择

当有一、二级负荷时，要求两个电源供电，应采用两台变压器；对只有少量的一、二级负荷，且可以从附近的车间变电所取得低压备用电源时，可采用一台变压器。对于随季节性变动较大的负荷，为使运行经济，减少变压器的空载损耗，也宜采用两台变压器，以便在低谷负荷时切除一台变压器。对三级负荷，负荷较小时，采用一台变压器；负荷较大时，采用两台及两台以上变压器。

2. 终端变电所变压器容量的选择

除了根据变压器台数按照式（5-7）～式（5-9）来选择变压器容量外，终端变电所变压器的单台容量上限一般不宜大于1250kV・A，这样可使变压器更接近于车间负荷中心，减少低压配电线路的电能损耗、电压损耗和有色金属消耗量，并且变压器低压侧短路电流不致太大，开关电器的断流容量和短路动稳定易满足要求。但是，当负荷较大而集中，低压电器条件允许且运行也较合理时，也可采用1600～2000kV・A的配电变压器，这样可以减少主变压器台数及高压开关电器和电缆等。

对居住小区变电所内的油浸式变压器，单台容量不宜大于630kV・A。这是因为油浸式变压器容量大于630kV・A时，按规程规定应装设瓦斯保护，而这些变压器电源侧的断路器往往不在变压器附近，因此瓦斯保护很难实施，而且如果变压器容量增大，供电半径也会相应增大，会造成供配电线路末端的电压偏低，从而影响居民的生活，如荧光灯启燃困难、电冰箱不能启动等。

另外，选择变压器容量时，还应适当考虑今后5～10年电力负荷的发展，留有一定的余地，同时还可考虑变压器的正常过负荷能力。

第五节　互感器

一、概述

互感器是一次回路与二次回路的联络元件，在电力系统中专为测量和保护服务。它是一种特种变压器，可分为电流互感器和电压互感器两大类。互感器在供配电系统中的作用是：

（1）使测量仪表、继电器等二次设备与主电路隔离　这样既可防止主电路的高电压、大电流直接引入仪表、继电器等二次设备，又可防止仪表、继电器等二次设备的故障影响主电路，从而提高一、二次电路运行的安全性和可靠性，并有利于保障人身安全。

（2）使测量仪表、继电器等标准化，有利于大批量生产　电压互感器的二次侧额定电压为100V，电流互感器的二次侧额定电流为5A，这样，可使测量仪表、继电器等标准化，规格单一，有利于大批量生产，从而降低成本。

（3）使测量仪表、继电器等二次设备的使用范围扩大　例如，用一只5A的电流表，通过不同电流比的电流互感器就可以测量任意大的电流；用一只100V的电压表，通过不同电压比的电压互感器就可以测量任意高的电压。

二、电流互感器

1. 电流互感器的工作原理

电流互感器（Current Transformer，CT）是用来把大电流变为小电流的变流器，其一次绕组串联在供电回路的一次电路中，匝数很少（有的直接穿过铁心，只有1匝），导线很粗；二次绕组匝数很多，导线较细，与测量仪表、继电器等的电流线圈串联成闭合回路。由于二次回路串入的这些电流线圈的阻抗很小，所以电流互感器工作时二次回路接近于短路状态。图5-26为电流互感器的原理接线图。

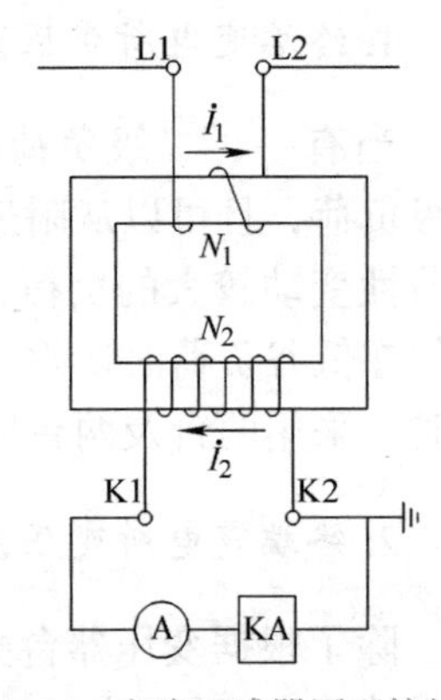

图5-26　电流互感器原理接线图

电流互感器的一次电流 I_1 与二次电流 I_2 之间的关系为

$$I_1 \approx \frac{N_2}{N_1} I_2 \approx K_i I_2 \tag{5-10}$$

式中，N_1、N_2 分别为电流互感器一、二次绕组的匝数；K_i 为电流互感器的电流比，一般表示为一、二次绕组的额定电流之比，即 $K_i = I_{N_1}/I_{N_2}$。由于电流互感器二次绕组的额定电流规定为5A，所以电流比的大小取决于一次额定电流的大小。

2. 电流互感器的误差

电流互感器在理想情况（即忽略铁心损耗）下，其二次侧测量的 $\dot{I}'_2$ 与一次回路的 $\dot{I}_1$ 大小相等、相位相同。实际上，由于励磁支路的存在，导致 $\dot{I}'_2$ 和 $\dot{I}_1$ 在大小和方向上均有差别，即出现了电流误差（又称比值差）和相位误差（又称角差）。

电流误差f_i为二次电流的测量值乘以额定电流比K_i与一次电流数值差的百分数，即

$$f_i = \frac{K_i I_2 - I_1}{I_1} \times 100\% \tag{5-11}$$

相位误差δ_i为旋转180°的二次侧电流相量（$-\dot{I}_2'$）与一次侧电流相量（$\dot{I}_1$）的相角之差，以分为单位，并规定若$-\dot{I}_2'$超前于$\dot{I}_1$，δ_i为正值，反之为负值。

影响两种误差的因素主要为电流互感器一次电流的大小和二次负荷阻抗的大小。

此外，由于电流互感器在传变过程中磁化特性的非线性特性，使励磁电流和二次电流出现了高次谐波分量，这时使用相量图来表示误差已不合理，因而新的国家标准提出了一项新指标——复合误差，它主要适用于保护。

复合误差是指在稳态情况下，电流互感器二次电流瞬时值乘以额定电流比后与一次电流瞬时值之差的有效值占一次电流有效值的百分数，即

$$\varepsilon = \frac{100}{I_1}\sqrt{\frac{1}{T}\int_0^T (K_i i_2 - i_1)^2 \mathrm{d}t} \tag{5-12}$$

式中，I_1为一次电流有效值（A）；i_1为一次电流瞬时值（A）；i_2为二次电流瞬时值（A）；T为一个周波的时间（s）。

3. 电流互感器的准确度等级和额定容量

（1）电流互感器的准确度等级　根据测量误差的大小，电流互感器可分为不同的准确度等级。发电厂和变电站中电流互感器的准确度等级有0.2（S）、0.5（S）、1、3、5P和10P级，其中带“S”或不带“S”表示测量用电流互感器的准确度等级（比如0.2S级比0.2级具有更高的测量精度）。为保证测量仪表的准确度，电流互感器的准确度等级不得低于所供测量仪表的准确度等级。一般来讲，用于电能计量的电流互感器，准确度不应低于0.5级，宜采用0.2级或0.2S级；供测量用的电流互感器，准确度采用0.5级；供运行监视仪表用的电流互感器，准确度不应低于1级；供粗略测量仪表用的电流互感器，准确度可用3级；保护用的电流互感器为5P级和10P级。需要说明的是，若电流互感器的准确度为5P10，是指当电流互感器的一次电流达到额定一次电流的10倍时，其复合误差不超过5%。

（2）电流互感器的额定容量　电流互感器的额定容量S_{N_2}，是指电流互感器在额定二次电流I_{N_2}和额定二次阻抗Z_{N_2}下运行时，二次绕组输出的容量，即

$$S_{N_2} = I_{N_2}^2 Z_{N_2} \tag{5-13}$$

由于电流互感器的二次额定电流通常为5A，故其容量也常用二次阻抗来表示。又由于电流互感器的误差和二次阻抗有关，因此，同一台电流互感器使用在不同的准确度等级时，其额定容量也不同。如某一电流互感器当在0.5级工作时，其额定二次阻抗为0.4Ω，而在1级工作时其额定二次阻抗为0.6Ω。

我国规定的额定输出容量等级有5V·A、10V·A、15V·A、25V·A、30V·A、

40V·A、50V·A、60V·A、80V·A、100V·A 十个级别。由于 S_{N_2} 和 I_{N_2} 已知，故可根据式（5-13）求出 Z_{N_2}，只要实际的二次负荷阻抗值 Z_2 不大于 Z_{N_2}，则电流互感器的误差就不会超限。

（3）电流互感器的 10% 误差曲线　电流互感器按用途可分为测量用和继电保护用两大类。用于电气测量的电流互感器要求在正常工作范围内有较高的准确度，而当电路发生短路时，则希望电流互感器较早进入饱和状态，以避免仪表受到短路电流的损害。由于保护用电流互感器主要在系统短路时工作，因此在额定一次电流范围内的准确度要求不如测量用电流互感器高，一般要求其复合误差限值为 10%。所以，为了满足保护的灵敏度和选择性要求，应按 10% 误差曲线来选择和校验电流互感器。

电流互感器的 10% 误差曲线，是指电流互感器的误差为 10% 时，一次电流对额定电流的倍数（$n_i = I_1 / I_{N_1}$）与二次负荷阻抗最大允许值的关系曲线如图 5-27 所示。由图 5-27 可见，10% 误差倍数是随着负载阻抗的增大而减小的。如果已知系统短路时通过电流互感器一次侧的电流倍数 n_i，就可在 10% 误差曲线上查得对应的二次负荷最大允许值。只要实际的二次负荷 Z_2 小于它，则电流互感器在短路情况下的比值差不会超过 10%。

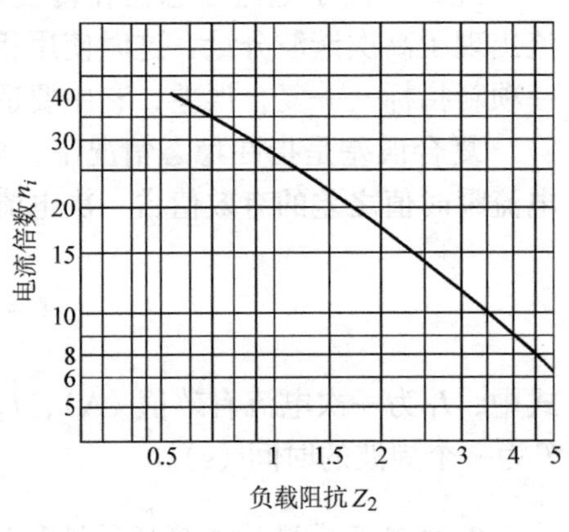

图 5-27　电流互感器的 10% 误差曲线

4. 电流互感器的类型

电流互感器的类型很多。按一次电压分，有高压和低压两大类；按一次绕组匝数分，有单匝式和多匝式；按安装地点分，有户内式和户外式；按用途分，有测量用和保护用两大类；按准确度等级分，有 0.2、0.5、1、3、5P、10P 等级；按绝缘介质分，有油浸式、干式、环氧树脂浇注式、瓷绝缘、SF_6 气体绝缘等；按安装形式分，有穿墙式、母线式、套管式、支持式等。

图 5-28 所示为 LMZJ1-0.5 型电流互感器的外形结构。它属于单匝式电流互感器（本身没有一次绕组，利用穿过其铁心的母线作为一次绕组），互感器的铁心为环形铁心（5 ～ 800A）或矩形卷铁心（1000 ～ 3000A）。该产品为环氧树脂浇注绝缘户内母线式电流互感器，其尺寸小、性能好、安全可靠，主要用于 500V 及以下的低压配电装置中，供电流、电能测量或继电保护之用。

一般电流互感器都有多个具有不同准确度等级的二次绕组，通过选择互感器二次绕组的个数及准确级组合，使其满足不同功能的要求。例如，图 5-29 所示的 LQJ-10 型环氧树脂浇注绝缘户内绕组式电流互感器有两个铁心和两个二次绕组，分别为 0.5 级和 3 级，0.5 级用于测量，3 级用于继电保护。而新型号（如 LZZB9-10 型）线路用电流互感器有三个二次绕组，有多个准确级组合，如 0.2（S）/10P、0.5/10P、0.2（S）/0.5/10P 等，以便将计量、测量和保护回路分开，计量使用 0.2（S）级，测量使用 0.5 级，保护使用 10P 级。

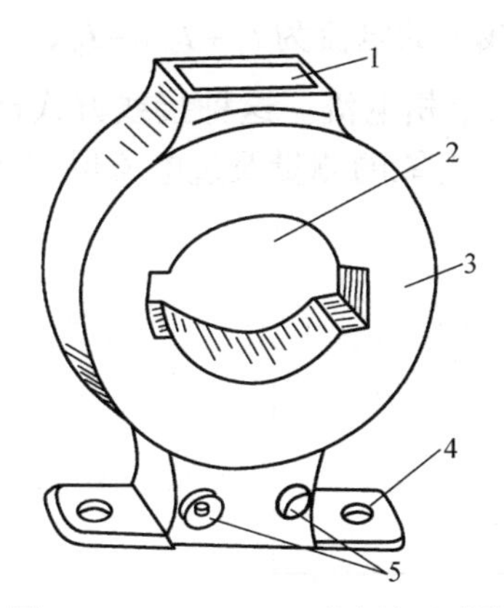

图 5-28　LMZJ1-0.5 型电流互感器

1—铭牌　2——次母线穿孔　3—铁心
4—安装板　5—二次接线端子

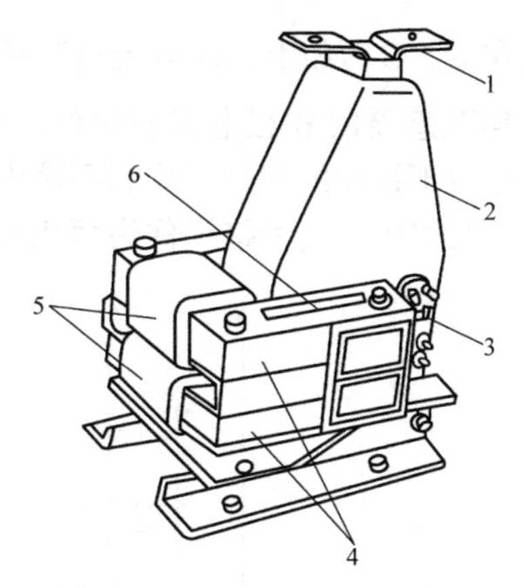

图 5-29　LQJ-10 型电流互感器

1——次接线端子　2——次绕组　3—二次接线端子
4—铁心　5—二次绕组　6—警告牌

110kV 及以上电压等级的电流互感器及新型号 35kV 的电流互感器，其一次绕组常设计成两个，可以通过串、并联实现不同的额定电流比。例如，额定电流比为 2×300/5 的电流互感器，其一次侧的电流有 300/5 和 600/5 两档，两个一次绕组串联时额定电流比为 300/5，并联时额定电流比为 600/5。

图 5-30 所示为 LVQB5-110W2 型电流互感器的外形结构。该电流互感器为户外型、SF_6 气体绝缘、倒立式结构，适用于中性点为有效接地的 110kV 电力系统中，作电能、电流测量和继电保护用。此外，本产品共有四个二次绕组，准确级组合为 0.2（0.5）/5P20/5P20/5P20，其中一个用于测量，其余三个均用于保护；一次绕组分为两段，通过串、并联可以方便地改变电流互感器的电流比。

图 5-30　LVQB5-110W2 型电流互感器

5. 电流互感器的极性与接线方式

（1）电流互感器的极性　为了能正确接线和分析问题，电流互感器一次绕组和二次绕组的出线端子要标示极性。我国均采用“减极性”原则确定电流互感器的极性端，即在一次绕组和二次绕组的同极性端（同名端）同时加入某一同相位电流时，两个绕组产生的磁通在铁心中同方向。通常，一次绕组的出线端子标为 L1 和 L2，二次绕组的出线端子标为 K1 和 K2，其中 L1 和 K1 为同名端，L2 和 K2 为同名端。如果一次电流从极性端流入时，则二次电流应从同极性端流出。如果极性接反，其二次侧的测量仪表、继电器中获得的电流就不是正确值，从而导致继电保护动作不正确，测量表指示错误。

（2）电流互感器的接线方式　电流互感器的二次侧接测量仪表、继电器及各种自动装置的电流线圈。电流互感器常用的几种接线方式如图 5-31 所示。

1）一相式接线（见图 5-31a）。电流线圈中流过的电流，反映一次电路相应相的电流。这种接线通常用于负荷平衡的三相电路中，作电流测量和过负荷保护之用。

2）两相不完全星形接线（见图 5-31b）。这种接线也叫作两相 V 形接线，电流互感器通常接在A、C两相上，此时流过互感器二次侧公共线上的电流为$\dot{I}_a+\dot{I}_c=-\dot{I}_b$，反映的恰好是未接互感器的B相电流的负值，所以，可测量三个相电流。这种接线方式被广泛应用于中性点不接地的三相三线制系统中，供三相电流、电能的测量及过电流保护之用。在继电保护装置中，这种接线称为两相两继电器接线。

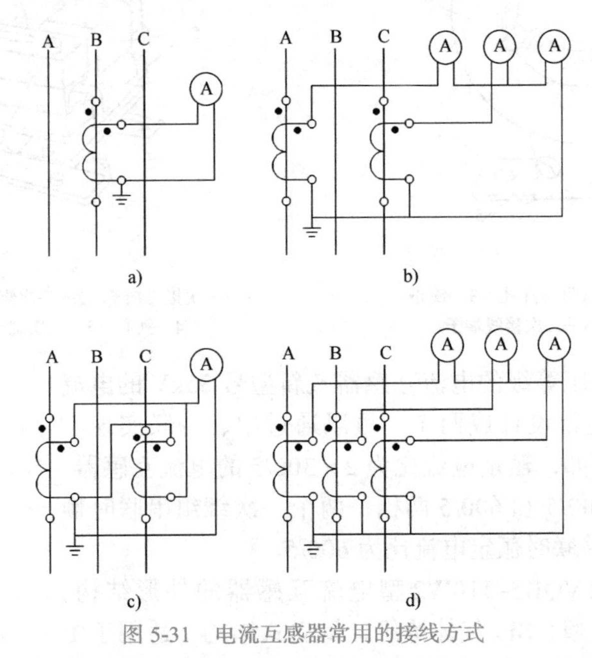

图5-31　电流互感器常用的接线方式

a）一相式接线　b）两相不完全星形接线　c）两相电流差接线　d）三相完全星形接线

3）两相电流差接线（见图5-31c）。流过电流继电器线圈的电流为$\dot{I}_a-\dot{I}_c$，其值是相电流的$\sqrt{3}$倍。这种接线比较经济，常用于中性点不接地的三相三线制系统中的过电流保护，也称为两相一继电器接线。

4）三相完全星形接线（见图5-31d）。这种接线中的三个电流线圈正好反映各相电流，广泛用于负荷不平衡的三相四线制（如TN系统）及负荷可能不平衡的三相三线制系统中，作三相电流、电能的测量及过电流保护之用。

6. 电流互感器的使用注意事项

（1）电流互感器在工作时二次侧绝对不允许开路　由于正常工作时电流互感器的二次侧接近于短路状态，如果二次侧开路，互感器成为空载运行，此时，一次侧被测电流成了励磁电流，使铁心中的磁通急剧增加，这一方面会使二次侧感应出很高的电压，危及人身和设备的安全；另一方面会使铁耗大大增加，使铁心过热，影响电流互感器的性能，甚至烧坏互感器。因此，电流互感器在安装时，二次接线要牢靠，接触要良好，且不允许串接开关和熔断器。

（2）电流互感器的二次侧必须有一端接地　这主要是为了防止一、二次绕组间绝缘损坏后，一次侧的高压窜入二次侧，危及人身和设备的安全。

三、电压互感器

1. 电压互感器的工作原理

电压互感器（Potential Transformer，PT）是用来把大电压变为小电压的变压器，其一次绕组匝数很多，并联在供电系统的一次电路中，而二次绕组匝数很少，与电压表、继电器的电压线圈等并联。由于这些电压线圈的阻抗较大，所以电压互感器工作时二次绕组接近于空载状态。图 5-32 为电压互感器的原理接线图。

电压互感器的一次电压 U_1 与二次电压 U_2 之间的关系为

$$U_1 \approx \frac{N_1}{N_2}U_2 \approx K_u U_2 \qquad (5\text{-}14)$$

式中，N_1、N_2 分别为电压互感器一、二次绕组的匝数；K_u 为电压互感器的电压比，一般表示为一、二次额定电压之比，即 $K_u = U_{N_1}/U_{N_2}$。

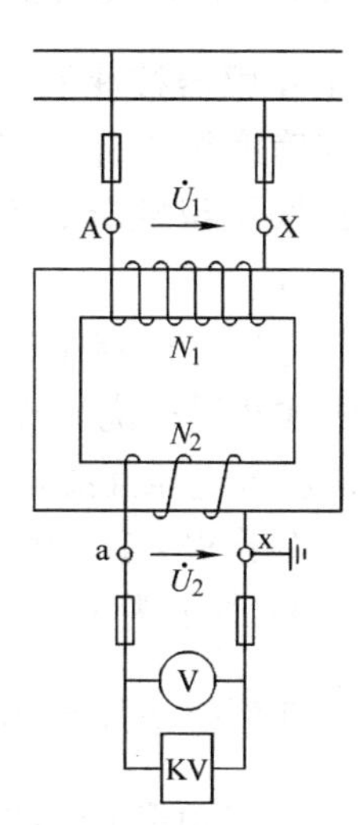

图 5-32 电压互感器的原理接线图

2. 电压互感器的误差

电压互感器的误差有电压误差（比值差）和相位误差（角差）两项。

电压误差 f_u 是二次电压的测量值乘以额定电压比 K_u 与一次电压数值差的百分数，即

$$f_u = \frac{K_u U_2 - U_1}{U_1} \times 100\% \qquad (5\text{-}15)$$

相位误差 δ_u 为旋转 180° 的二次侧电压相量（$-\dot{U}_2'$）与一次侧电压相量（$\dot{U}_1$）的相角之差，并规定若 $-\dot{U}_2'$ 超前于 $\dot{U}_1$，δ_u 为正值，反之为负值。

电压互感器的误差与空载励磁电流、二次侧负荷大小及功率因数有关。

3. 电压互感器的准确度等级和额定容量

电压互感器的准确度等级是指在规定的一次电压和二次负荷变化范围内，负荷功率因数为额定值时，电压误差的最大值。根据测量误差的大小和用途，发电厂和变电站中电压互感器的准确度等级有 0.2、0.5、1、3、3P 和 6P 级。为保证测量仪表的准确度，电压互感器的准确度等级不得低于所供测量仪表的准确度等级。通常，用于电能计量的电压互感器，准确度不应低于 0.5 级，宜采用 0.2 级；供测量用的电压互感器，准确度采用 0.5 级。为了将计量和测量等功能分开，可采用多绕组的电压互感器。例如，对于 110kV 三相电压互感器，每相均有三个二次绕组，准确级组合为 0.2/0.5/3P，将每相的 0.2 级二次绕组接成星形，用于提供计量电压；将每相的 0.5 级二次绕组接成星形，用

于提供测量与保护电压；将每相的 3P 级二次绕组接成开口三角形，用于提供零序保护电压。

由于电压互感器的误差与二次负荷有关，所以同一台电压互感器对应于不同的准确度等级便有不同的容量。通常，额定容量是指对应于最高准确度等级的容量，如果外接负荷容量大于额定容量，电压互感器的准确度将降低。因此，只要电压互感器的实际二次负荷 S_2 不超过额定值 S_{N_2}，则电压互感器的误差就不会超限。

4. 电压互感器的类型

电压互感器按相数分，有单相和三相两大类；按用途分，有测量用和保护用两大类；按准确度等级分，有 0.2、0.5、1、3、3P、6P 等级；按安装地点分，有户内式和户外式；按绕组数分，有双绕组和三绕组；按绝缘介质分，有干式、浇注式、油浸式和充气式等。

干式电压互感器结构简单、无着火和爆炸危险，但绝缘强度较低，只适用于 6kV 以下的户内式装置；浇注式电压互感器结构紧凑、维护方便，适用于 3 ～ 35kV 户内式配电装置；油浸式电压互感器绝缘性能较好，可用于 10kV 以上的户外式配电装置；充气式电压互感器用于 SF_6 全封闭电器中。

图 5-33 所示为 JDZJ-10 型单相三绕组环氧树脂浇注绝缘的户内式电压互感器的外形结构，其额定电压比为 $\frac{10}{\sqrt{3}}\text{kV}\Big/\frac{0.1}{\sqrt{3}}\text{kV}\Big/\frac{0.1}{3}\text{kV}$，三台 JDZJ-10 型电压互感器采用 Y_0/Y_0/△（开口三角形）联结，可用于小电流接地系统中的电压、电能测量和绝缘监视。

图 5-34 所示为 JDQXF-110 型电压互感器的外形结构。该电压互感器为单相独立式 SF_6 气体绝缘电压互感器，采用正立式结构，适用于户外、中性点有效接地的 110kV 电力系统中，作电能、电压测量和继电保护用。

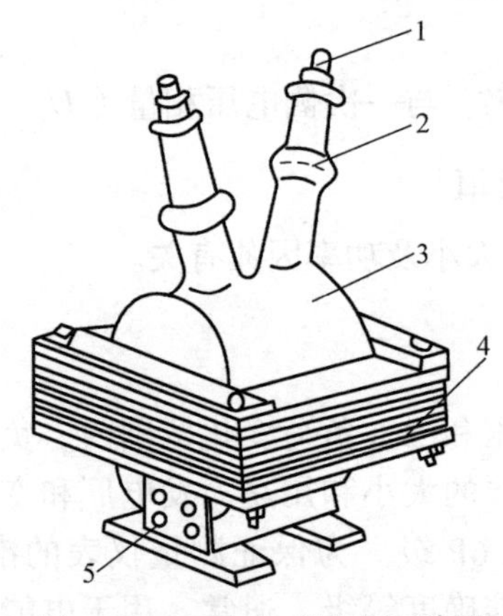

图 5-33　JDZJ-10 型电压互感器

1—一次接线端子　2—高压绝缘套管

3—一、二次绕组　4—铁心　5—二次接线端子

图 5-34　JDQXF-110 型电压互感器

5. 电压互感器的极性和接线方式

（1）电压互感器的极性　电压互感器的极性也采用减极性原则确定。通常，单相电压互感器一次绕组的出线端子标为 A 和 X，二次绕组的出线端子标为 a 和 x，其中 A 和 a 为同名端，X 和 x 为同名端。如果一次电压的方向由 A 指向 X，则二次电压的方向由 a 指向 x。

（2）电压互感器接线方式　电压互感器的接线方式是指电压互感器与测量仪表或电压继电器之间的接线方式。常见的几种接线方式如图 5-35 所示。

1）单相式接线（见图 5-35a）。用一个单相电压互感器接于电路中，可用来测量一个线电压，供仪表、继电器用。

2）V/V 形接线（见图 5-35b）。用两个单相电压互感器接成 V/V 形，可用来测量三相三线制电路的任一线电压，但不能测量相电压，广泛应用在工厂变配电所 6 ～ 10kV 高压配电装置中。

3）Y_0/Y_0 形接线（见图 5-35c）。用三个单相电压互感器接成 Y_0/Y_0 形，可用来测量电网的线电压，并可供电给接相电压的绝缘监视电压表。但应注意，绝缘监视电压表的量程不能按相电压选择，而应按线电压选择，这是由于小电流接地系统发生单相接地时，另外两相电压要升高到线电压，电压表可能会被烧毁。

4）$Y_0/Y_0/\triangle$（开口三角形）形接线（见图 5-35d）。用三个单相三绕组电压互感器或一个三相五柱式电压互感器接成 $Y_0/Y_0/\triangle$形，可用来测量电网的线电压和相电压，主要用于小电流接地系统的绝缘监视装置。其中联结成 Y_0 的二次绕组，接测量每相对地电压的绝缘监视电压表；联结成开口三角形的辅助二次绕组，构成零序电压过滤器，供电给监视线路绝缘的过电压继电器。

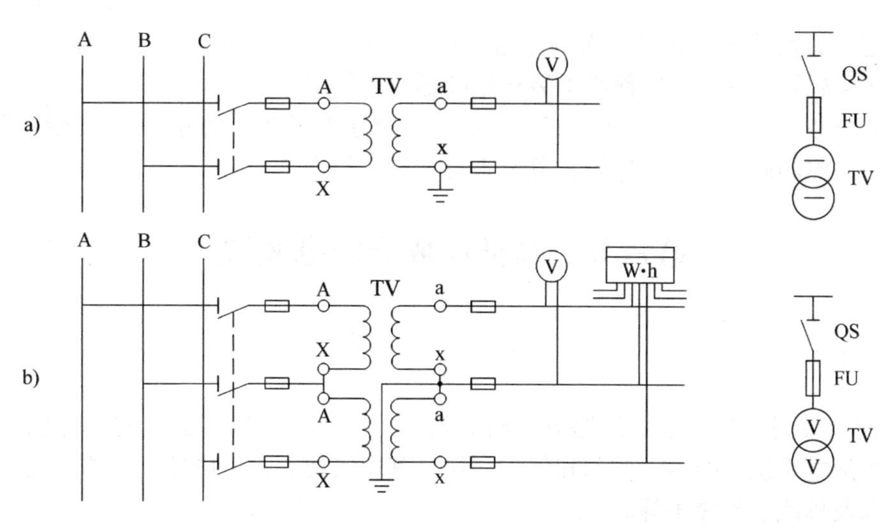

图 5-35　电压互感器的接线方式

a）单相式接线　b）V/V 形接线

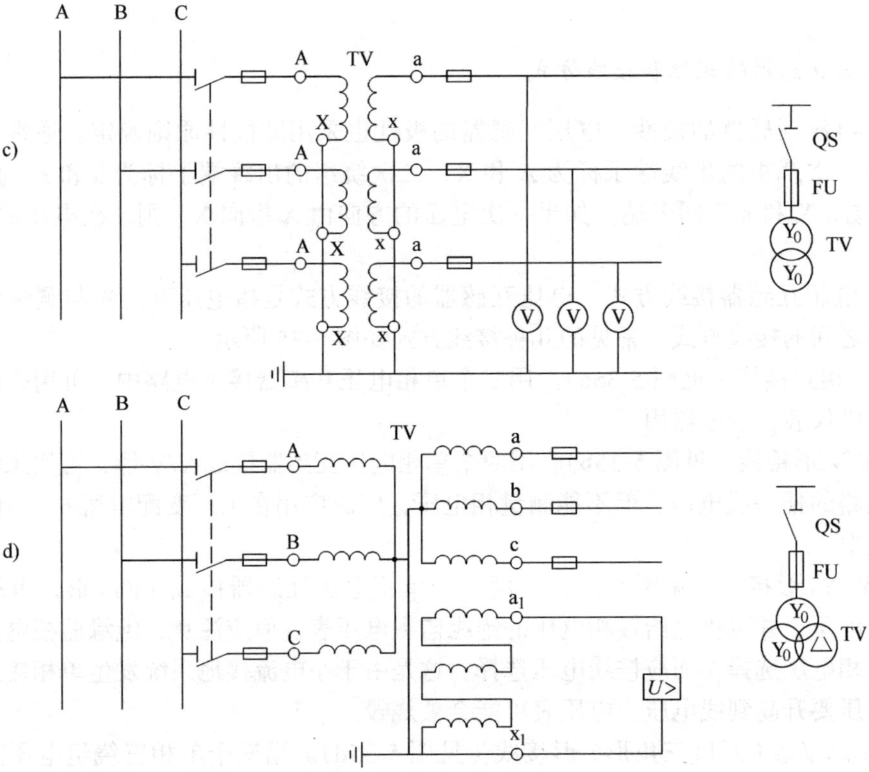

图 5-35 电压互感器的接线方式（续）

c）Y_0/Y_0形接线 d）$Y_0/Y_0/\triangle$（开口三角形）形接线

6. 电压互感器的使用注意事项

（1）电压互感器的二次侧在工作时绝对不允许短路 由于正常工作时电压互感器的二次侧接近于开路状态，如果二次侧短路，将产生很大的短路电流，有可能烧坏互感器。因此，电压互感器的一、二次侧必须装设熔断器进行短路保护。

（2）电压互感器的二次侧必须有一端接地 这主要是为了防止一、二次绕组间绝缘损坏后，一次侧的高压传到二次侧，危及人身和设备的安全。

第六节 高低压成套配电装置

一、概述

成套配电装置是按一定的线路方案将有关一、二次设备组装而成的一种成套设备的产品，供供配电系统作控制、监测和保护之用。其中安装有开关电器、监测仪表、保护和自动装置以及母线、绝缘子等。

成套配电装置分为高压成套配电装置（即高压开关柜）、低压成套配电装置（含配电屏、盘、柜、箱）和全封闭组合电器等。

二、高压开关柜

高压开关柜是高压系统中用来接收和分配电能的成套配电装置，主要用于 3 ～ 35kV 系统中。

高压开关柜按开关电器的安装方式分，有固定式和手车式（移开式）；按开关柜隔室的结构分，有金属封闭铠装式、间隔式和箱式等；按断路器手车安装位置分，有落地式和中置式；按用途分，有馈线柜、电压互感器柜、避雷器柜、电能计量柜、高压电容器柜、高压环网柜等。

为了提高供电的安全性和可靠性，目前各开关厂家生产的开关柜都是具有“五防”闭锁功能的“五防型”开关柜，它具有以下五种防止误操作功能：①防止误跳、误合断路器；②防止带负荷分、合隔离开关；③防止带电挂接地线；④防止带地线合闸；⑤防止误入带电间隔。

（1）固定式开关柜　固定式开关柜系指柜体内高压断路器等主要电气设备的安装位置固定，其特点是价格低，内部空间大，运行维护方便。固定式开关柜一般用于企业的中小型变配电所和负荷不太重要的场所。

目前我国大量生产和广泛使用的固定式开关柜产品主要有 XGN 型箱式和 HXGN 型环网柜等。

图 5-36 为 XGN2-12 型固定式开关柜的外形结构。该开关柜为金属封闭箱型框架式结构，柜体骨架由角钢焊接而成，内部用钢板严密分隔成母线室、断路器室、进出线电缆室、继电保护、仪表室五个独立的间隔室。开关柜为双面维护，从前面可检修继电器室的二次元件，维护操动机构、机械连锁及传动部分，检修断路器等；从后面可维修主母线和电缆终端。该开关柜采用机构闭锁装置和完善的接地系统，简便而有效地达到了“五防”要求，在 3 ～ 10kV 系统中作为接收与分配电能之用，特别适合于频繁操作的场合。

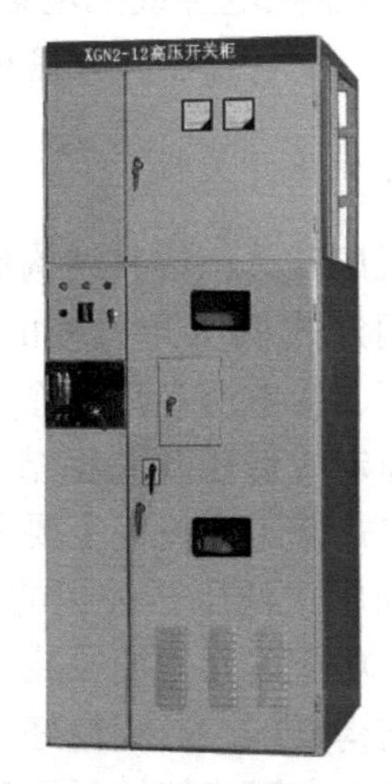

图 5-36　XGN2-12 型固定式开关柜

环网柜适用于环网供电、双电源供电和终端供电系统中，作为电能的控制和保护装置，也可用于箱式变电所。环网柜主要采用高压负荷开关和熔断器的组合方式，正常电路通断操作由负荷开关实现，而短路保护由具有高分断能力的熔断器来完成。这种负荷开关加熔断器的组合柜与采用断路器的高压开关柜相比，体积和质量都明显减少，价格也便宜很多。而一般 6 ～ 10kV 变配电所负荷的通断比较频繁，短路故障的发生却是个别的，因此采用负荷开关加熔断器的环网柜更为合理。环网柜的电气性能优异，“五防”闭锁功能可靠，在我国城市电网改造和小型变电所中得到了广泛应用。

（2）手车式开关柜　手车式开关柜系指柜体内高压断路器等主要电气设备安装在可移动的手车上，断路器等设备需要检修时，可随时将其手车拉出，然后推入同类备用手车，即可恢复供电。手车式开关柜具有灵活性好、检修安全、供电可靠性高、安装紧凑和占地面积小等优点，但价格较贵，主要用于大中型变配电所和负荷比较重要的场所。

目前我国大量生产和广泛使用的手车式开关柜产品主要是KYN型铠装式。图5-37为KYN28-12型金属铠装手车式开关柜的外形结构。该开关柜为全组装中置式结构，柜内被分割成手车室、母线室、电缆室和继电器仪表室，每一隔室外壳均独立接地。手车在柜内有隔离/试验位置和工作位置，每一位置均设有定位装置，以保证联锁可靠，从而为操作人员与维护人员提供可靠的安全保护。断路器可在运行、试验/隔离两个不同位置之间移动。

高压开关柜

该开关柜具有完善的“五防”闭锁功能，适用于3～12kV户内单母线或单母线分段系统中，作为接收和分配电能之用，并对电路实行控制、保护和监测。

图5-37 KYN28-12型金属铠装手车式开关柜

三、低压成套配电装置

低压成套配电装置是低压系统中用来接收和分配电能的成套设备，用于500V以下的供配电系统中，作动力和照明配电之用。低压成套配电装置包括低压开关柜（也叫低压配电屏或配电盘）和配电箱两类，按其控制层次可分为配电总盘、分盘和动力、照明配电箱。

1. 低压开关柜

低压开关柜按其结构形式分，有固定式和抽屉式两种类型。

固定式低压开关柜的所有电器元件都固定安装、固定接线，适用于发电厂、变电所和厂矿企业的低压供配电系统中，供动力、配电和照明之用。固定式低压开关柜结构简单、价格低廉，故应用广泛。目前使用较广的固定式低压开关柜主要是GGD型。

抽屉式低压开关柜的主要电器元件均装在抽屉内或手车上，再按一、二次线路方案将有关功能单元的抽屉装在封闭的金属柜体内，可按需要抽出或推入。抽屉式低压开关柜具有结构紧凑、通用性好、安装维护方便、安全可靠等优点，但价格较贵，广泛应用于工矿企业和高层建筑的低压配电系统中。

目前使用较广的抽屉式低压开关柜有GCK型、GCS型和MNS型等。各种型号的抽屉式低压开关柜均采用标准模件组装而成，结构零件通用性强，机械强度高。抽屉小室的门与断路器或隔离开关的操作手柄设有机械连锁，只有手柄在分断位置时门才能开启。抽屉具有接通、试验和断开三个位置，每个位置都有可靠的机械连锁以满足“五防”要求。

2. 低压配电箱

从低压配电屏引出的低压配电线路一般需经动力配电箱或照明配电箱接至各用电设备。动力配电箱通常具有配电和控制两种功能，主要用于动力配电和控制，但也可用于照明的配电和控制。照明配电箱主要用于照明配电，但也可配电给一些小容量的动力设备和家用电器。

低压配电箱的安装方式有靠墙式、悬挂式和嵌入式。靠墙式是靠墙落地安装，悬挂式是挂在墙壁上明装，嵌入式是嵌在墙体内暗装。

配电箱的安装应尽量接近所供电的设备或处于负荷中心，以缩短配电线路和减少电压损失。此外，配电箱的安装位置应方便维修、采光良好、干燥通风、美观安全等。

四、全封闭组合电器（GIS）

全封闭组合电器（GIS）是由于 SF_6 气体的出现而发展的一种新型高压成套设备。它将一座变电站中除变压器以外的一次设备，包括断路器、隔离开关、接地开关、电流互感器、电压互感器、避雷器、母线、出线套管和电缆终端等元件，按变电所主接线的要求，经优化设计有机地组合成一个整体，各元件的高压带电部位均封闭于接地的金属壳内，并充以 SF_6 气体作为绝缘和灭弧介质，称之为 SF_6 气体绝缘变电站，简称 GIS。

全封闭组合电器具有结构紧凑、不受外界环境的影响、运行可靠性高、检修周期长等优点，特别适用于城市供电、发电厂、大型工矿企业、石油化工和铁路运输等部门的高压变电所。目前，GIS 的发展方向是将变压器及一、二次开关全部合为一体，成为气体绝缘组合的供电系统，今后将向小型化、智能化、免维护、易施工的方向发展。

第七节　电气主接线

一、概述

电气主接线（main connection）又称为一次接线，是由各种开关电器、变压器、互感器、线路、电抗器、母线等按一定顺序连接而成的接收和分配电能的总电路。电气主接线代表了发电厂和变电所电气部分的主体结构，直接影响着电气设备选择、配电装置布置、继电保护配置、自动装置和控制方式的选择，对运行的可靠性、灵活性和经济性起决定性的作用。

用行业标准规定的电气设备图形符号和文字符号，按电气设备的实际连接顺序绘制而成的接线图，称为电气主接线图。电气主接线图通常画成单线图的形式。

电气主接线常用的电气设备名称、文字符号与图形符号见表 5-2。

表 5-2　电气主接线的主要电气设备名称、文字符号与图形符号

电气设备名称	文字符号	图形符号	电气设备名称	文字符号	图形符号
断路器	QF		电力变压器	T	（简化图）
隔离开关	QS		电流互感器（单二次侧）	TA	（简化图）
负荷开关	QL		电流互感器（双二次侧）	TA	（简化图）

（续）

电气设备名称	文字符号	图形符号	电气设备名称	文字符号	图形符号
熔断器	FU		电压互感器（单相式）	TV	（简化图）
跌落式熔断器	FD		电压互感器（三线圈）	TV	（简化图）
低压断路器	QF		母线及引出线	WB	
刀开关	QK		电抗器	L	
刀熔开关	FU–QK		移相电容器	C	
避雷器	F		电缆及其终端头	WL	

主接线的设计应满足以下基本要求：

（1）安全　保证在进行任何切换操作时人身和设备的安全。

（2）可靠　应满足各级电力负荷对供电可靠性的要求。

（3）灵活　应能适应各种运行方式的操作和检修、维护需要。

（4）经济　在满足以上要求的前提下，主接线应力求简单，尽可能减少一次性投资和年运行费用。

二、电气主接线的基本形式

这里主要讨论中小型变电所常用的电气主接线基本形式。

1. 线路－变压器单元接线

当只有一回供电电源线路和一台变压器时，宜采用线路－变压器单元接线。图5-38所示为线路－变压器单元接线的几种典型形式。

图5-38a中变压器的高压侧仅设置负荷开关，而未设保护装置。这种接线仅适用于距上级变电所较近的车间变电所采用，此时，变压器的保护必须依靠安装在线路首端的保护装置来完成。当

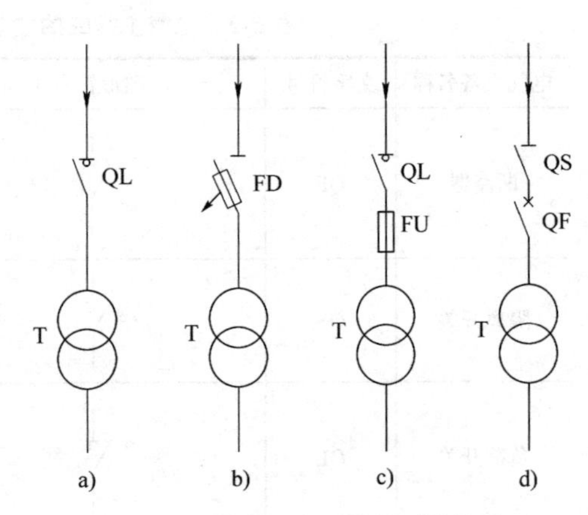

图5-38　线路－变压器单元接线的几种典型形式

变压器容量较小时，负荷开关也可以用隔离开关来代替，但需注意的是，隔离开关只能用来切除空载运行的变压器。

图 5-38b 是户外杆上变电所的典型接线形式，电源线路架空敷设，小容量变压器安装在电杆上，户外跌落式熔断器作为变压器的短路保护，也可用来切除空载运行的变压器。这种接线简单经济，但可靠性差。随着城市电网改造和城市美化的需要，架空线改为电缆线，户外杆上变电所逐步被箱式变电所替代，因此，这种接线形式正在逐步被淘汰。

图 5-38c 中变压器的高压侧采用负荷开关与熔断器组合电器，熔断器作为变压器的短路保护，负荷开关除用于变压器的投入与切除外，还可用来隔离电压以便变压器的安全检修。这种接线形式在 10kV 及以下变电所中应用得越来越多。

图 5-38d 中变压器的高压侧采用隔离开关和断路器，当变压器故障时，继电保护装置动作于断路器跳闸。采用断路器操作方便，故障后恢复供电快，易与上级保护配合，易于实现自动化，因此这种接线形式应用得最为普遍。

线路 – 变压器单元接线的优点是接线简单、所用电气设备少、配电装置简单、节约投资。缺点是该单元中任一设备发生故障或检修时，变电所要全部停电，供电可靠性都不高，只可供三级负荷。

2. 单母线接线

母线（bus）又称汇流排，用于汇集和分配电能。图 5-39 所示为单母线接线，它的主要特点是电源和引出线都接在同一组母线上，为便于每回路的投入和切除，在每条引线上均装有断路器和隔离开关。断路器作为切断负荷电流或短路电流之用；隔离开关有两种：靠近母线侧的称为母线隔离开关，作为隔离母线电压、检修断路器之用；靠近线路侧的称为线路隔离开关，是防止在检修断路器时从用户侧反向送电，或防止雷电过电压沿线路侵入，保证维修人员安全之用。

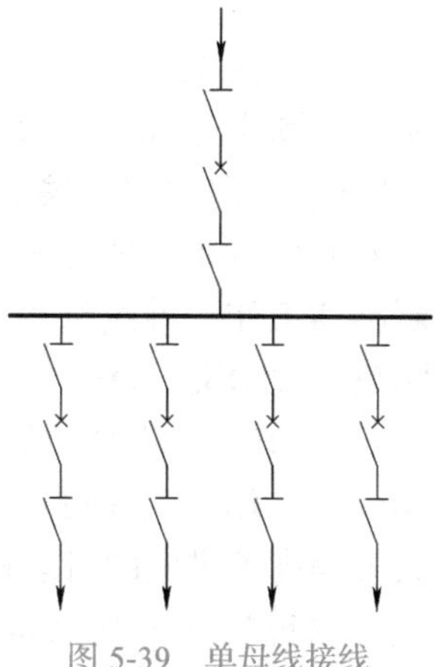
图 5-39 单母线接线

单母线接线的优点是接线简单、使用设备少、操作方便、投资少、便于扩建。其缺点是当母线及母线隔离开关故障或检修时，必须断开全部电源，造成整个配电装置停电；当检修一回路的断路器时，该回路要停电。因此，单母线接线供电的可靠性和灵活性均较差，一般只适用于三级负荷或者有备用电源的二级负荷。

3. 单母线分段接线

当出线回路数较多且有两路电源进线时，可采用断路器或隔离开关将母线分段，成为单母线分段接线，如图 5-40 所示。分段后可进行分段检修，对重要用户可以从不同段引出两回馈电线路，由两个电源供电。

单母线分段接线可以分段单独运行，也可以并列同时运行。

若采用断路器分段，则运行的可靠性和灵活性都较大。分段运行时，各段相当于单母线不分段状态，当任一电源发生故障时，电源进线断路器自动跳开后，分段断路器自动合闸，保证全部出线或重要负荷继续供电。并列运行时，当任一段母线发生故障时，继电保护装置会将分段断路器自动跳开，将故障段母线切除，保证非故障段母线继续运行。

若采用隔离开关分段，则运行的可靠性和灵活性较差。分段运行时，任一电源发生故障需经倒闸操作才能恢复全部负荷的供电；并列运行时，任一段母线发生故障将造成全部负荷短时停电，只有查清故障后将分段隔离开关打开，非故障段母线才能恢复供电。隔离开关分段因倒闸操作不便，目前已不再采用。

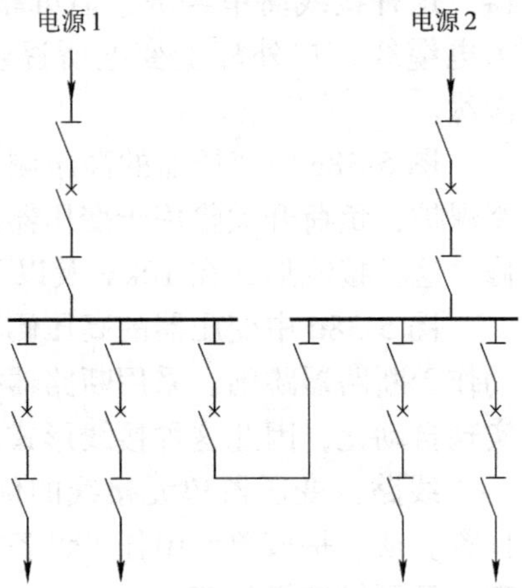

单母线分段接线既保留了单母线接线简单、经济、方便等优点，又在一定程度上提高了供电的可靠性，因此这种接线得到广泛应用。但该接线仍不能克服某一回路断路器检修时，该回路要长时间停电的显著缺点，同时这种接线在一段母线或母线隔离开关故障或检修时，该段母线上的所有回路都要长时间停电。

图 5-40　单母线分段接线

4. 单母线带旁路母线接线

为了解决出线断路器检修时的停电问题，可采用单母线加旁路母线接线，如图 5-41 所示。图中母线 W2 为旁路母线，断路器 QF2 为旁路断路器，QS3、QS4、QS7、QS10、QS13 为旁路隔离开关。正常运行时，旁路母线不带电，所有旁路隔离开关和旁路断路器均断开，以单母线方式运行。当检修某一出线断路器时，可用旁路断路器 QF2 代替出线断路器工作，继续给用户供电。例如，检修出线 1 的断路器 QF3 时，先合上 QF2 两侧的隔离开关 QS3、QS4，再合上 QF2（对旁路母线进行充电检查）及旁路隔离开关 QS7，然后断开 QF3 及两侧的隔离开关 QS5、QS6。这样便完成了用旁路短路器 QF2 代替断路器 QF3 的操作，QF3 可退出运行进行检修。在整个操作过程中不影响出线回路的正常供电，大大提高了供电的可靠性。

这种接线的缺点是需要增加一组母线、专用的旁路断路器和旁路隔离开关等设备，使配电装置复杂，投资增大，且隔离开关要用来操作，增加了误操作的可能性。一般在 110kV 及以上的高压配电装置中才设置旁路母线。

5. 双母线接线

双母线接线是针对单母线分段接线的缺点而提出的。双母线接线的每一回路都通过一台断路器和两组隔离开关与两组母线相连，其中一组隔离开关闭合，另一组隔离开关打开，两组母线之间通过母线联络断路器（简称母联开关）连接起来，如图 5-42 所示。

双母线接线有两种运行方式：

（1）只有一组母线工作　分为工作母线和备用母线，正常运行时母联开关打开（两侧的隔离开关闭合），全部回路接在工作母线上，相当于单母线运行。当工作母线发生故障时，将引起全部用户的暂时停电，经过倒闸操作，将备用母线投入工作，很快恢复对全部用户的供电。它和分段的单母线相比，故障停电的范围反而扩大了，但供电的连续性却大大提高。

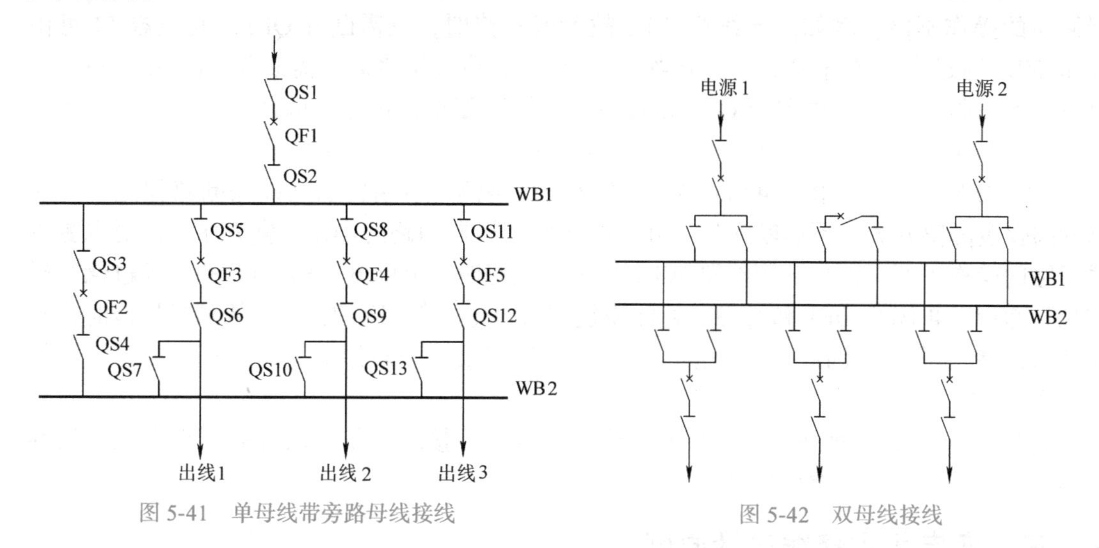

图 5-41　单母线带旁路母线接线

图 5-42　双母线接线

（2）两组母线同时工作，互为备用　正常运行时母联开关闭合，相当于单母线分段接线，当任一组母线发生故障时，只有接在该组母线上的用户停电，经过倒闸操作，将与该组母线相连的所有回路切换到另一组母线上去，仍可继续正常工作。它和分段的单母线相比，故障停电范围相同，但供电的连续性却大大提高。

双母线接线具有以下优点：①轮换检修母线而不致中断供电；②检修任一回路的母线隔离开关时仅使该回路停电；③工作母线发生故障时，经倒闸操作这一段停电时间后可迅速恢复供电；④检修任一回路断路器时，可用母联断路器来代替，不至于使该回路的供电长期中断。

但双母线接线也存在以下缺点：①在倒闸操作中隔离开关作为操作电器使用，容易误操作；②工作母线发生故障时会引起整个配电装置短时停电；③使用的隔离开关数目多，配电装置结构复杂，占地面积较大，投资较高。

双母线接线多用于电源和引出线较多的大中型发电厂和电压为220kV及以上的区域变电所，它的供电可靠性和灵活性均较高，尤其是加上旁路母线后，其优越性更大。

6. 桥形接线

当变电所具有两台变压器和两条线路时，在线路－变压器单元接线的基础上，在其中间跨接一连接“桥”，便构成桥形接线，如图 5-43 所示。按照跨接桥断路器的位置，可分为内桥和外桥两种接线。

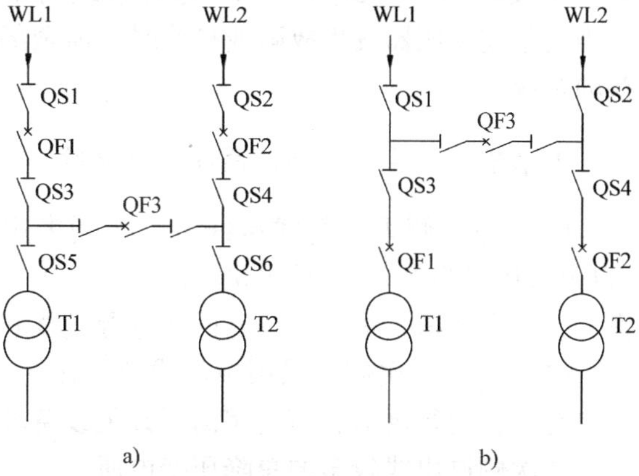

图 5-43　桥形接线

a）内桥　b）外桥

（1）内桥接线（见图5-43a） 跨接桥靠近变压器侧，桥断路器在线路断路器之内，变压器回路仅装隔离开关，不装断路器。内桥接线对电源进线的操作非常方便，但对变压器回路的操作不便。例如，当线路WL1故障或检修时，只需断开QF1，变压器T1可由线路WL2通过横连桥继续受电；但当变压器T1故障或检修时，需断开QF1和QF3，经过倒闸操作拉开QS5，再闭合QF1和QF3，才能恢复正常供电。因此，内桥接线适用于电源进线线路较长而变压器又不需要经常切换的场所。

（2）外桥接线（见图5-43b） 跨接桥靠近线路侧，桥断路器在线路断路器之外，线路回路仅装隔离开关，不装断路器。外桥接线对变压器回路的操作非常方便，但对电源进线回路的操作不便。例如，当线路WL1故障或检修时，需断开QF1和QF3，经过倒闸操作拉开QS1，再闭合QF1和QF3，才能恢复正常供电；但当变压器T1故障或检修时，只需将QF1断开即可。因此，外桥接线适用于电源进线线路较短而变压器需要经常切换的场所。

桥形接线中四个回路只有三个断路器，投资小，接线简单，供电的可靠性和灵活性较高，适用于向一、二类负荷供电。

三、变电所主接线设计原则

变电所的主接线设计应根据负荷大小、负荷性质、电源条件、变压器台数和容量以及进出线回路数等综合分析来确定。

（一）总降压变电所主接线的设计原则

对于进线电压为35kV及以上的大中型企业，通常是先经总降压变电所将电源电压降为6～10kV的高压配电电压，然后再经车间变电所的配电变压器降为380V/220V的使用电压。总降压变电所的主接线设计原则如下：

1. 装有一台主变压器的总降压变电所

总降压变电所为单电源进线和一台变压器时，通常采用一次侧无母线、二次侧单母线的主接线，如图5-44所示。这种接线简单经济、使用设备少、基建快、投资费用低。但当线路或变压器发生故障或检修时，需全部停电，故供电可靠性不高，只能用于三类负荷的企业。

2. 装有两台主变压器的总降压变电所

（1）一次侧采用桥式接线、二次侧采用单母线分段接线 该主接线如图5-45所示（以内桥接线为例）。这种主接线所用设备少，结构简单，占地面积小，供电可靠性高，可供一、二类负荷，适用于具有两回电源进线和两台变压器的总降压变电所。

（2）一、二次侧均采用单母线分段接线 该主接线如图5-46所示。这种接线的供电可靠性高，运行灵活，但所用高压开关设备较多，投资较大，可供一、二类负荷，适用于一、二次侧进出线较多的总降压变电所。

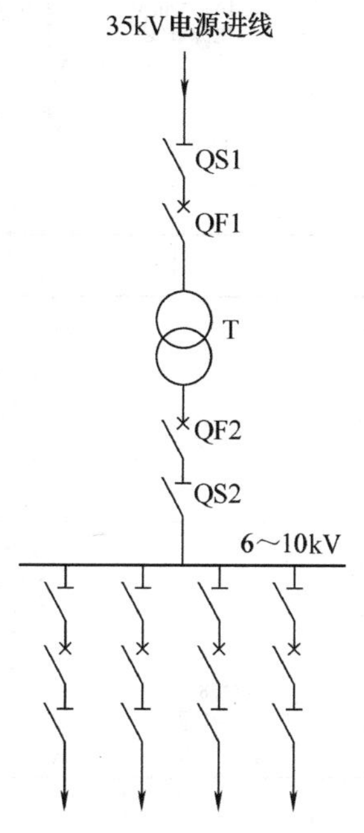

图 5-44 装有一台主变压器的总降压变电所主接线

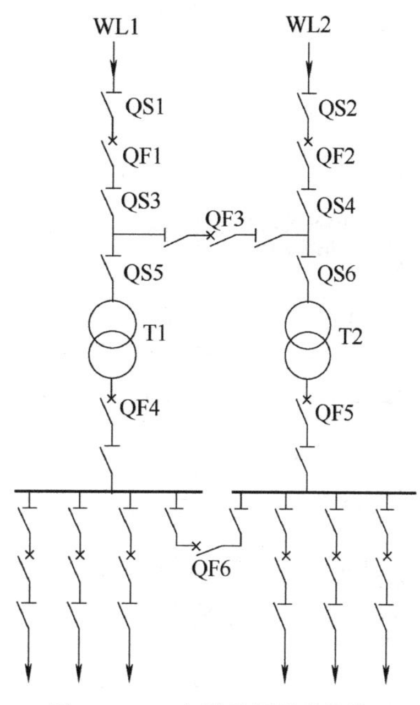

图 5-45 一次侧采用桥式接线、二次侧采用单母线分段接线的总降压变电所主接线

（3）一、二次侧均采用双母线 该主接线如图 5-47 所示。这种接线的供电可靠性高，运行灵活，但设备投资大、配电装置复杂、占地面积大，适用于负荷容量大和进、出线回路多的发电厂或区域变电所。

（二）车间和小型工厂变电所主接线的设计原则

车间和小型工厂变电所属于终端变电所，是将 6 ～ 10kV 的电压降为 380V/220V 的使用电压。其主接线选择原则如下：

1. 装有一台变压器的小型变电所

只有一台配电变压器的小型变电所，其高压侧一般采用线路－变压器单元接线，低压侧采用单母线不分段接线，如图 5-48 所示。根据高压侧采用的开关不同，有以下三种典型方案：

（1）高压侧采用隔离开关与熔断器串联或户外跌落式熔断器（见图 5-48a） 由于隔离开关和跌落式熔断器不能带负荷操作，故变电所停电时，必须先断开低压引出线的全部开关，再断开低压侧总开关，最后断开高压侧隔离开关。如果变电所要送电，则操作程序相反。

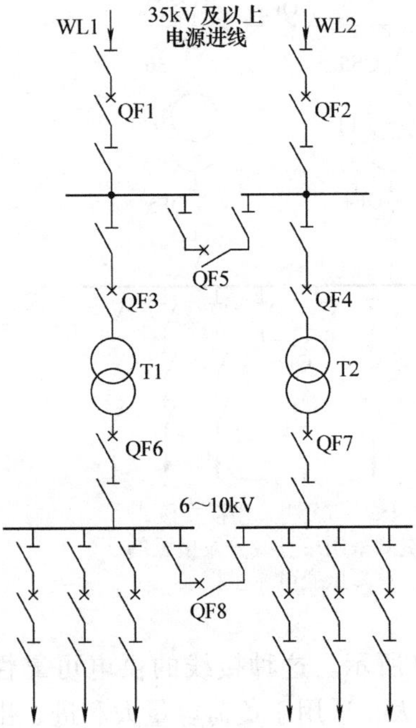

图 5-46　一、二次侧均采用单母线分段的
总降压变电所主接线

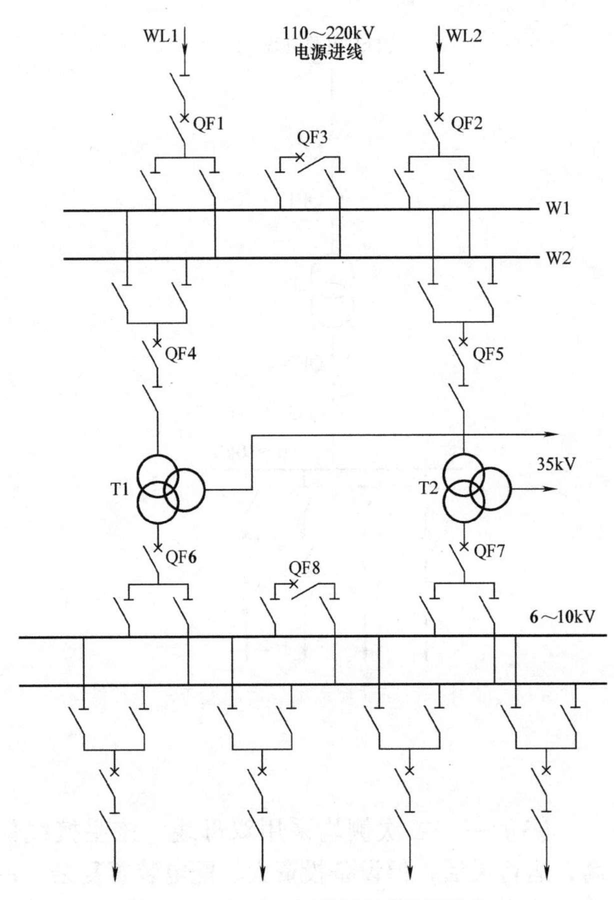

图 5-47　一、二次侧均采用双母线的
总降压变电所主接线

这种接线方式的主要缺点是隔离开关作为操作电器使用，潜存着误操作的可能性。同时受隔离开关和跌落式熔断器切断空载变压器容量的限制，这种接线一般只适用于不经常操作、变压器容量在 500kV · A 及以下的变电所，对不重要的三级负荷供电。

（2）高压侧采用负荷开关与熔断器串联（见图 5-48b）　由于负荷开关既可以带负荷操作，又可起到隔离开关的作用，从而使变电所的停电和送电操作比上述主接线（见图 5-48a）要简便灵活得多，但仍用熔断器进行短路保护，其供电可靠性仍然不高，一般也用于三级负荷的小型变电所。

（3）高压侧采用隔离开关与断路器串联（见图 5-48c）　由于采用了断流能力较大的高压断路器，使变电所的停电和送电操作十分灵活方便，同时高压断路器都配有继电保护装置，当变电所发生短路故障时，继电保护装置动作，自动断开断路器，将故障切除。但由于只有一回电源进线，供电可靠性仍然不高，一般也只能用于三级负荷，但供电容量较大。

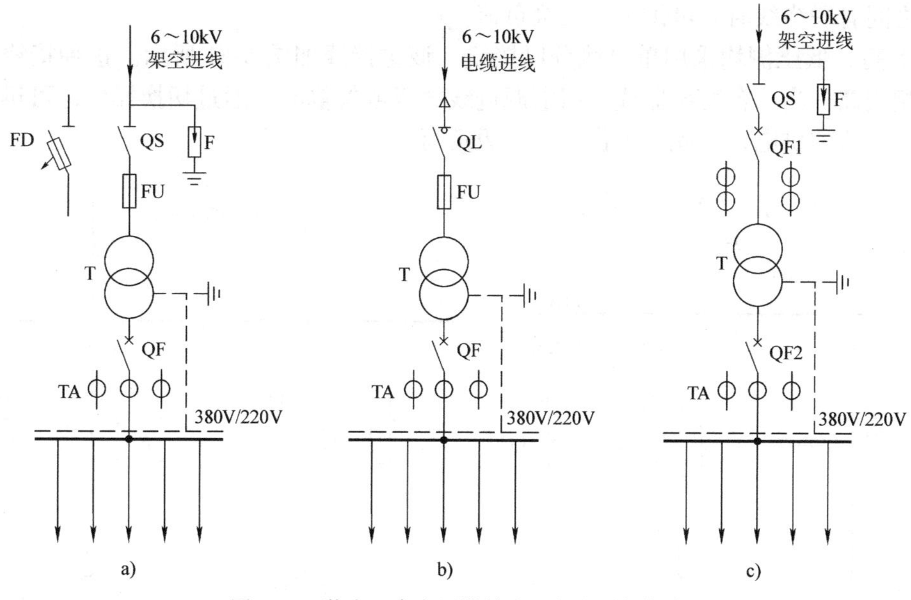

图 5-48　装有一台变压器的小型变电所主接线

a）高压侧采用隔离开关与熔断器或户外跌落式熔断器
b）高压侧采用负荷开关与熔断器　c）高压侧采用隔离开关与断路器

以上三种主接线的共同点是：接线简单经济、使用设备少、投资费用低，但供电可靠性不高，只适用于供电给三级负荷的车间变电所和小型工厂配电所。如果低压母线上有来自其他变电所的低压联络线，或变电所有两路电源进线，则供电可靠性相应提高，可供电给二级负荷的车间变电所。

2. 装有两台变压器的小型变电所

（1）高压侧无母线、低压侧采用单母线分段接线　该主接线如图 5-49 所示。这种接线的供电可靠性较高，当任一台变压器或任一电源进线故障或检修时，通过闭合低压母线分段开关，可迅速恢复对整个变电所的供电，因此可供一、二级负荷或用电量较大的车间变电所。

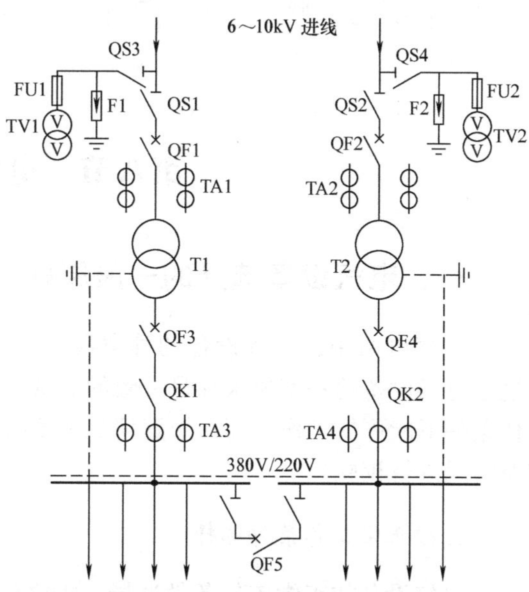

图 5-49　高压侧无母线、低压侧单母线分段的两台变压器变电所主接线

（2）高压侧单母线、低压侧采用单母线分段接线　该主接线如图 5-50 所示。这种接线适用于装有两台及其以上配电变压器或具有多回高压出线的变电所。其供电可靠性也较高，任一台变压器故障或检修时，通过切换操作能恢复整个变电所的供电，但当高压母线或电源进线故障或检修时，整个变电所要停电，故可供二、三级负荷。当与其他

变电所之间有联络线时，可供一、二级负荷。

（3）高、低压侧均采用单母线分段接线　该主接线如图5-51所示。这种接线的供电可靠性相当高，当一台变压器或一回电源进线故障或检修时，通过切换操作，可迅速恢复对整个变电所的供电，因此，可供一、二级负荷。

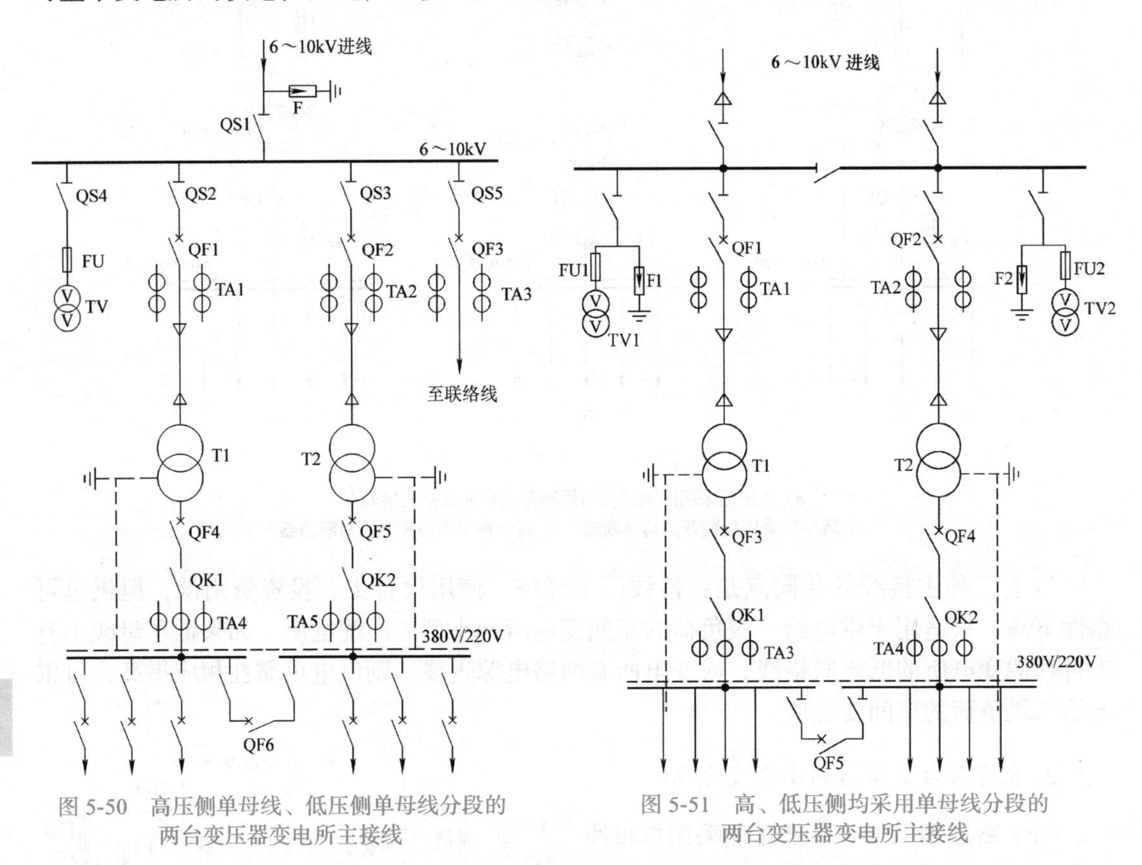

图5-50　高压侧单母线、低压侧单母线分段的两台变压器变电所主接线

图5-51　高、低压侧均采用单母线分段的两台变压器变电所主接线

第八节　电气设备的选择

一、电气设备选择的一般原则

在变电所中，电气设备的种类很多，它们的工作条件和运行要求各不相同，但选择这些电气设备的基本要求却是一致的。选择电气设备的一般条件是保证电气设备在正常工作条件下能可靠工作，而在短路情况下不被损坏，即按长期正常工作条件进行选择，按短路情况进行校验。

1. 按正常工作条件选择

电气设备按正常工作条件选择，主要包括以下几个方面：

（1）使用环境条件　主要包括设备的安装地点（户内或户外）、环境温度、海拔高度、相对湿度等，还应考虑防尘、防腐、防爆、防火等要求。即根据安装地点的环境不同，可分为室内型和室外型两种。

（2）额定电压　电气设备的额定电压 U_N 应不低于设备安装地点电网的最高工作电压 $U_{W.max}$，即

$$U_N \geqslant U_{W.max} \tag{5-16}$$

（3）额定电流　电气设备的额定电流 I_N 应不小于设备正常工作时的最大负荷电流 $I_{W.max}$，即

$$I_N \geqslant I_{W.max} \tag{5-17}$$

电气设备的最大长期工作电流 $I_{W.max}$，取线路的计算电流 I_{30} 或变压器的额定电流 I_{NT}。

2. 按短路情况进行校验

（1）动稳定校验　动稳定是指电气设备承受短路电流力效应的能力，满足动稳定的条件是

$$i_{max} \geqslant i_{sh} \text{ 或 } I_{max} \geqslant I_{sh} \tag{5-18}$$

式中，i_{max}、I_{max} 分别为电气设备允许通过的最大电流峰值和有效值，可查相关手册或产品样本；i_{sh}、I_{sh} 分别为设备安装地点的三相短路冲击电流峰值和有效值。

（2）热稳定校验　热稳定是指电气设备承受短路电流热效应的能力，满足热稳定的条件是

$$I_t^2 t \geqslant I_\infty^2 t_{ima} \tag{5-19}$$

式中，I_t 为电气设备在时间 t 内的热稳定电流（kA）；I_∞ 为三相短路稳态短路电流（kA）；t 为厂家给出的热稳定试验时间（s）；t_{ima} 为假想时间（s）。I_t 和 t 可查相关手册或产品样本。

3. 断流能力校验

断路器、熔断器等电气设备，均担负着切断短路电流的任务，因此，必须具备在通过最大短路电流时能将其可靠切断的能力。所以选用此类设备时，必须使其额定开断容量或额定开断电流大于其安装处的最大短路容量或短路电流，即

$$I_{oc} > I_k \quad \text{或} \quad S_{oc} > S_k \tag{5-20}$$

式中，I_{oc}、S_{oc} 分别为断路器在额定电压下的最大开断电流（kA）和开断容量（MV・A），可查相关手册或产品样本；I_k、S_k 分别为安装地点的最大三相短路电流（kA）和短路容量（MV・A）。

高低压电气设备的选择，应根据工程实际情况，在保证安全、可靠工作的前提下，积极而稳妥地采用新技术，使用新产品，并注意节约投资，选择合适的电气设备。各种高低压电气设备的选择和校验项目见表 5-3。

表 5-3　高低压电气设备的选择和校验项目

设备名称	电压 / kV	电流 / A	断流容量 / MV・A	短路电流效应校验	
				动稳定	热稳定
高压断路器	√	√	√	√	√
高压隔离开关	√	√	×	√	√
高压负荷开关	√	√	×	√	√
熔断器	√	√	√	×	×
低压断路器	√	√	√	×	×
低压刀开关	√	√	×	×	×
低压负荷开关	√	√	×	×	×
电流互感器	√	√	×	√	√
电压互感器	√	×	×	×	×
限流电抗器	√	√	×	√	√
消弧线圈	√	√	×	×	×
母线	×	√	×	√	√
电缆、绝缘导线	√	√	×	×	√
支持绝缘子	√	×	×	√	×
穿墙套管	√	√	×	√	√

注：表中“√”表示选择此项，“×”表示不选择此项。

二、高压开关设备的选择

高压开关设备的选择，主要是对高压断路器、高压隔离开关以及高压负荷开关的选择。具体选择与校验的项目可参照表 5-3 进行。

例 5-1

例 5-1　试选择某 35kV 户内变电所主变压器二次侧高压开关柜内的高压断路器和高压隔离开关。已知变压器容量为 5000kV・A，电压比为 35kV/10.5kV，10kV 母线的最大三相短路电流为 3.35kA，冲击短路电流为 8.54kA，继电保护动作时间为 1.1s，断路器分闸时间取 0.1s。

解： 变压器二次侧的额定电流为

$$I_{N2}=\frac{S_N}{\sqrt{3}U_{N2}}=\frac{5000}{\sqrt{3}\times10.5}A=275A$$

假想时间为

$$t_{ima}=t_k=t_{pr}+t_{oc}=1.1s+0.1s=1.2s$$

查表A-16，选择ZN63−10/1250型断路器，其额定开断电流为25kA，动稳定电流峰值为63kA，4s热稳定电流为25kA；查表A-17，选择GN8−10T/600型隔离开关，其动稳定电流峰值为52kA，5s热稳定电流为20kA。所选设备具体参数及计算数据见表5-4。

表5-4　高压断路器和高压隔离开关选择表

序号	安装地点的电气条件		所选设备的技术数据		
	项目	数据	项目	ZN63−10/1250型断路器	GN8−10T/600型隔离开关
1	$U_{W.max}$/kV	10	U_N/kV	12	10
2	$I_{W.max}$/A	275	I_N/A	1250	600
3	I_k/kA	3.35	I_{oc}/kA	25	
4	i_{sh}/kA	8.54	i_{max}/kA	63	52
5	$I_\infty^2 t_{ima}$/（$kA^2\cdot s$）	$3.35^2\times1.2=13.47$	$I_t^2 t$/（$kA^2\cdot s$）	$25^2\times4=2500$	$20^2\times5=2000$

三、互感器的选择

（一）电流互感器的选择

选择电流互感器时，应根据安装地点（户内、户外）和安装方式（穿墙式、支持式、母线式等）选择其型式，其他选择项目如下：

（1）一次绕组的额定电压　应不低于安装地点电网的额定电压。

（2）一次绕组的额定电流　取线路最大工作电流或变压器额定电流的1.2～1.5倍。电流互感器的一次额定电流等级有：5A、10A、15A、20A、30A、40A、50A、75A、100A、150A、200A、300A、400A、500A、600A、800A、1000A、1200A、1500A、2000A、2500A、3000A、4000A、5000A、6000A、8000A、10000A等。

（3）准确度等级与二次侧负荷的选择　电流互感器有多个准确度等级，应根据需要选取（参看本章第五节）。为了保证电流互感器的准确度，其二次侧的实际负荷必须小于其准确度等级所规定的额定二次负荷，即

$$S_{N2}\geqslant S_2 \tag{5-21}$$

二次回路的负荷S_2取决于二次回路阻抗Z_2的值，即

$$S_2=I_{N2}^2Z_2\approx I_{N2}^2\left(\sum|Z_i|+R_{WL}+R_{tou}\right)$$

或

$$S_2\approx\sum S_i+I_{N2}^2(R_{WL}+R_{tou}) \tag{5-22}$$

式中，S_i、Z_i为仪表和继电器电流线圈的额定负荷（V·A）和阻抗（Ω），见表A-31；R_{tou}为所有接头的接触电阻，取0.1Ω；R_{WL}为连接导线电阻，其计算公式为

$$R_{WL}=\frac{l_c}{\gamma A} \tag{5-23}$$

式中，A为导线截面积（mm^2）；γ为导线的电导率（m/ Ω·mm^2），铜线取53m/ Ω·mm^2；l_c为连接导线的计算长度（m），与电流互感器的接线方式有关。假设从电流互感器二次端子到仪表、继电器接线端子的单向长度为l，则互感器为一相式接线时，$l_c=2l$；为三相完全星形联结时，$l_c=l$；为两相不完全星形联结和两相电流差接线时，$l_c=\sqrt{3}l$。

当准确度等级达不到要求即不满足式（5-21）时，应改选较大电流比或S_{N2}容量较大的互感器，或者加大二次侧连接导线的截面积。连接导线一般为铜线，其最小截面积不得小于1.5 mm^2。

（4）动稳定校验　电流互感器满足动稳定的条件为

$$i_{max}\geqslant i_{sh}\quad 或\quad \sqrt{2}K_{es}I_{N1}\geqslant i_{sh} \tag{5-24}$$

式中，i_{max}和K_{es}分别为电流互感器的动稳定电流峰值和动稳定倍数，$K_{es}=\frac{i_{max}}{\sqrt{2}I_{N1}}$。

（5）热稳定校验　电流互感器满足热稳定的条件为

$$I_t^2t\geqslant I_\infty^2t_{ima}\quad 或\quad (K_tI_{N1})^2t\geqslant I_\infty^2t_{ima} \tag{5-25}$$

式中，I_t和K_t分别为电流互感器在时间t内的热稳定电流和热稳定倍数，$K_t=\frac{I_t}{I_{N1}}$。

例5-2　试按例5-1的电气条件选择柜内的电流互感器。已知电流互感器采用两相不完全星形联结，其二次侧的负荷统计见表5-5。电流互感器二次回路采用截面面积为2.5mm^2的铜芯塑料线，互感器距测量仪表的单向长度为2m。

表5-5　电流互感器二次侧负荷统计表

仪表名称及型号	二次侧负荷（V·A）	
	A相	C相
电流表（16L1-A）	0.35	
有功电能表（DS1）	0.5	0.5
无功电能表（DX1）	0.5	0.5
总计	1.35	1

解：根据变压器二次侧额定电压10kV、额定电流275A，查表A-20，选电流比为400/5的LZZBJ9-10型电流互感器，由于供给计费电能表用，故选用0.5级，其二次侧负荷额定值为10V·A，动稳定电流为112.5kA，1s的热稳定电流为45kA。

（1）准确度等级校验　由表 5-5 知，其最大负荷为 1.35V • A，取 R_{tou} =0.1Ω，则

$$S_2=\sum S_i+I_{N2}^2(R_{WL}+R_{tou})=1.35V\cdot A+5^2\times\left(\frac{\sqrt{3}\times 2}{53\times 2.5}+0.1\right)V\cdot A=4.5V\cdot A<S_{N2}=10V\cdot A$$

满足准确度等级要求。

（2）动稳定校验　$i_{max}=112.5kA>i_{sh}=8.54kA$，满足动稳定要求。

（3）热稳定校验　$I_t^2t=45^2\times 1kA^2\cdot s=2025kA^2\cdot s>I_\infty^2t_{ima}=3.35^2\times 1.2kA^2\cdot s=13.47kA^2\cdot s$，满足热稳定要求。

需要指出，由于在 10kV 电力系统中通常采用高压开关柜，因此，例 5-1 和例 5-2 可以合在一起选择 KYN28–12 型户内全封闭金属铠装中置式手车开关柜，柜内断路器和电流互感器设备同上。

（二）电压互感器的选择

（1）电压的选择　电压互感器一次绕组的额定电压应与安装地点电网的额定电压相同，二次绕组的额定电压通常为 100V。

（2）准确度等级和二次侧负荷的选择　为了保证电压互感器的准确度，其二次侧的实际负荷必须小于其准确度等级所规定的额定二次负荷，即

$$S_{N2}\geqslant S_2=\sqrt{\left(\sum_{i=1}^{n}S_i\cos\varphi_i\right)^2+\left(\sum_{i=1}^{n}S_i\sin\varphi_i\right)^2} \tag{5-26}$$

式中，S_i、$\cos\varphi_i$ 分别为二次侧所接仪表并联线圈消耗的功率及其功率因数，可查表 A-31。

通常，电压互感器的三相负荷不完全相等，为满足准确度要求，应按最大负荷相选择额定容量。

由于接入电压互感器二次侧的各仪表及其电压线圈阻抗都很大，所有二次负荷中不再考虑二次侧连接导线及触头的接触电阻。连接电压互感器与测量仪表的铜线截面应不小于 1.5mm^2。

由于电压互感器两侧均装有熔断器，故不需进行短路电流的动稳定和热稳定校验。

四、熔断器的选择

熔断器的选择，除了根据安装地点（户内、户外）和保护对象（线路、变压器、电压互感器等）选择其型式外，还包括熔体的额定电流选择、熔管的额定电流选择、断流能力校验等。

1. 熔断器熔体额定电流的选择

（1）保护电力线路的熔断器　对于保护电力线路的熔断器，其熔体额定电流应按以下条件选择：

1）为了保证在线路正常运行时熔体不致熔断，应使熔体的额定电流不小于线路的计算电流，即

$$I_{N\cdot FE} \geqslant I_{30} \tag{5-27}$$

式中，$I_{N\cdot FE}$ 为熔体的额定电流；I_{30} 为线路的计算电流。

2）为了保证在线路出现正常尖峰电流时熔体不致熔断，应使熔体的额定电流躲过线路的尖峰电流，即

$$I_{N\cdot FE} \geqslant KI_{pk} \tag{5-28}$$

式中，I_{pk} 为线路的尖峰电流；K 为计算系数，应根据熔体的特性和电动机的起动情况来决定。起动时间在 3s 以下的轻载起动，取 K=0.25 ～ 0.35；起动时间为 3 ～ 8s 的重载起动，取 K=0.35 ～ 0.5；起动时间大于 8s 的重载起动或频繁起动、反接制动等，取 K=0.5 ～ 0.6。

3）为了使熔断器能可靠地保护导线和电缆，以便在线路发生短路或过负荷时及时切断线路电流，熔断器的熔体额定电流 $I_{N\cdot FE}$ 必须与被保护线路的允许电流 I_{al} 相配合，因此应满足以下条件：

$$I_{N\cdot FE} \leqslant K_{oL} I_{al} \tag{5-29}$$

式中，I_{al} 为导线或电缆的允许载流量；K_{oL} 为导线或电缆的允许短时过负荷倍数。一般情况下，若熔断器仅作为短路保护，且导线为明敷设，取 K_{oL} =1.5；若导线为穿管敷设或电缆时，取 K_{oL} =2.5；若熔断器既作为短路保护又作为过负荷保护时，取 K_{oL} =1。

（2）保护电力变压器的熔断器　对于 6 ～ 10kV 变压器，凡是容量在 1000kV・A 及以下者，均可采用熔断器作为变压器的短路保护及过负荷保护，其熔体额定电流应按下式选择：

$$I_{N\cdot FE} = (1.5 \sim 2) I_{N1.T} \tag{5-30}$$

式中，$I_{N1.T}$ 为变压器一次侧的额定电流。

式（5-30）中综合考虑了以下三个因素：熔体额定电流要躲过变压器允许的正常过负荷电流；也要躲过由变压器低压侧电动机自起动所引起的尖峰电流；还要躲过变压器的励磁涌流。

（3）保护电力电容器的熔断器　对于保护电力电容器的熔断器，应保证在系统电压升高、波形畸变引起电容器回路电流增大或运行过程中产生涌流时其熔体不会误熔断，熔体额定电流应按下式选择：

$$I_{N\cdot FE} = KI_{N.C} \tag{5-31}$$

式中，$I_{N.C}$ 为电容器额定电流；K 为计算系数，对于跌落式高压熔断器，取 1.2 ～ 1.3；对于限流式高压熔断器，保护一台电容器时取 1.5 ～ 2，保护一组电容器时取 1.3 ～ 1.8。

（4）保护电压互感器的熔断器　由于电压互感器的正常工作电流很小，近似空载运行，因此保护电压互感器的熔体额定电流一般选用0.5A。通常选用RN2型的高压熔断器。

2. 熔断器的选择与校验

（1）熔断器的额定电压　应不低于电网的额定电压。

（2）熔断器的额定电流　应不小于它所安装熔体的额定电流，即

$$I_{N\cdot FU} \geqslant I_{N\cdot FE} \tag{5-32}$$

式中，$I_{N\cdot FU}$为熔断器的额定电流。

（3）熔断器断流能力的校验　对限流式熔断器，由于它们会在短路电流达到冲击值之前熔断，故可不计非周期分量影响，校验条件为

$$I_{oc} \geqslant I'' \tag{5-33}$$

式中，I_{oc}为熔断器的最大分断电流；I''为熔断器安装地点的三相次暂态短路电流有效值。

对非限流式熔断器，由于它们会在短路电流达到冲击值之后熔断，因此校验条件为

$$I_{oc} \geqslant I_{sh} \tag{5-34}$$

式中，I_{sh}为熔断器安装地点的三相短路冲击电流有效值。

3. 熔断器保护灵敏度校验

熔断器保护的灵敏度应按下式计算：

$$K_S = \frac{I_{k.min}}{I_{N\cdot FE}} \geqslant 4 \sim 7 \tag{5-35}$$

式中，$I_{N\cdot FE}$为熔体的额定电流；$I_{k.min}$为熔断器保护线路末端的最小短路电流，对中性点不接地系统，取两相短路电流$I_k^{(2)}$；对中性点直接接地系统，取单相短路电流$I_k^{(1)}$。

4. 熔断器保护的选择性校验

所谓选择性，就是要求在线路发生短路故障时，应使靠近故障点的熔断器最先熔断，将故障切除，从而保证系统的其他部分仍能正常运行。

对于熔断器保护，在选择熔体时，应保证前后两级熔断器之间的动作选择性，使它们的动作时间互相配合。熔断器的熔断时间可根据其安秒特性曲线（又叫保护特性曲线）和短路电流来确定。需要指出，每一额定电流的熔体均有一对特性曲线，表示任一电流通过熔体时熔体熔断时间的范围，日常所见到的曲线是该范围的平均值，其时限相对误差高达±50%，即熔断器的实际熔断时间与从平均保护特性曲线上查出的时间可能有±50%的误差。

若不用熔断器的安秒特性曲线来校验选择性，一般只要前一级熔断器熔体额定电流

比后一级熔断器的熔体额定电流大 2 ～ 3 级，就能保证选择性动作。

五、低压开关设备的选择

低压开关设备的选择，主要指低压断路器、低压刀开关、低压刀熔开关以及低压负荷开关的选择。这里主要介绍低压断路器的选择、整定与校验。

1. 低压断路器过电流脱扣器的选择

过电流脱扣器的额定电流 $I_{N.OR}$ 应不小于线路的计算电流 I_{30}，即

$$I_{N.OR} \geqslant I_{30} \tag{5-36}$$

2. 低压断路器过电流脱扣器的整定

（1）瞬时过电流脱扣器动作电流的整定　瞬时过电流脱扣器的动作电流 $I_{op(0)}$ 应躲过线路的尖峰电流 I_{pk}，即

$$I_{op(0)} \geqslant K_{rel} I_{pk} \tag{5-37}$$

式中，K_{rel} 为可靠系数，对动作时间在 0.02s 以上的万能式断路器，取 1.35，对动作时间在 0.02s 以下的塑料外壳式断路器，取 1.7 ～ 2。

（2）短延时过电流脱扣器动作电流的整定　短延时过电流脱扣器的动作电流 $I_{op(s)}$ 也应躲过线路的尖峰电流 I_{pk}，即

$$I_{op(s)} \geqslant K_{rel} I_{pk} \tag{5-38}$$

式中，K_{rel} 为可靠系数，取 1.2。

短延时过电流脱扣器的动作时间有 0.2s、0.4s 和 0.6s 三种，应按前后保护装置的选择性要求来确定，前一级保护的动作时间应比后一级保护的动作时间长一个时间级差 0.2s。

（3）长延时过电流脱扣器动作电流的整定　长延时过电流脱扣器的动作电流 $I_{op(l)}$ 应躲过线路的计算电流 I_{30}，即

$$I_{op(l)} \geqslant K_{rel} I_{30} \tag{5-39}$$

式中，K_{rel} 为可靠系数，取 1.1。

长延时过电流脱扣器的动作时间应躲过允许短时过负荷的持续时间，一般为 1 ～ 2h，其动作特性通常是反时限特性。

（4）过电流脱扣器与被保护线路的配合要求　为了使过电流脱扣器能可靠地保护导线或电缆，以便在线路发生过负荷或短路时及时切断线路电流，过电流脱扣器的动作电流

I_{op}必须与被保护线路的允许电流相I_{al}相配合，因此应满足以下条件：

$$I_{op} \leqslant K_{oL} I_{al} \tag{5-40}$$

式中，K_{oL}为导线或电缆的允许短时过负荷系数。对瞬时和短延时过电流脱扣器，一般取4.5；对长延时过电流脱扣器，一般取1。

3. 低压断路器热脱扣器的选择与整定

（1）热脱扣器的选择　热脱扣器的额定电流$I_{N.TR}$应不小于线路的计算电流I_{30}，即

$$I_{N.TR} \geqslant I_{30} \tag{5-41}$$

（2）热脱扣器的整定　热脱扣器的动作电流$I_{op.TR}$应躲过线路的计算电流I_{30}，即

$$I_{op.TR} \geqslant K_{rel} I_{30} \tag{5-42}$$

式中，K_{rel}为可靠系数，取1.1。

4. 低压断路器的选择与校验

（1）低压断路器的额定电压　应不低于所在线路的额定电压。
（2）低压断路器的额定电流　应不小于它所安装的脱扣器额定电流。
（3）低压断路器的类型　应符合安装条件、保护性能及操作方式的要求。
（4）低压断路器断流能力的校验
1）对动作时间在0.02s以上的万能式低压断路器，应满足下列条件：

$$I_{oc} \geqslant I_{k} \tag{5-43}$$

式中，I_{oc}为低压断路器的极限分断电流；I_{k}为低压断路器安装地点的三相短路电流有效值。

2）对动作时间在0.02s及以下的塑料外壳式断路器，应满足下列条件：

$$I_{oc} \geqslant I_{sh} \tag{5-44}$$

式中，I_{sh}为低压断路器安装地点的三相短路冲击电流有效值。

5. 低压断路器过电流保护灵敏度校验

低压断路器过电流保护的灵敏度应按下式计算：

$$K_{S} = \frac{I_{k.min}}{I_{op}} \geqslant 1.5 \tag{5-45}$$

式中，I_{op}为低压断路器瞬时或短延时过电流脱扣器的动作电流；$I_{k.min}$为低压断路器保护的线路末端最小短路电流，对中性点不接地系统，取两相短路电流$I_{k}^{(2)}$，对中性点直接接

地系统，取单相短路电流$I_k^{(1)}$。

6. 前后低压断路器之间及低压断路器与熔断器之间的选择性配合

（1）前后低压断路器之间的选择性配合 前后低压断路器的选择性配合，应按其保护特性曲线来进行校验。按产品样本给出的保护特性曲线，考虑其有一定的允许偏差范围。

一般来说，前一级低压断路器应采用带短延时的过电流脱扣器，后一级低压断路器应采用瞬时过电流脱扣器，且前一级的动作电流不小于后一级动作电流的1.2倍，就能保证前后两级低压断路器之间的选择性动作。

（2）低压断路器与熔断器之间的选择性配合 要检验低压断路器与熔断器之间是否选择性配合，只有通过各自的保护特性曲线，前一级低压断路器考虑–30%的负偏差，后一级熔断器考虑+50%的正偏差，在此情况下，若两条曲线不重叠也不交叉，且前一级的曲线总在后一级的曲线之上，则前后两级保护可实现选择性动作。

六、母线的选择与校验

1. 母线的材料、类型和布置方式

配电装置的母线主要用铜和铝制成。选择母线材料时，应贯彻“以铝代铜”的方针，除了在有关规程必须采用铜的特殊环境和场所外，应采用铝。

室外配电装置的母线多采用钢芯铝绞线。由于是软导线，所以不需要校验动稳定。室内配电装置由于线间距离较小，布置紧凑，采用硬母线。常用的硬母线截面有矩形、槽形和管形。矩形母线散热条件较好，有一定的机械强度，但趋肤效应大，一般只用于35kV及以下、4000A以下的配电装置中；槽形母线机械强度较高，载流量较大，趋肤效应也较小，多用于4000～8000A的配电装置中；管形母线的趋肤效应更小，机械强度又高，管内可以通风或通水，常用于8000A以上的大电流母线。在供配电系统中，为了安装维护的方便，一般采用矩形母线，少数电流较大的场合可采用槽型母线。为了避免矩形母线的趋肤效应过大，单条矩形的截面积不应大于1000～1200 mm²，当工作电流过大时，可采用2～3条矩形母线并联使用。

母线的散热条件和机械强度与母线的布置方式有关。当三相母线水平布置时，母线竖放要比平放的散热好，允许电流大，但机械强度较低，而母线平放时则相反。如果三相母线垂直布置又竖放，则可兼顾前两者的优点，但会使配电装置的高度有所增加。因此，母线的布置方式应根据载流量、短路电流的大小及配电装置的具体情况而定。一般而言，矩形母线多采用三相水平布置，仅在个别变电所中采用垂直布置。

2. 母线截面的选择

（1）按发热条件选择 为使正常运行时母线的发热温度不超过允许值，必须满足以下条件：

$$I_{al} \geqslant I_{W.max} \tag{5-46}$$

式中，I_{al} 为铝母线的允许载流量，是按导体最高允许温度为 70℃、环境温度为 25℃确定的，若环境温度不等于 25℃，则铝母线的允许载流量应乘以温度校正系数 K_{θ}，即

$$K_{\theta} = \sqrt{\frac{70-\theta}{70-25}} = 0.15\sqrt{70-\theta} \tag{5-47}$$

式中，θ 为实际环境温度（℃）。

（2）按经济电流密度选择　对年平均负荷较大、母线较长、传输容量较大的回路，为了降低年运行费用，可按经济电流密度选择母线截面。母线的经济截面按下式确定：

$$A = \frac{I_{W.max}}{j_{ec}} \tag{5-48}$$

式中，$I_{W.max}$ 为母线的最大工作电流，即计算电流 I_{30}；j_{ec} 为经济电流密度。

3. 动稳定校验

当短路冲击电流通过母线时产生的最大计算应力应不大于母线的允许应力，即

$$\sigma_c \leqslant \sigma_{al} \tag{5-49}$$

式中，σ_{al} 为母线材料的允许应力（Pa，即 N/m^2），硬铜母线 $\sigma_{al} \approx 137$MPa，硬铝母线 $\sigma_{al} \approx 69$MPa；σ_c 为母线通过 $i_{sh}^{(3)}$ 时产生的最大计算应力（Pa），按下式计算：

$$\sigma_c = \frac{M}{W} \tag{5-50}$$

式中，M 为母线通过 $i_{sh}^{(3)}$ 时受到的最大弯曲力矩（N·m）。当母线跨距数为 1～2 时，$M = F_{max}l/8$；当母线跨距数大于 2 时，$M = F_{max}l/10$；W 为母线的截面系数（m^3）。当矩形母线平放时（见图 5-52a），$b>h$，$W = b^2h/6$；当矩形母线竖放时（见图 5-52b），$b<h$，W 的计算公式不变。

若不满足要求，则需减小 σ_c，常用的方法有：限制短路电流；减小支持绝缘子之间的距离；变更母线放置方式，增大相间距离；增大母线截面等。其中最经济有效的方法是减小绝缘子之间的跨距，在设计中，常按 $\sigma_c = \sigma_{al}$ 反求出最大跨距 l_{max}，只要绝缘子之间的实际跨距 $l < l_{max}$，动稳定就能满足要求。

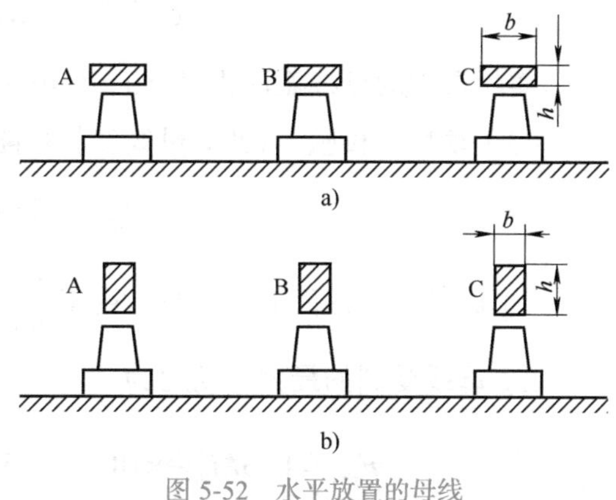

图 5-52　水平放置的母线

a）平放　b）竖放

4. 热稳定校验

满足热稳定的条件为

$$\theta_{k.max} \geqslant \theta_k \tag{5-51}$$

式中，$\theta_{k.max}$为导体在短路电流通过时的最高允许温度，可查表 4-6。

由于计算短路时导体的最高温度θ_k比较麻烦，因此也可根据热稳定条件计算导体的最小允许截面积。由式（4-98）得

$$A_{min} = \frac{I_\infty}{\sqrt{K_k - K_L}}\sqrt{t_{ima}} = \frac{I_\infty}{C}\sqrt{t_{ima}} \tag{5-52}$$

式中，C为导体的热稳定系数（$A\sqrt{s}/mm^2$），可查表 4-6；I_∞为三相短路稳态电流（A）。

只要所选导线截面$A > A_{min}$，热稳定就能满足要求。

例 5-3　已知某降压变电所低压侧 10kV 母线上的短路电流为 $I''_k = I_\infty = 14kA$，继电保护动作时间 $t_{pr} = 2s$，断路器分闸时间 $t_{oc} = 0.1s$，采用矩形母线平放布置，母线的相间距离 $s = 250mm$，母线支持绝缘子的跨距 $l = 1m$，跨距数大于 2，母线的工作电流 $I_{W.max} = 600A$。试选择母线截面并进行短路的动稳定和热稳定校验。

例 5-3

解：（1）截面选择　根据 $I_{W.max} = 600A$，在表 A-11 中选择 50mm × 5mm 的矩形铝母线。

（2）热稳定校验　短路电流的假想时间为

$$t_{ima} = t_{pr} + t_{oc} = 2s + 0.1s = 2.1s$$

查表 4-6 得，铝母线的热稳定系数 $C = 87A\sqrt{s}/mm^2$，因此最小允许截面为

$$A_{min} = \frac{I_\infty}{C}\sqrt{t_{ima}} = \frac{14000}{87} \times \sqrt{2.1}mm^2 = 233.2mm^2$$

实际选用的母线截面积 A=50 × 5mm² =250mm²> A_{min}，所以热稳定满足要求。

（3）动稳定校验　10kV 母线三相短路时的冲击电流为

$$i_{sh} = 2.55 \times 14kA = 35.7kA$$

1）确定母线截面形状系数　由于 $\frac{s-b}{b+h} = \frac{250-50}{50+5} = 3.64 > 2$，故 $K \approx 1$。

2）母线受到的最大电动力为

$$F_{max} = 1.73Ki_{sh}^2\frac{l}{s} \times 10^{-7} = 1.73 \times 1 \times 35700^2 \times \frac{1000}{250} \times 10^{-7}N = 882N$$

3）母线的弯曲力矩为

$$M=\frac{F_{\max}l}{10}=\frac{882\times1}{10}\text{N}\cdot\text{m}=88.2\ \text{N}\cdot\text{m}$$

4）母线的截面系数为

$$W=\frac{b^2h}{6}=\frac{0.05^2\times0.005}{6}\text{m}^3=20.8\times10^{-7}\text{m}^3$$

5）母线的计算应力为

$$\sigma_c=\frac{\text{M}}{\text{W}}=\frac{88.2}{20.8\times10^{-7}}\ \text{Pa}=4.24\times10^7\ \text{Pa}$$

铝母线排的最大允许应力 $\sigma_{al}=6.9\times10^7\text{Pa}>\sigma_c$，所以动稳定满足要求。

第九节　变配电所的总体布置

一、变配电所的型式与位置选择

（一）变配电所的型式

变配电所是各级电压的变电所和配电所的总称，规模大的称为变配电站，包括35～110kV/10（6）kV的区域变电站（总降压变电所）、10（6）kV配电站和10（6）kV/0.4kV用户变配电站。其中10(6)kV/0.4kV的变配电站在工业企业中称为车间变电所，用户10（6）kV配电所通常和邻近的车间变电所合建，又称为配变电所。10kV配电站又称开闭所，在城市电网中使用较为普遍，主要是城市用电负荷密集，110kV/10kV城市区域变电站出线回路及线路走廊均较紧张，往往将10kV出线回路以大容量配出至某一用电负荷密集区，再从配电站（开闭所）分为若干回路向单独用户供电。

根据变配电所设置地点的不同，变电所可分为以下几种类型：

（1）附设式变电所　变压器室的一面或几面墙与车间的墙共用，变压器室的大门朝车间外开。附设式变电所又分为内附式（见图5-53中的1、2）和外附式（见图5-53中的3、4）。

内附式变电所要占用一定的车间面积，但离负荷中心更近，从建筑外观来看，内附式要比外附式好。外附式变电所不占用车间面积，变压器室位于建筑的墙外，比内附式更安全一些。通常，当生产车间面积有限、车间环境特殊或生产工艺要求设备经常变动时，宜采用外附式，否则宜采用内附式。

（2）车间内变电所　变压器室位于车间内的单独房间内，变压器室的大门朝车间内开（见图5-53中的5）。车间内变电所位于车间负荷的中心，可以减少线路上的电能损耗和有色金属消耗量，因此其技术经济指标比较好。但是变电所建筑在车间内部，要占用一定的面积，因此对生产面积紧凑和生产流程需要经常调整、设备也要相应变动的车间不太适合。此外，由于这类变电所的变压器室门朝室内开，对安全生产有一定威胁。这类车间内变电所多用于负荷较大的大型生产厂房内，在大型冶金企业中比较常见。

（3）露天变电所 变压器完全安装在室外抬高的地面上（见图5-53中的6）。如果变压器的上方设有顶板或挑檐的，则称为半露天式变电所。露天或半露天的变电所简单经济，通风散热好，只要周围环境条件正常，无腐蚀性爆炸性气体和粉尘，均可采用。这种型式的变电所在小型工厂中较为常见。

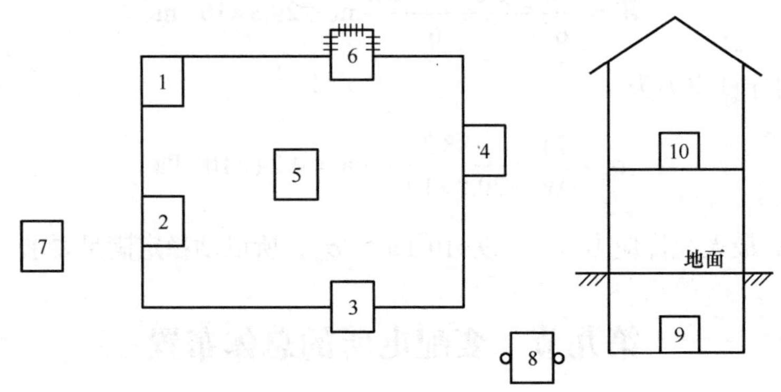

图5-53 变电所的类型

1、2—内附式变电所 3、4—外附式变电所 5—车间内变电所 6—露天（半露天）变电所 7—独立变电所 8—杆上变电所 9—地下变电所 10—楼上变电所

（4）独立变电所 整个变电所设置在与车间建筑物有一定距离的单独建筑物内（见图5-53中的7）。独立变电所的建筑费用高、馈电距离远、线路损耗大，只有在负荷小而分散，或由于生产车间环境的限制，如防火、防爆、防尘、有腐蚀性气体等，才考虑设置独立变电所。电力系统的大型变配电所和工厂总配电所，一般采用独立变电所。

（5）杆上变电所 变压器安装在室外的电杆上（见图5-53中的8），一般用于容量在315kV·A及以下变压器，而且多用于居民生活区供电。

（6）地下变电所 整个变电所设置在建筑物地下室内（见图5-53中的9）。地下变电所散热条件差，投资较大，但相当安全，不碍观瞻，主要在高层建筑、地下工程和矿井中采用，其主变压器一般采用干式变压器。

（7）楼上变电所 整个变电所设置在建筑物内楼上（见图5-53中的10）。楼上变电所要求结构尽可能轻、安全，建筑结构上要考虑承受荷重，适用于高层建筑，其主变压器通常采用干式变压器或成套变电所。

（8）箱式变电所 也叫组合式变电所或成套变电所，是由电器制造厂按一定接线方案成套制造、现场安装的变电所，多用于城市环网及野外施工作业用户的供电。

（9）移动式变电所 整个变电所安装在可移动的车上，主要用于坑道作业、临时施工及节目转播现场供电。

上述变电所中，露天或半露天变电所及杆上变电所为室外式，箱式变电所和移动式变电所室内式和室外式均有，其余则均为室内式。

通常，110kV以上的变电所一般为室外式；35kV/10（6）kV的变电所一般为室内式，变电所内使用成套用电设备，运行维护方便，占地面积少；配电站（开闭所）可为独立建筑物，也可附设于大型工业或民用建筑物中；10（6）kV/0.4kV变电所的型式由负荷用电状况和周围环境情况综合考虑决定。

（二）变配电所的位置选择

变配电所的位置选择应按本地区电力系统的远景发展规划，综合考虑网络结构、负荷分布、城建规划、土地征用、出线走廊、交通运输、水文地质、环境影响、地震烈度和职工生活条件等因素，通过技术经济比较和经济效益分析，选择最佳方案。具体原则如下：

1）尽量靠近负荷中心，以降低配电系统的电压损失、电能损耗和有色金属消耗量及一次性减少投资。

2）进出线方便，要提供足够的进出线走廊给高压架空线、电缆沟或电缆隧道使用。

3）尽量靠近电源侧，以避免过大的功率倒送，产生不必要的电能损耗和电压损耗。

4）设备运输方便，因为变配电设备通常体积大，不宜拆卸，应考虑变压器和高低压开关柜等大型设备的运输。

5）所址周围环境应适宜，避免设在有剧烈振动和高温的场所，避免设在多尘或有腐蚀性气体的场所，避免设在潮湿或低洼积水处。

6）应考虑地形、地貌、土地面积及地质条件，所址选择不仅要贯彻节约土地、不占或少占农田，而且要结合具体工程条件，因地制宜选择地形、地势。

7）确定所址时，应考虑与邻近设施的影响，避免设在有爆炸危险或有火灾危险区域的正上方或正下方。

通常可通过负荷指示图或按负荷矩法概略地确定出工厂或车间的负荷中心，再结合上述选择变电所所址的其他条件综合考虑，对几种方案进行分析比较，最后选择其中最佳方案来确定变电所的所址。

二、变电所配电装置的一般要求

变电所的总体布置通常是以本变电所最高一级电压的配电装置为中心。配电装置是根据电气主接线方案，把各种高低压电气设备组装成为接收和分配电能的电气装置，包括变压器、开关电器、母线、保护电器、测量仪表、进出线路的导线或电缆及其他辅助设备等。按其布置场所的不同，通常分为室内配电装置、室外配电装置和成套配电装置。

室内配电装置就是把开关电器、母线、互感器等设备布置在室内的装置。它具有占地面积小、维护与运行操作方便、不受外界污秽空气和气候条件的影响等优点；但土建投资大。目前我国 35kV 及以下配电装置多采用室内式。

室外配电装置就是把变压器、开关电器、母线、互感器、避雷器等设备安装在室外露天布置。它具有土建投资小、建设周期短、扩建方便等优点；但占地面积大，受气候条件的直接影响，运行维护不方便。目前我国 110kV 及以上配电装置多采用室外式。

成套配电装置是由制造厂成套供应的一种高低压配电装置，它是把开关电器、互感器、保护电器、测量仪表及自动设备等都装在一个金属柜中，运到变电所，在现场安装起来即构成成套配电装置。它具有结构紧凑、占地面积小、建设周期短、维护方便、易于扩建和搬迁等优点；但造价高，耗用钢材多。目前多用于 3 ～ 35kV 系统中。

对配电装置的一般要求是：保证运行的可靠性；保证工作人员的安全；操作维护方便；投资要尽可能少；有利于巡回检查和检修；留有扩建的余地，且不妨碍工厂或车间的发展。

三、变电所的总体布置

变电所的总体布置主要是指变压器室、高低压配电室、低压配电室、高压电容器室、控制室（值班室）等布置方案。这里主要介绍室内变电所的总体布置方案，应满足以下要求：

1）便于运行维护和检修。值班室应尽量靠近高低压配电室，尤其应靠近高压配电室，且有直通门，以使值班人员巡回检查的路线最短。

2）保证运行维护的安全。值班室内不得有高压设备；变电所各室的大门都要朝外开，以利于人身安全和事故处理；变压器室的大门不能朝向易燃的露天仓库，在炎热地区的变压器室，大门应尽量避免朝西开。

3）进出线方便。当采用架空进线时，高压配电室应位于进线侧，变压器室应靠近低压配电室，低压配电室应位于架空出线侧，电容器室宜与变压器室及相应电压等级的配电室相连。

4）布置应紧凑合理。变电所各室的布置应便于进出线设备的连接，便于设备的操作、搬运、检修、实验和巡视，还要考虑发展的可能性，留有扩建的余地。

5）节约土地和建筑费用。尽量把低压配电室与值班室合并，但此时低压配电屏的下面和侧面离墙的距离不得小于3m；当高压开关柜数量较少时，可与低压配电屏布置在同一室内，但间距不得小于2m；当高压电容器柜数量较少时，可装在高压配电室内，低压电容器柜可直接装在低压配电室内。

四、箱式变电站简介

箱式变电站

箱式变电站也叫组合式变电站或成套变电站，它是将变压器、断路器、隔离开关、互感器、低压配电装置、计量仪表和无功补偿装置等设备，按所要求的预定接线顺序装配在封闭的箱体中所组成的紧凑型成套变配电装置。目前国内应用较多的是YBM系列预装式箱式变电站和ZBW系列组合式箱式变电站。

箱式变电站具有结构紧凑、成套性强、整体美观、占地面积小、可靠性高、安装维护方便、便于扩建和迁移等优点，与常规土建式变电站相比，同容量的箱式变电站占地面积通常仅为常规变电站的1/10～1/5，大大减少了设计工作量及施工量，减少了建设费用。它能最大限度地深入到电力负荷中心以减少线路损耗，广泛适用于城市住宅区、商业大楼、公园、工矿企业、野外工程、港口、铁路、机场及乡村等场所，作配电系统中接收和分配电能之用。

箱式变电站既可用于环网配电系统，也可用于双电源或放射终端配电系统；既可用于架空进、出线，也可用于电缆进、出线，是目前城乡变电站建设和改造的首选新型成套设备。

此外，为加快国家智能化变电站的建设速度，目前已经有部分变电站开始采用基于“标准化设计、工厂化预制、集成式建设”理念的建站模式，采用装配式建筑物、预制舱一/二次组合设备、预制电缆/光缆，整合无功补偿和人工智能等多种系统高级应用功能，所有站用设备在工厂内预制安装完毕、调试合格后，分模块运输到现场对接、安装、调试即可投运。这种采用工厂预制式加工、整站配送式运输、现场模块化安装的建设模式可大大缩短变电站建设周期，降低建设成本，实现了由建设变电站到采购变电站的转变，颠覆了传统变电站的建设模式，可广泛应用于电网 35 ～ 750kV 变电站、光伏 / 风电 35 ～ 220kV 升压站、轨道交通及工业领域等变电站的建设。

本章小结

1. 电力系统按其作用的不同可分为一次系统和二次系统。其中担负电能输送和分配任务的系统，称为一次系统，一次系统中的所有电气设备，称为一次设备；对一次系统进行监视、控制、测量和保护作用的系统，称为二次系统，二次系统中的所有电气设备，称为二次设备。

2. 电弧产生的根本原因是触头周围存在大量可被游离的中性质点，电弧的产生过程中，有高电场发射、热电发射、碰撞游离和热游离等物理过程。灭弧的条件是去游离率大于游离率，去游离的方式有复合和扩散。开关电器中常用的灭弧方法有速拉灭弧法、冷却灭弧法、吹弧灭弧法、长弧切短灭弧法、粗弧分细灭弧法、狭缝灭弧法、采用多断口灭弧法和采用新型介质灭弧法等。

3. 高压开关设备主要有高压断路器、高压隔离开关、高压负荷开关等。高压断路器的作用是接通或断开负荷，故障时断开短路电流；高压隔离开关的主要功能是隔离高压电源，保证人身和设备检修安全；高压负荷开关可以通断一定的负荷电流和过负荷电流，由于断流能力有限，常与高压熔断器配合使用。低压开关设备主要有低压断路器、低压开关等。低压断路器既能带负荷通断电路，又能在短路、过负荷、低电压时自动跳闸。低压开关的主要作用是隔离电源，按功能作用可分为低压刀开关、低压刀熔开关和低压负荷开关。

4. 熔断器主要用于线路及设备的短路或过负荷保护。高压熔断器有户内、户外两种类型，其中户内 RN1 型用于保护电力线路和电力变压器，RN2 型用于保护电压互感器，属于“限流”式熔断器；户外 RW 系列跌落式熔断器用于环境正常的户外场所的高压线路和设备的短路保护，属于“非限流”式熔断器。在低压供配电系统中应用较多的 RT 型熔断器，属于“限流”式熔断器。

5. 避雷器是保护电力系统中电气设备的绝缘免受沿线路传来的雷电过电压损害的一种保护设备，有保护间隙避雷器、管式避雷器、阀式避雷器和金属氧化物避雷器等几种类型，在成套配电装置中氧化锌避雷器使用较为广泛。

6. 变压器是变电所中最重要的一次设备，其功能是将电力系统中的电压升高或降低，以利于电能的合理输送、分配和使用。110kV 及以上的双绕组变压器通常采用 YNd11 联结；35 ～ 60kV 的变压器通常采用 Yd11 联结；6 ～ 10kV 配电变压器通常采用 Yyn0 或 Dyn11 联结。要求掌握变压器台数和容量的选择方法。

7. 电流互感器串联于线路中，其二次额定电流一般为 5A，常用的有四种接线方式；电压互感器并联在线路中，二次额定电压一般为 100V，常用的也有四种接线方式。要求熟悉电流互感器、电压互感器的符号、工作原理、准确度等级、接线方式等，并牢记其使用注意事项。

8. 成套配电装置是制造厂家成套供应的设备，分为高压成套配电装置（高压开关柜）、低压成套配电装置（低压配电屏）和全封闭组合电器。高压开关柜有固定式和手车式两大类，目前的开关柜都具有“五防”闭锁功能；低压配电屏有固定式和抽屉式两种类型。

9. 电气主接线是变电所电气部分的主体，是保证连续供电和电能质量的关键环节。对主接线的基本要求是安全、可靠、灵活、经济。变电所常用的主接线基本形式有线路 - 变压器单元接线、单母线接线、单母线分段接线、单母线带旁路母线接线、双母线接线、桥式接线等。要求熟悉各种接线形式的特点、适用场合及变电所主接线的设计原则。

10. 电气设备选择的一般原则为：按正常工作条件选择额定电流和额定电压，按短路情况进行动稳定校验和热稳定校验。电气设备型号的选择，一般先考虑设备的工作环境条件，即户内、户外、安装方式、环境温度等，才能确定所选设备的具体型号。对具有分断短路电流的设备还需进行断流能力校验，如断路器、熔断器等；对电流互感器、电压互感器还需要选择电流比和电压比、准确度，并且需校验其二次负荷是否满足准确度要求。

思考题与习题

5-1　熄灭电弧的条件是什么？开关电器中常用的灭弧方法有哪些？

5-2　高压断路器、高压隔离开关和高压负荷开关各有哪些功能？

5-3　倒闸操作的基本要求是什么？

5-4　低压断路器有哪些功能？按结构形式可分为哪两大类？

5-5　熔断器的主要功能是什么？什么是“限流”式熔断器？

5-6　避雷器有何功能？有哪些常见的结构形式？各适用于哪些场合？

5-7　Dyn11 联结配电变压器和 Yyn0 联结配电变压器相比较有哪些优点？

5-8　什么是电流互感器的误差？电流互感器的常用接线方式有哪几种？

5-9　什么是电压互感器的误差？电压互感器的常用接线方式有哪几种？

5-10　什么是高压开关柜的“五防”？固定式开关柜和手车式开关柜各有哪些优缺点？

5-11　对电气主接线的基本要求是什么？电气主接线有哪些基本形式？各有什么优缺点？

5-12　电气设备选择的一般原则是什么？如何校验电气设备的动稳定和热稳定？

5-13　某 10kV/0.4kV 车间变电所，总计算负荷为 980kV · A，其中一、二级负荷 700kV · A。试初步选择该车间变电所变压器的台数和容量。

5-14　某厂的有功计算负荷为 3000kW，功率因数为 0.92，该厂 6kV 进线上拟安装一台 SN10–10 型断路器，其主保护动作时间为 1.2s，断路器分闸时间为 0.1s，其 6kV 母线上的 $I_k = I_\infty = 20$kA，试选择该断路器的规格。

5-15　试选择图 5-54 中 10kV 馈线上的电流互感器。已知该线路的最大工作电流为 70A，线路上的短路电流为 $I_k = 4.6$kA，继电保护动作时间为 2s，断路器分闸时间为 0.1s，电流互感器二次回路采用 2.5mm^2 的铜心塑料线，互感器与测量仪表相距 4m。

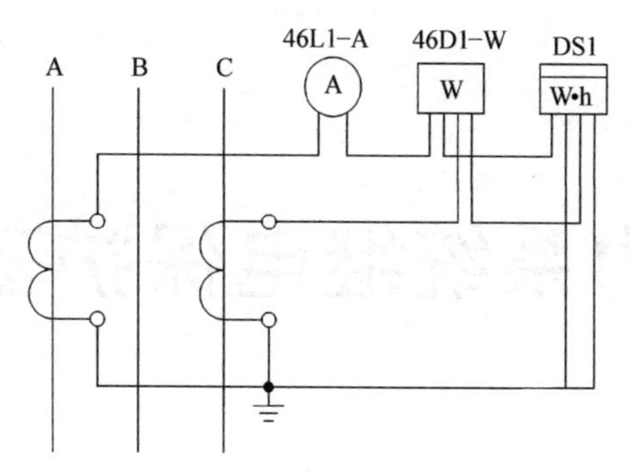

图 5-54　习题 5-15 图

5-16　某一降压变电所内装有两台双绕组变压器，该变电所有两回 35kV 电源进线，6 回 10kV 出线，低压侧拟采用单母线分段接线，试画出当高压侧分别采用内桥接线、外桥接线和单母线分段接线时，该变电所的电气主接线单线图。

5-17　某 10kV 母线三相水平平放，型号为 LMY−60 × 8mm^2，已知 $I''=I_{\infty}=21\text{kA}$，母线跨距 1000mm，相间距 250mm，跨距数大于 2，短路持续时间为 2.5s，系统为无穷大，试校验此母线的动稳定度和热稳定度。

第六章

电力系统继电保护基础

继电保护是变电所二次回路的重要组成部分，也是电力工程设计的主要内容。本章主要介绍110kV以下电网中常用的继电保护装置，重点阐述了输电线路和变压器保护的接线、原理及整定计算，并在最后简要介绍了微机保护的基础知识。

第一节　继电保护的基本知识

一、继电保护的作用

由于自然环境、制造质量、运行维护水平等诸方面的原因，电力系统中各电气元件（发电机、变压器、母线、输电线、电抗器、电容器、电动机等）可能会出现各种故障和不正常运行状态。因此，需要有专门的技术为电力系统建立一个安全保障体系，其中最重要的技术之一就是装设继电保护装置。

所谓继电保护装置（relay protection equipment），是指能反应电力系统中电气元件发生故障或不正常运行状态，并动作于断路器跳闸或发出信号的一种自动装置。它的基本任务是：

1）能自动、迅速、有选择地将故障元件从电力系统中切除，使其损坏程度尽可能减小，并最大限度地保证非故障部分迅速恢复正常运行。

2）能对电气元件的不正常运行状态做出反应，并根据运行维护的具体条件和设备的承受能力，发出报警信号、减负荷或延时跳闸。

由此可见，继电保护在电力系统中的主要作用是通过预防事故或缩小事故范围来提高系统运行的可靠性。因此，继电保护是电力系统的重要组成部分，是保证电力系统安全和可靠运行的重要技术措施之一。在现代化的电力系统中，如果没有继电保护装置，就无法维持电力系统的正常运行。

应当指出，要确保电力系统的安全运行，除了继电保护装置外，还需装设电力系统安全自动装置和以各级计算机为中心，用分层控制方式实施的安全监控系统，这些内容将在第七章介绍。

二、继电保护的基本原理

电力系统发生故障时，通常伴有电流增大、电压降低、电流与电压之间的相位角改变、线路始端测量阻抗减小以及出现负序和零序分量等现象。因此，利用故障时这些电气量的变化特征，可以构成各种不同原理的继电保护装置。例如，反映电流增大的过电流保护；反映电压降低的低电压保护；反映电流与电压间相位角变化的方向保护；反映电压与电流的比值即阻抗变化的距离保护等。

以上各种原理的保护，可以由一个或若干个继电器连接在一起组成继电保护装置来实现。继电保护装置一般由测量部分、逻辑部分和执行部分组成，如图 6-1 所示。测量部分是测量从被保护对象输入的有关电气量，并与已给定的整定值进行比较，从而判断保护装置是否应该起动；逻辑部分是根据测量部分各输出量的大小、性质、输出的逻辑状态、出现的顺序或它们的组合，进行逻辑判断，以确定保护装置是否应该动作；执行部分是根据逻辑部分做出的判断，执行保护装置所担负的任务（跳闸或发信号）。

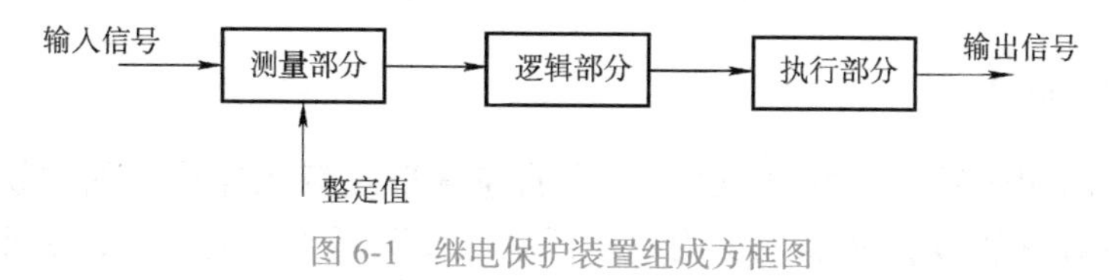

图 6-1　继电保护装置组成方框图

电力系统中的电力设备和线路，均应装设相应的继电保护装置。根据性能要求和所起的作用，保护装置又可分为主保护、后备保护和辅助保护等。

（1）主保护（main protection）是指满足系统稳定和设备安全要求，能以最快速度有选择地切除被保护元件故障的保护。

（2）后备保护（backup protection）是指当主保护或断路器拒动时，用来切除故障的保护。后备保护可分为近后备和远后备两种方式。近后备是指当主保护拒动时，由本元件的另一套保护来实现后备；远后备是指当主保护或断路器拒动时，由上一级相邻元件的保护（不是本线路上的保护）来实现后备。

（3）辅助保护（auxiliary protection）是为补充主保护和后备保护的性能而增设的简单保护。

三、对继电保护的基本要求

对作用于断路器跳闸的继电保护装置，在技术性能上必须满足以下四个基本要求：

1. 选择性（Selectivity）

选择性是指保护装置动作时，仅将故障元件从电力系统中切除，使停电范围尽量缩小，最大限度地保证系统中的非故障部分继续运行。

以图 6-2 为例，当 k_3 点短路时，虽然保护 1 ～ 6 均有短路电流流过，但应由距短路点最近的保护 6 作用于断路器 QF6 跳闸，切除故障线路 WL4，此时只有变电站 D 停电，其余用户仍能继续得到供电。当 k_1 点短路时，应由距短路点最近的保护 1 和保护 2 动作，使断路器 QF1、QF2 跳闸，将故障线路 WL1 切除，变电所 B 仍可由另一条无故障的线路 WL2 继续供电。以上两种情况均属于选择性动作。当 k_3 点短路时，如果保护 6 或断路器 QF6 由于自身故障失灵等原因而拒绝动作时，应由保护 5 动作使断路器 QF5 跳闸，从而将故障线路 WL4 切除，这也属于选择性动作。此时虽然非故障线路 WL3 也被切除了，但在保护 6 或断路器 QF6 拒动时，达到了尽可能限制故障的扩展，缩小停电范围的目的。保护 5 所起的这种作用，称为远后备作用（简称远后备）。如果保护 6 或断路器 QF6 都完好，k_3 点短路时 QF5 跳闸，就不能认为有选择性，而是越级跳闸，这是不允许的。

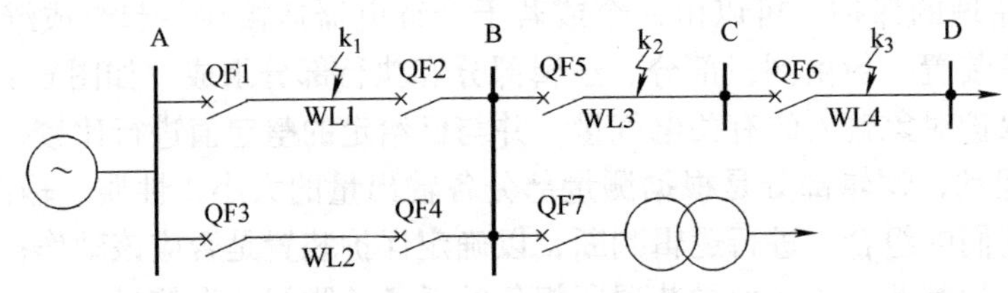

图 6-2　电力系统继电保护选择性说明图

2. 速动性（Speed）

速动性是指继电保护装置应以尽可能快的速度将故障元件从电网中切除。这样既能降低故障设备的损坏程度，又能减少用户在低电压情况下工作的时间，更重要的是能提高电力系统运行的稳定性。

故障切除时间等于保护装置和断路器动作时间之和。因此，为了保证速动，既要选用快速动作的保护装置，又要选用快速动作的断路器。目前保护的动作速度最快可达 0.01 ～ 0.04s，快速断路器的动作时间为 0.02 ～ 0.06s，因此，切除故障的最快时间为 0.03 ～ 0.1s。

3. 灵敏性（Sensitivity）

灵敏性是指保护装置对其保护范围内的故障或不正常运行状态的反应能力。满足灵敏性要求的保护装置应该在事先规定的保护范围内部发生故障时，不论短路点的位置、短路的类型如何，以及短路点是否有过渡电阻，都能感觉敏锐，正确反应。保护装置的灵敏性，通常用灵敏系数（coefficient of sensitivity）K_s 来衡量，K_s 越大，说明保护的灵敏度越高。各类保护的灵敏系数应满足有关规定的标准。

对于故障状态下保护输入量增大时动作的继电保护（如过电流保护），其灵敏系数为

$$K_s = \frac{\text{保护区末端故障时反应量的最小值}}{\text{保护动作的整定值}}$$

对于故障状态下保护输入量降低时动作的继电保护（如低电压保护），其灵敏系数为

$$K_s = \frac{\text{保护动作的整定值}}{\text{保护区末端故障时反应量的最大值}}$$

按上述定义，保护装置的灵敏系数应大于 1。

4. 可靠性（Reliability）

可靠性是指保护装置在规定的保护范围内发生了它应该动作的故障时应可靠动作，即不发生拒绝动作（简称拒动）；而在其他任何情况下不需要它动作时应可靠不动作，即不发生误动作（简称误动）。可靠性与保护装置本身的设计、制造、安装质量有关，也与

运行维护水平有关。一般说来，保护装置组成元件的质量越好、接线越简单、回路中继电器的触点数量越少，可靠性就越高。同时，正确的调整试验、良好的运行维护以及丰富的运行经验等，对于提高保护运行的可靠性也具有重要的作用。

以上四个基本要求是设计、配置和维护继电保护的依据，又是分析评价继电保护性能的基础。这“四性”之间是相互联系的，但往往又存在着矛盾。从一套保护的设计与运行角度上看，很难同时很好地满足这四个基本要求。因此在实际工作中，应从被保护对象的实际情况出发，明确矛盾的主次，协调处理各个性能之间的关系，辩证地进行统一，达到保证电力系统安全运行的目的。

四、继电保护的发展历程及常用保护继电器

各种继电保护装置和算法的实现都是建立在其硬件系统之上的。继电保护最早的硬件就是继电器（relay）。保护继电器按其反应物理量分，有电流继电器、电压继电器、功率继电器、气体继电器等；按其在保护装置中的功能分，有起动继电器、时间继电器、信号继电器和中间继电器等；按其组成元件分，有机电型（电磁式、感应式）、电子型（晶体管式、集成电路式）和微机型（数字式）等继电器。

继电保护
发展历程

继电保护技术是随着电力系统的发展而发展起来的。最早的继电保护装置是熔断器，到20世纪初期产生了作用于断路器的电磁型继电保护装置。从20世纪50年代到20世纪90年代末，在40余年的时间里，继电保护完成了发展的四个阶段，即电磁式、晶体管式、集成电路式、微机继电保护装置。与传统继电保护装置相比，微机保护具有保护性能好、可靠性高、灵活性大、调试维护方便等优点，目前已成为电力系统继电保护的更新换代产品，在电力系统及大中型用户供配电系统中得到了推广应用。近年来，随着电子技术、计算机技术、通信技术的飞速发展，新的控制原理、技术和方法被不断应用于继电保护领域的研究中，继电保护技术将向计算机化、网络化、一体化、智能化方向发展。

为便于分析和理解继电保护的基本原理，本节仍以传统的电磁型继电器为主进行讨论，对于微机保护的原理将在本章第六节中介绍。

电磁型继电器从结构形式上可以分为螺管线圈式、吸引衔铁式和转动舌片式三种。每种结构皆由电磁铁、可动衔铁、线圈、触点和反作用弹簧等元件组成。通常时间继电器采用螺管线圈式结构，中间继电器和信号继电器采用吸引衔铁式结构，电流及电压继电器采用转动舌片式结构。

1. 电磁型电流继电器

电磁型电流
继电器工作
原理

电磁型电流继电器主要由电磁铁、可动衔铁、线圈、触点和反作用弹簧等元件组成。图6-3为常用的DL-10系列电磁型电流继电器的内部结构。

当继电器线圈1中通过电流 I_K 时，在电磁铁2中产生磁通，电磁力矩力图使衔铁（钢舌片）3舌片转动，同时，转轴10上的反作用弹簧9又力图阻止钢舌片偏转。当电流 I_K 足够大时，电磁力矩克服弹簧的反作用力矩，钢舌片转动，带动动触点5和静触点4接触，使常开触点闭合，继电器动作。

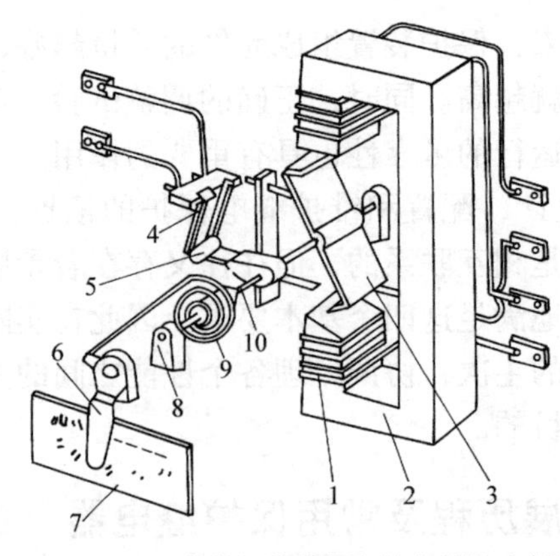

图 6-3 DL–10 系列电磁型电流继电器的内部结构

1—线圈 2—电磁铁 3—钢舌片 4—静触点 5—动触点 6—起动电流调节转杆
7—标度盘（铭牌） 8—轴承 9—反作用弹簧 10—转轴

能使电流继电器产生动作的最小电流，称为继电器的动作电流，用 $I_{op.K}$ 表示。

继电器动作后，逐渐减小 I_K 到一定值，钢舌片在弹簧的反作用下返回到原位，常开触点断开。能使电流继电器返回到原始位置的最大电流，称为继电器的返回电流，用 $I_{re.K}$ 表示。

继电器的返回电流与动作电流的比值，称为电流继电器的返回系数，用 K_{re} 表示，即

$$K_{re}=\frac{I_{re.K}}{I_{op.K}} \tag{6-1}$$

返回系数是继电器的一项重要质量指标。过电流继电器的返回系数 $K_{re}<1$，一般要求不低于 0.85。

电磁型电流继电器的动作电流调整方法有两种：一种是平滑调节，即改变调整杆 6 的位置来改变弹簧的反作用力矩；另一种是级进调节，即改变继电器线圈的连接方式，当线圈并联时，动作电流将比线圈串联时增大一倍。

2. 电磁型电压继电器

常用的 DJ–100 系列电磁型电压继电器与 DL–10 系列电流继电器的结构和原理相似，不同点是电压继电器线圈匝数多、导线细，阻抗大。电压继电器可分为过电压继电器和低电压（欠电压）继电器两种，但在供配电系统中多用低电压继电器。

低电压继电器的触点为常闭触点。系统正常运行时低电压继电器的触点打开，一旦出现故障，引起母线电压下降到一定程度（动作电压）时，继电器触点闭合，保护动作；当故障消除，系统电压恢复上升到一定数值（返回电压）时，继电器触点打开，保护返回。因此，能使低电压继电器产生动作的最高电压，称为继电器的动作电压 $U_{op.K}$；能使继电器返回到原始位置的最低电压，称为继电器的返回电压 $U_{re.K}$。由于 $U_{re.K}>U_{op.K}$，所以低电压继电器的返回系数 $K_{re}>1$，一般应不大于 1.25。

3. 电磁型时间继电器

时间继电器的作用是建立必要的延时，以保证保护动作的选择性。对时间继电器的

要求是动作时间要准确，且动作时间不随操作电压的波动而变化。

目前常用的电磁型时间继电器是DS-100系列，它由一个电磁启动机构带动一个钟表延时机构组成。电磁启动机构采用螺管线圈式，一般由直流电源供电，但也可以由交流电源供电。时间继电器一般有一对瞬动转换触点和一对延时主触点。当继电器线圈接上工作电压后，衔铁被吸下，使被卡住的一套钟表机构释放，同时切换瞬时触点。在拉引弹簧作用下，经过整定的时间，使主触点闭合。继电器的延时可借改变主静触点的位置（即它与主动触点的相对位置）来调整。调整的时间范围，在标度盘上标出。

4. 电磁型中间继电器

中间继电器的作用是在继电保护和自动装置中用以增加触点数量和容量，所以该类继电器一般有多对触点，其触点容量也比较大。中间继电器通常装在保护装置的出口回路中，用以接通断路器的跳闸线圈，所以它也称为出口继电器。

常用的电磁型中间继电器有DZ-10、DZS-100、DZB-100等系列，它们的电磁起动机构均采用吸引衔铁式，由直流电源供电。其中DZ系列中间继电器是瞬时动作的；DZS系列中间继电器动作是有延时的；DZB系列中间继电器是具有自保持线圈的，如电压起动、电流自保持的中间继电器，除了有一个工作电压线圈外，还有一个或两个电流自保持线圈。只要中间继电器动作后其常开触点闭合，接通电流自保持线圈的直流电源，即可使继电器保持动作状态，起到自保持作用。

5. 电磁型信号继电器

信号继电器用作继电保护和自动装置动作的信号指示。信号继电器的电磁起动机构均采用吸引衔铁式，由直流电源供电。正常情况下，其信号牌是被衔铁支持住的。当继电器线圈通电时，衔铁被电磁铁吸合，信号牌靠自重落下，从继电器外壳小窗中就可以看到红色信号牌（未掉牌前是白色的），表示保护装置动作，与此同时，其常开触点闭合，接通信号回路，发出灯光或音响信号。信号继电器动作之后触点自保持，不能自动返回，需由值班人员手动复归或电动复归。

常用的DX-11系列电磁型信号继电器有两种：一种继电器的线圈是电流式的，串联接入电路；另一种继电器的线圈是电压式的，并联接入电路。

五、保护装置的接线方式

保护装置的接线方式，是指电流互感器与电流继电器之间的连接方式。接线方式不同将会直接影响到保护装置的灵敏度。为了便于分析和保护整定计算，引入接线系数K_w的概念，它是指流入继电器的电流I_K与电流互感器的二次电流I_2的比值，即

$$K_w = \frac{I_K}{I_2} \tag{6-2}$$

1. 三相完全星形接线方式

图6-4为三相完全星形接线方式。在这种接线方式中，流入继电器电流线圈的电流

I_K，总是等于电流互感器的二次电流 I_2，因此 $K_w=1$。这种接线方式对各种故障都起作用，当短路电流相同时，对所有故障都同样灵敏。因此，这种接线方式主要用于中性点直接接地电网中的各种相间短路和单相接地短路的保护装置中。

2. 两相不完全星形接线方式

图6-5为两相不完全星形接线方式，它和三相星形接线的主要区别在于B相上不装设电流互感器和电流继电器，因此，当发生单相接地短路时，保护不起作用。它对各种相间短路都能起保护作用，其接线系数 $K_w=1$。这种接线方式可用于中性点直接接地电网或不接地电网中的相间短路保护装置中。

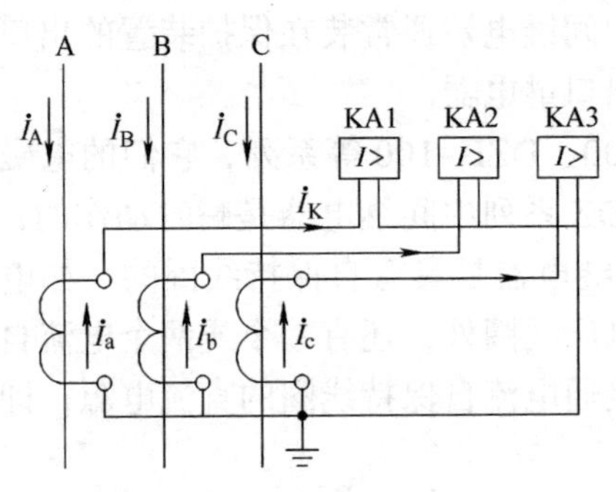

图6-4 三相完全星形接线方式

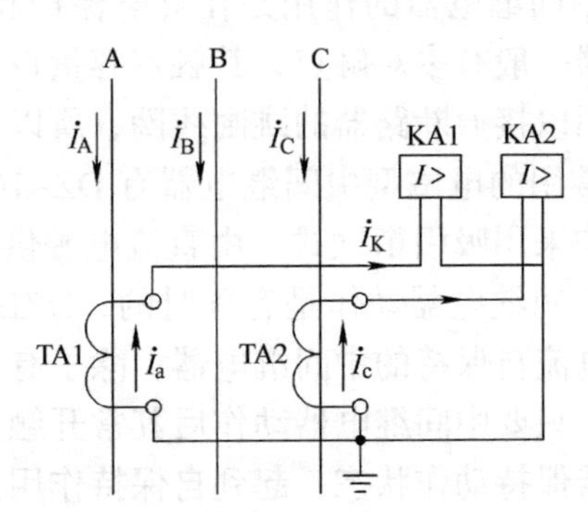

图6-5 两相不完全星形接线方式

3. 两相电流差接线方式

图6-6为两相电流差接线方式，流入继电器中的电流等于A、C两相电流互感器二次电流之差，即 $\dot{I}_K=\dot{I}_a-\dot{I}_c$。

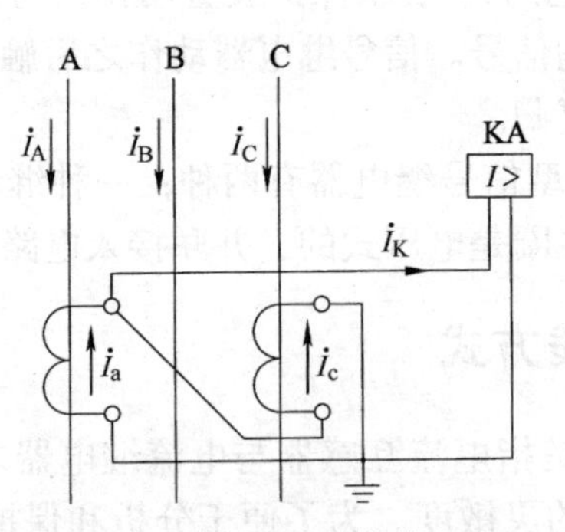

图6-6 两相电流差接线方式

两相电流差接线方式的接线系数随电力系统短路类型的不同而改变，如图6-7所示。

1）正常运行或三相短路时，因三相对称，各相电流的相位关系如图6-7a所示，故有

$$I_K=\left|\dot{I}_a-\dot{I}_c\right|=\sqrt{3}I_a \tag{6-3}$$

即流入继电器中的电流为电流互感器二次电流的 $\sqrt{3}$ 倍，其接线系数 $K_w=\sqrt{3}$。

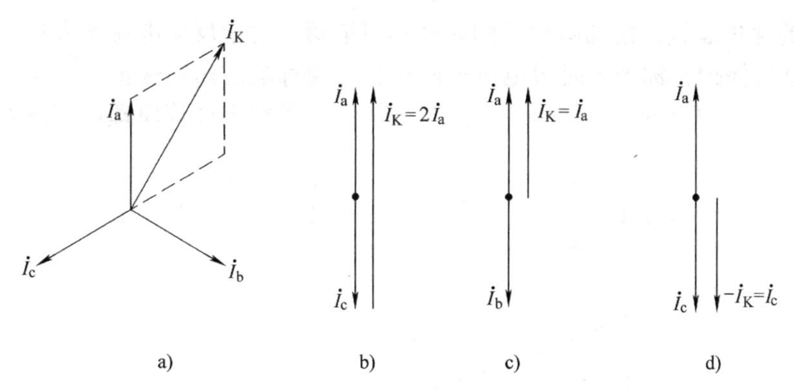

图 6-7 两相电流差接线方式在不同短路形式下的电流相量图

2）当发生 A、C 两相短路时，电流的相位关系如图 6-7b 所示，故有

$$I_K = \left|\dot{I}_a - \dot{I}_c\right| = 2I_a \tag{6-4}$$

此时，流入继电器中的电流为电流互感器二次电流的 2 倍，其接线系数 $K_w = 2$ 。

3）当发生 A、B 或 B、C 两相短路时，电流的相位关系如图 6-7c、d 所示，故有

$$I_K = I_a \text{或} I_K = I_c \tag{6-5}$$

此时，流入继电器中的电流为电流互感器二次电流，其接线系数 $K_w = 1$ 。

由以上分析可知，两相电流差接线方式能反映各种相间短路，但对各种相间短路的灵敏度是不同的，在保护整定计算时，必须按最坏的情况来校验。这种接线一般只适用于 10kV 以下小电流接地系统中，作为线路、小容量设备和高压电动机的保护。

第二节 电网相间短路的电流保护

在输电线路上发生相间短路故障时，其主要特征是电流增大和电压降低，利用这些特点可以构成电流电压保护。电流保护的原理很简单，关键在于如何选择保护的整定值，以及如何必须处理好各保护之间的配合关系；电压保护一般很少单独采用，多数情况下是与电流保护配合使用，如低电压闭锁的过电流保护、电流电压联锁保护等。本节主要分析电流保护的作用原理及其整定计算方法。

一、单侧电源电网相间短路的电流保护

单侧电源电网的电流保护装设于线路的电源侧，根据整定原则的不同，电流保护可分为无时限电流速断保护、带时限电流速断保护和过电流保护。

单侧电源电网的电流保护

（一）无时限电流速断保护（Ⅰ段保护）

1. 无时限电流速断保护的原理与整定计算

在保证选择性和可靠性要求的前提下，根据对继电保护快速性的要求，原则上应装

设快速动作的保护装置，使切除故障的时间尽可能短。对于反应电流增大且不带时限（瞬时）动作的电流保护，称为无时限电流速断保护，简称电流速断保护。无时限电流速断保护的作用是保证任何情况下只切除本线路上的故障。其整定计算原理可用图 6-8 来说明。

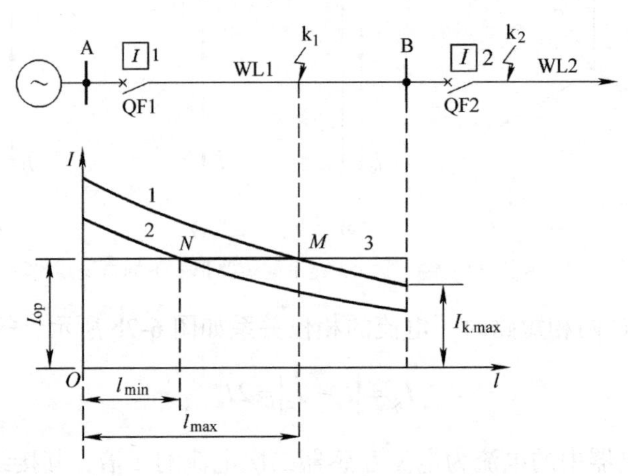

图 6-8 无时限电流速断保护原理说明图

设图 6-8 中线路 WL1 和 WL2 的首端装有无时限电流速断保护 1 和保护 2。为保证选择性，当线路 WL2 首端 k_2 点发生短路时，保护 1 的电流速断保护不应该动作。实际上，WL2 首端 k_2 点的三相短路电流与 WL1 末端 k_1 点的三相短路电流几乎是相等的。因此，电流速断保护的动作电流为

$$I_{op}^{I} = K_{rel}^{I} I_{k.max}^{(3)} \tag{6-6}$$

计算出保护的一次动作电流后，即可求出继电器的二次动作电流为

$$I_{op.K}^{I} = \frac{K_w}{K_i} I_{op}^{I} = \frac{K_{rel}^{I} K_w}{K_i} I_{k.max}^{(3)} \tag{6-7}$$

式中，K_{rel}^{I} 为无时限电流速断保护的可靠系数，取 1.2 ～ 1.3；K_w 为接线系数，星形和不完全星形接线取 1，两相电流差接线取 $\sqrt{3}$；K_i 为电流互感器的电流比；$I_{k.max}^{(3)}$ 为被保护线路末端的最大三相短路电流。

图 6-8 中的曲线 1 表示最大运行方式下三相短路时 $I_{k.max}^{(3)} = f(l)$ 的关系曲线，曲线 2 表示最小运行方式下两相短路时 $I_{k.min}^{(2)} = f(l)$ 的关系曲线，直线 3 表示保护的动作电流。直线 3 与曲线 1 和曲线 2 分别相交于 M 点和 N 点，在交点以前发生短路时，由于短路电流大于动作电流，保护装置动作。而在交点以后发生短路时，由于短路电流小于动作电流，因此保护不动作。M 点对应的横坐标 l_{max} 为其最大保护范围，N 点对应的横坐标 l_{min} 为其最小保护范围。由此可见，无时限电流速断保护不能保护线路全长，只能保护线路的一部分，这种保护装置不能保护的区域称为保护死区。

无时限电流速断保护的灵敏度，通常用保护范围来衡量，要求其最小保护范围 l_{min} 不小于线路全长的 15% ～ 20%，该最小保护范围可用图解法或解析法求出。

另一种简便校验电流速断保护灵敏度的方法，是按本线路首端的最小两相短路电流来求它的灵敏度（如对保护 1 而言，应取 $I_{k.A.min}^{(2)}$），即

$$K_s = \frac{I_{k.min}^{(2)}}{I_{op}^{I}} \geqslant 1.5 \sim 2 \tag{6-8}$$

式中，$I_{k.min}^{(2)}$ 为线路首端在系统最小运行方式下的两相短路电流。

若灵敏度不满足要求，可采用电流电压联锁保护来提高保护的灵敏度。

2. 无时限电流速断保护的原理接线图

无时限电流速断保护的单相原理接线图如图 6-9 所示。图中中间继电器的作用有两个：一是利用它的触点接通跳闸回路，起到增加电流继电器触点容量的作用；二是当线路上装有管式避雷器时，利用中间继电器来增大保护动作时间，以防止避雷器放电时速断保护误动作。因为避雷器放电相当于发生瞬时性的接地短路，但放电后线路立即恢复正常，因此保护不应该误动作。

无时限电流速断保护的优点是简单可靠，动作迅速；其缺点是不能保护线路全长，在线路末端有保护死区，且保护范围受系统运行方式的影响较大。

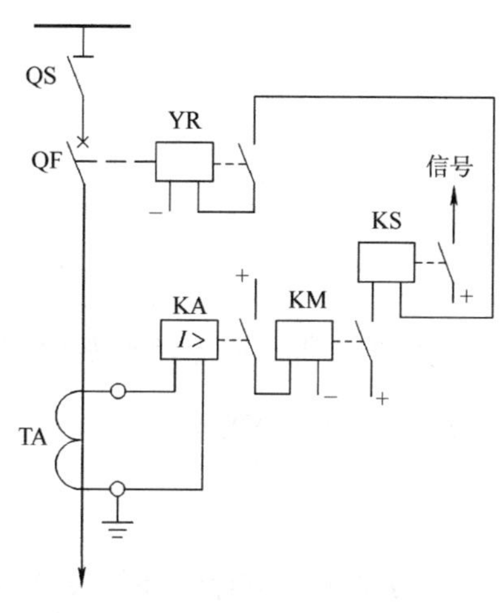

图 6-9　无时限电流速断保护的单相原理接线图

（二）带时限电流速断保护（Ⅱ段保护）

由于无时限电流速断保护不能保护本线路全长，因此需再装设一套带时限的电流速断保护，其主要任务是切除被保护线路上无时限电流速断保护区以外的故障。对带时限电流速断保护的要求是在任何情况下都能可靠保护本线路全长，而且动作时间应尽可能短。为达到此目的，必须将其保护区延伸到相邻的下一级线路中去。这样，当下一级线路出口短路时它就要起动，在这种情况下，为了保证动作的选择性，本线路的带时限电流速断保护的动作电流和动作时间均必须和相邻下一级线路的无时限电流速断保护配合。

带时限电流速断保护的作用原理可用图 6-10 来说明。图中每条线路首端均装有无时限电流速断保护和带时限电流速断保护。保护 1 带时限电流速断保护的保护区需要延伸到下一级相邻线路，但不能超过保护 2 的无时限电流速断保护的保护区。因此，保护 1 带时限电流速断保护的动作电流 $I_{op.1}^{II}$ 应按下式整定：

$$I_{op.1}^{II} = K_{rel}^{II} I_{op.2}^{I} \tag{6-9}$$

式中，K_{rel}^{II} 为带时限电流速断保护的可靠系数，取 1.1 ～ 1.2；$I_{op.2}^{I}$ 为下一级相邻线路（保护 2）的无时限电流速断保护的动作电流；$I_{op.1}^{II}$ 为本线路（保护 1）的带时限电流速断保护的动作电流。

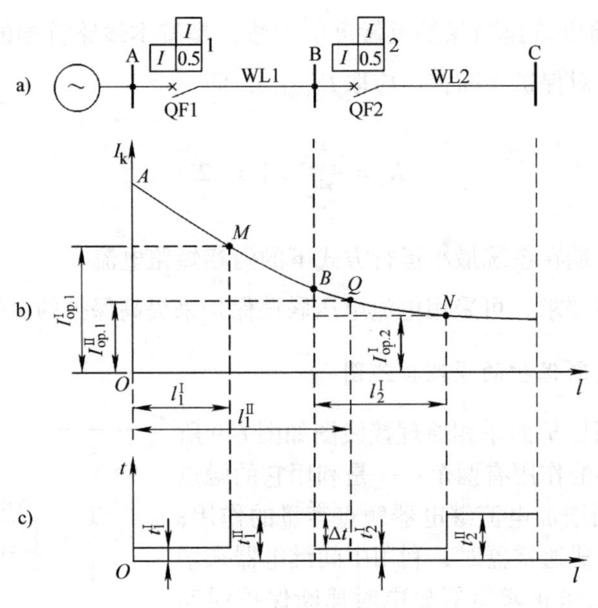

图 6-10 带时限电流速断保护原理说明图

保护 1 带时限电流速断保护的动作时限 t_1^{II} 应比保护 2 无时限电流速断保护的动作时限 t_2^{I} 大一个时限级差 Δt，即

$$t_1^{\mathrm{II}} = t_2^{\mathrm{I}} + \Delta t \tag{6-10}$$

Δt 的大小应保证保护装置不误动作，它应包括故障线路断路器的跳闸时间、前一级保护（保护 1）的时间继电器可能提前动作的负误差、后一级保护（保护 2）的时间继电器可能推迟动作的正误差（当保护 2 为无时限电流速断保护时，保护装置中不用时间继电器，这一项可以不考虑）和一个裕度时间，一般取 Δt 为 0.5s。

在图 6-10 中，线路 WL1 带时限电流速断保护延伸到线路 WL2 的长度为 BQ，要求 BQ 小于 BN。当在 BQ 线段内发生短路时，线路 WL2 的无时限电流速断保护和线路 WL1 的带时限电流速断保护均起动，但因 WL1 带时限电流速断保护比 WL2 无时限电流速断保护的整定时间大 Δt，故 WL2 的无时限电流速断保护先动作，切断故障线路，从而保证了选择性。

带时限电流速断保护的灵敏度应按最小运行方式下本线路末端的两相短路电流来校验，即

$$K_{\mathrm{s}} = \frac{I_{\mathrm{k.min}}^{(2)}}{I_{\mathrm{op.1}}^{\mathrm{II}}} \geqslant 1.3 \sim 1.5 \tag{6-11}$$

式中，$I_{\mathrm{k.min}}^{(2)}$ 为本线路末端的最小两相短路电流。

若灵敏度不满足要求，可适当减小动作电流，使其与下一级相邻线路的带时限电流速断保护相配合，它的动作时限也应比相邻线路带时限电流速断保护的动作时限大一个 Δt。

带时限电流速断保护的单相原理接线图如图 6-11 所示。从图中可以看出，该接线图和无时限电流速断保护（见图 6-9）基本相同，只是用时间继电器 KT 取代了图 6-9 中的中间继电器 KM，这样当电流继电器动作后，需经过时间继电器的延时（0.5s）才能动作于跳闸。

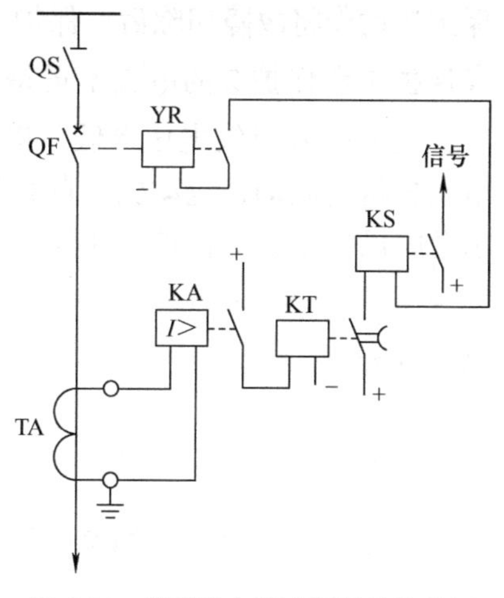

图 6-11　带时限电流速断保护的单相原理接线图

（三）定时限过电流保护（Ⅲ段保护）

线路上装设了无时限电流速断保护和带时限电流速断保护后，两者联合工作一般情况下都能满足保护速动性的要求，但保护的可靠性不一定能满足要求。当主保护拒动时，就必须增设后备保护来满足可靠性的要求。过电流保护在正常运行时不会动作，当电网发生故障时，则能反映于电流的增大而动作，且保护起动后出口动作时间是固定的整定时间，与电流大小无关（也称为定时限过电流保护）。可见，过电流保护的动作电流是按躲过线路上的最大负荷电流来整定的，并以时间元件的延时来保证动作的选择性。由于短路电流一般比负荷电流大得多，因此过电流保护的保护范围比较大，不仅能保护本线路全长，作为本线路的近后备保护，还能保护相邻线路全长，作为相邻线路的远后备保护。

1. 过电流保护的原理和动作电流

为保证在正常运行情况下各条线路上的过电流保护装置不动作，过电流保护的动作电流必须躲过线路上的最大负荷电流，即 $I_{op}^{III} > I_{L.max}$；同时还必须考虑在外部故障切除后电压恢复时，负荷自起动电流作用下保护装置必须能够可靠返回到原始位置，即返回电流应躲过负荷自起动电流。

例如，在图 6-12 所示的单侧电源辐射形电网中，各条线路上都装有过电流保护

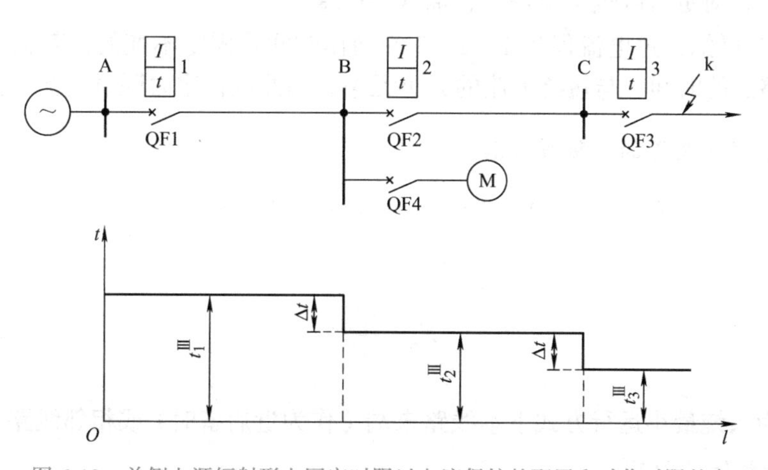

图 6-12　单侧电源辐射形电网定时限过电流保护的配置和动作时限整定

（图中 1、2、3 均为过电流保护）。当 k 点短路时，保护 1 ～ 3 的电流继电器均起动，当保护 3 动作将故障切除后，保护 1 和保护 2 由于电流已减小，应立即返回原位。而此时流经保护 1 和保护 2 的电流不再是正常运行时的最大负荷电流 $I_{L.max}$ 了，这是因为发生短路时，变电所 B 母线电压降低，接在该母线上的电动机被制动，在故障切除后电压恢复时，电动机将自起动，电动机的自起动电流要大于它正常工作时的电流。为了保证选择性，要求此时已经起动的保护 1 和保护 2 能可靠返回，因此，要求保护装置的返回电流必须躲过外部短路切除后流过保护装置的最大自起动电流 $K_{st}I_{L.max}$，即 $I_{re}^{III}>K_{st}I_{L.max}$。引入可靠系数后，则有

$$I_{re}^{III}=K_{rel}^{III}K_{st}I_{L.max} \tag{6-12}$$

由于 $K_{re}=I_{re}/I_{op}$，因此，保护装置的动作电流为

$$I_{op}^{III}=\frac{K_{rel}^{III}K_{st}}{K_{re}}I_{L.max} \tag{6-13}$$

式中，K_{rel}^{III} 为过电流保护的可靠系数，取 1.15 ～ 1.25；K_{st} 为自起动系数，其数值由负荷性质或网络的具体接线确定，一般取 1.5 ～ 3；K_{re} 为继电器的返回系数，取 0.85；$I_{L.max}$ 为正常情况下流过被保护线路的最大负荷电流。

2. 过电流保护装置的动作时限

为了保证选择性，过电流保护装置的动作时限应按“阶梯原则”整定，即从负荷侧到电源侧，各保护的动作时间应逐级增加 Δt。例如，在图 6-12 所示网络中，当在 k 点发生短路故障时，前一级保护的动作时间应比后一级保护的动作时间大 Δt，即

$$t_1^{III}=t_2^{III}+\Delta t=t_3^{III}+2\Delta t \tag{6-14}$$

一般来说，对定时限过电流保护，取 Δt =0.5s。

由图 6-12 可知，过电流保护 1、2、3 的动作时间是固定不变的，其大小取决于时间继电器预先整定的时间，与短路电流的大小无关，因此叫作定时限过电流保护。

3. 过电流保护装置的灵敏度校验

过电流保护装置的灵敏度应按系统最小运行方式下保护区末端的最小两相短路电流来校验，即

$$K_s=\frac{I_{k.min}^{(2)}}{I_{op}^{III}} \tag{6-15}$$

式中，$I_{k.min}^{(2)}$ 为系统最小运行方式下本线路末端（作为近后备时）或相邻线路末端（作为远后备时）的两相短路电流。

规程规定，作为近后备时，要求$K_s \geqslant 1.3 \sim 1.5$；作为远后备时，要求$K_s \geqslant 1.2$。

此外，在各个过电流保护之间还必须要求灵敏系数互相配合，即对同一故障点而言，要求越靠近故障点的保护，灵敏系数越高，否则将会失去选择性。例如，在图 6-12 的网络中，当在 k 点发生短路时，要求各保护的灵敏系数之间满足$K_{s.3} > K_{s.2} > K_{s.1}$。在单侧电源供电的网络中，由于越靠近电源端的负荷电流越大，因此保护装置的整定值越大，而发生故障后，各保护装置流过的是同一个短路电流，因此，能够满足上述灵敏系数之间的相互配合关系。

所以，对于过电流保护，只有当灵敏系数和动作时间都相互配合时，才能切实保证动作的选择性。当过电流保护的灵敏系数不满足要求时，必须采取措施提高灵敏度。方法之一就是加装低电压起动元件，即采用低电压闭锁的过电流保护，此时电流继电器的动作电流按线路的计算电流来整定，因此可降低动作电流，提高灵敏度。

过电流保护的单相原理接线图与图 6-11 相同，只是时间继电器的整定延时为t_1^{III}。

（四）三段式电流保护

无时限电流速断保护是按躲过本线路末端的最大短路电流来整定的，它虽能瞬时动作，但却不能保护本线路全长；带时限电流速断保护是按躲过下一级相邻线路的无时限电流速断保护动作电流来整定的，它虽能保护本线路全长，但却不能作为下一级相邻线路的后备保护；而定时限过电流保护则是按躲过本线路的最大负荷电流来整定的，可作为本线路和相邻线路后备保护，但动作时间却较长。因此，为了保证迅速、可靠而有选择地切除故障，在 110kV 以下单侧电源辐射形网络中，常常将无时限电流速断保护（第Ⅰ段）、带时限电流速断保护（第Ⅱ段）和定时限过电流保护（第Ⅲ段）组合在一起，构成三段式过电流保护。具体应用时，可根据情况只装设两段保护（如Ⅰ、Ⅲ段或Ⅱ、Ⅲ段），也可以三段同时采用。

三段式电流保护

1. 三段式过电流保护的范围及时限配合

三段式过电流保护各段的保护范围和时限配合关系，如图 6-13 所示。

三段式过电流保护必须处理好两个配合关系，即保护区和动作时限的相互配合。线路 WL1 的第Ⅰ段保护为无时限电流速断保护，其动作电流为$I_{op.1}^{\text{I}}$，保护范围为l_1^{I}，动作时间t_1^{I}为继电器的固有动作时间，它只能保护本线路的一部分；第Ⅱ段保护为带时限电流速断保护，其动作电流为$I_{op.1}^{\text{II}}$，保护范围为l_1^{II}，它不仅能保护本线路的全长，而且向下一级相邻线路（WL2）延伸了一段，其动作时限为$t_1^{\text{II}} = t_2^{\text{I}} + \Delta t$；第Ⅲ段为定时限过电流保护，其动作电流为$I_{op.1}^{\text{III}}$，保护范围为$l_1^{\text{III}}$，它不仅保护了相邻线路 WL2 的全长，而且延伸到再下一级线路（WL3）一部分，其动作时限为$t_1^{\text{III}} = t_2^{\text{III}} + \Delta t$。

第Ⅰ、Ⅱ段电流保护构成本线路的主保护，第Ⅲ段电流保护既作为本线路主保护的后备（近后备），又作为下一级相邻线路保护的后备（远后备）。

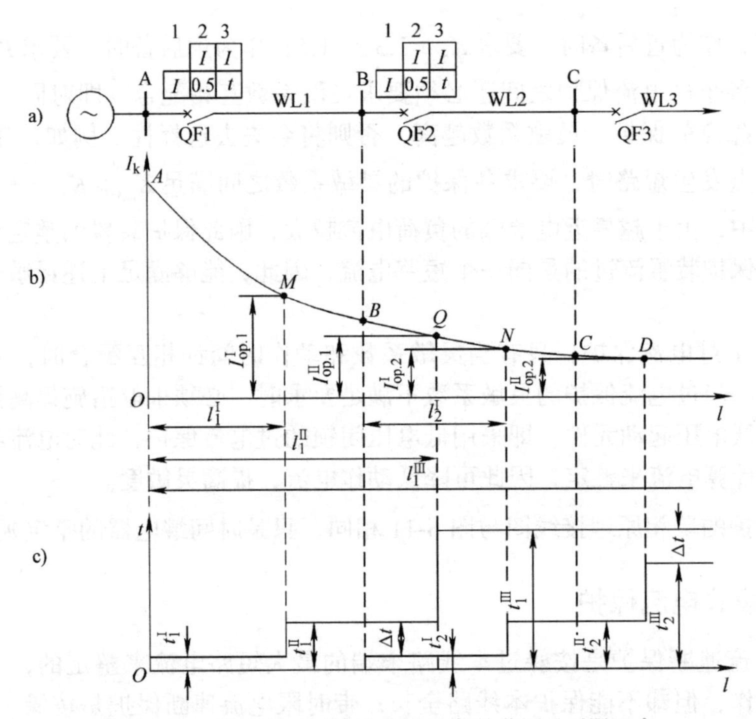

图 6-13 三段式过电流保护各段的保护范围及时限配合

2. 三段式过电流保护的构成

由电磁型电流继电器构成的三段式过电流保护的原理接线图和展开图如图 6-14 所示。保护采用不完全星形联结。它的第Ⅰ段保护由电流继电器 KA1、KA2，中间继电器 KM 和信号继电器 KS1 组成；第Ⅱ段保护由电流继电器 KA3、KA4，时间继电器 KT1 和信号继电器 KS2 组成；第Ⅲ段保护由电流继电器 KA5、KA6、KA7，时间继电器 KT2 和信号继电器 KS3 组成。为了提高在 Yd 联结变压器后两相短路时第Ⅲ段的灵敏度，故该段采用了两相三继电器接线。

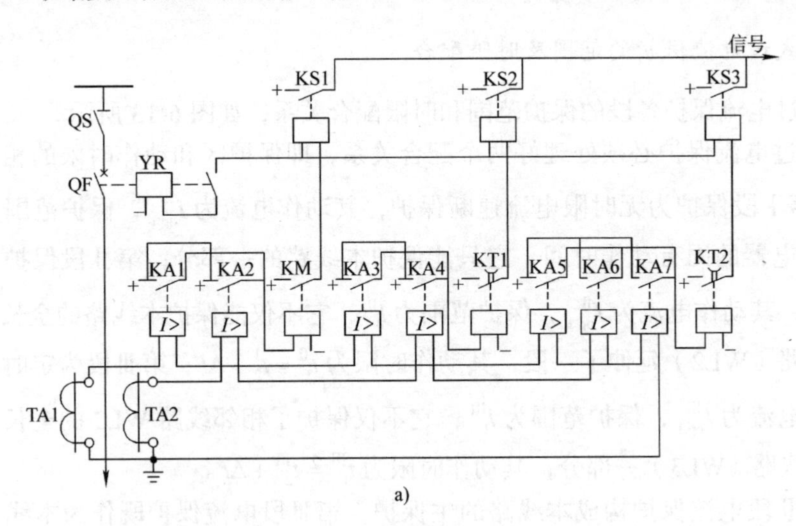

图 6-14 三段式过电流保护的原理接线图和展开图

a）原理接线图

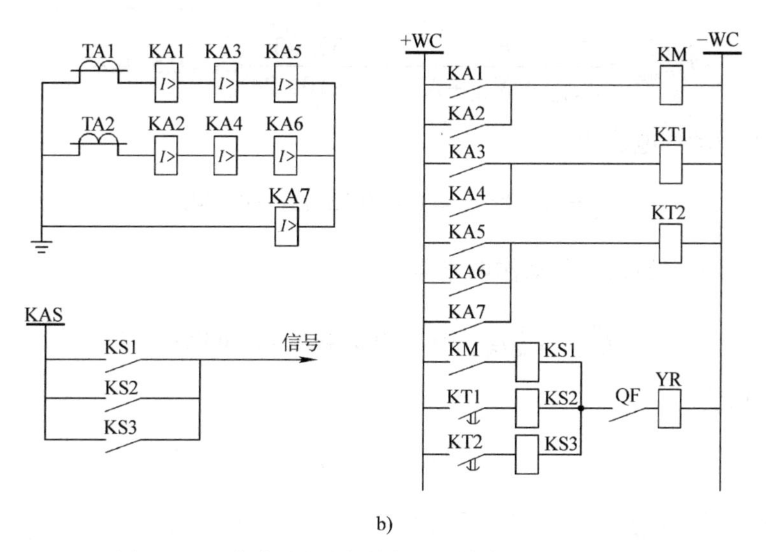

b)

图 6-14 三段式过电流保护的原理接线图和展开图（续）

b）展开图

例 6-1 试对图 6-13 所示网络中 WL1 首端的三段式过电流保护进行整定计算（即求保护 1 各段的动作电流、动作时间和灵敏系数）。已知电源相电势为 $37/\sqrt{3}$ kV，$X_{\text{S.max}}=8\Omega$，$X_{\text{S.min}}=6\Omega$，$X_{\text{AB}}=10\Omega$，$X_{\text{BC}}=24\Omega$，AB 线路的最大负荷电流为 $I_{\text{L.max}}=165$ A，保护 3 的过电流保护动作时间为 1.5s。

例 6-1

解：（1）无时限电流速断保护的整定计算

1）动作电流。线路 AB 末端的最大三相短路电流 $I_{\text{k.B.max}}^{(3)}$ 为

$$I_{\text{k.B.max}}^{(3)}=\frac{E_{\text{S}}}{X_{\text{S.min}}+X_{\text{AB}}}=\frac{37/\sqrt{3}}{6+10}\text{kA}=1.335\text{kA}$$

取 $K_{\text{rel}}^{\text{I}}=1.3$，则保护 1 的第 Ⅰ 段动作电流为

$$I_{\text{op.1}}^{\text{I}}=K_{\text{rel}}I_{\text{k.B.max}}^{(3)}=1.3\times1.335\text{kA}=1.736\text{kA}$$

2）灵敏度校验。根据

$$I_{\text{op.1}}^{\text{I}}=\frac{\sqrt{3}}{2}\frac{E_{\text{S}}}{X_{\text{S.max}}+x_1l_{\min}}$$

得

$$x_1l_{\min}=\frac{\sqrt{3}}{2}\times\frac{E_{\text{S}}}{I_{\text{op.1}}^{\text{I}}}-X_{\text{S.max}}=\left(\frac{\sqrt{3}}{2}\times\frac{37/\sqrt{3}}{1.736}-8\right)\Omega=2.657\Omega$$

因此

$$\frac{l_{\min}}{l_{\text{AB}}}=\frac{x_1l_{\min}}{x_1l_{\text{AB}}}=\frac{2.657}{10}\times100\%=26.3\%>20\%$$

（2）带时限电流速断保护的整定计算

1）动作电流。线路 BC 末端的最大三相短路电流 $I_{\text{k.C.max}}^{(3)}$ 为

$$I_{\text{k.C.max}}^{(3)}=\frac{E_{\text{S}}}{X_{\text{S.min}}+X_{\text{AB}}+X_{\text{BC}}}=\frac{37/\sqrt{3}}{6+10+24}\text{kA}=0.534\text{kA}$$

则保护 2 的第 I 段动作电流为

$$I_{\text{op.2}}^{\text{I}}=K_{\text{rel}}^{\text{I}}I_{\text{k.C.max}}^{(3)}=1.3\times0.534\text{kA}=0.694\text{kA}$$

取 $K_{\text{rel}}^{\text{II}}=1.1$，则保护 1 的第Ⅱ段动作电流为

$$I_{\text{op.1}}^{\text{II}}=K_{\text{rel}}^{\text{II}}I_{\text{op.2}}^{\text{I}}=1.1\times0.694\text{kA}=0.763\text{kA}$$

2）动作时限为

$$t_1^{\text{II}}=t_2^{\text{I}}+\Delta t=0.5\text{s}$$

3）灵敏度校验。线路 AB 末端的最小两相短路电流 $I_{\text{k.B.min}}^{(2)}$ 为

$$I_{\text{k.B.min}}^{(2)}=\frac{\sqrt{3}}{2}\times\frac{E_{\text{S}}}{X_{\text{S.max}}+X_{\text{AB}}}=\frac{\sqrt{3}}{2}\times\frac{37/\sqrt{3}}{8+10}\text{kA}=1.028\text{kA}$$

故

$$K_{\text{s}}=\frac{I_{\text{k.B.min}}^{(2)}}{I_{\text{op.1}}^{\text{II}}}=\frac{1.028}{0.763}=1.35>1.3$$

（3）定时限过电流保护的整定计算

1）动作电流。取 $K_{\text{re}}=0.85$，$K_{\text{rel}}^{\text{III}}=1.2$，$K_{\text{st}}=1.5$，则保护 1 的第Ⅲ段动作电流为

$$I_{\text{op.1}}^{\text{III}}=\frac{K_{\text{rel}}K_{\text{st}}}{K_{\text{re}}}I_{\text{L.max}}=\frac{1.2\times1.5}{0.85}\times165\text{A}=349.4\text{A}$$

2）动作时限为

$$t_1^{\text{III}}=t_2^{\text{III}}+\Delta t=t_3^{\text{III}}+2\Delta t=(1.5+0.5+0.5)\text{s}=2.5\text{s}$$

3）灵敏度校验。作为近后备时，按本线路 AB 末端的最小两相短路电流 $I_{\text{k.B.min}}^{(2)}$ 来校验，即

$$K_{\text{s}}=\frac{I_{\text{k.B.min}}^{(2)}}{I_{\text{op.1}}^{\text{III}}}=\frac{1.028\times10^3}{349.4}=2.94>1.5$$

作为远后备时，按相邻线路 BC 末端的最小两相短路电流 $I_{\text{k.C.min}}^{(2)}$ 来校验，由于

$$I_{\text{k.C.min}}^{(2)}=\frac{\sqrt{3}}{2}\times\frac{E_{\text{S}}}{X_{\text{S.max}}+X_{\text{AB}}+X_{\text{BC}}}=\frac{\sqrt{3}}{2}\times\frac{37/\sqrt{3}}{8+10+24}\text{kA}=0.44\text{kA}$$

故

$$K_{\text{s}}=\frac{I_{\text{k.C.min}}^{(2)}}{I_{\text{op.1}}^{\text{III}}}=\frac{0.44\times10^3}{349.4}=1.26>1.2$$

二、双侧电源电网相间短路的方向性电流保护

1. 方向电流保护的工作原理

三段式电流保护是以单侧电源辐射形网络为基础进行分析的，各保护都安装在被保护线路靠近电源的一侧，当发生短路时，它们都是在短路功率从母线流向被保护线路的情况下，按选择性的条件来协调配合工作的。

现代的电力系统实际上都是由多电源组成的复杂网络。此时，上述简单的保护方式已不能满足系统运行的要求。例如，在图 6-15 所示的双侧电源网络接线中，由于两侧都有电源，因此，在每条线路的两侧均装设断路器和保护装置。当 k_1 点短路时，为保证选择性，要求 $t_5 > t_4$，而当 k_2 点短路时，又要求 $t_5 < t_4$，这两种要求显然是矛盾的。

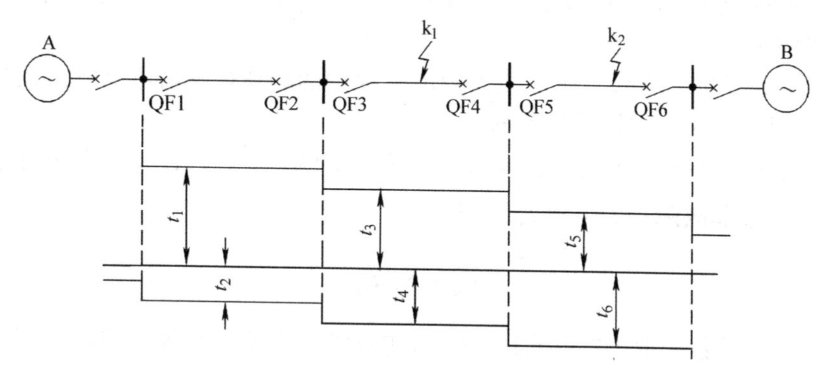

图 6-15　双侧电源供电网络

为了解决上述矛盾，在每个断路器的电流保护中增加一个功率方向测量元件，并规定该元件只有当短路功率从母线流向线路（为正）时动作，而当短路功率从线路流向母线（为负）时不动作，从而使继电保护的动作具有一定的方向性。当双侧电源网络上的电流保护装设方向元件后，就可以把它们拆开成两个单侧电源网络的保护，图中保护 1、3、5 是一个系统，它负责切除由电源 A 供给的短路功率；保护 2、4、6 是另一个系统，它负责切除由电源 B 供给的短路功率。这样，保护 4 和保护 5 的过电流保护动作时间已不再需要进行配合，而仅需要功率方向相同的过电流保护动作时间进行配合，按阶梯原则应满足 $t_1 > t_3 > t_5$ 和 $t_6 > t_4 > t_2$。

由以上分析可知，方向过电流保护就是在原有保护的基础上，增设一个方向闭锁元件，以保证在反方向故障时将保护闭锁起来，防止发生误动作。

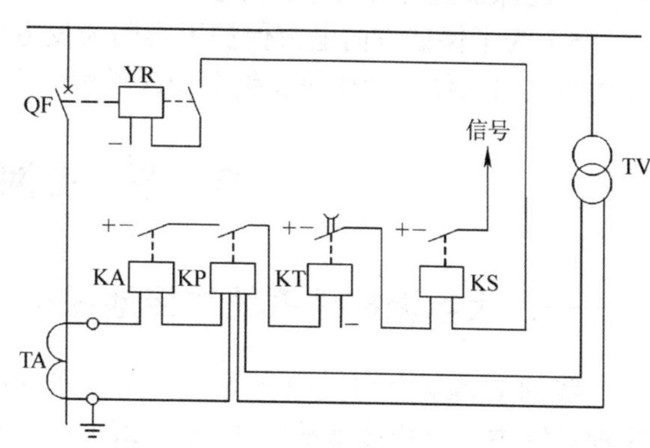

图 6-16　方向过电流保护的单相原理接线图

2. 方向电流保护的原理接线图

方向过电流保护的单相原理接线图如图 6-16 所示，它主要由方向元件（功率方向继电器，简称功率继电器或

方向继电器)、电流元件、时间元件和信号元件等组成。图中方向元件和电流元件的触点串联，只有当两个元件都动作时，保护才能动作跳闸。

功率方向继电器的作用是判断功率的方向。对于正方向的故障，其功率为正值，功率方向继电器动作；对于反方向的故障，其功率为负值，功率方向继电器不动作。目前电力系统中的功率方向继电器有感应型、整流型、晶体管型和集成电路型等几种不同类型，但就其构成原理来说，主要有相位比较和幅值比较两种，详细内容可参阅相关书籍。

3. 三段式方向性电流保护的特点

三段式方向性电流保护在作用原理、整定计算原则等方面与无方向三段式电流保护基本相同。但方向电流保护用于双电源网络和单电源环形网络时，在保护构成、整定、相互配合等问题上还有以下特点：

1）在保护构成中应加功率方向测量元件，并与电流测量元件共同判别是否在保护线路的正方向发生故障。

2）由于装设了方向元件，第Ⅰ段方向电流保护的动作电流可不必躲过反方向外部最大短路电流，只需按正方向短路计算即可。

3）第Ⅲ段方向电流保护的动作电流除按式（6-13）计算外，还应考虑躲过反方向不对称短路时，流过非故障相的电流 I_{nk}，即

$$I_{op}^{III}=K_{rel}I_{nk} \tag{6-16}$$

式中，K_{rel} 为可靠系数，取 1.2 ～ 1.3 ；I_{nk} 为非故障相电流，它等于非故障相短路电流与负荷电流的相量和。

4）为了保证选择性，在环网和双电源网中，功率方向相同的各线路保护第Ⅲ段的动作电流和动作时间应相互配合，例如，在图 6-15 中，应满足

$$I_{op.1}>I_{op.3}>I_{op.5}，\ t_1>t_3>t_5$$

$$I_{op.6}>I_{op.4}>I_{op.2}，\ t_6>t_4>t_2$$

需要指出，并非线路的所有电流保护都要装设方向元件，而仅在用动作电流、动作时间不能保证选择性时才需加装方向元件。

5）为了保证方向电流保护不会因为反方向不对称短路时非故障相电流测量元件动作和功率方向元件误动作而发生保护误跳闸，方向电流保护必须采用按相起动接线方式。

第三节　电网的接地保护

一、大电流接地系统的接地保护

我国 110kV 及以上电压等级的电力系统都属于大电流接地系统。根据运行统计，在这种系统中，单相接地故障占总故障的 80% 左右，甚至更高。采用完全星形联结的相间短路电流保护，虽然也能保护单相接地短路，但灵敏度常常不能满足要求。因此，为了反

映接地短路，必须装设专用的接地保护装置，即零序电流保护。

1. 大电流接地系统单相接地时零序分量的分布特点

在大电流接地系统中发生单相接地时，可以利用对称分量法将电流、电压分解成各序分量，并用复合序网表示各序分量的关系。通过对零序网络分析，可得到零序分量的分布特点如下：

1）故障点的零序电压最高，离故障点越远，零序电压越低。

2）零序电流的分布与中性点接地的变压器位置和数目有关。

3）在故障线路上，零序功率的方向是由线路指向母线，与正序功率相反，因此，零序功率方向继电器都是在负值零序功率下动作的。

2. 零序分量的获取方法

（1）零序电流的获取方法　架空线路的零序电流一般用零序电流滤过器获得，如图 6-17a 所示，三相电流互感器的二次电流相量相加后流入继电器。在正常运行时，三相电流对称，零序电流滤过器无零序电流输出，继电器不动作；当发生接地故障时，零序电流滤过器将输出零序电流 $3\dot{I}_0$，使相应的继电器动作。由于三个互感器的磁化特性不完全相同，所以即使三相电流对称，零序电流滤过器的输出电流也不等于零，总会有不平衡电流产生。

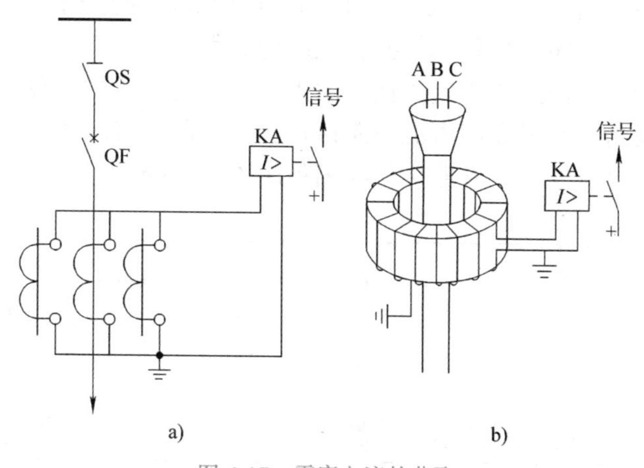

图 6-17　零序电流的获取

a）零序电流滤过器　b）零序电流互感器

电缆线路的零序电流一般用零序电流互感器（零序变流器）获得，如图 6-17b 所示。零序电流互感器有一个铁心，三相电缆线穿过其铁心，从铁心的二次绕组取出线路故障电流中的零序电流。因此，这个互感器的一次电流就是 $\dot{I}_A+\dot{I}_B+\dot{I}_C$，只有当一次侧出现零序电流时，在互感器的二次侧才有相应的 $3\dot{I}_0$ 输出，故称它为零序电流互感器。和零序电流滤过器相比，其主要优点是没有不平衡电流，同时接线也简单。

（2）零序电压获取方法　为了取得零序电压，通常不用专门设置的零序电压滤过器，而使用电压互感器。一种方法是将三个单相电压互感器的二次绕组接成开口三角形绕组来获取，如图 6-18a 所示；另一种方法是从三相五柱式电压互感器二次侧的开口三角形绕组来获取，如图 6-18b 所示。

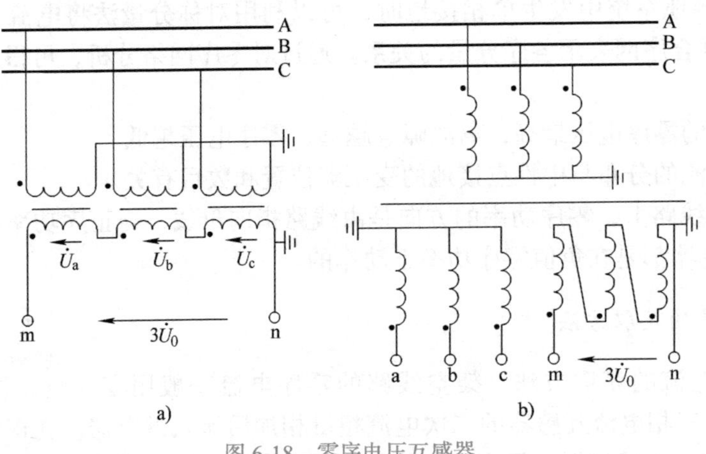

图 6-18　零序电压互感器

a）三单相式　b）三相五柱式

3. 大电流接地系统的零序电流保护

在大电流接地系统中的零序电流保护是利用接地故障时出现零序电流的特点来构成的。对 110kV 及以上的单电源辐射形网络，通常采用三段式零序电流保护作为接地故障的主保护及后备保护。三段式零序电流保护的工作原理与一般的三段式过电流保护工作原理基本相同，第Ⅰ段为无时限零序电流速断保护，第Ⅱ段为带时限零序电流速断保护，第Ⅲ段为定时限零序过电流保护，其原理接线图如图 6-19 所示。

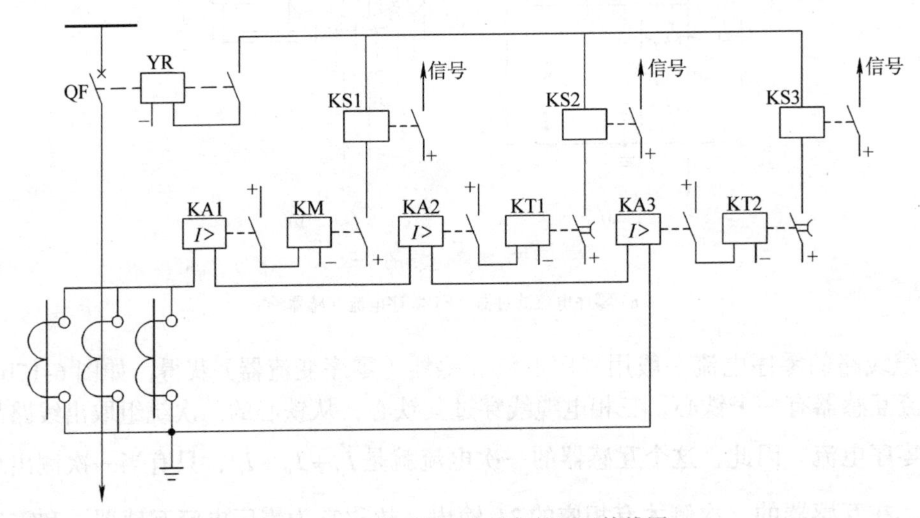

图 6-19　三段式零序电流保护原理接线图

其三段之间的配合整定原则与相间短路的三段式电流保护类似，限于篇幅，这里不再详细讨论。

二、小电流接地系统的接地保护

我国 3 ～ 35kV 的电力系统，采用中性点不接地或经消弧线圈接地的方式，属于小电流接地系统。当发生单相接地故障时，流过故障点的电流是电容电流，其数值很小，而且系统的线电压仍然保持对称，因此不影响供电，允许带故障继续运行 1 ～ 2h，以便寻找接地线路，排除故障，而不引起对用户供电的中断（参看第一章第四节）。但是在单相接地以后，其他两相的对地电压要升高 $\sqrt{3}$ 倍，为了防止故障进一步扩大为两点或多点接地短路，应及时发出信号，以便运行人员采用措施予以消除故障。因此，在发生单相接地故障时，一般只要求继电保护能有选择性地发出信号，而不必跳闸。但当单相接地对人身和设备的安全有危险时，则应动作于跳闸。

（一）中性点不接地系统的接地保护

1. 中性点不接地系统单相接地时电容电流的分布

在图 6-20 所示系统中，当在任一线路上（如图中的 WL3）发生 C 相单相接地时，整个系统的 C 相电压都等于零，各条线路非故障相（A、B 相）的电容电流之和 $\dot{I}_{C1}$、$\dot{I}_{C2}$、$\dot{I}_{C3}$ 都流向接地点，此时的电容电流分布如图 6-20 所示。其特点如下：

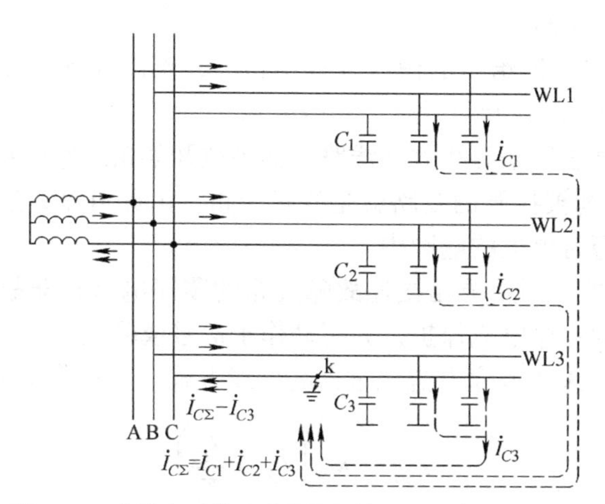

图 6-20　中性点不接地系统单相接地时电容电流的分布

1）发生单相接地，全系统都会出现零序电压。

2）非故障线路的 C 相对地电容电流为零，只有 A 相和 B 相有电容电流；而故障线路的 C 相对地电容电流不为零。

3）非故障线路的零序电流为该线路本身对地的电容电流，其方向由母线指向线路。

4）对故障线路 WL3 而言，C 相中有 $I_{C\Sigma}$ 从线路流向母线，A、B 相中有 I_{C3} 从母线流向线路，所以，故障线路始端所反映的零序电流为

$$I_{C\Sigma}-I_{C3}=(I_{C1}+I_{C2}+I_{C3})-I_{C3}=I_{C1}+I_{C2} \tag{6-17}$$

式（6-17）说明，故障线路的零序电流为所有非故障线路零序电流之和，其方向是由线路流向母线。

2. 中性点不接地系统单相接地故障的保护方式

（1）绝缘监察装置　这种装置是利用系统接地时出现的零序电压给出信号的。图 6-21 为绝缘监察装置接线图，它是由三个单相三绕组电压互感器或一个三相五柱式电压互感器构成的，其二次侧联结成 Y_0 的二次绕组中的三只电压表，用来测量各相对地电压；接成开口三角形的辅助二次绕组，构成零序电压过滤器，供给一个过电压继电器，用来反映单相接地时出现的零序电压。

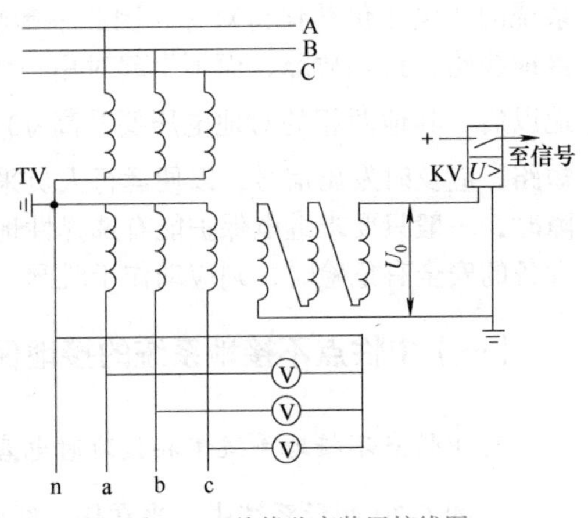

图 6-21　绝缘监察装置接线图

正常运行时，三相电压基本对称，三只电压表读数基本相同，均为相电压，开口三角形两端的电压接近于零，过电压继电器不动作。当一次系统发生单相接地故障时，故障相的电压表读数为零，另外两相的电压表读数升高到线电压，同时开口三角形两端将出现接近 100V 的零序电压，过电压继电器动作，发出报警的灯光信号和声响信号。

这种保护比较简单，但给出的信号没有选择性，难以找到故障线路。值班人员通过接地信号和电压表指示可以判断接地故障的相别，但不知道是哪条线路发生了接地故障。这时可采用“顺序拉闸法”来寻找故障线路，如果拉开某条线路时接地信号消失（三个电压表读数恢复正常），则被拉开的线路就是故障线路。由此可见，这种装置只适用于线路数目不多，并且允许短时停电的电网中。

（2）零序电流保护　利用单相接地故障线路的零序电流较非故障线路零序电流大的特点，实现有选择性的零序电流保护，并可动作于信号或跳闸。

对于架空线路，可采用零序电流滤过器的接线方式，其动作电流应整定为

$$I_{\mathrm{op.K}}=K_{\mathrm{rel}}\left(I_{\mathrm{dsq}}+\frac{I_C}{K_i}\right) \tag{6-18}$$

式中，K_{rel} 为可靠系数，保护瞬时动作时，一般取 4～5，保护延时动作时，可取 1.5～2；I_{dsq} 为正常负荷电流产生的不平衡电流；I_C 为其他线路单相接地时，本线路的零序电容电流，其值按式（1-9）计算。

按式（6-18）确定的动作电流，一般不能躲开本线路外部三相短路时所出现的不平衡电流，因此应加装时限元件来保证选择性，其动作时限必须比相间短路的过电流保护大一个 Δt。

对于电缆线路，可采用零序电流互感器的接线方式。正常运行时，它的 I_{dsp} 很小，可以忽略，因此，它的动作电流可按下式整定：

$$I_{\text{op.K}} = K_{\text{rel}} \frac{I_C}{K_i} \tag{6-19}$$

式中各符号意义与式（6-18）相同。

保护的灵敏度可按下式校验：

$$K_{\text{s}} = \frac{I_{C\Sigma} - I_C}{K_i I_{\text{op.K}}} \tag{6-20}$$

式中，$I_{C\Sigma} - I_C$为本线路单相接地时，非故障线路对地电容电流的总和（见式 6-17），应取最小值。

对架空线路，要求$K_{\text{s}} \geqslant 1.5$；对电缆线路，要求$K_{\text{s}} \geqslant 1.25$。全网络的电容电流越大（线路越多）和被保护线路的电容电流越小（线路越短）时，上述要求越容易满足。当出线较少时，很难满足要求，需设方向零序电流保护。

（3）方向零序电流保护　方向零序电流保护是在零序电流保护的基础上增加功率方向元件，利用故障线路和非故障线路的保护安装处零序功率方向相反的特点来实现有选择性的保护，动作于信号或跳闸。这种方式适用于零序电流保护的灵敏度不满足要求和接线复杂的网络中。

（二）中性点经消弧线圈接地系统的接地保护

由第一章第四节知，当 3 ～ 35kV 系统的电容电流超过一定数值时，应采用中性点经消弧线圈接地的方式。消弧线圈通常采用过补偿方式，脱谐度一般不超过 10%。

此类电网中发生单相接地故障时，全系统也会出现零序电压和零序电流。当采用过补偿方式时，流经故障线路始端的零序电流与非故障线路的零序电流方向一样，都是由母线流向线路，因此，无法利用零序功率方向来判别是故障线路还是非故障线路。此外，采用过补偿后，故障线路的零序电流将大大减小，其大小与非故障线路的零序电流值差别不大，当脱谐度不大时，也很难利用零序电流大小来判别出故障线路（因灵敏度很难满足要求）。可见，此类电网要实现有选择性的保护是很困难的。

目前这类电网可采用无选择性的绝缘监察装置。除此之外，还可采用零序电流有功分量法、稳态五次谐波分量法、暂态零序电流首半波法、注入信号法、小波法等保护原理。但上述这些接地保护方式均有一定的适用条件和局限性，都不够理想。到目前为止，中性点经消弧线圈接地电网的单相接地保护，还有待进一步研究解决。

第四节　电力变压器的保护

一、电力变压器的故障类型和应装设的保护

电力变压器是电力系统的重要设备之一，它的故障对供电可靠性和系统正常运行带来严重后果，因此，必须根据变压器容量和重要程度装设性能良好、动作可靠的继电保护装置。

变压器故障可分为油箱内部故障和油箱外部故障。油箱内部故障包括绕组的匝间短路、相间短路和中性点直接接地系统绕组侧的单相接地短路等。变压器发生内部故障是很危险的，因为短路电流产生的高温电弧不仅会烧毁绕组绝缘和铁心，而且还会使绝缘材料和变压器油受热分解产生大量气体，可能引起变压器油箱爆炸。油箱外部故障主要是变压器绕组引出线和绝缘套管上发生的相间短路和接地（对变压器外壳）短路。

变压器的异常运行状态有：变压器过负荷、外部短路引起的过电流、油箱漏油引起的油面过低、外部接地故障引起的中性点过电压等。

为了保证电力系统安全可靠运行，针对上述故障和异常运行状态，变压器应装设如下保护：

（1）气体保护（也称瓦斯保护） 用来反映变压器油箱内部各种故障和油面降低。其中轻瓦斯保护动作于信号，重瓦斯保护动作于跳开各电源侧断路器。对于容量为800kV·A及以上的油浸式变压器和400kV·A及以上的车间内油浸式变压器，均应装设瓦斯保护。

（2）纵联差动保护 用来反应变压器绕组、套管及引出线上的短路故障，保护动作于跳开各电源侧断路器。对于容量在6300kV·A及以上并列运行的变压器和容量在10000kV·A及以上单独运行的变压器，均应装设纵联差动保护（简称差动保护）。

（3）电流速断保护 对于容量在6300kV·A以下并列运行的变压器和容量在10000kV·A以下单独运行的变压器，一般装设电流速断保护来代替差动保护。但是，对于2000kV·A及以上的变压器，当电流速断保护的灵敏度不满足要求时，应改为装设差动保护。

（4）相间短路的后备保护 用来反映外部相间短路引起的过电流，并作为瓦斯保护和纵联差动保护（或电流速断保护）的后备，保护延时动作于跳闸。可采用的保护有过电流保护、低电压起动的过电流保护、复合电压起动的过电流保护等。

（5）接地保护 用来反映中性点直接接地电网中的变压器外部接地短路引起的过电流，保护延时动作于跳闸。可根据变压器中性点的接地情况装设零序电流保护、零序电压保护等。

（6）过负荷保护 用来反映变压器的对称过负荷。对于400kV·A以上的变压器，当数台变压器并列运行或单独运行并作为其他负荷的备用电源时，应根据可能的过负荷情况装设过负荷保护。过负荷保护采用单相式，带时限动作于信号。

（7）温度信号 用来监视变压器温度升高和油冷却系统的故障，一般作用于信号。

本节重点讨论110kV及以下双绕组降压变压器的继电保护。

二、瓦斯保护

瓦斯保护是反映油浸式变压器内部故障的一种保护装置。当油浸式变压器油箱内部发生故障时，在故障点电流和电弧的作用下，变压器油和其他绝缘材料会受热而分解，产生气体，这些气体必然从油箱流向油枕的上部，故障越严重，产生的气体就越多，流向油枕的气流速度也越快，利用这种气体来动作的保护装置，称为瓦斯保护，也称气体保护。

气体保护的主要元件是气体继电器，它安装在油箱与油枕之间的连接管道上，如图 6-22 所示。为了不妨碍气体的流通，变压器安装时顶盖与水平面应有 1% ～ 1.5% 的坡度，通往继电器的连接管道应有 2% ～ 4% 的坡度。

气体继电器的类型很多，目前在我国电力系统中推广应用的是开口杯挡板式气体继电器，其内部结构如图 6-23 所示。正常运行时，上、下开口杯都浸在油中，开口杯和附件在油内的重力所产生的力矩小于平衡锤所产生的力矩，因此开口杯向上倾，上、下触点均断开。当油箱内部发生轻微故障时，少量的气体上升后逐渐聚集在继电器的上部，迫使油面下降，使上开口杯漏出油面。由于浮力减小，开口杯和附件在空气中的重力加上杯内油重所产生的力矩大于平衡锤所产生的力矩，于是上开口杯顺时针方向转动，使上触点闭合发出“轻瓦斯”保护动作信号。当油箱内部发生严重故障时，大量气体和油流直接冲击挡板，使下开口杯顺时针方向转动，带动下触点闭合，发出跳闸脉冲，表示“重瓦斯”保护动作。当变压器出现严重漏油而使油面逐渐降低时，首先是上开口杯露出油面，发出报警信号，然后下开口杯露出油面，发出跳闸脉冲。

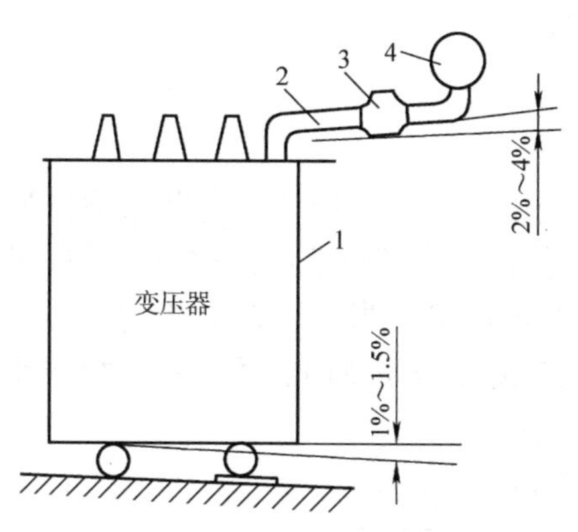

图 6-22　气体继电器安装示意图

1—变压器油箱　2—连接管　3—气体继电器　4—油枕

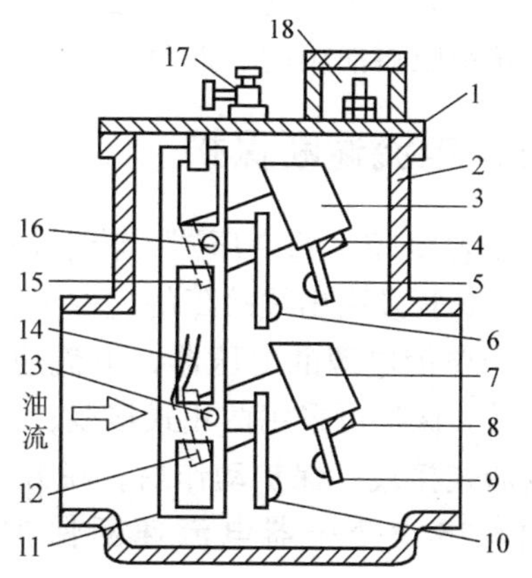

图 6-23　FJ_3–80 型气体继电器的结构示意图

1—盖　2—容器　3—上油杯　4、8—永久磁铁　5—上动触点　6—上静触点　7—下油杯　9—下动触点　10—下静触点　11—支架　12—下油杯平衡锤　13—下油杯转轴　14—挡板　15—上油杯平衡锤　16—上油杯转轴　17—放气阀　18—接线盒

瓦斯保护的原理接线如图 6-24 所示，上面的触点表示“轻瓦斯保护”，动作后经延时发出报警信号；下面的触点表示“重瓦斯保护”，动作后起动变压器保护的总出口继电器，使断路器跳闸。当油箱内部发生严重故障时，由于油流的不稳定性可能造成触点的抖动，此时为使断路器能可靠跳闸，应选用具有电流自保持线圈的出口中间继电器 KM，动作后由断路器的辅助触点来解除出口回路的自保持。此外，为防止变压器换油或进行试验时引起重瓦斯保护误动作跳闸，可利用切换片将跳闸回路切换到信号回路。

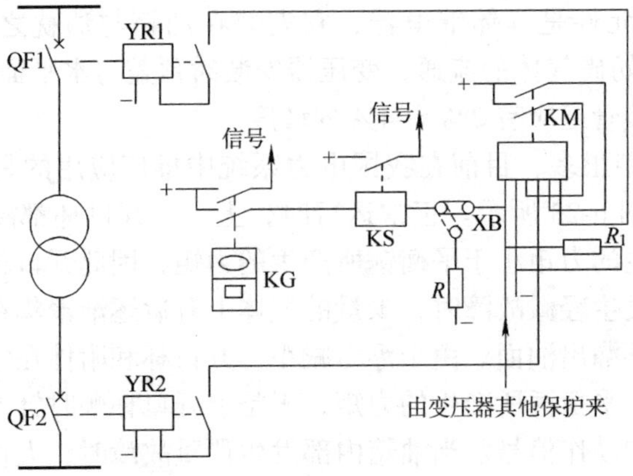

图 6-24 瓦斯保护原理接线图

瓦斯保护的主要优点是动作迅速、灵敏度高、安装接线简单、能反映油箱内部发生的各种故障。其缺点则是不能反映油箱以外的套管及引出线等部位上发生的故障。因此瓦斯保护可作为变压器的主保护之一，与纵联差动保护相互配合、相互补充，实现快速而灵敏地切除变压器油箱内、外及引出线上发生的各种故障。

三、电流速断保护

对于容量较小的变压器，特别是车间配电用变压器，广泛用电流速断保护作为电源侧绕组、套管及引出线故障的主保护，再用过电流保护作为变压器内部故障的后备保护。

对于单侧电源的变压器，电流速断保护应装在电源侧。当变压器电源侧为小电流接地系统时，保护可采用两相式接线；当电源侧为大电流接地系统时，可采用三相式或两相三继电器式接线。保护动作后，跳开变压器两侧断路器。图 6-25 为变压器电流速断保护的单相原理接线图。

电流速断保护的动作电流，按躲过变压器外部故障时流过保护的最大短路电流来整定，即

$$I_{op}=K_{rel}I_{k.max}^{(3)} \tag{6-21}$$

式中，K_{rel} 为可靠系数，取 1.2 ～ 1.3 ；$I_{k.max}^{(3)}$ 为变压器二次侧母线三相短路时，流过保护安装处（一次侧）的最大短路电流。

电流速断保护的灵敏度，按保护装置安装处的最小两相短路电流来校验，即

$$K_s=\frac{I_{k.min}^{(2)}}{I_{op}}\geqslant 2 \tag{6-22}$$

式中，$I_{k.min}^{(2)}$ 为保护装置安装处发生短路时的最小两相短路电流。

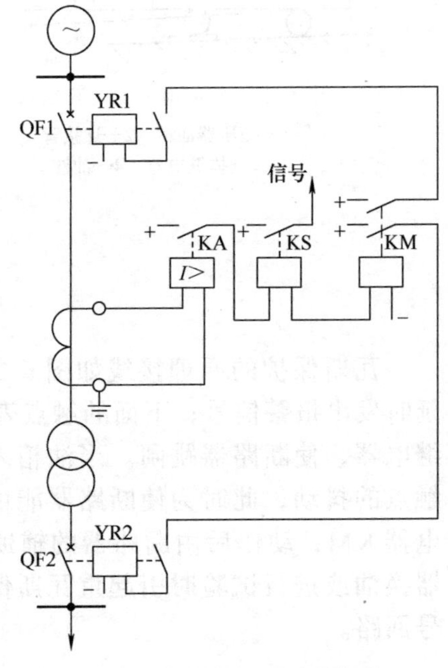

图 6-25 变压器电流速断保护单相原理接线图

四、变压器的差动保护

(一)差动保护的基本原理

差动保护主要用作变压器内部绕组、绝缘套管及引出线相间短路的主保护。双绕组变压器差动保护的原理接线如图 6-26 所示。当变压器正常运行或外部短路时(见图 6-26a),其二次侧电流 $\dot{I}_1$ 和 $\dot{I}_2$ 大小相等,相位相同,流入继电器中的电流 $\dot{I}_K=\dot{I}_1-\dot{I}_2=0$,继电器不动作;当变压器内故障时(见图 6-26b),流入继电器中的电流为 $\dot{I}_K=\dot{I}_1+\dot{I}_2$(双侧电源)或 $\dot{I}_K=\dot{I}_1$(单侧电源),继电器动作,使两侧断路器跳闸。由于差动保护无须与其他保护配合,因此可以瞬时切除故障。

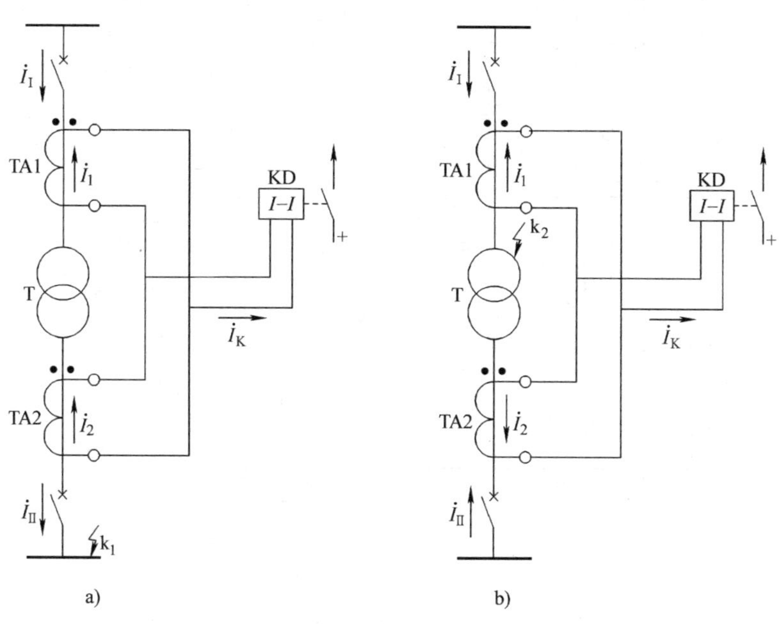

图 6-26 变压器差动保护原理接线图

(二)差动保护的不平衡电流

从差动保护的基本工作原理可见,要使差动保护在正常运行或外部短路时不动作,就应使此时流入继电器中的电流 $\dot{I}_K=\dot{I}_1-\dot{I}_2=0$。但有许多因素使得 $\dot{I}_1\neq\dot{I}_2$(下面将详细讨论),从而使流入继电器的电流 $\dot{I}_K=\dot{I}_1-\dot{I}_2\neq0$,该电流叫作不平衡电流(unbalance current),用 I_{dsq} 表示。为了保证动作的选择性,继电器的动作电流必须躲过外部短路时的最大不平衡电流。不平衡电流越大,继电器的动作电流就越大,这将会降低内部故障时保护的灵敏度,有时甚至使保护无法工作。因此,如何减小不平衡电流是差动保护中需要解决的主要问题。为此,下面先分析不平衡电流产生的原因,并讨论减少它对保护影响的措施。

1. 由变压器两侧绕组接线不同而产生的不平衡电流

电力系统中的大、中型双绕组变压器通常采用YNd11或Yd11联结，因此，变压器两侧线电流之间就有30°的相位差。此时，如果两侧的电流互感器采用相同的接线方式，则两侧二次电流由于相位不同，将会在差动回路中产生很大的不平衡电流。为了消除这种不平衡电流的影响，通常是将变压器星形侧的三个电流互感器联结成三角形，而将变压器三角形侧的三个电流互感器联结成星形，如图6-27a所示。由图6-27b相量图可知，这样连接后即可把二次电流的相位校正过来。

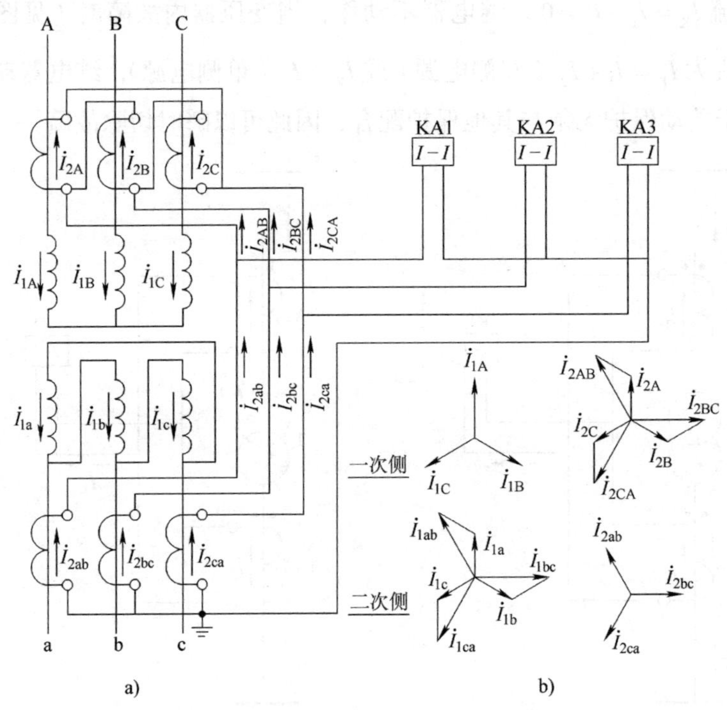

图6-27　YNd11或Yd11联结变压器差动保护接线和相量图

a）接线图　b）相量图

但当采用上述接线方式以后，变压器星形侧电流互感器流入继电器的电流将是电流互感器二次电流的$\sqrt{3}$倍，为了使正常运行及外部故障时流入继电器中的电流为零，就必须将该侧电流互感器的电流比扩大$\sqrt{3}$倍。因此，变压器星形侧电流互感器的电流比应为

$$K_{iY}=\frac{\sqrt{3}I_{N1.T}}{5} \tag{6-23}$$

式中，$I_{N1.T}$为变压器星形侧的额定电流。

变压器三角形侧电流互感器的电流比应为

$$K_{i\Delta}=\frac{I_{N2.T}}{5} \tag{6-24}$$

式中，$I_{N2.T}$ 为变压器三角形侧的额定电流。

2. 由电流互感器计算电流比与实际电流比不同而产生的不平衡电流

按式（6-23）、式（6-24）确定的电流比称为计算电流比，但是，由于电流互感器的电流比已标准化，变压器各侧采用电流互感器的实际电流比将比计算电流比大。这样，在正常运行时，差动回路中将会有不平衡电流流过。当采用具有速饱和铁心的差动继电器时，通常都是利用它的平衡线圈来进行补偿。

3. 由两侧电流互感器型号不同而产生的不平衡电流

由于变压器两侧的电压等级和额定电流不同，因而装在变压器两侧的电流互感器的型号就不同，则它们的磁化特性也就不同，因此，在差动回路中将产生不平衡电流。为此，在整定计算时引入一个同型系数 K_{sam}，通常情况下，变压器两侧的 TA 型号是不同的，取 $K_{sam}=1$。

4. 由带负荷调整变压器的分接头而产生的不平衡电流

在电力系统中，为了维持系统的电压水平，经常需要带负荷调整变压器的分接头。改变分接头的位置，实际上就是改变变压器的电压比，如果差动保护已按照某一运行方式下的电压比调整好后，则当分接头改变时，就会产生一个新的不平衡电流流入差动回路。由于在运行中不可能随变压器分接头改变而重新调整差动继电器的参数，因此，在计算差动保护动作值时应予以考虑。

5. 由变压器励磁涌流所产生的不平衡电流

变压器的励磁电流只在电源侧流过，它反映到变压器差动保护中，就构成了不平衡电流。正常情况下，变压器的励磁电流很小，通常只有变压器额定电流的 3% ～ 5%。当外部短路时，由于系统电压下降，此时的励磁电流也相应减小，其影响就更小。因此，在稳态情况下，励磁电流对差动保护的影响可以忽略不计。

当变压器空载投入或外部故障切除后电压恢复时，就可能产生很大的励磁电流，其数值最大可达到变压器额定电流的 6 ～ 8 倍，这种暂态过程中出现的变压器励磁电流通常称为励磁涌流，其波形如图 6-28 所示。由于励磁涌流的数值与变压器内部故障时的短路电流大小相当，如不采取措施消除其影响，差动保护将难以正常工作。

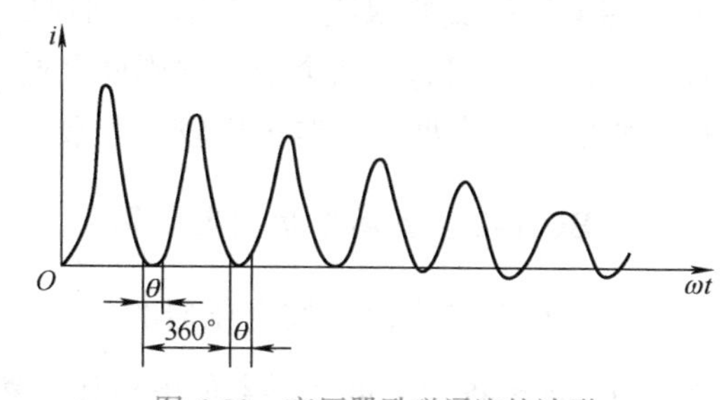

图 6-28　变压器励磁涌流的波形

励磁涌流的大小和衰减时间，与外加电压的相位、变压器铁心的剩磁大小和方向、变压器容量的大小、铁心材料的优劣等因素有关。通过对励磁涌流进行实验和波形分析可知，励磁涌流具有以下特点：

1）励磁涌流波形中含有很大的非周期分量，它偏于时间轴的一侧，并迅速衰减。

2）励磁涌流波形中含有大量的高次谐波，其中二次谐波可达基波的 40% ～ 60%。

3）励磁涌流的波形之间出现间断，在一个周期的间断角为 θ。

根据励磁涌流特点，为了防止励磁涌流对纵联差动保护的影响，在变压器差动保护中通常采用以下措施：①采用带速饱和变流器的差动继电器构成纵差保护，以阻止励磁涌流流入差动继电器；②利用二次谐波制动的差动继电器构成纵差保护，以便在出现励磁涌流时制动保护；③ 采用鉴别波形间断角的差动继电器构成纵差保护，以分辨出短路电流和励磁涌流。

综上所述，变压器差动保护中的不平衡电流是不可能完全消除的，为使差动保护正常工作，必须采取措施减小其影响，以保证内部故障时差动保护有足够的灵敏度。

（三）BCH-2 型差动继电器构成的差动保护

1. BCH–2 型差动继电器

差动继电器必须具有躲过励磁涌流和外部故障时所产生的不平衡电流的能力，而在保护区内故障时，应有足够的灵敏度和速动性。在常规变压器保护中普遍使用的是 BCH–2 型差动继电器，其结构简图如图 6-29 所示，它是由一个 DL–11 型电流继电器和一个带短路线圈的速饱和变流器组成。速饱和变流器为三柱铁心，其边柱截面较小，为中间柱截面的一半。图 6-29 中，N_{b1}、N_{b2} 为两个完全相同的平衡线圈；N_d 为差动线圈；N_k' 和 N_k'' 为短路线圈（$N_k''=2N_k'$），两线圈反极性串联；N_2 为二次线圈。

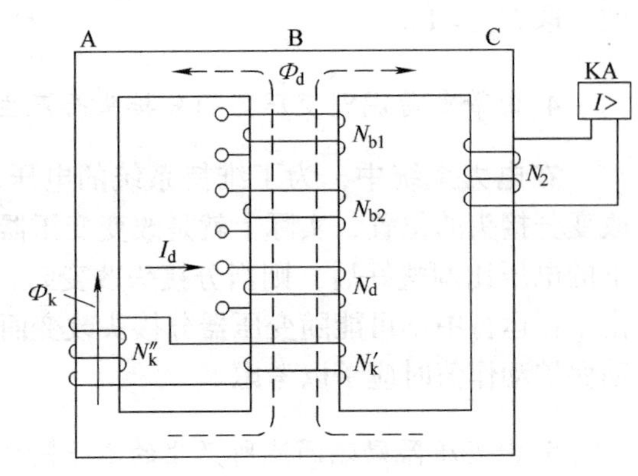

图 6-29　BCH–2 型差动继电器结构简图

其中，速饱和变流器和短路线圈均是用来消除励磁涌流产生的不平衡电流；平衡线圈用来消除变流互感器计算电流比与实际电流比不同而产生的不平衡电流。用 BCH–2 型差动继电器构成的双绕组变压器差动保护单相接线图如图 6-30 所示。两个平衡线圈和差动线圈都是可调的，两个短路线圈同名端（如 1–1′）的匝数比保持为 2，大变压器可选用较少匝数，中小型变压器选用较多匝数。

2. BCH–2 型差动保护整定计算

（1）确定基本侧　按变压器的额定容量和额定电压计算出各侧一次额定电流 I_{N1}，并按 $K_w I_{N1}$ 选择各侧电流互感器的电流比，然后按下式算出各侧二次回路额定电流，即

$$I_{N2}=\frac{K_w}{K_i}I_{N1} \tag{6-25}$$

取二次额定电流 I_{N2} 最大的一侧为基本侧，该侧电流即为基本侧电流 I_{ba}。

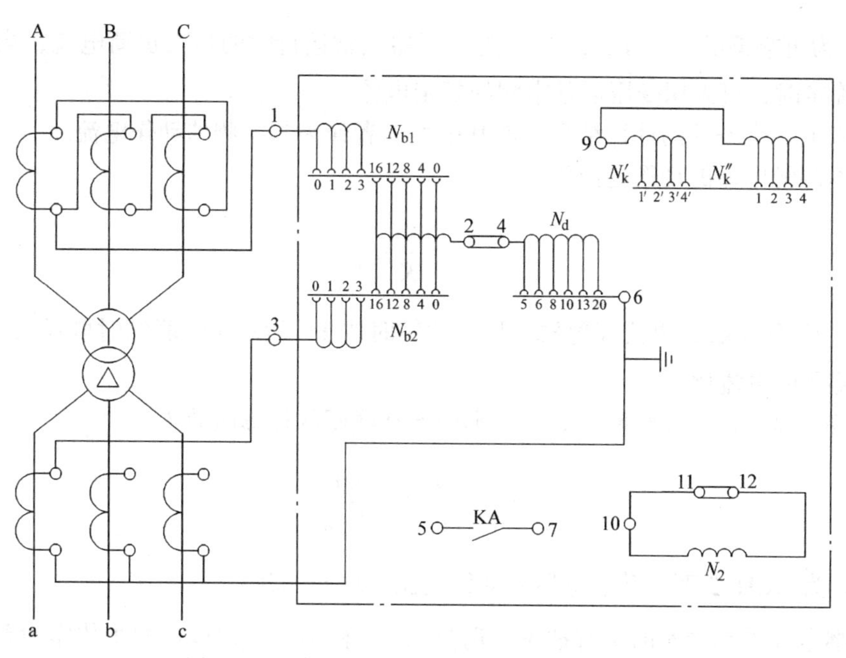

图 6-30　双绕组变压器差动保护单相原理接线图

（2）确定保护装置的动作电流

1）躲过变压器的励磁涌流，即

$$I_{op}=K_{rel}I_{NT} \tag{6-26}$$

式中，K_{rel} 为可靠系数，取 1.3；I_{NT} 为变压器基本侧额定电流。

2）躲过变压器外部短路时的最大不平衡电流，即

$$I_{op}=K_{rel}I_{dsq.max}=K_{rel}(K_{np}K_{sam}f_i+\Delta U+\Delta f_b)I_{k.max} \tag{6-27}$$

式中，K_{rel} 为可靠系数，取 1.3；$I_{k.max}$ 为外部短路时，流过变压器基本侧的最大短路电流；K_{np} 为非周期分量影响系数，取 1；K_{sam} 为电流互感器的同型系数，取 1；f_i 为电流互感器的 10% 误差，取 0.1；ΔU 为变压器调压分接头改变引起的相对误差，取调压范围的一半；Δf_b 为由于平衡线圈的整定匝数与计算匝数不相等而产生的相对误差，其值为

$$\Delta f_b=\frac{N_{b.c}-N_{b.set}}{N_{b.c}+N_{d.set}} \tag{6-28}$$

式中，$N_{b.c}$ 为平衡线圈的计算匝数；$N_{b.set}$ 为平衡线圈的整定匝数；$N_{d.set}$ 为差动线圈的整定匝数。

初步整定计算时，Δf_b 可暂取中间值，初选 0.05。

3）躲过变压器正常运行时的最大负荷电流，即

$$I_{op}=K_{rel}I_{L.max} \tag{6-29}$$

式中，K_{rel}为可靠系数，取1.3；$I_{L.max}$为变压器正常运行时的最大负荷电流，当最大负荷电流无法确定时，可采用变压器基本侧的额定电流。

根据以上三个条件的计算结果，取其中最大者作为基本侧的动作电流。

则基本侧继电器的动作电流为

$$I_{op.K}=\frac{K_w}{K_i}I_{op} \tag{6-30}$$

式中，K_w为接线系数，电流互感器为星形联结时取1，为三角形联结时取$\sqrt{3}$；K_i为基本侧电流互感器的电流比。

（3）确定基本侧差动线圈匝数　基本侧差动线圈的计算匝数为

$$N_{d.c}=\frac{AN_0}{I_{op.K}}=\frac{60}{I_{op.K}} \tag{6-31}$$

式中，AN_0为BCH–2型差动继电器的动作安匝，取60安匝。

根据继电器差动线圈的实有抽头，选择比$N_{d.c}$稍小而又相接近的匝数作为差动线圈的整定匝数$N_{d.set}$。因此，继电器和保护装置的实际动作电流分别为

$$I_{op.K}=\frac{AN_0}{N_{d.set}}=\frac{60}{N_{d.set}} \tag{6-32}$$

$$I_{op}=\frac{K_i}{K_w}I_{op.K} \tag{6-33}$$

（4）确定非基本侧平衡线圈匝数　根据正常运行时差动继电器内部的磁通势平衡条件计算，可求出非基本侧平衡线圈匝数，即

$$I_{N2.ba}N_{d.set}=I_{N2.nba}(N_{d.set}+N_{b.c}) \tag{6-34}$$

或

$$N_{b.c}=\frac{I_{N2.ba}}{I_{N2.nba}}N_{d.set}-N_{d.set} \tag{6-35}$$

选择与$N_{b.c}$相接近的匝数作为平衡线圈的整定匝数$N_{b.set}$。

（5）校验相对误差Δf_b

$$\Delta f_b=\frac{N_{b.c}-N_{b.set}}{N_{b.c}+N_{d.set}} \tag{6-36}$$

若$\Delta f_b \leqslant 0.05$，则以上结果均有效；若$\Delta f_b > 0.05$，则需将此计算值代入式（6-27）重新计算差动保护的动作电流和各线圈的匝数。

（6）确定短路线圈抽头的位置　继电器短路线圈的抽头有四组，短路线圈的匝数越多，躲过励磁涌流的性能就越好，但内部故障电流中含有较大的非周期性分量，继电器的

动作时间就长。对中小型变压器，由于励磁涌流倍数大，内部故障电流中的非周期性分量衰减较快，对保护的动作时间要求较低，故一般选用较多的匝数，如3－3′或4－4′；对大型变压器，由于励磁涌流倍数小，非周期性分量衰减较慢，切除故障又要求快，故一般选用较少的匝数，如1－1′或2－2′。所选抽头匝数是否合适，最后应通过变压器空载投入试验确定。

（7）灵敏度校验　按差动保护范围内的最小两相短路电流来进行校验，即

$$K_s=\frac{I_{k.min}^{(2)}}{I_{op}}\geqslant 2 \tag{6-37}$$

式中，$I_{k.min}^{(2)}$为保护范围内部短路时，流过继电器的最小两相短路电流。

若灵敏度不满足要求，则需要采用带制动特性的差动继电器来构成纵差保护。

五、变压器相间短路的后备保护

为了反映变压器外部短路而引起的过电流和作为变压器差动保护、瓦斯保护的后备，变压器应装设相间短路的后备保护。根据变压器容量和系统短路电流水平的不同，实现保护的方式有：过电流保护、低电压起动的过电流保护、复合电压起动的过电流保护等。

1. 过电流保护

过电流保护应装在变压器的电源侧，采用完全星形联结，其单相原理接线如图6-31所示。保护动作后，跳开变压器两侧断路器。

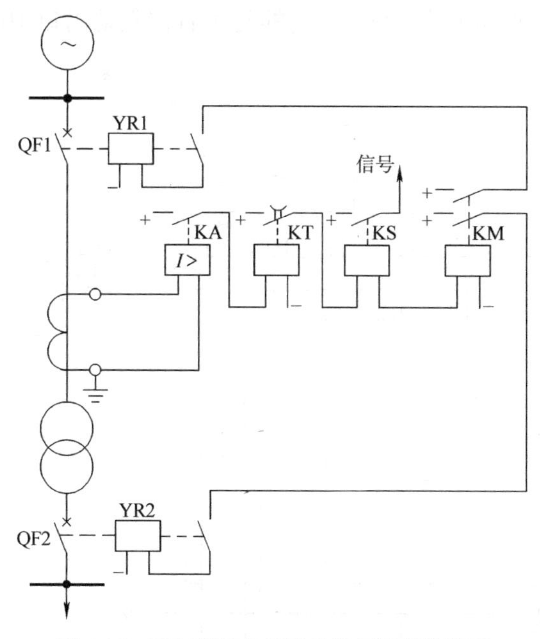

图6-31　变压器过电流保护单相原理接线图

过电流保护装置的动作电流应按躲过变压器可能出现的最大负荷电流来整定，通常按以下两种情况考虑，并取其中的最大值。

1）对并列运行的变压器，应考虑切除一台时所出现的过负荷，当各台变压器容量相同时，可按式（6-38）计算：

$$I_{op}=\frac{K_{rel}}{K_{re}}\times\frac{n}{n-1}I_{NT} \tag{6-38}$$

式中，n 为并列运行变压器的台数；I_{NT} 为每台变压器的额定电流。

2）对于降压变压器，应考虑低压侧负荷电动机自起动时的最大电流，即

$$I_{op}=\frac{K_{rel}K_{st}}{K_{re}}I_{NT} \tag{6-39}$$

式中，K_{rel} 为可靠系数，取 1.2 ～ 1.3；K_{re} 为返回系数，取 0.85；K_{st} 为自起动系数，取 1.5 ～ 2.5。

保护装置的动作时限应比出线过电流保护的动作时限大一个时限级差 Δt。

保护装置的灵敏度按后备保护范围末端两相短路时，流过保护装置的最小两相短路电流来校验，要求 $K_s \geqslant 1.5$。若变压器的过电流保护还作为下一级各引出线的远后备保护时，则要求 $K_s \geqslant 1.2$。

若过电流保护的灵敏度不满足要求，可采用低电压起动的过电流保护或复合电压起动的过电流保护来提高保护的灵敏度。

2. 低电压起动的过电流保护

低电压起动的过电流保护原理接线图如图 6-32 所示，只有当电流元件和电压元件同时动作后，才能起动时间继电器，经过预定的延时后，起动出口中间继电器动作与跳闸。

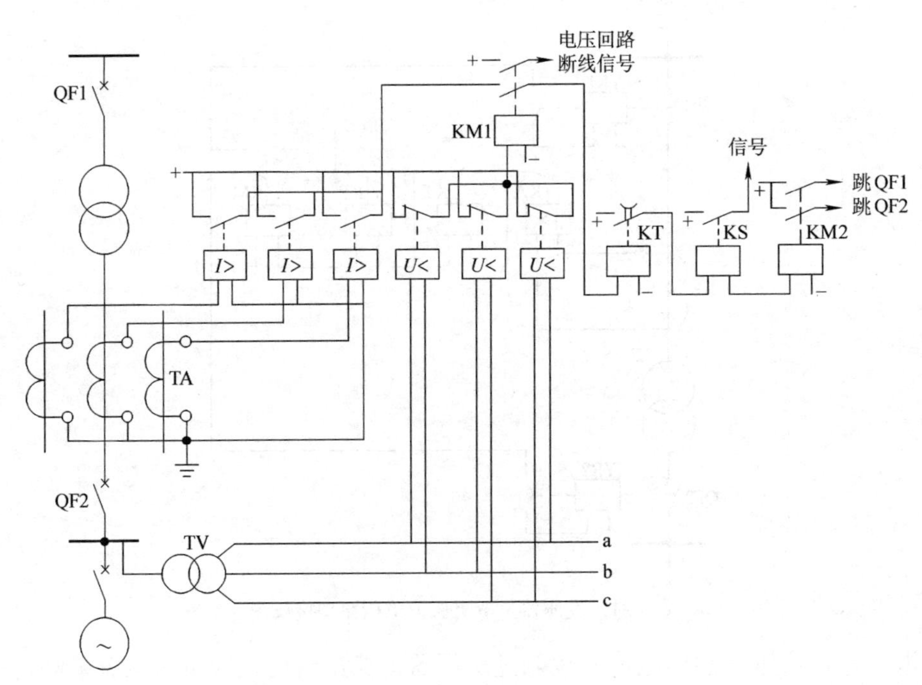

图 6-32　低电压起动的过电流保护原理接线图

当采用低电压起动的过电流保护时，电流元件的动作电流按躲开变压器的额定电流整定，即

$$I_{op}=\frac{K_{rel}}{K_{re}}I_{NT} \tag{6-40}$$

低电压元件的动作电压，按正常运行情况下母线上可能出现的最低工作电压来整定，同时，在外部故障切除后电动机自起动的过程中，保护必须返回。根据运行经验，通常取

$$U_{op}=0.7U_{NT} \tag{6-41}$$

式中，U_{NT} 为变压器的额定电压。

低电压元件灵敏度按下式校验

$$K_s=\frac{U_{op}}{U_{k.max}}\geqslant 1.2 \tag{6-42}$$

式中，$U_{k.max}$ 为最大运行方式下，相邻元件末端三相短路时，保护安装处的最大线电压。

为防止电压互感器二次回路断线时保护误动作，图 6-32 中设置了中间继电器 KM1。当电压互感器二次回路断线时，低电压继电器动作，起动中间继电器 KM1，发出电压回路断线信号。

3. 复合电压起动的过电流保护

复合电压起动的过电流保护原理接线如图 6-33 所示，它由负序电压继电器 KVN（由过电压继电器 KV1 接于负序电压过滤器 ZVN 上组成）、低电压继电器 KV2 组成复合电压起动回路。

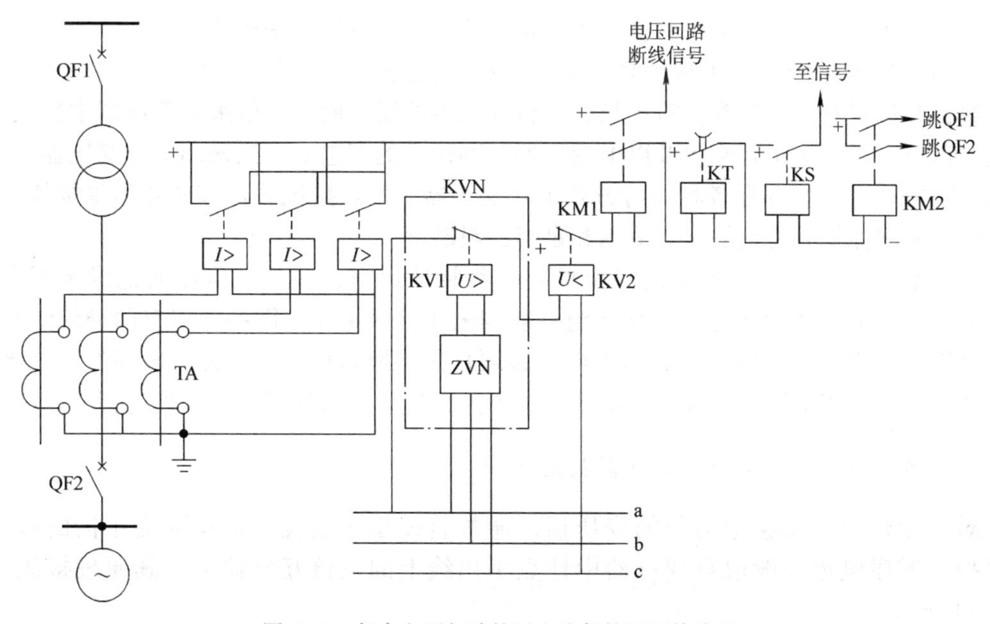

图 6-33　复合电压起动的过电流保护原理接线图

当发生各种不对称短路时，由于出现负序电压，因此过电压继电器KV1动作，其常闭触点打开，于是低电压继电器KV2因失电压而动作，这时电流继电器也动作，于是起动时间继电器KT，经整定时限后跳开变压器两侧的断路器。

当发生三相短路时，由于在短路初瞬间一般会短时出现一个负序电压，使继电器KV1动作，因此，低电压继电器KV2也随之动作，待负序电压消失后，继电器KV1返回，低电压继电器KV2又接于线电压上。由于低电压继电器的返回电压较高，而三相短路时，三相电压均降低，故继电器低电压KV2继续处于动作状态。此时，保护装置的工作情况就相当于一个低电压起动的过电流保护。

保护装置中的电流元件和低电压元件的整定原则与低电压起动的过电流保护相同。负序电压继电器的动作电压按躲开正常运行方式下的负序滤过器出现的最大不平衡电压来整定，通常取

$$U_{op.2}=0.06U_{NT} \tag{6-43}$$

与低电压起动的过电流保护相比，复合电压起动的过电流保护具有以下优点：①在后备保护范围内发生不对称短路时，电压元件的灵敏度高；②在变压器后面发生不对称短路时，电压元件的灵敏度与变压器的接线方式无关；③接线比较简单。

由于这种保护方式不但灵敏度高，而且接线比较简单，因此应用比较广泛。对大容量变压器，当采用复合电压起动的过电流保护灵敏度不能满足要求时，可采用负序电流保护，以提高不对称短路时的灵敏度。

六、变压器的接地保护

大电流接地系统中的变压器，一般要求装设接地（零序）保护，作为变压器主保护和相邻元件接地短路的后备保护。发生接地故障时，变压器中性点将出现零序电流，母线将出现零序电压，变压器的接地后备保护就是由反映这些电气量构成的。

大电流接地系统中发生接地短路时，零序电流的大小和分布与系统中变压器中性点接地数目和位置有关。通常，对于只有一台变压器的变电所，一般采用变压器中性点直接接地的运行方式。对于有两台及以上变压器并列运行的变电所，则采用部分变压器中性点接地运行方式，以保证在各种运行方式下，变压器中性点接地数目和位置尽量维持不变，从而保证零序保护有稳定的保护范围和足够的灵敏度。

110kV及以上变压器高压绕组中性点是否接地运行，还与变压器的绝缘水平有关。220kV及以上的大型变压器，高压绕组一般均采用分级绝缘，即中性点有两种绝缘水平：一种绝缘水平很低，这种变压器的中性点必须直接接地运行；另一种有较高的绝缘水平，其中性点可直接接地运行，也可在电力系统不失去接地点的情况下不接地运行。

1. 中性点直接接地运行的变压器接地保护

对于中性点直接接地运行的变压器，通常装设零序电流保护作为变压器的接地后备保护，零序电流一般取自变压器中性点引出线上的电流互感器上，其原理接线图如图6-34所示。

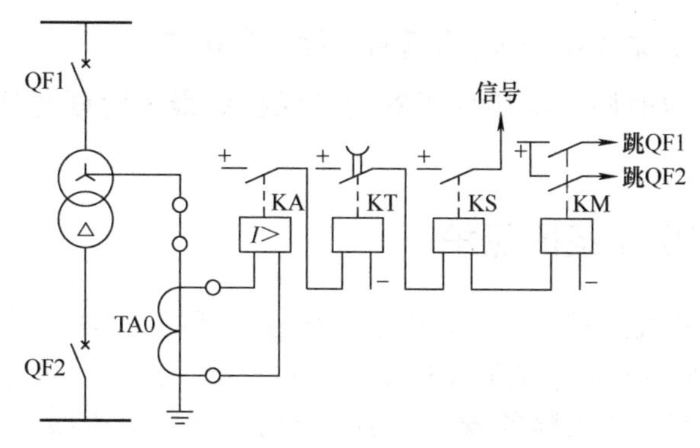

图 6-34　中性点直接接地运行的变压器零序电流保护原理接线图

变压器接地零序电流保护作为引出线接地故障的后备保护，其动作电流和动作时限均应与下一级相邻元件（一般是相邻的线路）的零序电流保护后备段相配合，具体整定计算方法请参阅相关继电保护教材，这里不再叙述。

2. 部分变压器中性点接地运行时的变压器接地保护

为了限制短路电流并保证系统中零序电流的大小和分布尽量不受系统运行方式的变化，在发电厂或变电所中通常只有部分变压器的中性点直接接地，如图 6-35 所示，变压器 T1 中性点接地运行，T2 中性点不接地运行。

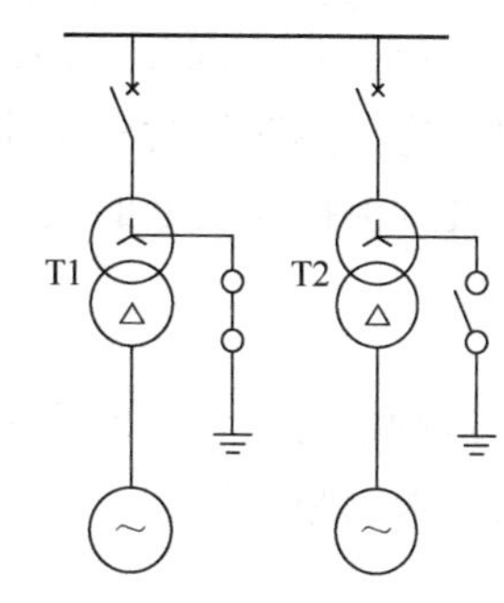

图 6-35　变压器部分接地运行方式

对于全绝缘变压器，中性点附近绕组的绝缘水平与绕组端部的绝缘水平相同，当系统中有其他变压器中性点接地时，这种变压器的中性点可以不接地运行，但在需要时，也可以改为中性点直接接地运行。这种变压器除了装设零序电流保护作为中性点接地运行时的接地保护外，还应装设零序电压保护（零序电压取自电压互感器二次侧的开口三角形绕组），作为变压器中性点不接地运行时的接地保护。当发生接地故障时，先由零序电流保护动作切除中性点接地运行的变压器，若故障依然存在，再由零序电压保护切除中性点不接地的变压器。

对于分级绝缘的变压器，为防止中性点过电压，在发生接地故障时，应先断开中性点不接地运行的变压器，后断开中性点接地运行的变压器。这种保护的配置与变压器中性点是否装设了放电间隙有关，这里不再详细介绍，请参阅相关继电保护教材。

七、变压器的过负荷保护

变压器的过负荷电流一般都是三相对称的，因此，过负荷保护只采用一个电流继电器接于一相电流回路中，经较长的延时后发出信号。对双绕组降压变压器，过负荷保护一般装在高压侧。

过负荷保护的动作电流，按躲开变压器额定电流整定，即

$$I_{op}=\frac{K_{rel}}{K_{re}}I_{N.T} \tag{6-44}$$

式中，K_{rel}为可靠系数，取 1.05；K_{re}为返回系数，取 0.85。

过负荷保护的整定时限，应比变压器后备保护的最大时限再增大一个 Δt，一般取 10 ～ 15s。

八、线路－变压器组的保护

当向变压器供电的线路较短时（如中小型企业内部的高压配电线路），若分别对线路和变压器装设保护，则线路的过电流保护动作时间较长，且电流速断保护的灵敏度不易达到要求。考虑到短线路发生故障的概率较小，可将线路和变压器看作一个单元来设置保护。对于这种线路－变压器组的保护，如图 6-36 所示，无论是变压器还是线路发生故障时，供电都要中断。为此，可将保护装设在线路首端，变压器故障时允许线路速断保护无选择地动作，即无时限电流速断保护的保护范围可以延长到被保护线路以外的变压器内部。这时线路无时限电流速断保护的动作电流按躲过变压器二次侧出口处（k_2 点）短路时，流过保护安装处的最大三相短路电流来整定，即

$$I_{op}=K_{rel}I'^{(3)}_{k2.max} \tag{6-45}$$

这种情况下，无时限电流速断保护的灵敏度按被保护线路末端（k_1 点）的最小两相短路电流来校验，即

$$K_s=\frac{I^{(2)}_{k1.min}}{I_{op}}\geqslant 1.5 \tag{6-46}$$

式中，$I^{(2)}_{k1.min}$ 为被保护线路末端发生短路时的最小两相短路电流。

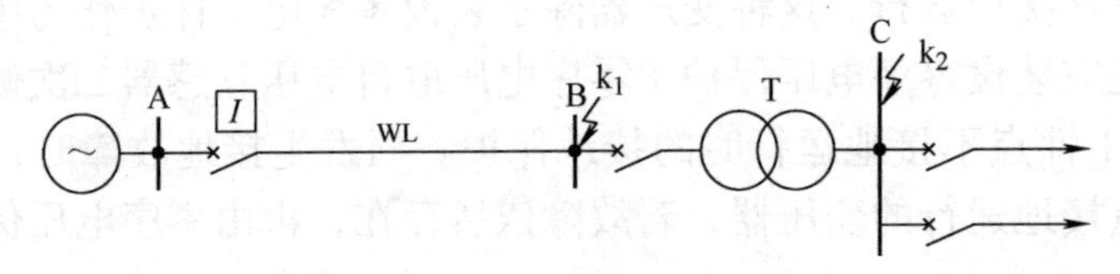

图 6-36　线路－变压器组的保护

同样地，对于线路－变压器组的过电流保护，其动作电流要按照躲过变压器可能出现的最大负荷电流来整定，灵敏度则应按变压器二次侧（k_2 点）短路时，流过保护装置安装处的最小两相短路电流来校验。

可见，这种线路－变压器组的保护的整定计算方法与变压器保护完全相同。

例 6-2　某总降压变电所装有一台 35/10.5kV、2500kV・A 的变压器，已知变压器一次侧母线（35kV 侧）的最大、最小三相短路电流分别为 $I^{(3)}_{k1.max}=1.42$ kA 和 $I^{(3)}_{k1.min}=1.3$ kA，二次侧母线（10kV 侧）的最大、最小三相短路电流分别为 $I^{(3)}_{k2.max}=1.49$ kA 和 $I^{(3)}_{k2.min}=1.45$ kA，保护采用两相三继电器接线，电流互感器的电流比为 75/5，变电所 10kV 出线过电流保护动作时间为 1s，试对该变压器的定时限过电流保护和电流速断保护进行整定计算。

解：（1）定时限过电流保护

1）动作电流整定。取 $K_{rel}=1.2$，$K_{re}=0.85$，$K_{st}=2$，则

$$I_{op}=\frac{K_{rel}K_{st}}{K_{re}}I_{NT}=\frac{1.2\times2}{0.85}\times\frac{2500}{\sqrt{3}\times35}A=116.4A$$

$$I_{op.K}=\frac{K_w}{K_i}I_{op}=\frac{1}{75/5}\times116.4A=7.76A$$

2）动作时限整定

$$t_1=t_2+\Delta t=1s+0.5s=1.5s$$

3）灵敏度校验。按变压器二次侧（k_2 点）短路时，流过保护安装处的最小两相短路电流来校验，即

$$K_s=\frac{I'^{(2)}_{k2.min}}{I_{op}}=\frac{\sqrt{3}}{2}\times\frac{1.45\times10^3}{116.4}\times\frac{10.5}{37}=3.06>1.5$$

（2）电流速断保护

1）动作电流整定。按变压器二次侧（k_2 点）短路时，流过保护安装处的最大三相短路电流来整定，取 $K_{rel}=1.3$，则

$$I_{op}=K_{rel}I'_{k2.max}=1.3\times1.49\times10^3\times\frac{10.5}{37}A=550A$$

$$I_{op.K}=\frac{K_w}{K_i}I_{op}=\frac{1}{75/5}\times550A=36.7A$$

2）灵敏度校验。按保护装置安装处的最小两相短路电流来校验，即

$$K_s=\frac{I^{(2)}_{k1.min}}{I_{op}}=\frac{\sqrt{3}}{2}\times\frac{1.3\times10^3}{550}=2.05>2$$

第五节　高压电动机的保护

一、高压电动机的故障类型和应装设的保护

在工业生产中常采用大量高压电动机，在运行中电动机发生的常见故障是电动机绕组的相间短路和单相接地短路；常见的不正常运行方式是电动机过负荷、低电压，此外对同步电动机还有失步和失磁等。

针对上述故障和异常运行状态，电动机应装设如下保护：

（1）相间短路保护　容量在 2000kW 以下的电动机应装设电流速断保护；容量在 2000kW 以上或容量小于 2000kW 但电流速断保护灵敏度不满足要求的电动机应装设纵联差动保护，保护动作于跳闸。

（2）接地短路保护　当小电流接地系统中接地电容电流大于5A时，应装设有选择性的接地保护，动作于跳闸。

（3）过负荷保护　对于易发生过负荷的电动机应装设过负荷保护，保护应根据负荷特性延时动作于信号、跳闸或减负荷。

（4）低电压保护　对不重要的电动机或不允许自起动的电动机应装设低电压保护。当电网电压降到某一值时，低电压保护动作，将不重要的电动机或不允许自起动的电动机从电网中切除，以保证重要电动机在电源电压恢复时，能顺利地自起动。

二、电动机的相间短路保护

1. 电流速断保护

电流速断保护通常采用两相不完全星形联结；当灵敏度允许时，也可采用两相电流差接线方式。对于不易过负荷的电动机，可选用DL型电流继电器；对易过负荷的电动机，可选用GL型电流继电器，其瞬动元件作为相间短路保护，作用于跳闸，其反时限元件作为过负荷保护，延时作用于信号、跳闸或减负荷。

电动机电流速断保护的动作电流按躲过电动机的最大起动电流来整定，继电器的动作电流为

$$I_{op.K}=\frac{K_{rel}K_{w}}{K_{i}}I_{st.max} \tag{6-47}$$

式中，K_{rel}为可靠系数，DL型继电器可取1.4～1.6，GL型继电器可取1.8～2；K_{w}为接线系数，不完全星形联结时为1，两相电流差接线时为$\sqrt{3}$；$I_{st.max}$为电动机起动电流的最大值。

保护的灵敏度按下式校验：

$$K_{s}=\frac{I_{k.min}^{(2)}}{K_{i}I_{op.K}}\geqslant 2 \tag{6-48}$$

式中，$I_{k.min}^{(2)}$为电动机出口处的最小两相短路电流。

2. 纵联差动保护

在小电流接地系统中，电动机的纵联差动保护可采用由两个BCH-2型或DL-11型继电器构成的两相式接线，其原理接线图如图6-37所示。

保护的动作电流按躲过电动机的额定电流整定，继电器的动作电流为

$$I_{op.K}=\frac{K_{rel}K_{w}}{K_{i}}I_{NM} \tag{6-49}$$

式中，K_{rel}为可靠系数，对BCH-2型继电器取1.3，对DL-11型继电器取1.5～2。

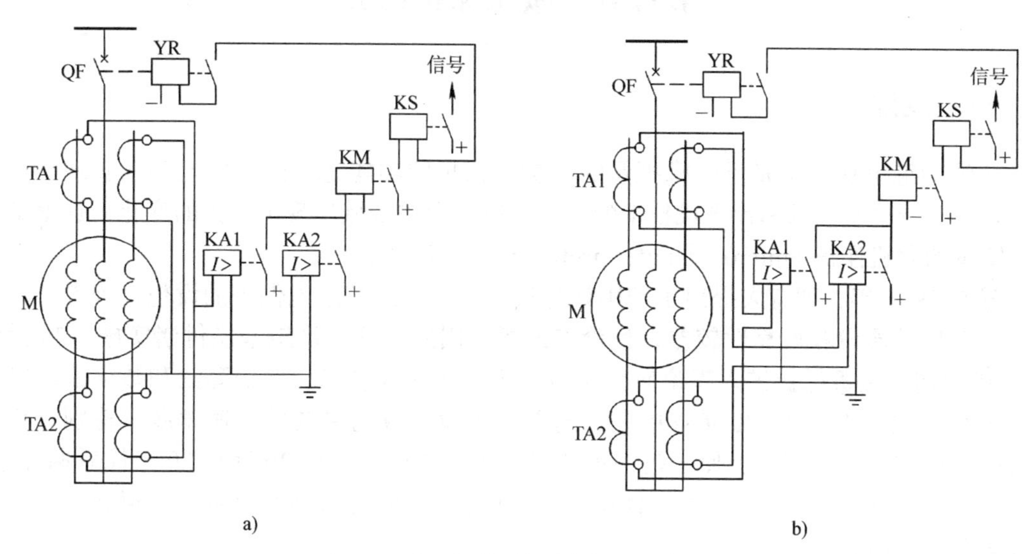

图 6-37　电动机纵联差动保护原理接线图

a）由 DL-11 型电流继电器构成的差动保护　b）由 BCH-2 型差动继电器构成的差动保护

保护的灵敏度可按式（6-48）校验，要求 $K_s \geqslant 2$。

三、电动机的过负荷保护

一般可采用一相一继电器式接线作为过负荷保护。但如果电动机的相间短路保护由 GL 型电流继电器组成，可利用其感应元件作为电动机的过负荷保护。过负荷保护的动作电流按躲过电动机额定电流整定，继电器的动作电流为

$$I_{op.K} = \frac{K_{rel}K_w}{K_{re}K_i} I_{NM} \tag{6-50}$$

式中，K_{rel} 为可靠系数，保护动作于信号时，取 1.05 ～ 1.1，动作于减负荷或跳闸时，取 1.2 ～ 1.25；K_{re} 为返回系数，对 GL 型继电器取 0.85。

过负荷保护的动作时间，应大于电动机起动及自起动所需的时间，一般取 15 ～ 20s。

四、电动机的单相接地保护

小电流接地系统中的高压电动机，当单相接地电流大于 5A 时，有可能会过渡到相间短路，因此应装设有选择性的单相接地保护，并动作于跳闸。电动机的单相接地保护原理和小电流接地系统中的线路单相接地保护原理（见本章第三节）基本相同，一般采用零序电流保护，其零序电流取自专用的零序电流互感器，此处不再重复。

关于电动机的低电压保护，限于篇幅，这里不再叙述，读者可参考其他相关书籍。

第六节 微机保护简介

一、概述

传统的继电保护都是反映模拟量的保护，保护的功能完全由硬件电路来实现。近几十年来，随着电子技术和计算机技术的发展，继电保护领域出现了巨大的变化，这就是反映数字量的微机保护（microcomputer protection）的出现。

早在1965年，就有人提出了利用计算机构成电力系统继电保护的设想，但是，由于当时计算机的质量和可靠性较差，且价格昂贵，因此，这一设想未能付诸实施。20世纪70年代初期，微机保护进入理论研究阶段，主要是采样技术、保护算法和数字滤波等方面的研究。到了20世纪70年代中期，随着大规模集成电路技术飞速发展，特别是价格便宜的微处理器的出现，促使微机保护的研究出现了热潮。从20世纪70年代后期开始，各国都在这些方面做了很多努力，使电力系统微机保护技术逐渐成熟起来，微机保护装置也逐渐趋于实用。

我国微机保护的研究工作从20世纪70年代后期开始，起步较晚，但发展较快。1984年初，华北电力大学研制的第一套微机距离保护样机投入试运行，标志着我国微机保护工作进入了重要的发展阶段，后来又有更多的高校和科研机构做了许多探索。进入20世纪90年代后，微机保护技术已趋于成熟，推出了不少成型的产品并得到了广泛应用；2000年之后则进入了全面应用阶段。

国内微机保护的发展大致经历了三个阶段（三代）：第一代微机保护装置是单CPU结构，几块印制电路板由总线相连组成一个完整的计算机系统，总线暴露在印制电路板之外；第二代微机保护装置是多CPU结构，每块印制电路板上以CPU为中心组成一个计算机系统，实现了“总线不出插件”；第三代微机保护技术创新的关键之处是利用了一种特殊单片机，将总线与CPU一起封装在一个集成电路块中，实现了“总线不出芯片”，具有极强的抗干扰能力。

目前，微机保护正朝着网络化，保护、控制、测量、数据通信一体化和人工智能化的方向发展。

二、微机保护的特点

与传统继电保护相比，微机保护具有以下优点：

（1）保护性能好　由于微机保护是通过软件程序实现的，因而微机保护可以实现很复杂的保护功能，也使许多常规保护中存在的技术问题找到了新的解决办法。例如，距离保护如何区别振荡和短路，大型变压器差动保护如何识别励磁涌流和内部故障等问题，都有了新的解决方法。

（2）灵活性大　由于各种类型的微机保护所使用的硬件和外部设备可以通用，而微机保护的特性和功能主要由软件决定。因此，只要改变软件就可以改变保护的特性和功能，这就体现了微机保护具有极大的灵活性。

（3）可靠性高　在计算机程序的指挥下，微机保护装置可以在线实时对硬件电路的各个环节进行自检，多微机系统还可以实现互检，利用软件和硬件结合，可有效地防止由于干扰而造成的微机保护误动作。

（4）调试维护方便　传统的整流型或晶体管型保护装置的调试工作量大，尤其是一些复杂保护，其调试项目多、周期长，且难以保证调试质量。微机保护则不同，它的保护功能都是由软件实现的，只要微机保护的硬件电路完好，保护的特性即可得到保证。调试人员只需做几项简单的操作，即可证明装置的完好性。此外，微机保护的整定值都是以数字量存放于 EPROM 或 EEPROM 中，永久不变，因此不需要定期对定值再进行调试。

（5）易于获取附加功能　应用微机保护后，配置一台打印机或液晶显示器，在系统发生故障后，微机保护装置除了完成保护任务外，还可以提供多种信息。例如，在微机保护中，可以方便地附加自动重合闸、故障录波、故障测距等自动装置的功能。

三、微机保护装置的硬件构成

微机保护与传统继电保护的最大区别就在于前者不仅有实现继电保护功能的硬件电路，而且还有实现保护和管理功能的软件；而后者则只有硬件电路。一般地，微机保护装置的硬件构成可分为六部分，即数据采集部分、微型计算机部分、输入/输出接口部分、通信接口部分、人机接口部分和供电电源部分。

（1）数据采集系统　微机保护中的微型计算机是处理数字信号的，即送入微型计算机的信号必须是数字信号。数据采集系统的任务是将模拟量输入量准确地转换为所需的数字量，它由电压形成、模拟低通滤波（ALF）、采样保持（S/H）、多路转换（MPX）、模数转换（A/D）等功能模块组成。

（2）微型计算机系统　微型计算机系统是微机保护装置的核心，主要包括微处理器（CPU）、只读存储器（ROM）、随机存取存储器（RAM）、闪存单元（FLASH）、接口芯片及定时器等。微型计算机执行存放在 ROM 中的程序，将数据采集系统输入至 RAM 区的原始数据进行分析处理，完成各种继电保护的功能。

（3）输入/输出接口电路　输入/输出接口是微机保护与外部设备的联系部分，因为输入信号、输出信号都是开关量信号（即触点的通、断），所以又称为开关量输入/输出电路。该电路的任务是将各种开关量通过光电耦合电路、并行接口电路输入到微机保护，而微机保护的处理结果则通过开关量输出电路驱动中间继电器以完成各种保护的出口跳闸、信号警报等功能。

（4）通信接口电路　微机保护的通信接口是实现变电站综合自动化的必要条件，因此，每个保护装置都带有相对标准的通信接口电路，如 RS-232、RS-422/485、LonWorks 或 CAN 等现场通信网络接口电路。

（5）人机接口电路　人机接口部分主要包括显示、键盘、各种面板开关、打印与报警等，其主要功能用于调试、整定定值与变比等。

（6）供电电源　微机保护电源工作的可靠性直接影响着微机保护装置的可靠性。微机保护装置不仅要求电源的电压等级多，电源特性好，而且要求具有较强的抗干扰能力。目前微机保护装置的供电电源，通常采用逆变稳压电源，即将直流逆变为交流，再把交流整流为微机保护所需的直流工作电压。这样做的好处是把变电站的强电系统的直流电源与微机保护的弱电系统电源完全隔开。

微机保护装置硬件组成的基本框图如图 6-38 所示。它由上述六部分按功能模块化设计，便于维护和调试。

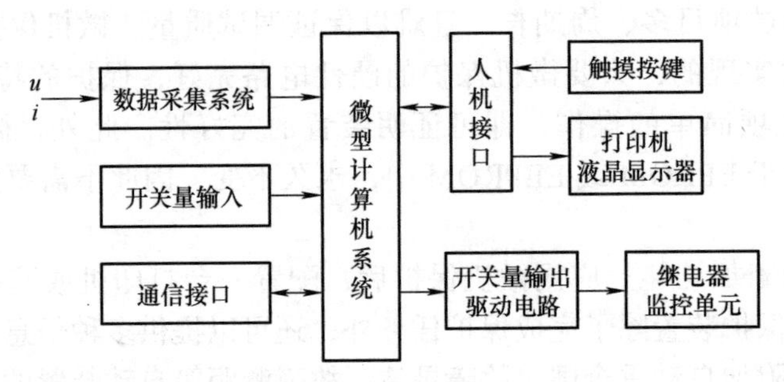

图 6-38　微机保护装置的硬件组成框图

四、微机保护的数据采集系统

数据采集系统的作用是将输入至保护装置的电压、电流等模拟量准确地转换成所需的数字量。按其中的模 / 数转换器的类型可分为两类：一类是比较式数据采集系统，采用逐次比较式模 / 数转换器（ADC）实现数据的转换；另一类是压频转换式数据采集系统，采用 V/F 变换器（VFC）实现数据的转换。这里仅简要介绍在电力系统中应用比较广泛的比较式数据采集系统的组成。

比较式数据采集系统的框图如图 6-39 所示。它包含交流变换器、前置模拟低通滤波器（ALF）、采样保持器（S/H）、多路转换开关（MPX）和模 / 数（A/D）转换器等功能模块。

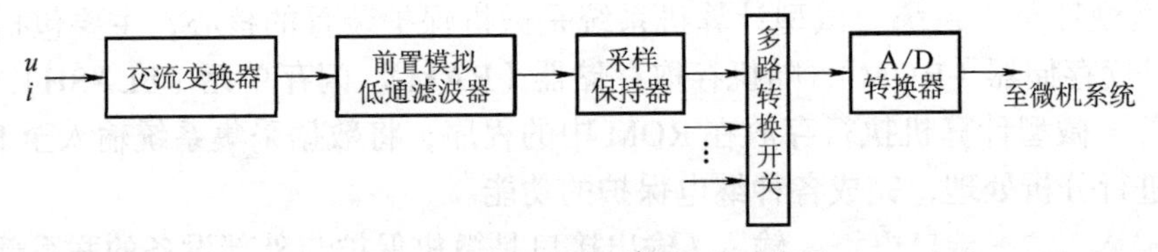

图 6-39　比较式数据采集系统的框图

（1）交流变换器　交流变换器的作用有二：一是将从电压互感器（TV）、电流互感器（TA）上获得的二次电流、电压信号变换成与 A/D 转换芯片电平相匹配的电压信号；二是实现互感器二次回路与微机保护 A/D 转换系统完全电隔离，以提高抗干扰能力。

（2）前置模拟低通滤波器　前置模拟低通滤波器一般由 R、C 元件组成，其作用是阻止频率高于某一数值的信号进入 A/D 转换系统。

根据采样定理可知，采样频率 f_s 必须大于输入的信号频谱中所含的最高频率的 2 倍，才能保证采样后的离散信号真实地代表原始输入信号，否则会发生频率混叠，使信号畸变。对微机保护系统来说，由于在系统故障时的电压、电流信号中含有许多高次谐波，为防止混叠，采样频率 f_s 将不得不用得很高，这样对 CPU 的速度提出了过高的要求。如果在故障电压或电流等模拟量进入采样保持器之前，用一个模拟低通滤波器将频率高于 $\frac{1}{2}f_s$

的信号滤掉，这一方面可以降低采样频率f_s，从而降低对微机系统硬件过高的要求，另一方面也可以减少谐波分量对某些算法的影响。

（3）采样保持器　微机保护系统通常要同时检测几个模拟量，为了使各信号间的相位关系保持不变，必须在每一通道上装设采样保持器，在同一瞬间对各模拟量采样并予以保持，以供 A/D 转换器相继进行变换。可见，采样保持电路的作用是在一个极短的时间内测量模拟输入量在该时刻的瞬时值，并在 A/D 转换器进行转换的期间内保持其输出不变，以保证有较高的转换精度。采样保持的过程如图 6-40 所示。图中，T_c为采样脉冲宽度，T_s为采样周期（采样间隔），目前绝大多数微机保护的采样周期在 0.5 ～ 2ms 的范围内。

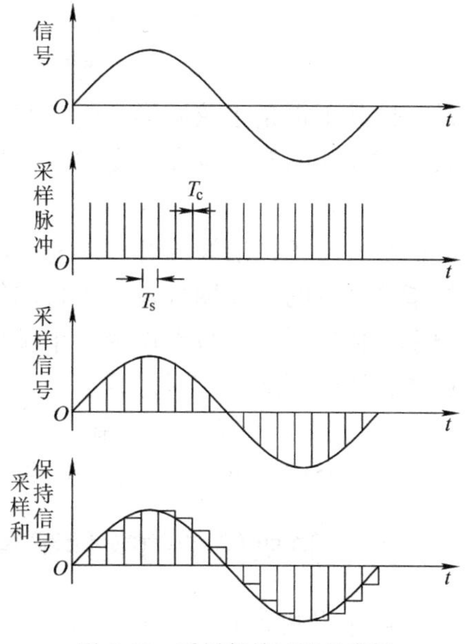

图 6-40　采样保持过程示意图

（4）多路转换开关　数据采集系统往往要对多路模拟量进行采集，但由于 A/D 转换器价格昂贵，通常不是每个模拟输入量通道设一个 A/D，而是采用多路模拟信号共用一个 A/D 转换器，中间用一个多路转换开关轮流切换各路模拟量与 A/D 转换器之间的通道，使得在任一时刻只将一路模拟信号输入到 A/D 转换器，从而实现分时转换的目的。

（5）A/D 转换器　由于计算机只能处理数字信号，而电力系统中的电流、电压均为模拟量，因此，必须采用 A/D 转换器将连续的模拟量转换为离散的数字量。

微机保护用的 A/D 转换器绝大多数都是应用逐次逼近法的原理实现的，它由一个 D/A 转换器和一个比较器组成，如图 6-41 所示。

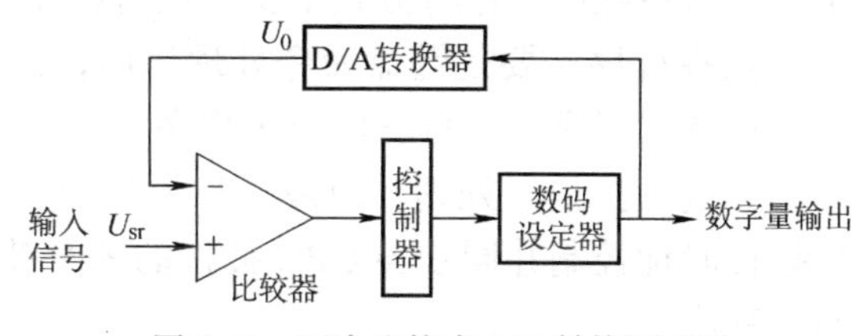

图 6-41　逐次比较式 A/D 转换原理图

五、微机保护的算法

微机保护装置根据 A/D 转换器提供的输入电气量的采样数据进行分析、运算和判断，以实现各种继电保护功能的方法，称为保护算法。目前在微机保护中采用的算法很多，但可归纳为两类。一类是根据输入电气量的若干采样点通过一定的数学式或方程式计算出保护所反映的量值，然后与整定值进行比较；另一类算法是不计算具体量值，而是根据若干采样点值与整定值相结合，直接建立保护动作方程来判断是否在保护动作区内。

各种微机保护的功能和要求不同，其算法也不一样。分析和评价各种不同算法优劣的标准是精度和速度。精度是指保护根据输入量判断电力系统故障或不正常运行状态的准确程度，而速度包括两个方面：一是算法所要求的采样点数（或数据窗长度），二是算法的运算工作量。一个好的算法应该是运算精度高，所用数据窗短，运算工作量小。然而精度和速度又总是相互矛盾的，研究算法的实质是如何在速度和精度两方面进行权衡。还需指出，有些算法本身具有数字滤波的功能，有些则需对输入量先滤波后再计算。因此，评价算法时还要考虑它对数字滤波的要求。

如果输入量为正弦函数，可采用的算法主要有两点乘积算法、半周积分算法、导数算法、采样值积分算法等。实际上电力系统发生故障后的电流、电压中都含有各种暂态分量，使其不再是正弦波形，而且数据采集系统还会引入各种误差，所以，这些算法对前置数字滤波器的要求较高，受输入信号的频率影响较大，误差也较大。

如果输入量为周期函数，可采用傅里叶算法。该算法本身具有较强的滤波作用，它能把基波与各次谐波分开，能完全滤掉各种整次谐波和纯直流分量，对非整次高频分量和按指数衰减的非周期分量所包含的低频分量也有一定的抑制作用。但这种算法受电力系统频率变化的影响，数据窗为一个基波周期，保护动作时间也较长，同时，因存在大量乘法运算，所以不适合实时计算。

微机保护还有一些常用算法，如最小二乘方算法、微分方程算法等，限于篇幅，这里不一一介绍，可参考有关微机保护书籍。

六、微机保护的软件配置

由于微机保护的硬件从结构功能上分为人机接口和保护接口两大部分，其软件相应也分为接口软件和保护软件两大部分。

1. 接口软件

接口软件是指人机接口部分的软件，其程序可分为监控程序和运行程序。调试方式下执行监控程序，运行方式下执行运行程序。

监控程序主要是键盘命令处理程序，是为接口插件及各 CPU 保护插件进行调节和整定而设置的程序。运行程序由主程序和定时中断服务程序构成。其中主程序的任务是完成巡检、键盘扫描和处理、故障信息的排列和打印；定时中断服务程序包括软件时钟程序、以硬件时钟控制并同步各 CPU 插件的软时钟、检测各 CPU 插件启动元件是否动作的检测启动程序。

2. 保护软件

为了实现微机保护的实时性，软件采用中断技术，因此微机保护的软件包含主程序和中断服务程序两大部分。主程序包括初始化和自检循环模块、保护逻辑判断模块和跳闸处理模块；中断服务程序由定时采样中断服务程序和串行口通信中断服务程序组成。一般来说，初始化和自检循环模块在不同的保护装置中基本上是相同的，保护逻辑判断模块则随不同的保护装置而相差较大。在不同的保护装置中，由于采样算法是不相同的，因此采样中断服务程序也不尽相同。

保护软件有运行、调试和不对应状态三种工作方式。在运行方式下，保护处于运行状态，其软件就执行保护主程序和中断服务程序；在调试方式下，复位 CPU 后就工作在调试状态；当选择调试但不复位 CPU 并且接口插件工作在运行状态时，就处于不对应状态（即保护 CPU 插件与接口 CPU 插件状态不对应）。

七、提高微机保护可靠性的措施

可靠性是对继电保护装置的基本要求之一，它包括两个方面——不误动和不拒动。可靠性和很多因素有关，如保护的原理、工艺和运行维护水平等。运行中的微机保护装置的可靠性主要面临两个问题，一是元器件损坏，二是电磁干扰引起的功能障碍。由于微机系统的元器件大大减少，且使用了大规模集成电路，因此微机保护的可靠性主要是抗干扰问题。

电磁干扰是指电磁引起的设备、传输通道或系统性能的下降。对于微机保护而言，电磁干扰可能会造成微机保护装置的计算或逻辑错误、程序运行出轨，甚至元器件的损坏等严重后果。所以，应采取有效措施防止各种干扰进入微机保护装置，包括：①正确合理的接地处理；②良好的屏蔽与隔离；③必要的滤波、退耦和旁路电容；④良好的供电电源；⑤合理地分配和布置插件等。

微机保护装置在电力系统正常运行时，其程序不断对系统的RAM、EPROM、数据采集系统、出口通道等各部分进行在线自检。如有元器件损坏，装置应能及时发现、定位并报警，以便运行人员迅速采取措施予以修复，此过程中的可靠性问题运用容错设计加以保证。

为抑制干扰对保护软件的影响，可以采取采样值抗干扰纠错、出口密码校核、复算校核和程序出轨自恢复等措施。微机保护装置的软件设计应做到保护原理正确、逻辑严密和算法准确稳定，还可运用平滑技术克服计算结果的分散性，用冗余法减少判断失误等来提高软件的可靠性。

本章小结

1. 继电保护装置的任务是自动、迅速、有选择地将故障元件从系统中切除，正确反映电气设备的不正常运行状况，因此，继电保护应满足选择性、速动性、灵敏性和可靠性的要求。

2. 继电器是构成继电保护装置的基本元件，保护继电器按其反应物理量分，有电流继电器、电压继电器、功率继电器、气体继电器等；按其在保护装置中的功能分，有起动继电器、时间继电器、信号继电器和中间继电器等；按其组成元件分，有机电型、电子型和微机型等继电器。

3. 保护装置常用的接线方式有三相完全星形联结、两相不完全星形联结和两相电流差接线，可根据不同要求进行选择。前两种接线方式无论发生何种相间短路，其接线系数都等于1；而对于两相电流差接线，不同形式的相间短路，其接线系数有所不同。

4. 输电线路相间短路的电流保护主要是三段式电流保护。第Ⅰ段（无时限电流速断保护）按线路末端最大三相短路电流整定，按首端最小两相短路电流校验灵敏度，由动作电流满足选择性要求，但在线路末端有死区，不能保护线路全长；第Ⅱ段（带时限电流速断保护）按下级线路Ⅰ段保护动作电流整定，按本线路末端最小两相短路电流校验灵敏度，动作时间与下级线路Ⅰ段保护配合；第Ⅲ段（定时限过电流保护）按最大负荷电流整定，按本级和下级线路末端最小两相短路电流校验灵敏度，动作时间按阶梯原则整定，由动作时间满足选择性要求。在多电源系统中，为满足选择性要求，可装设方向电流保护。

5. 大电流系统的接地保护通常采用三段式零序电流保护，其工作原理及动作电流整定方法与三段式电流保护相似；小电流系统的接地保护分为无选择性的单相接地保护（绝缘监视装置）和有选择性的单相接地保护（零序电流保护）。

6. 电力变压器的继电保护是根据变压器的容量和重要程度确定的，变压器的故障分为内部故障和外部故障。110kV 以下双绕组变压器的保护一般有瓦斯保护、纵联差动或电流速断保护、过电流保护和过负荷保护等。

7. 高压电动机通常装有电流速断或纵联差动保护、单相接地保护、过负荷保护和低电压保护等。

8. 微机保护是一种数字化智能保护装置，具有功能多、性能优、可靠性高等优点，是继电保护的发展方向。

思考题与习题

6-1　在电力系统中继电保护的任务是什么？对继电保护的基本要求是什么？

6-2　什么是继电保护的接线系数？星形联结、不完全星形联结和两相电流差接线方式的接线系数有何不同？

6-3　什么是继电器的动作电流、返回电流和返回系数？

6-4　过电流保护装置的动作电流如何整定？

6-5　什么是三段式电流保护？各段的保护范围和动作时限是如何进行配合的？

6-6　在小电流接地系统中发生接地故障时，通常采取哪些保护措施？简要说明其基本原理。

6-7　变压器常见的故障和不正常运行状态有哪些？应装设哪些保护？

6-8　变压器差动保护产生不平衡电流的原因是什么？如何减小不平衡电流？

6-9　微机保护装置的硬件构成分为几部分？各部分的作用是什么？

6-10　已知两相电流差接线的过电流保护在三相短路时的一次动作电流为 $I_{op}^{(3)}$，灵敏系数为 $K_S^{(3)}=\dfrac{I_k^{(3)}}{I_{op}^{(3)}}$，试证明：

（1）当 AB 或 BC 两相短路时，$I_{op}^{(2)}=\sqrt{3}I_{op}^{(3)}$，$K_S^{(2)}=\dfrac{I_k^{(2)}}{I_{op}^{(2)}}=0.5K_S^{(3)}$；

（2）当 AC 两相短路时，$I_{op}^{(2)}=\dfrac{\sqrt{3}}{2}I_{op}^{(3)}$，$K_S^{(2)}=K_S^{(3)}$。

6-11　如图 6-42 所示 35kV 系统中，已知 A 母线处发生三相短路时的最大短路电流为 5.16kA，最小短路电流为 3.8kA，线路 AB、BC 的长度分别为 30km 和 55km，单位长度电抗取 $0.4\Omega/\text{km}$。试求：

（1）保护 1 的电流Ⅰ段的整定值及最小保护范围；

（2）保护 1 的电流Ⅱ段的整定值及灵敏系数。

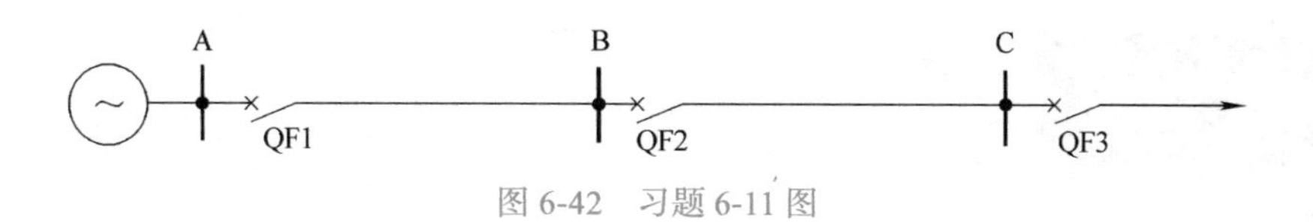

图 6-42　习题 6-11 图

6-12　如图 6-43 所示，35kV 单侧电源辐射形线路 WL1 的保护方案拟定为三段式电流保护。已知保护采用两相不完全星形联结，线路 WL1 的最大负荷电流为 174A，电流互感器的电流比为 300/5，在最大及最小运行方式下各点短路电流见表 6-1。WL2 的定时限过电流保护动作时间为 1.5s，试对 WL1 的三段式电流保护进行整定计算。

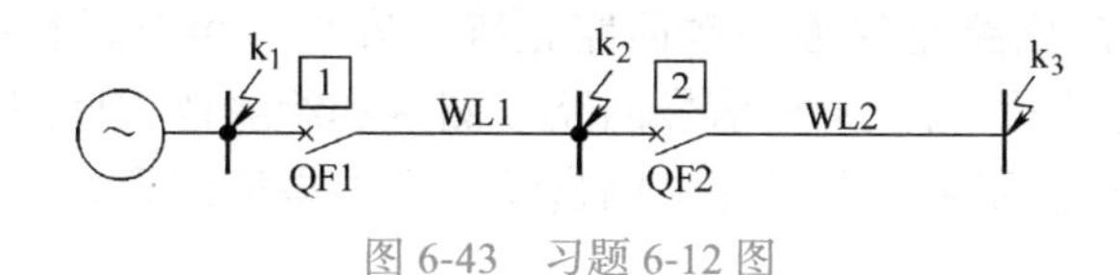

图 6-43　习题 6-12 图

表 6-1　图 6-43 中各点短路电流值

短路点	k_1	k_2	k_3
最大运行方式下三相短路电流 /kA	4	1.39	0.53
最小运行方式下两相短路电流 /kA	3.03	1.15	0.45

6-13　某总降压变电所装有一台 35kV/10.5kV、4000kV·A 的变压器，已知变压器 10kV 母线的最大、最小三相短路电流分别为 1.4kA 和 1.3kA，35kV 母线的最小三相短路电流为 1.25kA，保护采用两相两继电器接线，电流互感器的电流比为 100/5，变电所 10kV 出线过电流保护动作时间为 1s，试整定该变压器的电流保护。

6-14　有一台 S11-6300/35 型电力变压器，Yd11 联结，额定电压为 35kV/10.5kV，试选择两侧电流互感器的接线方式和电流比，并求出正常运行时差动保护回路中的不平衡电流。

6-15　试选择降压变压器差动保护的有关参数。已知 S_N = 16000kV·A，35（1±2×2.5%）kV/11kV，Yd11 联结，$U_k\%=8$；35kV 母线短路电流 $I^{(3)}_{k1.max}=3.57$ kA，$I^{(3)}_{k1.min}=2.14$ kA；10kV 母线短路电流 $I^{(3)}_{k2.max}=5.87$ kA，$I^{(3)}_{k.2min}=4.47$ kA，10kV 侧 $I_{L.max}=100$ A。

习题 6-15

第 6 章
测试题

第七章

供配电系统的二次回路与综合自动化

供配电系统的二次回路是保障一次回路正确、安全、可靠运行的系统。本章对其操作电源回路、断路器控制回路、中央信号回路、测量和绝缘监视回路、自动装置回路等进行了详细的阐述，并且还简要介绍了配电网自动化和变电所综合自动化的有关内容。

第一节　二次回路概述

一、二次回路的分类

在电力系统中，对一次设备的工作状态进行监视、控制、测量和保护的辅助电气设备称为二次设备。根据技术要求，将二次设备按一定顺序相互连接而成的电路称为二次回路或二次接线，也称二次系统。

二次回路按电源性质分，有直流回路和交流回路。交流回路又分为交流电流回路（由电流互感器供电）和交流电压回路（由电压互感器供电）。

二次回路按用途分，有操作电源回路、测量（或计量）表计和监视回路、断路器控制和信号回路、中央信号回路、继电保护回路和自动装置回路等。二次回路的功能示意图如图 7-1 所示。

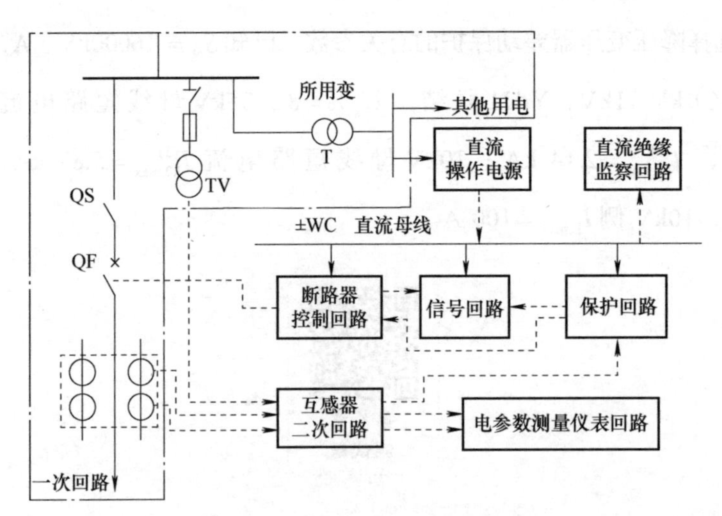

图 7-1　二次回路的功能示意图

在图 7-1 中，断路器控制回路的功能是对断路器进行通、断操作，当线路发生短路故障时，相应继电保护动作，接通断路器控制回路中的跳闸回路，启动信号回路发出声响和灯光信号；操作电源向断路器控制回路、继电保护装置、信号回路、监测系统等二次回路提供所需的电源。电压互感器、电流互感器还向监测、电能计量回路提供电压和电流参数。

二、二次接线图

用来表明二次设备的配置、相互连接关系和工作原理的电气接线图，称为二次接线图。二次接线图是按设备的正常状态绘制而成的，包括归总式原理图、展开式接线图和安装接线图。

归总式原理图（简称原理图）采用集中式表示方法，即各二次设备是以整体的形式与一次接线中的相关部分备画在一起，如图 7-2a 所示。其特点是比较直观，但当元件较多时，接线相互交叉太多，交、直流回路和控制与信号回路均混合在一起，清晰度差，不便于读图，仅在介绍原理时使用。

展开式接线图（简称展开图）是将每套装置的交流电流回路、交流电压回路、直流操作回路和信号回路等各部分按功能不同分开来绘制，同一仪表或继电器的电流线圈、电压线圈和触点常常被拆开，分别画在不同的回路里，因而必须注意将同一元件的线圈和触点用相同的文字符号表示，如图 7-2b 所示。另外，在展开图中，每一回路的旁边附有文字说明，以便于理解。可见，展开图的特点是条理清晰，易于阅读，便于分析和检查，对复杂的二次回路其优点更为突出，因此，在实际工作中展开图用得最多。

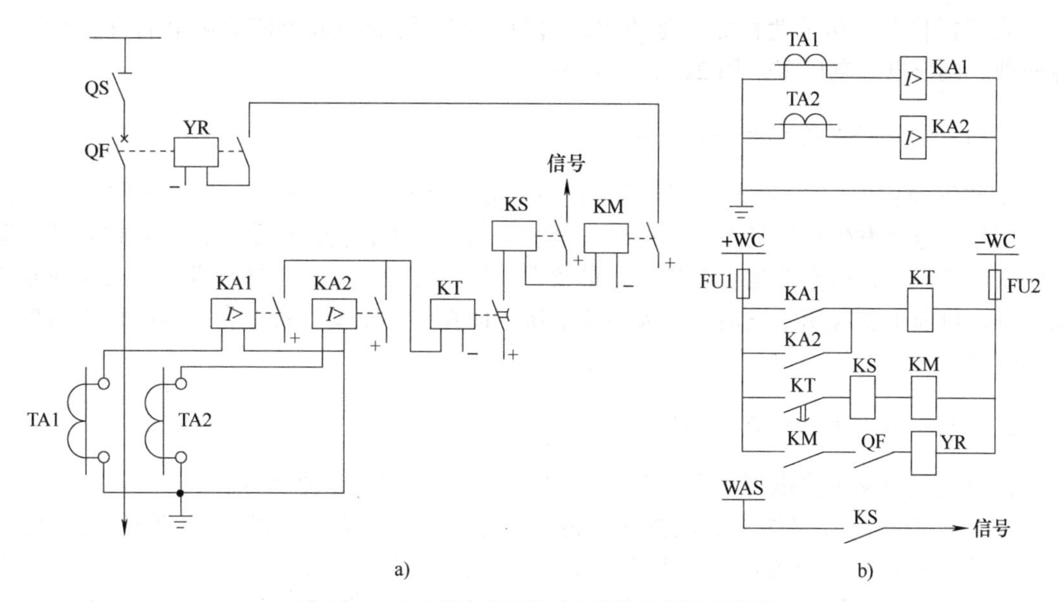

图 7-2 10kV 线路定时限过电流保护原理接线图

a) 归总式原理图（原理图） b) 展开式接线图（展开图）

安装接线图是根据施工安装的要求，用来表示二次设备的具体位置和布线方式的图形，包括屏面布置图、端子排图和屏背面接线图。安装接线图是以设备（如开关柜、继电器屏、信号屏等）为对象绘制，是生成制造厂家、现场施工安装、维护必不可少的图样。安装接线图是依据展开图绘制而成的，图中各种仪表、继电器等二次设备和连接导线及其路径等，都是按照它们的实际安装位置和连接关系绘制的，因此它反映了二次回路的实际接线情况。为了便于安装接线和运行中检查，所有设备的端子和连接导线、电缆的走向均用符号、标号加以标志。

第二节 操作电源

一、概述

变电所的用电一般应设置专门的变压器供电，这种变压器称为所用变压器，简称所用变。变电所的负荷主要有室内外照明、生活区用电、事故照明、操作电源用电等，上述负荷一般分别设置供电回路。

操作电源（operating power supply）是所用电的一部分，是对断路器的控制回路、继电保护装置、自动装置以及其他信号回路供电的最重要的电源。变电所的操作电源应能保证在正常情况和事故情况下不间断供电，当电网发生故障时，能保证继电保护和断路器可靠地动作，以及当断路器合闸时有足够的容量。操作电源分为直流和交流两大类，以直流为主。下面介绍目前变电所常用的几种操作电源。

二、直流操作电源

直流操作电源可分为由蓄电池供电的直流操作电源和由硅整流器供电的直流操作电源两种。操作电源电压多采用220V或110V。

1. 由蓄电池供电的直流操作电源

由蓄电池供电的直流操作电源是一种与电力系统运行方式无关的独立电源系统，在发电厂和变电所发生故障甚至交流电压完全消失的情况下，仍能可靠工作，因此它具有很高的供电可靠性，但它的运行维护工作量较大，使用寿命较短，价格较贵，并需要许多辅助设备，目前主要应用于发电厂和大型变电所，而在中小型变电所中多采用硅整流型直流操作电源。

2. 由硅整流器供电的直流操作电源

硅整流型直流操作电源主要有硅整流电容储能式和复式整流两种。

（1）硅整流电容储能式直流操作电源　如果单独采用硅整流器作为直流操作电源，当一次系统故障引起交流电压降低或完全消失时，将严重影响直流系统的正常工作。为此，可采用硅整流配合电容储能装置的直流操作电源，如图7-3所示，其电源取自所用变压器的低压母线。为了保证可靠性，通常采用两路电源和两台硅整流装置，其中U1的容量较大，主要用作断路器的合闸电源，兼向控制回路供电；U2的容量较小，仅向控制回路供电。两组硅整流装置之间用限流电阻R和逆止元件VD3隔开，使直流合闸母线仅能向控制母线供电，而不允许反向供电。电阻R用来限制控制系统短路时流过VD3的电流，保护 VD3 不被烧坏。整流电路一般采用三相桥式整流。

在直流母线上引出了若干条线路，分别向合闸回路、信号回路、保护回路等供电。在保护回路中，C_1、C_2 为储能电容器组，所储存的电能作为事故情况下继电保护和跳闸回路的操作电源。逆止元件 VD1 和 VD2 的作用是在事故情况下，交流电源电压降低引起操作电压降低时，禁止电容器向操作母线供电，而仅向保护回路放电。

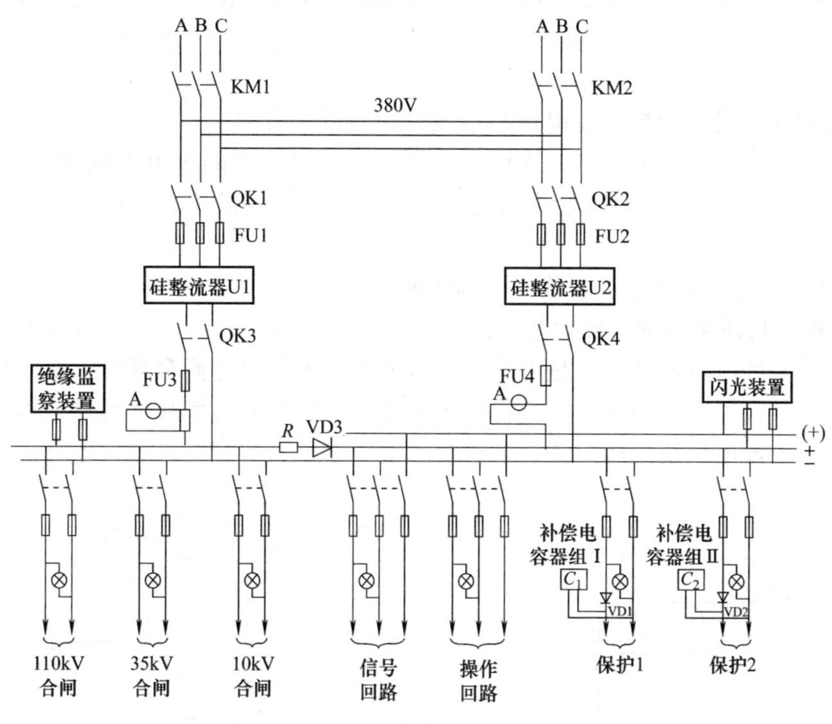

图 7-3　硅整流电容储能式直流系统接线

正常运行时，两台硅整流器同时运行。当电力系统发生短路故障时，直流电压因交流电源电压下降也相应下降，此时利用并联在保护回路中的电容器 C_1 和 C_2 的储能使断路器跳闸。当故障被切除后，交、直流电压恢复正常，电容器又会充足电能，以供断路器下一次跳闸使用。

（2）复式整流装置　复式整流是指提供直流操作电压的整流器电源有两个：一个是电压源，由所用变压器或电压互感器供电，经铁磁谐振稳压器（当稳压要求较高时装设）和硅整流器供电给二次回路；另一个是电流源，由电流互感器供电，同样经铁磁谐振稳压器（当稳压要求较高时装设）和硅整流器供电给二次回路。由于复式整流装置有电压源和电流源，因此能保证供电系统在正常和事故情况下不间断地向直流系统供电。与电容储能比较，复式整流装置能输出较大的功率，电压能保持相对稳定。

图 7-4 是复式整流装置接线示意图。

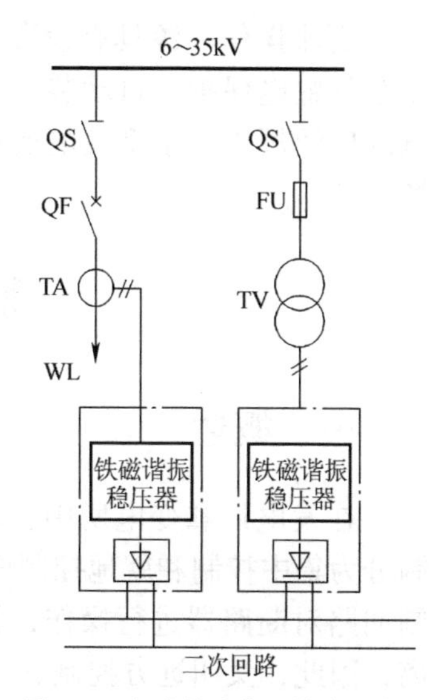

图 7-4　复式整流装置接线示意图

三、交流操作电源

交流操作电源分“电流源”和“电压源”两种。“电流源”取自电流互感器，主要供电给继电保护和跳闸回路；“电压源”取自变电所的所用变压器或电压互感器，通常所用变压器作为正常工作电源，而电压互感器由于容量较小，其电压因故障发生会降低，因此，只有在故障或异常运行状态、母线电压无显著变化时，保护装置的操作电源才能取自电压互感器，比如中性点不接地系统的单相接地保护、油浸式变压器内部故障的气体保护等。

目前普遍采用的交流操作继电保护接线方式有以下两种：

（1）直接动作式（见图 7-5）其特点是利用操作机构内的过电流脱扣器（跳闸线圈）YR 直接动作于跳闸，不需另外装设继电器，设备少，接线简单，但保护灵敏度低，实际上很少采用。

（2）利用继电器常闭触点去分流跳闸线圈方式（见图 7-6）正常运行时，电流继电器 KA 的常闭触点将跳闸线圈 YR 短接，断路器 QF 不会跳闸。当一次电路发生短路时，继电器动作，其常闭触点断开，于是电流互感器的二次侧短路电流全部流入跳闸线圈而使断路器跳闸。这种接线方式简单、经济，由于采用了电流继电器作起动元件，提高了保护灵敏度，在工厂供配电系统应用广泛，但这要求继电器触点的容量足够大才行。

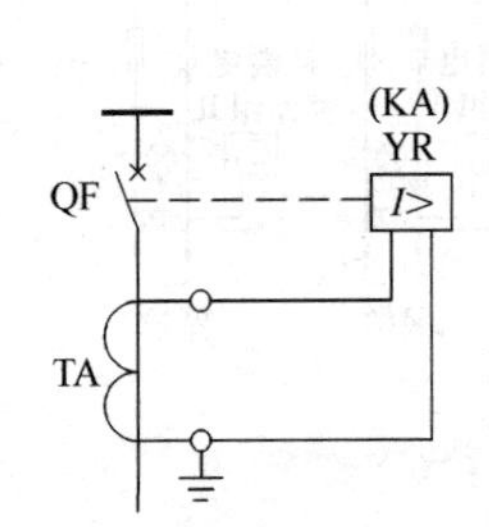

图 7-5 直接动作式保护接线图

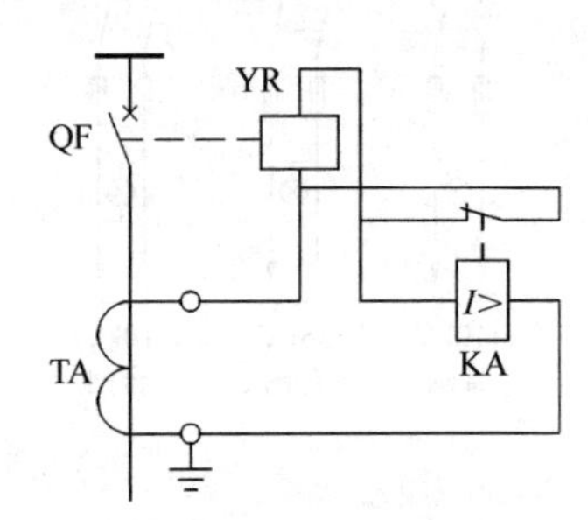

图 7-6 去分流跳闸方式保护接线图

交流操作电源具有投资小、接线简单可靠、运行维护方便等优点，但它不适用于较复杂的继电保护、自动装置及其他二次回路等，因此，限制了它的使用范围。交流操作电源广泛用于中小型变电所中采用手动操作或弹簧储能操作及继电保护采用交流操作的场合。

第三节 断路器的控制回路

一、概述

在发电厂和变电所中，电气设备的投入和退出都是由断路器来完成的。断路器的控制分为集中控制和就地控制两类。集中控制是指在控制室内用控制开关（或按钮）通过控制回路对断路器进行操作，被控制的断路器与控制室之间一般都有几十米到几百米的距离，因此，又叫远方控制，一般用于 35kV 及以上的变电所中；就地控制是指在各个断路器安装处就地操作，一般用于 6 ～ 10kV 的变电所中。由于各个发电厂和变电所的性质、规模、设备等各不相同，因此选用的控制方案也不尽相同。本节以中小型变电所常用的灯光监视的断路器控制回路为例来阐明其工作原理。

断路器的控制回路应满足以下基本要求：①断路器既能在远方由控制开关进行手动跳、合闸，又能在继电保护和自动装置作用下自动跳、合闸；②断路器操作机构的跳、合闸线圈是短时通电设计制造的，当断路器跳闸或合闸完成后，应能自动切断跳闸或合闸回路，防止因通电时间过长而烧坏线圈；③控制回路应有指示断路器跳闸与合闸的位置信号，而且能够区分自动跳闸或合闸与手动跳闸或合闸的位置信号；④应有防止断路器多次连续跳、合闸的跳跃闭锁装置；⑤应有指示断路器控制回路完好性的监视信号；⑥在满足以上基本要求的前提下，应力求简单、可靠。

二、控制开关

控制开关（control switch）是电气工作人员对断路器进行分、合闸控制的操作元件，目前变电所多采用 LW2 型控制开关。LW2 系列控制开关的正面为一操作手柄，安装于屏前，与手柄固定连接的转轴上有多个触点盒，安装于屏后。每个触点盒中都有四个静触点和一个转动接触式的动触点，静触点分布在触点盒的四角，盒外有供接线用的引出端子。当手柄转动时，每个触点盒内动、静触点的通断情况，需查看触点图表，见表 7-1，表中“ × ”表示接通，否则为断开，箭头所指方向为手柄位置。

表 7-1　LW2-Z-1a・4・6a・40・20・20/F8 型控制开关触点图表

手柄和触点盒型式		F8	1a		4		6a		40				20			20		
触点号			1–3	2–4	5–8	6–7	9–10	9–12	10–11	13–14	14–15	13–16	17–19	17–18	18–20	21–23	21–22	22–24
位置	跳闸后	←		×					×		×				×			×
	预备合闸	↑	×				×			×				×			×	
	合闸	↗			×			×				×	×			×		
	合闸后	↑	×				×					×	×			×		
	预备跳闸	←		×					×	×				×			×	
	跳闸后	↙				×			×		×				×			×

由表 7-1 可知，这种控制开关共有六个位置，其中有两个预备操作位置（“预备合闸”和“预备跳闸”）、两个操作位置（“合闸”和“跳闸”）和两个固定位置（“合闸后”和“跳闸后”）。合闸操作的顺序为：预备合闸→合闸→合闸后；跳闸操作的顺序为：预备跳闸→跳闸→跳闸后。

可见，这种控制开关发出断路器的跳、合闸命令分两步进行。操作时，运行人员先把控制开关转到“预备合闸”（或“预备跳闸”）位置，再把控制开关转至“合闸”（或“跳闸”）位置，并保持在此位置（不松手），当运行人员确定断路器已完成合闸（或跳闸）动作而松开手后，控制开关在弹簧作用下会自动返回到“合闸后”（或“跳闸后”）位置，从而完成整个操作过程。这种两步式控制开关对减少误操作保证安全运行非常有利，因为在两步操作过程中，使操作人员有时间核对操作是否有错误，可及时中断错误操作。另外，万一不小心碰着控制开关，它至多只会转动一个位置，不会误发合闸或跳闸脉冲。

三、灯光监视的断路器控制回路和信号回路

断路器的操作机构不同，其电气控制回路也不尽相同，但基本接线是类似的。现以电磁型操作机构的断路器为例，说明控制回路和信号回路的动作过程。

图 7-7 所示为灯光监视的断路器控制回路和信号回路原理图。图中，SA 为 LW2 型控制开关；YR 为断路器操作机构的跳闸线圈；KO 为断路器合闸用接触器的合闸线圈，KO_{1-2} 和 KO_{3-4} 为该接触器两对带有灭弧罩的常开触点；QF_{1-2} 和 QF_{3-4} 为断路器 QF 的常闭和常开触点；KLB 为用来防止断路器出现“跳跃”现象的防跳继电器，它是一个电流线圈起动、电压线圈保持的中间继电器，KLB_{1-2} 和 KLB_{3-4} 是它的常开和常闭触点；KM1 为自动重合闸回路中间继电器的常开触点，该触点闭合时，断路器 QF 即可自动合闸；KM0 为继电保护出口中间继电器的常开触点，该触点闭合时，即可使断路器 QF 自动跳闸。± WC 为直流控制回路电源小母线；± WO 为断路器直流合闸回路电源小母线；+WF 为闪光信号小母线，它在专用的闪光装置下断续带电；± WS 为信号回路电源小母线；WAS 为事故声响信号小母线。

对于图 7-7 中的控制开关 SA，其右侧的三条虚线中，“1”表示操作手柄在“预备合

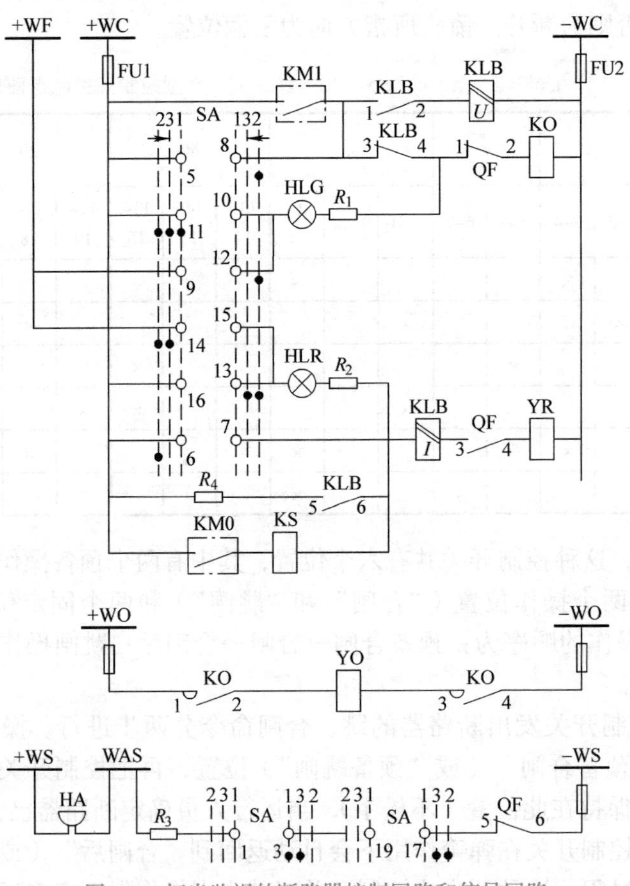

图 7-7 灯光监视的断路器控制回路和信号回路

闸”位置，“2”表示“合闸”位置，“3”表示“合闸后”位置；左侧的三条虚线中，“1”表示操作手柄在“预备跳闸”位置，“2”表示“跳闸”位置，“3”表示“跳闸后”位置。每对触点下方虚线上画有圆点者，表示手柄转到此位置时该触点接通，虚线上标出的箭头表示控制开关手柄自动返回的方向。

1. 合闸过程

（1）手动合闸　手动合闸前，断路器 QF 处于跳闸状态，断路器的辅助常闭触点 QF_{1-2} 闭合，控制开关手柄处于“跳闸后”位置。由表 7-1 的控制开关触点图表知，此时 SA_{10-11} 接通，绿灯 HLG 亮，其电流通路为：$+WC \rightarrow SA_{10-11} \rightarrow HLG \rightarrow R_1 \rightarrow QF_{1-2} \rightarrow KO \rightarrow -WC$。由于限流电阻 R_1 的存在，此回路的电流仅能使绿灯发光，不能使合闸接触器 KO 动作。采用接触器 KO 的目的是为了减轻控制回路的负担，因电磁操作机构的合闸电流很大，故用 KO 的触点接通断路器的合闸线圈 YO。绿灯亮既表明断路器正处于跳闸位置，也表明断路器的合闸回路是完好的。

在合闸回路完好的情况下，将控制开关手柄由“跳闸后”的水平位置顺时针转动 90° 至“预备合闸”的垂直位置，此时触点 SA_{9-10} 与 SA_{13-14} 接通，绿灯 HLG 改接到闪光母线 +WF 上，发出绿灯闪光，其电流通路为：$+WF \rightarrow SA_{9-10} \rightarrow HLG \rightarrow R_1 \rightarrow QF_{1-2} \rightarrow KO \rightarrow -WC$。绿灯闪光表明该断路器准备合闸，借此提醒运行人员核对操作的对象是否正确。如核对无误后，运行人员可将控制开关手柄继续顺时针转动 45° 至“合闸”位置（不要松手），此时触点 SA_{5-8}、SA_{17-19} 和 SA_{16-13} 接通，使合闸接触器 KO 动作，其电流通路为：$+WC \rightarrow SA_{5-8} \rightarrow KLB_{3-4} \rightarrow QF_{1-2} \rightarrow KO \rightarrow -WC$。此时，合闸接触器 KO 的常开触点 KO_{1-2} 和 KO_{3-4} 闭合使断路器的合闸线圈 YO 接通，断路器在电磁操作机构的带动下实现合闸。合闸完毕后，断路器的辅助常闭触点 QF_{1-2} 断开，切断合闸回路电源，防止合闸线圈因长时间通电而被烧毁。与此同时，断路器的辅助常开触点 QF_{3-4} 闭合，红灯回路接通。此时，运行人员可松开控制开关的手柄，在弹簧的作用下，手柄自动逆时针转动 45°，到达“合闸后”的垂直位置。此时，红灯继续发光，其电流通路为：$+WC \rightarrow SA_{16-13} \rightarrow HLR \rightarrow R_2 \rightarrow KLB\ (I) \rightarrow QF_{3-4} \rightarrow YR \rightarrow -WC$。由于限流电阻 R_2 的存在，此回路的电流仅能使红灯发光，不能使跳闸线圈 YR 动作，因此断路器不会跳闸。红灯亮既表明断路器正处于合闸位置，也表明断路器的跳闸回路是完好的。

（2）自动合闸　断路器原为跳闸状态，控制开关手柄在“跳闸后”位置。当自动重合闸装置动作时，其出口中间继电器常开触点 KM1 闭合，使合闸接触器 KO 动作，断路器 QF 自动合闸。自动合闸后，QF_{1-2} 随之断开，QF_{3-4} 闭合。此时，由于断路器处于合闸位置，而控制开关手柄仍保留在“跳闸后”位置，两者呈现不对应状态，触点 SA_{14-15} 接通，红灯将发出闪光，其电流通路为：$+WF \rightarrow SA_{14-15} \rightarrow HLR \rightarrow R_2 \rightarrow KLB\ (I) \rightarrow QF_{3-4} \rightarrow YR \rightarrow -WC$。

在控制台上，控制开关手柄在“跳闸后”位置，红灯在闪光，表明断路器是自动合闸的。只有当运行人员将 SA 手柄转到“合闸后”位置，使 SA 手柄位置与断路器的实际位置相对应时，红灯才发出平光。

2. 跳闸过程

（1）手动跳闸　在跳闸回路完好的情况下，将控制开关手柄由“合闸后”的垂直位置逆时针转动90°至“预备跳闸”的水平位置，此时SA_{13-14}接通，红灯发出闪光，其电流通路为：+WF→SA_{13-14}→HLR→R_2→KLB（I）→QF_{3-4}→YR→-WC。运行人员经核对无误后，可将控制开关手柄继续逆时针转动45°至“跳闸”位置（不要松手），此时触点SA_{6-7}、SA_{10-11}接通，使断路器的跳闸线圈YR动作，断路器QF跳闸，其电流通路为：+WC→SA_{6-7}→KLB（I）→QF_{3-4}→YR→-WC。跳闸完毕后，断路器的辅助常开触点QF_{3-4}断开，切断跳闸回路电源，防止跳闸线圈因长时间通电而被烧毁。与此同时，断路器的辅助常闭触点QF_{1-2}闭合，绿灯回路接通。此时，运行人员可松开控制开关的手柄，在弹簧的作用下，手柄自动顺时针转动45°，到达“跳闸后”的水平位置。此时，绿灯继续发光，其电流通路为：+WC→SA_{10-11}→HLG→R_1→QF_{1-2}→KO→-WC。由于限流电阻R_1的存在，此回路的电流仅能使绿灯发光，不能使合闸接触器KO动作。绿灯亮既表明断路器正处于跳闸位置，也表明断路器的合闸回路是完好的。

（2）自动跳闸　若由于线路发生故障使继电保护装置动作，其出口中间继电器常开触点KM0闭合，使跳闸线圈YR动作，断路器QF将自动跳闸。自动跳闸后，QF_{1-2}随之闭合，QF_{3-4}断开。此时，由于断路器处于跳闸位置，而控制开关手柄仍保留在“合闸后”位置，两者呈现不对应状态，触点SA_{9-10}接通，绿灯将发出闪光，其电流通路为：+WF→SA_{9-10}→HLG→R_1→QF_{1-2}→KO→-WC。

自动跳闸属于事故性质，除发出闪光外，还应发出事故声响信号以提醒运行人员注意。变电所一般在控制室的中央信号屏上都装有一个蜂鸣器（电笛），在事故跳闸前，控制开关手柄处于“合闸后”位置，触点SA_{1-3}、SA_{19-17}接通，当断路器自动跳闸时，其常闭触点QF_{1-2}闭合，启动事故信号装置发出声响，其电流通路为：+WS→HA→R_3→SA_{1-3}→SA_{19-17}→QF_{5-6}→-WS。

在控制台上，控制开关手柄在“合闸后”位置，绿灯在闪光，事故信号装置发出声响，表明断路器是自动跳闸的。只有当运行人员将SA手柄转到“跳闸后”位置，使SA手柄位置与断路器的实际位置相对应时，绿灯才发出平光，事故声响信号才停止。

3. 防跳回路

断路器的所谓“跳跃”，是指运行人员手动合闸断路器于故障线路上，断路器又被继电保护装置动作于跳闸，由于控制开关位于“合闸”位置，则会引起断路器重新合闸，这样，断路器将会出现多次连续跳、合闸的跳跃现象。为了防止这一现象，断路器的控制回路均需装设防止跳跃的电气联锁装置。

图7-7中的KLB为防跳继电器，它有两个线圈，电流线圈为起动线圈，接在跳闸线圈YR之前；电压线圈为自保持线圈，通过自身的常开触点KLB_{1-2}接入合闸回路。若控制开关手柄在“合闸”位置或触点SA_{5-8}粘住，恰好此时断路器合闸于永久故障线路上，继电保护动作使KM0触点闭合，则断路器QF自动跳闸；与此同时，防跳继电器KLB（I）起动，触点KLB_{1-2}闭合，使KLB（U）线圈带电，起自保持作用。这样，可使触点KLB_{3-4}始终处于断开位置，合闸接触器线圈KO不会再次起动，从而使断路器QF不会出现多次连续跳、合闸的跳跃现象，保证了断路器不会因跳跃而损坏。触点KLB_{5-6}与触点KM0并联，其作用是为了保护后者，使其不致断开超过其触点容量的跳闸线圈电流，以防止中间继电器触点被烧坏。

四、闪光电源的构成

变电所的闪光电源通常由DX-3型闪光继电器构成。DX-3型闪光继电器的内部结构与接线简单可靠，如图7-8所示。当断路器发生事故跳闸时，由于控制开关SA仍保留在“合闸后”位置，两者呈现不对应状态，触点SA_{9-10}与断路器的辅助触点QF_{1-2}接通，电容C开始充电，其两端电压逐渐升高，待电压升高到闪光继电器KF的动作值时，继电器动作，其常闭触点断开通电回路；同时电容C对继电器KF的线圈放电，当电容C两端电压下降到继电器的返回值时，继电器释放，触点返回原位置又接通充电回路。上述循环不断重复，闪光继电器的触点也时开时闭，闪光母线+WF上呈现断续的正电压，使绿灯闪光。

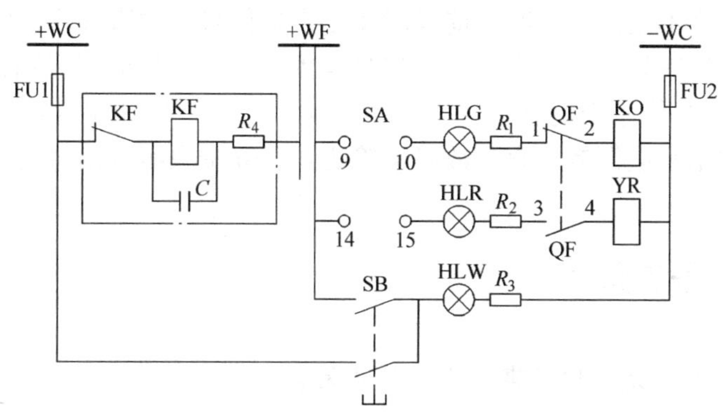

图7-8　由DX-3型闪光继电器构成的闪光电源

“预备合闸”“预备跳闸”和自动合闸时，同样能起动闪光继电器，使相应指示灯发出闪光。图中SB为试验按钮，按下时闪光装置动作，白色信号灯HLW亮，表示本装置工作正常。

第四节　中央信号回路

一、概述

在变电所中，为了掌握电气设备的工作状态，需用信号随时显示当时的情况。发生事故时，应发出各种灯光及声响信号，提示运行人员迅速判明事故的性质、范围和地点，以便做出正确的处理。变电所中的信号装置按用途分，有断路器位置信号、事故信号和预告信号。

断路器位置信号用来指示断路器正常工作的位置状态，一般用红灯亮表示断路器处于合闸位置；绿灯亮表示断路器处于跳闸位置。事故信号（fault alarm）用来指示断路器事故跳闸时的状态，包括灯光信号（绿灯闪光）和声响信号（蜂鸣器），同时相应的光字牌变亮，显示故障的性质、类别及发生事故的设备。预告信号（abnormal alarm）用来指示运行设备出现不正常运行时的报警信号，该信号是区别于事故信号的声响信号（电铃），此外，标有异常情况的内容有光字牌变亮。常见的预告信号有：小电流接地系统中的单相接地、变压器过负荷、变压器的轻瓦斯保护动作、变压器油温过高、电压互感器二次回路断线、直流回路熔断器熔断、直流系统绝缘能力降低、自动装置动作等。

以上各种信号中，事故信号和预告信号是电气设备各信号的中心部分，通常称为中央信号（central signal），它们集中装设在中央信号屏上。每种中央信号装置都由灯光信号和声响信号两部分组成，灯光信号（包括信号灯和光字牌）是为了便于判断发生故障的设备及故障的性质；声响信号（蜂鸣器或电铃）是为了唤起值班人员的注意。

中央信号回路的应满足以下基本要求：①所有有人值班的变电所，都应在控制室内装设中央事故信号和预告信号装置；②中央事故信号在任何断路器事故跳闸时，能及时发出声响信号，并在控制屏上有表示该回路事故跳闸的灯光或其他信号；③中央预告信号应保证在任何回路发生不正常运行时，能及时发出声响信号，并有显示故障性质或地点的指示，以便值班人员迅速处理；④中央事故信号与预告声响信号应有区别，一般事故信号用蜂鸣器（电笛），预告信号用电铃；⑤当发生声响信号后，应能手动或自动复归声响，而故障性质或地点的指示应保持，直到故障消除为止；⑥中央事故信号与预告信号一般应能重复动作。

二、事故信号装置

1. 中央复归不能重复动作的事故声响信号装置

图7-9为中央复归不能重复动作的事故声响信号装置接线图。它由中间继电器KM、蜂鸣器HA和试验按钮SB1、解除按钮SB2组成。当任一台断路器自动跳闸时，通过控制开关SA和断路器QF的不对应回路起动蜂鸣器HA，发出事故声响信号。值班人员听到声响后，按一下声响解除按钮SB2，中间继电器KM动作，其常开触点KM_{3-4}闭合实现自保持；同时其常闭触点KM_{1-2}将蜂鸣器回路切断，使声响立即解除。这种接线的缺点是不能重复动作，即第一次声响信号发出后，值班人员利用按钮SB2将声响解除，而不对应回路尚未复归前，此时如果又有第二台断路器事故跳闸，事故声响信号就不能再次起动，因而第二台断路器的跳闸信号可能不会被值班人员发现。因此，这种接线只适用于断路器数量较少的发电厂和变电所内。

2. 中央复归能重复动作的事故声响信号装置

中央复归能重复动作的事故声响信号装置，目前在大、中型发电厂和变电所中被广泛采用。信号装置的重复动作是利用冲击继电器（信号脉冲继电器）来实现的。冲击继电器有各种不同的型号，但共同点都是有一个脉冲变流器和相应的执行元件。图7-10为用ZC-23型冲击继电器构成的事故声响信号装置接线图，图中TA为脉冲变流器，KR为干簧继电器，用作执行元件。并联在TA一次侧的二极管VD1和电容器C起抗干扰作用；并联在TA二次侧的二极管VD2起单向旁路的作用，当TA一次侧电流突然减小时，其二次侧感应的反向脉冲电动势经二极管VD2而旁路，不让它流过KR的线圈。

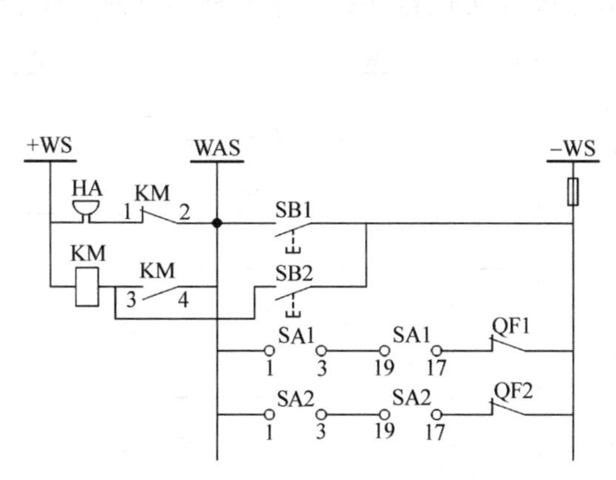

图 7-9　中央复归不能重复动作的事故声响信号装置接线图

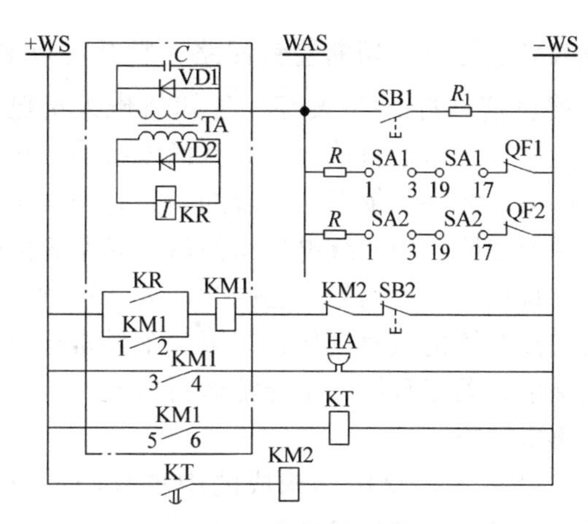

图 7-10　中央复归能重复动作的事故声响信号装置接线图

当第一台断路器事故跳闸时，事故声响小母线 WAS 和负信号电源小母线 –WS 之间的不对应回路接通，脉冲变流器 TA 的一次侧有电流流过。由于此电流是由零值突变到一定数值的，所以在二次侧就会感应出脉冲电流，使执行元件 KR 动作。KR 动作后，其常开触点闭合，起动中间继电器 KM1，触点 $KM1_{1-2}$ 闭合实现自保持；触点 $KM1_{3-4}$ 闭合起动蜂鸣器 HA，发出声响；触点 $KM1_{5-6}$ 闭合起动时间继电器 KT。时间继电器 KT 经整定的时限后，其延时触点闭合，又起动了中间继电器 KM2，KM2 的常闭触点切断了中间继电器 KM1 的线圈回路，使其返回，于是声响立即停止，整套信号装置复归至原来的状态。当第一次发出的声响信号已被解除，而不对应回路尚未复归前，此时在 WAS 和 –WS 之间是经一个电阻 R 相连接，故在脉冲变流器 TA 的一次侧有一个稳定的电流流过，而稳定电流不会在脉冲变流器二次侧就会感应出电动势，故冲击继电器不会动作。如果又有第二台断路器事故跳闸，由于在每一个并联支路中都有串联电阻 R，每多并联一个支路，都将引起 TA 一次绕组中的电流产生变化，在二次绕组中感应电动势，使干簧继电器 KR 再次动作并起动声响信号装置。由此可见，脉冲变流器 TA 在此起两个作用：一是将事故声响装置的脉冲由连续脉冲转变为短时脉冲；二是将起动回路与声响装置分开，以保证声响装置一经起动之后，即与原来起动它的不对应回路无关，因而达到能重复动作的目的。图 7-10 中，SB1 为试验按钮，SB2 为解除按钮。

三、预告信号装置

预告信号装置是当电气设备发生不正常运行情况时，能自动发出声响和灯光信号的装置，它可以帮助值班人员能及时地发现故障和隐患，以防止事故扩大。预告信号可分为瞬时预告信号和延时预告信号两种。瞬时预告信号和延时预告信号在灯光信号组成上有所区别，前者是双灯的光字牌，后者是一个单灯和一个电阻组成的光字牌。

图 7-11 为中央复归不能重复动作的预告声响信号装置接线图。图中，SB1 为试验按钮，SB2 为解除按钮。当发生不正常运行时，其相应的继电器 K 动作，预告声响信号 HA（警铃）和光字牌 HL 同时动作。值班人员听到铃声后，可根据光字牌的提示来判断发生故障的设备及故障的类型。按一下声响解除按钮 SB2，中间继电器 KM 动作，其常闭触

点KM_{1-2}打开，切断警铃回路；常开触点KM_{3-4}闭合实现自保持；常开触点KM_{5-6}闭合使黄色信号灯HLY发亮，告知值班人员已经发生了不正常运行情况，而且尚未解除。声响解除后，光字牌依旧是亮着的，只有当异常运行情况消除，中间继电器返回后，光字牌的灯光才熄灭，黄色信号灯也同时熄灭。这种接线的缺点是不能重复动作，即第一个异常运行未消除前，若出现第二个异常运行情况，警铃不能再次动作。

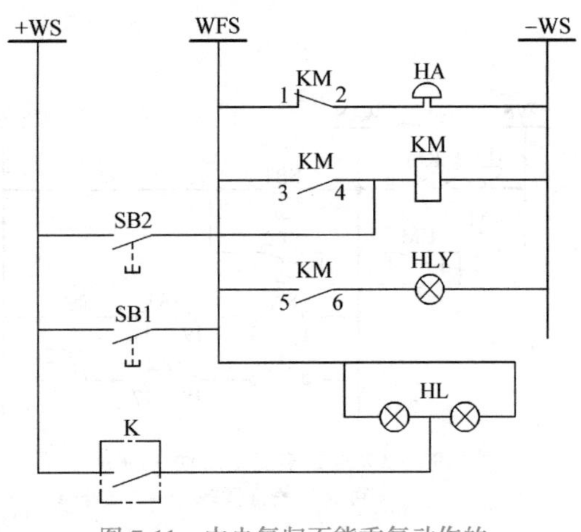

图7-11　中央复归不能重复动作的预告声响信号装置接线图

利用冲击继电器构成的中央复归能重复动作的预告声响信号回路，其基本工作原理与图7-10相似，只是用警铃代替了蜂鸣器，以示区别。除了铃声之外，还通过光字牌发出灯光信号，以指示发生故障的性质和地点，并且光字牌的灯泡电阻还起到了事故信号装置起动回路中的电阻R的作用。

第五节　绝缘监察装置和测量仪表

一、绝缘监察装置

1. 两点接地的危害

发电厂和变电所的直流系统比较复杂，其控制回路分布范围较广，外露部分多，容易受到外界环境因素的侵蚀，使得直流系统的绝缘水平降低，甚至可能发生绝缘损坏而接地。直流系统发生一点接地时，由于没有短路电流流过，熔断器不会熔断，仍能继续运行。但这种接地故障必须及早发现，否则当发生另一点接地时，有可能引起信号回路、控制回路、继电保护回路和自动装置回路发生误动作，如图7-12所示，A、B两点接地会造成误跳闸情况。因此，发电厂和变电所的直流系统必须安装直流绝缘监察装置，当发生一点接地时，发出预告信号，避免使事故扩大造成损失。

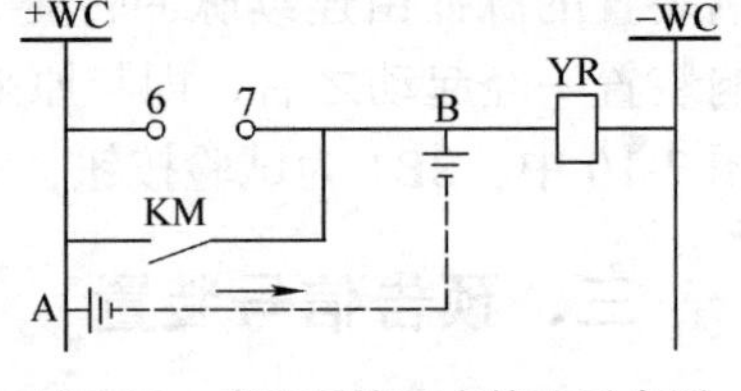

图7-12　直流系统两点接地示意图

2. 直流系统的绝缘监察装置

图7-13为目前在发电厂和变电所中广泛采用的绝缘监察装置接线图。这种装置能在绝缘电阻低于规定值时自动发出灯光和声响信号，并能分辨出是正极还是负极接地，还可以测出直流系统对地的总绝缘电阻，然后通过换算可以计算出正、负极的绝缘电阻值。图中R_1=R_2=R_3=1000Ω，SA1和SA2为两个转换开关。

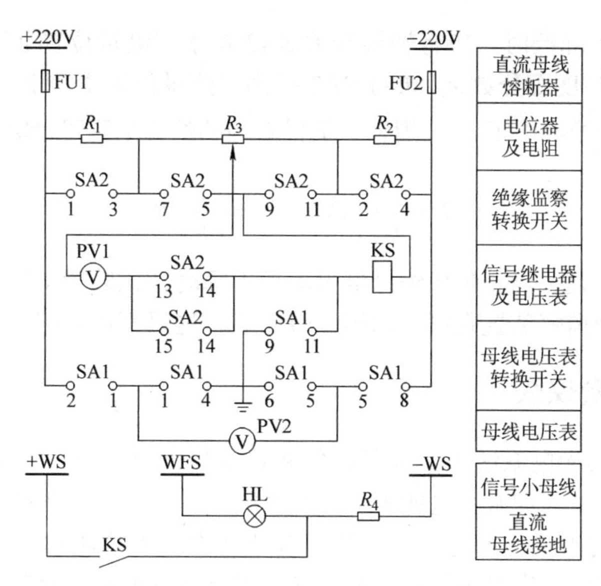

图 7-13　直流系统绝缘监察装置接线图

该绝缘监察装置包括信号和测量两部分。母线电压表转换开关 SA1 有三个位置，即“母线”“正对地”和“负对地”。平时，其手柄置于”母线“位置，触点 1–2、5–8、9–11 接通，电压表 PV2 可测量正、负母线间电压。当将 SA1 手柄顺时针旋转 45° 切换至”正对地“位置时，触点 1–2 和 5–6 接通，可以测量正母线的对地电压；当将 SA1 手柄逆时针旋转 45° 切换至”负对地”位置时，其触点 5–8 和 1–4 接通，可以测量负母线的对地电压。若两极绝缘良好，则 PV2 指示 0V，因为电压表 PV2 的线圈没有形成回路，如果正极接地，则正极对地电压为 0V，而负极对地指示 220V。反之，当负极接地时，情况与之相似。

绝缘监察转换开关 SA2 也有三个位置，即“信号”“测量位置 I”和“测量位置 II”。平时，其手柄置于“信号”位置，触点 5–7 和 9–11 接通，使电阻 R_3 被短接，R_1、R_2 和正、负母线绝缘电阻作电桥的四个臂与信号继电器 KS 构成电桥（此时 SA1 的 9–11 是接通的），当母线绝缘电阻下降，造成电桥不平衡，信号继电器 KS 动作，其常开触点闭合，光子牌亮，同时发出预告声响信号。

电压表 PV1 用于测量系统总的绝缘电阻 R_Σ，表盘上有欧姆刻度。当正极绝缘电阻降低时，应将转换开关 SA2 置于“测量位置Ⅰ”，此时其触点 1–3 和 13–14 接通，调节电位计 R_3 使电桥平衡，记下 R_3 的位置刻度百分数 x，再将 SA2 投到“测量位置Ⅱ”上，此时其触点 2–4 和 15–14 接通，由电压表 PV1 的电阻指示数读出正负极对地总的对地绝缘电阻 R_Σ，它与正、负极对地的绝缘电阻的关系为

$$R_\Sigma = \frac{R_+ R_-}{R_+ + R_-} \tag{7-1}$$

则正、负极对地的绝缘电阻可计算为

$$R_+ = \frac{2}{2-x} R_\Sigma\text{；}\ R_- = \frac{2}{x} R_\Sigma \tag{7-2}$$

当负极绝缘电阻降低时，应将转换开关SA2置于“测量位置Ⅱ”，调节R_3使电桥平衡，计下R_3的位置刻度百分数x，再将SA2投到“测量位置Ⅰ”上，由电压表PV1读出正负极对地总的对地绝缘电阻R_Σ，则正、负极对地的绝缘电阻可计算为

$$R_+ = \frac{2}{1-x}R_\Sigma ; \quad R_- = \frac{2}{1+x}R_\Sigma \tag{7-3}$$

这种接线的缺点是，当正负极绝缘电阻均等下降时，该装置不能发出预告信号。

交流系统的绝缘监察装置在第六章第三节已述，这里不再介绍。

二、电气测量仪表

在电力系统和供配电系统中，进行电气测量的目的有三个：一是计费测量，主要是计量用电单位的用电量，如有功电能表、无功电能表；二是对电系统的电力运行参数、技术经济分析所进行的测量，如电压、电流、有功功率、无功功率、有功电能、无功电能等，这些参数通常都需要定时记录；三是对交、直流系统的安全状况如绝缘电阻、三相电压是否平衡等进行监测。由于目的不同，对测量仪表的要求也不一样。计量仪表的准确度要高，其他测量仪表的准确度可低一些。

1. 对电气测量仪表的一般要求

1）常用测量仪表应能正确反映电力装置的运行参数，能随时监测电力装置回路的绝缘状况。

2）交流电流表、电压表、功率表可选用2.5级，直流电路中的电流表、电压表可选用1.5级，频率表可选用0.5级。

3）电能表及互感器的准确度配置见表7-2。

表7-2 常用仪表准确度配置

测量要求	互感器准确度	仪表准确度	配置说明
计费计量	0.2级	0.5级有功电能表 0.5级专用电能计量仪表	月平均电量在10^6kW・h以上
	0.5级	1.0级有功电能表 1.0级专用电能计量仪表 2.0级无功电能表	① 月平均电量在10^6kW・h以下 ② 315kV・A以上变压器高压侧计量
计费计量及一般计量	1.0级	2.0级有功电能表 3.0级无功电能表	① 315kV・A以下变压器低压侧计量 ② 75kW及以上电动机电能计量 ③ 企业内部技术经济考核（不计费）
一般测量	1.0级	1.5级和0.5级测量仪表	
	3.0级	2.5级测量仪表	非重要回路

4）仪表的测量范围和互感器变比的选择，应使正常运行情况下仪表指针指示在满标度的2/3左右，并留有过负荷指示裕度。对有可能双向运行的电力装置回路，应采用具有双向标度尺的仪表。

2. 变配电装置中各部分仪表的配置

1）电源进线：为了了解负荷情况，需要装设一只电流表。当需要计量电能时，还应装设有功电能表和无功电能表各一只。

2）母线：在变配电所的每条或每段母线上必须装设一只电压表，以检查各个线电压。在中性点非直接接地电网中，每条或每段母线上还需加装三个绝缘监察电压表（当母线上配电出线较少时，绝缘监察电压表可不装设）。图 7-14 为 6 ～ 10kV 母线电压测量和绝缘监察的原理图。

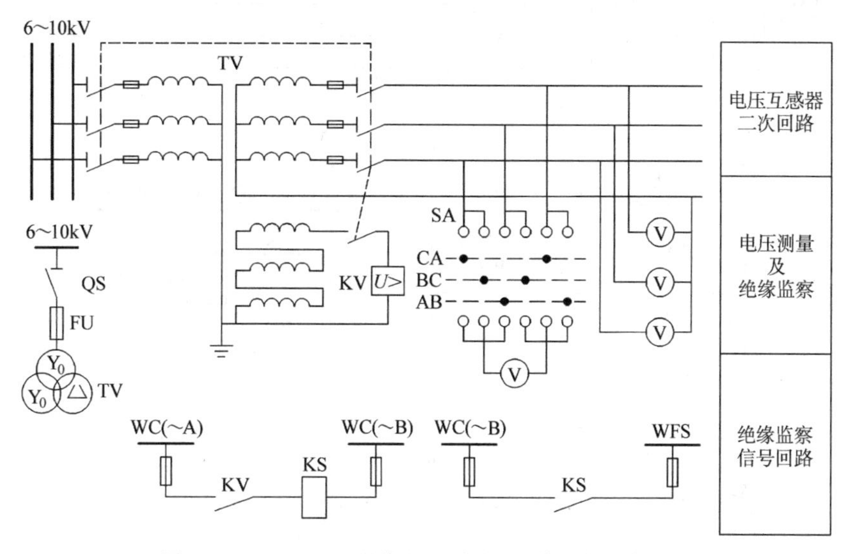

图 7-14　6 ～ 10kV 母线电压测量和绝缘监察的原理图

3）降压变压器：对 35 ～ 110kV/6 ～ 10kV 的电力变压器，应装设电流表、有功功率表、无功功率表、有功电能表和无功电能表各一只，装在哪一侧视具体情况而定。对 6 ～ 10kV/3 ～ 6kV 的电力变压器，应在其一次侧装设电流表、有功电能表和无功电能表各一只；二次侧仅装设一只电流表。对 6 ～ 10kV/0.4kV 的电力变压器，应在其一次侧装设电流表和有功电能表各一只；如为单独经济核算单位的变压器，还应装设一只无功电能表。

4）高压配电线路：应装设电流表、有功电能表和无功电能表各一只。如果不是送往单独的经济核算单位时，无功电能表可不装；当线路负荷为 5000kV · A 及以上时，可再装设一只有功功率表。图 7-15 为 6 ～ 10kV 高压线路电气测量仪表的接线原理图。图中的无功电能表为 60° 接线，其特点是在电压线圈中人为地串联了一个附加电阻，使电压线圈的阻抗角由原来的 90° 减小为 60°，即电压线圈中的电流滞后电压 60°。

5）低压配电线路：对三相负荷平衡的低压动力线路，可只装设一只电流表；对三相负荷长期不平衡的低压照明线路及动力和照明混合电路，应装设三只电流表。如需计量电能，还应加装一只三相四线制的有功电能表；如果是三相负荷平衡的动力线路，可只装设一只单相有功电能表（实际电能为其计量的 3 倍）。

6）静电电容器：为了监视三相负荷是否平衡，需装设三只电流表。如需计量其无功电能，还应加装一只无功电能表。

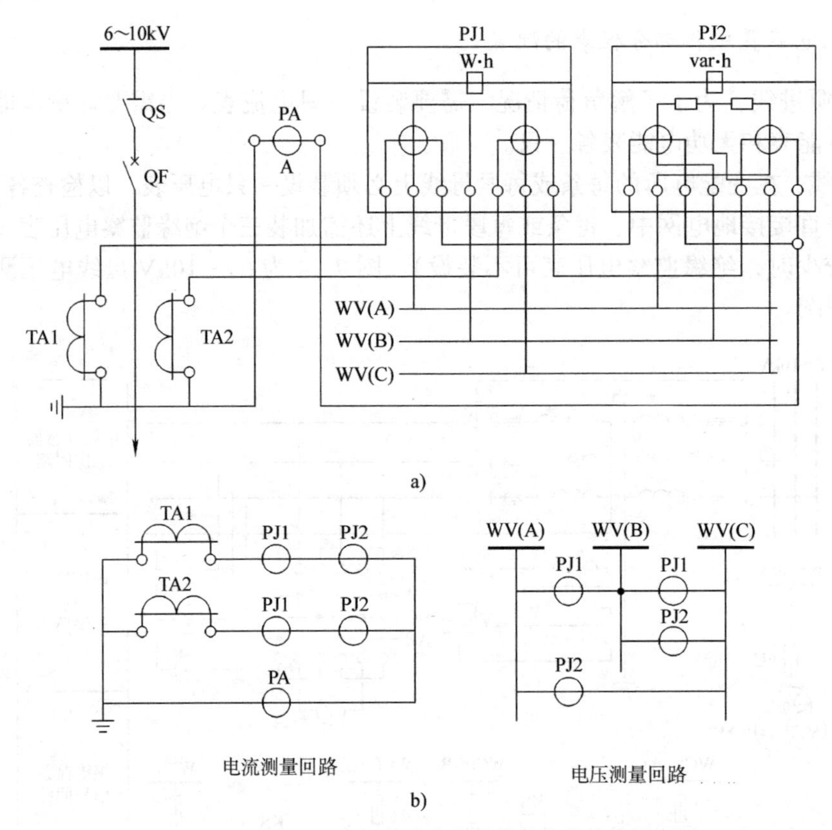

图 7-15　6～10kV 高压线路电气测量仪表的接线原理图

第六节　变电所常用自动装置

一、自动重合闸装置

1. 概述

运行经验表明，电力系统中的故障特别是架空线路上发生的故障很多都属于暂时性的，这些故障在断路器跳闸后，多数能很快自行消除。如雷击闪络或鸟兽造成的线路故障，往往在雷闪过后或鸟兽烧死以后，线路大多能恢复正常运行。因此，如果采用自动重合闸装置（Auto-Reclosing Device，ARD），可使已经断开的断路器自动重新合上，迅速恢复供电，从而大大提高供电的可靠性，避免因停电带来巨大损失。当然架空线路也可能发生永久性故障，如线路倒杆、断线、绝缘子击穿或损坏等，在线路断路器跳闸后，由 ARD 将断路器自动合闸，因故障仍然存在，继电保护装置会将断路器再次跳开，因此不能恢复供电。

在架空线路上装设 ARD 之后，对于提高供电的可靠性无疑会带来极大的好处。但由于它不能判断故障的性质是暂时性的还是永久性的，因此，在重合之后，可能成功（恢复供电），也可能不成功。根据运行资料统计，架空线路一次重合的动作成功率可达

60% ～ 90%，二次、三次重合的动作成功率很小，故大多数企业用户都采用一次自动重合闸。

2. 一次自动重合闸的基本原理和要求

图 7-16 是说明一次自动重合闸基本原理的电气简图。手动合闸时，按下 SB1，使合闸接触器 KO 通电动作，接通合闸线圈 YO 的回路，使断路器合闸；手动跳闸时，按下 SB2，接通跳闸线圈 YR 的回路，使断路器跳闸。当线路上发生短路故障时，保护装置动作，其出口继电器触点 KM 闭合，接通跳闸线圈 YR 的回路，使断路器 QF 自动跳闸。与此同时，断路器辅助触点 QF_{1-2} 闭合，重合闸继电器 KAR 起动，经整定的时限后其延时常开触点闭合，使合闸接触器 KO 通电动作，从而使断路器 QF 重合闸。如果一次线路上的短路故障是暂时性的，已经消除，则重合成功。如果短路故障尚未消除，则保护装置又要动作，KM 的触点闭合又使断路器 QF 再次跳闸。由于一次 ARD 采取了防跳措施（图中未表示），因此不会再次重合。

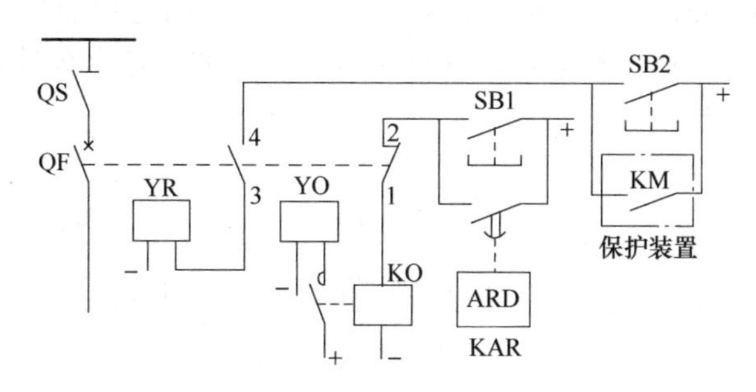

图 7-16　一次自动重合闸的原理电路图

不论哪种 ARD 电路，都应满足以下基本要求：①应采用控制开关手柄位置与断路器位置“不对应原则”起动 ARD；②用控制开关或遥控装置将断路器断开时，ARD 不应起动；③手动合闸于故障线路时，继电保护动作使断路器跳闸后，ARD 不应动作；④ ARD 只能动作一次，以避免将断路器多次重合到永久性故障上去；⑤ ARD 动作后应能自动复归，准备再次动作；⑥ ARD 的动作时间应尽可能短，以减少临时停电时间，一般为 0.5 ～ 1.5s；⑦ ARD 应能实现重合闸“后加速”或“前加速”，以便与继电保护配合。

3. 自动重合闸与继电保护的配合

线路上装设了 ARD 后，可利用其与继电保护的配合来加快线路带时限继电保护的动作。ARD 与继电保护的配合主要有以下两种方式：

（1）ARD 前加速保护方式　自动重合闸前加速保护动作简称为“前加速”。采用“前加速”方式时，每一条线路上均装有过电流保护，当其动作时间按阶梯形选择时，断路器 QF1 处的动作时间最长。为了加速切除故障，在 WL1 首端可采用 ARD 前加速保护方式。即在 QF1 处不仅装有过电流保护，还装有能保护到第三条线路的电流速断保护和自动重合闸装置 ARD，如图 7-17 所示。这时，不管哪条线路发生故障，均由装在线路首端的电流速断保护动作，瞬时断开断路器 QF1，然后 ARD 动作将断路器重合一次。如果是暂时性故障，则合闸成功，恢复正常供电；如果是永久性故障，则在 QF1 重合后，线路各处的过电流保护按其整定时限有选择地将相应的断路器跳开。

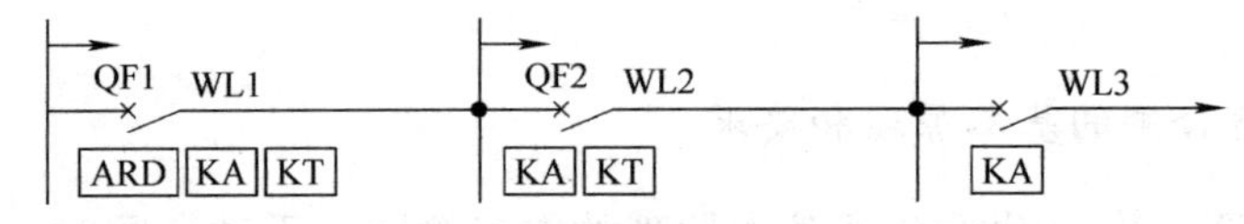

图 7-17 重合闸前加速保护动作原理图

采用“前加速”保护方式的优点是能快速切除故障，使暂时性故障来不及发展成永久性故障，而且只需装设一套 ARD，设备投资少。缺点是重合于永久性故障时，再次切除故障的时间较长；增加了装设 ARD 处断路器 QF1 的动作次数，若此断路器或重合闸拒动将扩大停电的范围，主要用于 35kV 以下的线路。

（2）ARD 后加速保护方式　自动重合闸后加速保护动作简称为“后加速”。采用“后加速”方式时，每一条线路上均装有过电流保护和自动重合闸装置，如图 7-18 所示。当线路上发生故障时，首先由故障线路的过电流保护按照整定的时限有选择地将断路器跳开；然后故障线路的 ARD 动作将断路器重合一次，同时将过电流保护的延时部分退出工作。如果是暂时性故障，则合闸成功，恢复正常供电；如果是永久性故障，故障线路的保护瞬时将断路器再次跳开。

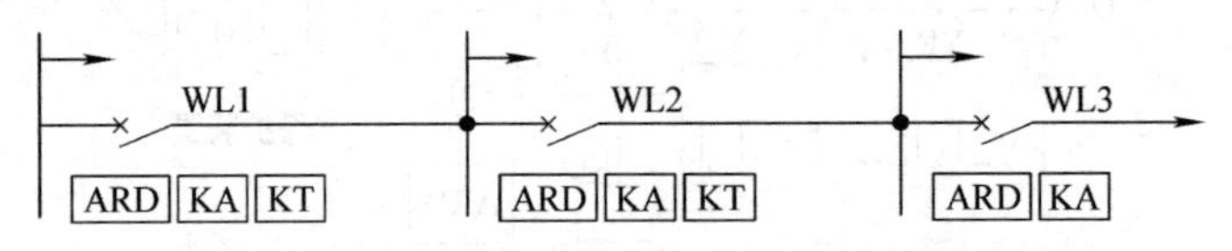

图 7-18 重合闸后加速保护动作原理图

采用“后加速”保护方式的优点是第一次跳闸是有选择性的，不会扩大事故范围。其缺点是必须在每个断路器处都装有一套 ARD，增加了投资；而且继电保护第一次动作时可能带时限，影响了 ARD 的动作效果。在 35kV 以上的高压电网中，由于通常都装有性能较好的保护（如距离保护），第一次有选择动作的时限不会太长，因此，“后加速”方式在这种网络中被广泛采用。

二、备用电源自动投入装置

1. 概述

在用户供配电系统中，为了提高供电的可靠性，保证不间断供电，通常采用两路及以上的电源进线，其中一路作为工作电源，另一路作为备用电源。如果在作为备用电源的线路上装设了备用电源自动投入装置（Auto-Put-into Device of reserve-source，APD），则当工作电源线路突然断电时，在 APD 作用下，工作电源自动断开，备用电源自动而迅速地投入工作，使用户不至于停电，从而大大提高供电的可靠性。

APD 一般有以下两种基本接线方式：

（1）明备用接线方式　图 7-19a 所示是具有一条工作线路和一条备用线路的明备用接线方式，APD 装在备用进线断路器上。正常运行时备用电源的断路器是断开的，当工作电源因故障或其他原因失去电压而被切除后，APD 能自动将备用线路投入。

（2）暗备用接线方式 图 7-19b 所示是具有两个独立的工作线路分别供电的暗备用接线方式，APD 装在母线分段断路器上。正常运行时两个电源都投入工作，互为备用，分段断路器处于断开位置，当其中一路电源发生故障而被切除时，APD 能自动将分段断路器合上，由另一路电源供电给全部重要负荷。

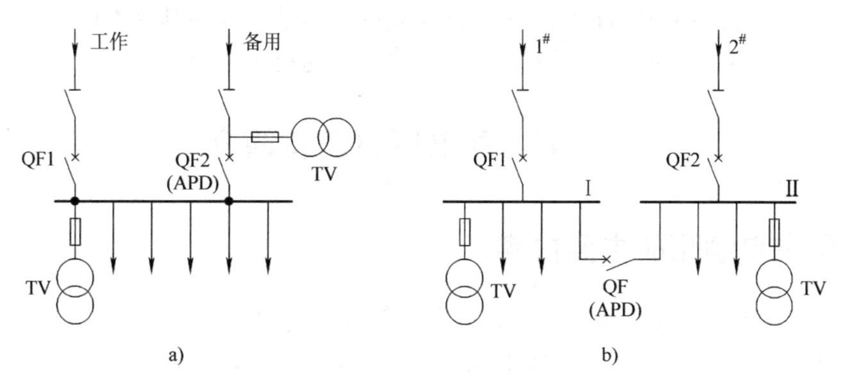

图 7-19 APD 的两种基本接线方式

a）明备用 b）暗备用

2. APD 的基本原理和要求

图 7-20 是说明 APD 基本原理的电气简图。假设电源进线 WL1 在工作，WL2 为备用，其断路器 QF2 断开，但其两侧的隔离开关（图上未画）是闭合的。当工作电源 WL1 断电引起失电压保护动作使 QF1 跳闸时，其辅助常开触点 $QF1_{3-4}$ 断开，使原已通电动作的时间继电器 KT 断电。其延时断开触点尚未断开前，由于断路器 QF1 的另一对辅助常闭触点 $QF1_{1-2}$ 闭合，使合闸接触器 KO 通电动作，断路器 QF2 的合闸线圈 YO 通电，使 QF2 合闸，从而使备用线路 WL2 投入运行。WL2 投入后，KT 的延时断开触点断开，切断 KO 的回路，同时 QF2 的联锁触点 $QF2_{1-2}$ 断开，防止 YO 长期通电。由此可见，双电源进线并配以 APD 时，供电可靠性是相当高的。

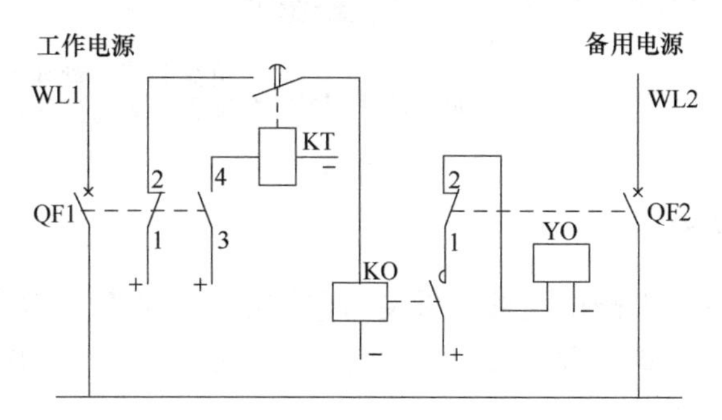

图 7-20 APD 的原理电路图

APD 应满足以下基本要求：①工作电源不论任何原因断开，备用电源应能自动投入；②必须在工作电源确已断开，而备用电源电压也正常时，才允许投入备用电源；③ APD 的动作时间应尽可能短，以利于电动机的自起动；④ APD 只能动作一次，以免将备用电源重复投入到永久性故障上去；⑤当电压互感器的二次回路断线时，APD 不应误动作；

⑥若备用电源容量不足，应在 APD 动作的同时切除一部分次要负荷。

为了满足上述基本要求，APD 必须具有低电压起动机构和合闸机构。低电压起动机构用来当母线失去电压时将工作电源的断路器断开；合闸机构用来在断开工作电源后，能及时将备用电源的断路器自动合闸。

ARD 与 APD 有多种典型接线方案，限于篇幅，本节只介绍其基本原理，关于实际接线实例，读者可参考本书的第 2 版或其他相关书籍，这里不再介绍。

第七节　配电网自动化简介

一、配电自动化的主要内容

配电网络相对于区域电网来说，它的电压等级和供电范围均要小一些，但它位于电网的末端，直接和用户相连，能敏锐地反映用户对供电可靠性和供电质量的要求。随着国民经济的快速发展，用电负荷不断增加，用户对供电可靠性和电能质量的要求越来越高，必须加强配电网建设，采用现代化手段提高供电自动化水平和配电网的管理水平，实现配电系统自动化。

配电系统自动化是从 20 世纪 80 年代末期逐步发展起来的，内容也在不断变化，目前国际上尚无统一的规范和定义。通常把从变电、配电到用电过程的监视、控制和管理的综合配电网自动化系统，称为配电管理系统（Distribution Management System，DMS），而把利用现代通信和计算机技术，对电网在线运行的设备进行远方监视和控制的自动化系统，称为配电自动化系统（Distribution Automation System，DAS），它所包括的内容有：

- 配电自动化系统(DAS)
  - 配电SCADA系统
    - 进线监控
    - 10kV开闭所和变电站自动化
    - 馈线自动化(FA)
    - 变压器巡检与无功补偿
  - 地理信息系统(GIS)
  - 需方管理(DSM)
    - 负荷监控与管理(LCM)
    - 远方抄表与计费自动化(AMR)

1. 配电 SCADA 系统

配电 SCADA 系统，即配电网数据采集与监控系统，它包括数据库管理、数据采集、数据处理、远方监控、报警处理、历史数据管理以及报表生成等功能。SCADA 包括以下四个部分：

（1）配电网进线监控　是指对配电网进线变电所开关位置、保护动作信号、母线电压、线路电流、有功和无功功率以及电能量的监视。

（2）馈线自动化（Feeder Automation，FA）　是指在正常情况下，远方实时监视馈线分段开关与联络开关的状态和馈线电流、电压情况，并实现线路开关的远方合闸和分闸操作；在故障时获取故障记录，并自动判别和隔离馈线故障区段以及恢复对非故障区域供电。

（3）开闭所和变电站自动化（Substation Automation，SA）　是指对配电网中10kV开闭所和小区变电站的开关位置、保护动作信号、小电流接地选线情况、母线电压、线路电流、有功和无功功率以及电能量的远方监视、开关远方控制、变压器远方有载调压等。

（4）变压器巡检与无功补偿　变压器巡检是指对配电网中变压器、箱式变电所的参数进行远方监视，无功补偿是指对补偿电容器进行自动投切和远方投切等。

2. 地理信息系统

地理信息系统（Geographical Information System，GIS）将配电网设备的地理位置与一些属性数据库（如用户信息、需方管理上报的实时数据等）结合，以便操作和管理人员更加直观地进行配电网的动态分析和运行管理。配电自动化中的GIS主要包括设备管理（Facilities Management，FM）、用户信息系统（Customer Information System，CIS）、SCADA功能及故障信息显示等。

3. 需方管理

需方管理（Demand Side Management，DSM）是指电力的供需双方对用电市场进行管理，以达到提高供电可靠性，减少能源消耗及供需双方费用支出的目的。其内容包括以下两部分：

（1）负荷监控与管理（Load Control Management，LCM）　是指根据用户情况进行综合分析，确定最优运行和负荷控制计划，对集中负荷及部分工厂用电负荷进行监视、控制和管理，并通过合理的电价结构引导用户转移负荷以及平坦负荷曲线。

（2）远方抄表与计费自动化（Automatic Meter Reading，AMR）　是指通过各种通信手段读取远方用户电表数据，并将其传至控制中心，自动生成电费报表或曲线等。

二、配电网自动化的通信

（一）配电自动化通信系统的层次

通信系统是建设配电自动化系统的关键技术，通信系统的好坏很大程度上决定了自动化系统的优劣。配电自动化要借助可靠的通信手段，将控制中心的控制命令下发到各执行机构或远方终端，并将各远方设备运行情况的数据信息上传至控制中心。因此，要求通信系统具有足够的可靠性，能够抵御强电磁干扰，不受停电和故障的影响。

配电自动化通信系统分为主站级通信和现场设备级通信两个层次。

（1）主站级通信　配电自动化系统一般由配电自动化主站、配电自动化子站和远方监控单元三部分组成。主站级通信是指配电自动化主站和子站间的通信、子站和现场监控单元间的通信。

（2）现场设备级通信　现场设备级通信是指各种远方监控单元相互之间的通信，包括馈线远方终端（Feeder Terminal Unit，FTU）相互间的通信，配电变压器远方终端（Transformer Terminal Unit，TTU）相互间的通信，以及FTU和TTU之间的通信。

（二）配电自动化的通信方式

从目前的技术水平看，还没有任何一种单一的通信手段能够全面满足各种规模的配电自动化的需要，在实际工程中常将多种通信方式混合使用。可应用于配电网自动化中的通信方式有以下几种：

1. 主站级通信方式

（1）配电线载波通信　配电线载波通信（Distribution Line Carrier，DLC）是将信息调制在高频载波信号上通过已建成的电力线路（主要是10kV线路）进行传输。这种通信方式具有可靠性高、投资少、见效快、组网灵活方便、运行维护成本低等优点。但由于配电网分支线较多，网络复杂，有大量的配电设备和配电变压器，将会使高频信号产生较大的衰耗和失真，因此配电载波通信使用的载波频率（5～40kHz）要比输电线载波通信频率（10～300kHz）低得多。

（2）光纤通信　光纤通信是以光波作为信息载体，以光导纤维为传输媒介的一种崭新的通信方式。光纤通信具有传输频带宽、通信容量大、传输速率高、传输损耗小、误码率低、可靠性高、不受电磁干扰、组网灵活方便等优点。目前，光纤通信在城市配电网中被广泛采用。

（3）无线通信　无线通信不需要传输线，可以构成双向通信系统，并且还能与停电区域进行通信。无线通信方式结构简单，架设方便，价格便宜。无线通信方式包括调幅（AM）广播、调频（FM）广播、无线寻呼网、高频通信（HF）、无线扩频通信、微波通信、卫星通信、数控电台等。

2. 现场设备级通信方式

（1）现场总线　现场总线（FieldBus）是连接智能现场设备与控制系统和控制室之间的一种数字式、双向、串行、多点通信的系统。其传输介质主要采用双绞线。

现场总线具有可靠性高，稳定性好，抗干扰能力强，通信速率高，造价低廉和维护成本低等优点。现场总线主要用于FTU和附近区域工作站间的通信，以及变电所内自动化中智能模块之间的通信。在配电自动化系统中，LonWorks总线和CAN总线是较常用的两种现场总线通信方式。

（2）RS-485标准接口　在配电自动化系统中，对一些实时性要求不高的场合，比如远方自动抄表，也可以采用RS-485方式通信代替现场总线。RS-485是一种改进的串行接口标准，其接口环节简单且不含CPU，最多可支持64～256个发送/接收器对，最远传输距离为2.5km（≤9600bit/s），最高传输速率为2.4Mbit/s。

三、配电网的馈线自动化

馈线自动化的主要功能是监视馈线的运行方式和负荷，当发生故障时，及时准确地判断故障区域，迅速隔离故障区域并恢复健全区域的供电。馈线自动化的实现方式有两种：一种是基于重合器的馈线自动化系统（当地控制方式），另一种是基于FTU的馈线自动化系统（远方控制方式）。当地控制方式是依靠智能配电开关设备（重合器和分段器等）

间的相互配合来实现故障区域自动隔离和健全区域自动恢复供电的功能；远方控制方式是通过通信网络及配电子站把户外分段开关处的柱上 FTU 和配电网控制中心的 SCADA 计算机系统连接起来，由计算机系统完成故障定位，然后以遥控方式隔离故障区域，恢复非故障区域供电。

配网故障定位

1. 基于重合器的馈线自动化

采用当地控制方式的馈线自动化系统，不需要建设通信通道，只需恰当利用智能配电开关设备的相互配合关系，就能达到隔离故障区域和恢复健全区域供电的功能。

（1）重合器　重合器（recloser）是一种自身具有控制及保护功能的开关设备。它能进行故障电流检测和按预先整定的分合操作次数自动完成分合操作，并在动作后能自动复位或闭锁。

重合器可以代替变电所的出线断路器。重合器的功能是：当事故发生后，如果重合成功，线路恢复供电，则自动终止后续动作，并经一段延时后恢复到初始的整定状态，为下一次故障做好准备；如果重合器完成预先整定的重合次数后仍重合失败，则自动进行闭锁，不再重合，保持在分闸状态。待故障排除后，只有通过手动复位才能解除闭锁。

（2）分段器　分段器是一种与电源侧前级开关（重合器或断路器）配合，在失电压或无电流的情况下自动分闸的开关设备。它串联于重合器或断路器的负荷侧。当线路发生永久性故障时，分段器在预定次数的分合操作后闭锁于分闸状态，从而达到隔离故障区域的目的，由重合器或断路器恢复对线路其他区域的供电。若分段器未完成预定次数的分合操作，故障就被其他设备切除了，分段器将保持在合闸状态，并经一段延时后恢复到初始的整定状态，为下一次故障做好准备。分段器与重合器的主要区别是不能开断短路电流，但是能在线路短路时承受短路电流的力效应和热效应。

2. 基于 FTU 的馈线自动化

远方控制方式的馈线自动化系统是建立在计算机监控系统和通信网络的基础上，它所需用的主要设备是具有数据采集和通信能力的馈线远方终端单元（FTU）。它的功能是：在正常情况下，远方实时监视馈线开关的状态和馈线电流、电压情况，实现线路开关的远方合闸和分闸操作；在负荷不均匀时，通过负荷均衡化达到优化运行方式的目的；在故障时获取故障记录，并自动判别和隔离馈线故障区域以及恢复对非故障区域的供电。

四、配电及用电管理自动化

1. 配电图资地理信息系统

配电图资地理信息系统是自动绘图（Automation Mapping，AM）、设备管理（FM）和地理信息系统（GIS）的总称，它是利用地理信息技术和配电网规划技术、生产运行管理技术等，实现配电管理的计算机系统，为了简便，可简记为 AM/FM/GIS。

配电系统管辖的范围从变电所、馈电线路一直到千家万户的电能表。由于配电系统的设备分布广、数量大，所以设备管理工作十分繁重，且均与地理位置有关。同时配电系统的正常运行、计划检修、故障排除、恢复供电以及用户报表、电量计费、馈线增容、规划设计等，都要用到配电设备信息和相关的地理位置信息。因此，完整的配电系统模型离不开设备和地理位置信息。

目前，配电网地理信息系统已远不仅是在标有电力设备和线路符号的地理图上，进行设备技术档案的登录和检索，而是在设备管理的基础上，增加了不少面向电网运行的新功能。这些功能有：拓扑网络着色、自动动态连接、小区分割管理、与AutoCAD双向接口、跳闸事件报告、能接入第三方软件等。

2. 远程自动抄表与电能计量系统

配电及用电管理需要自动计量计费系统，远程自动抄表技术是利用现代通信技术和计算机技术，结合电能表技术，实现电力企业减人增效、提高经济效益的重要技术措施和手段。

（1）多功能电子式电能表　多功能电子式电能表是20世纪90年代发展起来的一种新型固态智能电能表。由于大部分多功能电子式电能表都采用了微处理技术，一般可以具有十余种功能，如用电计测功能、监视功能、控制功能、管理功能、存储功能、自恢复与自检测功能等。

抄表计费的方式有手工抄表、无线电自动抄表、预付电能计费和远程自动抄表方式。

（2）远程自动抄表系统的组成　远程自动抄表系统（Automatic Meter Reading System，AMRS）是一种不需要人员到达现场就能完成自动抄表和实现实时监控的新型用电管理系统，它利用公共电话网络、负荷控制信道或低压配电线载波等通信联系，将电能表的数据自动传输到计算机电能计费管理中心进行处理。

远程自动抄表系统一般由电能表、采集终端/采集模块、集中抄表器（也称为集抄器或者集中器）、信道和后台主站系统构成。其中电能表是电能计量装置的核心，有脉冲电能表和智能电能表两大类；采集终端用于采集多个用户电能表电能量信息，并经处理后通过信道传送到系统的上一级（中继器或集中器）；采集模块用于采集单个用户电能表电能量信息，并将它处理后通过信道传送到系统的上一级（中继器或集中器）；集中器用于收集各采集终端或采集模块（或多功能电能表）的数据，并进行处理存储，同时能和主站或手持式抄表器进行数据交换；信道是指信号（数据）传输的媒体，如无线电波、电力线、电话线等；后台主站系统是指通过信道对集中器中的信息采集，并进行处理和管理的计算机系统。

第八节　变电所综合自动化简介

一、概述

在常规变电所中，大都采用机电式的继电保护屏、控制屏、仪表屏、中央信号屏等对供电系统的运行状态进行监视。供电系统二次设备的这种配置，决定了它具有结构复杂、资源不共享、电缆错综复杂、占地面积大和维护工作量大等缺点。随着计算机技术、控制技术和现代通信技术的发展及其在电力系统中的应用，变电所综合自动化技术得到了迅速发展，它是将变电所二次设备（包括测量仪表、信号系统、继电保护、自动装置和远动装置等）经过功能的组合和优化设计，利用先进的计算机技术、现代电子技术、通信技术和信号处理技术，实现对全变电所的主要设备和线路的自动监视、测量、自动控制和微机保护，以及与调度通信等综合性的自动化功能。

与常规变电所二次系统相比，变电所综合自动化系统具有以下显著优点：

（1）功能综合化　变电所综合自动化系统综合了变电所内除一次设备和交、直流电源以外的全部二次设备。其中的微机监控系统综合了变电所的仪表屏、控制操作屏、模拟屏和中央信号系统等功能；微机保护综合了故障录波、故障测距、小电流接地选线、自动按频率减负荷、自动重合闸等自动装置功能。

（2）结构分层分布化　变电所综合自动化系统通常采用分层分布式结构，其中微机保护、数据采集和控制以及其他智能设备等子系统都是按分布式结构设计的，每个子系统可能有多个 CPU 分别完成不同功能。另外，按照变电所物理位置和各子系统功能分工的不同，综合自动化系统的总体结构又按分层原则来组成。按 IEC 标准，典型的分层原则是将变电所自动化系统分为两层，即变电站层和间隔层。

（3）操作监视屏幕化　变电所实现综合自动化后，实时主接线图可以直接显示在彩色大屏幕上；操作人员可以通过鼠标或键盘完成断路器的跳、合闸操作；光字牌、电笛、电铃等报警信号被显示器屏幕的文字画面显示或语音报警所取代。总之，通过计算机上的显示器就可以对变电所的实时运行情况进行全方位监控。

（4）通信局域网络化　计算机局域网络技术和光纤通信技术在综合自动化系统中得到普遍应用。因此，系统具有较高的抗电磁干扰的能力，能够实现高速数据传送，满足实时性要求，组态更灵活，易于扩展，可靠性大大提高，而且大大简化了常规变电所繁杂量大的各种电缆，方便施工。

（5）运行管理智能自动化　变电所综合自动化除了可以实现常规变电所的自动报警、自动报表、电压无功自动调节、小电流接地选线、故障录波、事故判别与处理等自动化功能外，还可实现本身的在线故障自诊断、自闭锁、自调节和自恢复等功能，大大提高了变电所的运行管理水平和安全可靠性。

二、变电所综合自动化系统的基本功能

1. 监控系统功能

监控系统取代常规的控制盘、仪表盘、模拟盘、中央信号系统、电压无功调节装置等，具体包括以下内容：

（1）实时数据采集与处理　采集变电所电力运行实时数据和设备运行状态，包括各种模拟量、状态量和脉冲量。监控系统采取定时采集和主动上送的方式进行数据采集，并将这些数据存于数据库供计算机处理之用。

（2）运行监视和报警功能　运行监视是指对变电所的运行工况和设备状态进行自动监视，包括对变电所各种状态量变位情况的监视和各种模拟量的数值监视。当变电所有非正常状态发生和设备异常时，监控系统能及时发出事故声响或语音报警，并在 CRT 显示器上自动推出报警画面，为运行人员提供分析处理事故的信息，同时可将事故信息进行打印记录和存储。

（3）事件顺序记录（SOE）功能　事件顺序记录是指对变电所内的继电保护、自动装置、断路器等在事故时动作的先后顺序自动记录，以便区分事件顺序，对分析和处理事故起辅助作用。

（4）故障录波和故障测距功能　变电所的故障录波和故障测距可采用两种方法实现，一是用微机保护装置兼作故障记录和测距，再将记录和测距的结果送监控机存储及打印输出或直接送调度主站，这种方法可节约投资，减少硬件设备，但故障记录的数量有限；另一种是采用专用的微机故障录波器，并且录波器应具有串行通信功能，可以与监控系统通信。

（5）控制和操作功能　操作人员可通过显示器对断路器、隔离开关进行分、合闸操作；对变压器分接头进行调节控制；对电容器组进行投、切控制，同时要能接受遥控操作命令进行远方操作；并且所有的操作控制均能就地和远方控制，就地和远方切换相互闭锁，自动和手动相互闭锁。

（6）人机联系功能　操作人员或调度员面对显示器的屏幕通过鼠标或键盘，可对全站的运行情况和运行参数一目了然，并可对全站的断路器和隔离开关等进行分、合操作。

（7）数据处理与记录功能　根据交流采样数值，监控系统能在线计算出有功功率、无功功率、功率因数、有功电能和无功电能，并能计算出日、月、年最大、最小值及出现的时间；电能量的累计值和分时统计；母线电压运行参数不合格时间及合格率统计；功率总加；变电所送入、送出负荷及电量平衡率；主变压器的负荷率及损耗统计；断路器的正常及事故跳闸次数统计；主要设备运行小时数统计；变压器、电容器、电抗器的停用时间及次数；所用电率计算统计；安全运行天数累计等。

（8）制表打印功能　对有人值班的变电所，监控系统可以配备打印机，完成以下打印记录功能：定时打印报表和运行日志、开关操作记录打印、事件顺序记录打印、设备运行状态变位打印等。

（9）自诊断和自恢复功能　自诊断功能是指对监控系统的全部硬件和软件故障的自动诊断，并给出自诊断信息供维护人员及时检修和更换。自恢复功能是指当由于某种原因导致系统停机时，能自动产生恢复信号，对外围接口重新初始化，保留历史数据，实现无扰动的软、硬件自恢复，保障系统的正常可靠运行。

2. 微机保护系统功能

变电所综合自动化系统中的微机保护主要包括输电线路保护、变压器保护、母线保护、电容器保护、小电流接地系统自动选线、自动重合闸。为保证电力系统运行的安全可靠，微机保护常独立于监控系统，专门负责系统运行中的故障检测与处理，故要求微机保护除了满足对继电保护选择性、快速性、可靠性、灵敏性的基本要求外，在此基础上还必须具备以下附加功能：与监控系统通信的功能，远方整定功能，远方投切保护功能，界面显示、存储和打印功能，自动校时功能，自诊断、自闭锁和自恢复功能等。

3. 远动系统功能

微机远动装置的任务是：将表征电力系统运行状态的各发电厂和变电所的有关实时信息采集到调度控制中心；把调度控制中心的命令发往发电厂和变电所，对设备进行控制和调节。

在变电所综合自动化系统中，远动系统代替了原有的常规远动终端（Remote Terminal Unit，RTU），通常有以下“四遥”功能：

（1）遥测（YC）　即远程测量，是指将被监视变电所的主要参数远距离传送给调度，如变压器的有功和无功功率、线路的有功功率、母线电压、线路电流、系统频率及主变压器油温等。

（2）遥信（YX）　即远程信号，是指将被监视变电所的设备状态信号远距离传送给调度，如断路器、隔离器的位置状态，调压变压器抽头位置状态，自动装置、继电保护的动作状态等。

（3）遥控（YK）　即远程命令，是指从调度中心发出命令以实现远方操作和切换。遥控功能常用于断路器的分、合闸；电容器、电抗器的投切等。

（4）遥调（YT）　即远程调节，是指从调度中心发出命令实现远方调整变电所的运行参数。遥调常用于有载调压变压器分接头位置的调节。

4. 电压、无功综合控制系统功能

变电所综合自动化必须具有保证安全、可靠供电和提高电能质量的自动控制功能。在供配电系统中，保证电压合格，实现无功功率基本就地平衡是非常重要的控制目标。在运行中，变电所的电压、无功综合控制是利用有载调压变压器和无功补偿电容器的自动调节来实现的。

5. 通信功能

通信功能包括综合自动化系统的现场通信功能，即变电站层与间隔层之间的通信功能；综合自动化系统与上级调度之间的通信功能，即监控系统与调度之间的通信，包括四遥（遥测、遥信、遥控、遥调）的全部功能。

变电所综合自动化除了具有以上基本功能外，还具有小电流接地选线、低频减载、备用电源自投等功能。

三、变电所综合自动化系统的结构

变电所综合自动化技术是和计算机技术、集成电路技术、网络通信技术密切相关的。随着这些技术的不断发展，变电所综合自动化系统的体系结构也在不断发生变化，功能和特性也在不断提高。从变电所综合自动化的发展过程来看，其结构形式可分为集中式、分布集中组屏和分散分布式三种类型。

（1）集中式结构　集中式结构是指集中采集变电所的模拟量、开关量和数字量等信息，集中进行计算与处理，分别完成微机控制、微机保护和一些自动控制等功能。这种结构形式具有占地面积小、造价低等特点，但运行可靠性较差，组态不灵活，主要出现在变电所综合自动化问世的早期，现在已远远不能满足国家标准和变电所实际运行要求。

（2）分布集中组屏结构　分布集中组屏结构是按功能划分组装成多个屏，如主变压器保护屏、线路保护屏、数据采集屏等，这些屏都集中安装在主控室，相互之间通过网络与控制主机相连。这种结构形式具有调试维修方便、组态灵活、系统整体可靠性高等特

点，适用于主变压器回路数比较少、一次设备比较集中、从一次设备到各屏所用的信号电缆不长的10～35kV供电系统变电所。

（3）分散分布式结构 分散分布式布置是以间隔为单元划分的，每一间隔中的数据采集、监控单元和保护单元做在一起，分散安装在对应的开关柜或控制柜上。这种结构形式节省了大量控制电缆，减少了主控室的占地面积，可靠性高，组态灵活，检修方便，是目前最流行、受到广大用户欢迎的一种综合自动化系统，适合应用在各种电压等级的变电所中。

本章小结

1. 二次回路按电源性质分，有直流回路和交流回路；二次回路按用途分，有操作电源回路、测量（或计量）表计和监视回路、断路器控制和信号回路、中央信号回路、继电保护回路和自动装置回路等。

2. 操作电源有直流和交流之分，它为整个二次系统提供工作电源。直流操作电源可采用蓄电池，也可采用硅整流电源，后者较为普遍；交流操作电源可取自互感器二次侧或所用变压器低压母线，但保护回路的操作电源通常取自电流互感器，较常用的是去分流跳闸的操作方式。

3. 高压系统中断路器的控制回路和继电保护回路是整个二次系统的重要组成部分。断路器的控制回路可实现对断路器手动和自动合闸或跳闸，主要包括灯光监视系统和闪光装置等。通常用红灯亮表示断路器处于合闸位置，绿灯亮表示断路器处于跳闸位置。

4. 中央信号系统分为事故声响信号和预告声响信号。断路器事故跳闸时发事故信号，蜂鸣器发出声响，同时断路器的位置指示灯发出绿灯闪光；系统中发生不正常运行情况时发预告信号，警铃发出声响，同时光字牌点亮，显示故障性质。整个变电所只有一套中央信号系统，通常安装在主控制室的信号屏内。

5. 直流系统的绝缘监察装置是利用电桥平衡原理来实现的，主要用来监视直流系统是否存在接地隐患；交流系统的绝缘监察装置是由三个单相三绕组电压互感器或一个三相五柱式电压互感器构成的，主要用来监视小电流接地系统是否有单相接地故障，这种装置可以判断出故障的相别，但不能判断出是哪条线路发生了接地故障。

6. 自动重合闸装置（ARD）是在线路发生短路故障时，断路器跳闸后进行的重新合闸，它能提高线路供电的可靠性，主要用于架空线路。变电所中采用两路及以上电源进线时，或一用一备，或互为备用，应安装备用电源自动投入装置（APD），以确保供电的可靠性。

7. 配电网自动化系统（DAS）包括配电SCADA系统、地理信息系统（GIS）和需方管理（DSM）三个部分。其中配电SCADA系统负责配电网的数据采集与监控系统，实现配电网进线监控、配电变电所自动化、馈线自动化和配变巡检及无功补偿等功能；GIS负责设备管理、用户信息系统、SCADA功能及故障信息显示等功能；DSM系统负责负荷监控与管理、远方抄表与计费自动化等功能。

8. 变电所综合自动化系统主要分为微机监控和微机保护两大系统。微机监控系统主要是应用微机控制技术，替代现行的人工监控方式，实现运行调度的自动化和微机化；而微机保护系统则是应用微机控制技术，替代传统的机电型和电子型模拟式继电保护装置，以获得更好的工作特性和更高的技术指标。

思考题与习题

7-1　变配电所二次回路按用途分有哪些？

7-2　二次接线图有几种形式？各有什么特点？

7-3　什么是操作电源？对操作电源的要求是什么？变电所常用操作电源有哪几种类型？各有什么特点？

7-4　断路器的控制回路应满足哪些基本要求？为什么要采用防跳装置？跳跃闭锁继电器如何起到防跳作用？

7-5　变电所信号装置按用途可分为哪几种？各有什么作用？

7-6　直流系统绝缘监察的目的是什么？交流系统绝缘监察的目的是什么？

7-7　什么是自动重合闸？对自动重合闸的基本要求是什么？自动重合闸与继电保护的配合方式有几种？

7-8　备用电源自动投入装置的作用是什么？有哪些基本要求？

7-9　配电自动化系统（DAS）包括哪些内容？各部分的功能是什么？

7-10　馈线自动化有哪两种实现方式？

7-11　什么是变电所综合自动化？实现变电所综合自动化的优点是什么？

7-12　简述变电所综合自动化系统的基本功能。

7-13　变电所综合自动化系统的结构形式有哪几种？

第7章
测试题

第八章

防雷、接地与电气安全

变电所的防雷保护和接地装置是确保安全供配电的重要设施之一，而电气安全包括电气设备的安全和人身安全，是电气设计、施工中必须引起高度重视的问题。本章从防雷和接地的基本概念出发，简要介绍 110kV 及以下电力装置的防雷措施和接地装置的设计计算，并在最后简述安全用电的有关知识。

第一节　过电压与防雷

一、过电压的形式

电力系统在运行中，由于雷击、误操作、故障、谐振等原因引起的电气设备电压高于其额定工作电压的现象称为过电压（over-voltage）。过电压按其产生的原因不同，可分为内部过电压和外部过电压两大类。

1. 内部过电压

内部过电压又分为操作过电压和谐振过电压等形式。对于因开关操作、负荷剧变、系统故障等原因而引起的过电压，称为操作过电压；对于系统中因电感、电容等参数在特殊情况下发生谐振而引起的过电压，称为谐振过电压。根据运行经验和理论分析表明，内部过电压的数值一般不超过电气设备额定电压的 3.5 倍，对电力系统的危害不大，可以从提高电气设备本身的绝缘强度来进行防护。

2. 外部过电压

外部过电压又称雷电过电压或大气过电压，它是由于电力系统的导线或电气设备受到直接雷击或雷电感应而引起的过电压。雷电过电压所形成的雷电流及其冲击波电压可高达几十万安和一亿伏，因此，对电力系统的破坏性极大，必须加以防护。

二、雷电的基本知识

1. 雷电现象

雷云（即带电的云块）放电的过程称为雷电现象。当雷云中的电荷聚集到一定程度时，周围空气的绝缘性能被破坏，正、负雷云之间或雷云对地之间会发生强烈的放电现象。其中雷云的对地放电（直接雷击）对地面的电力线路和建筑物破坏性较大，必须掌握其活动规律，采取严密的防护措施。

雷云的电位比大地高得多，由于静电感应使大地感应出大量异性电荷，两者组成了一个巨大的电容器。雷云中的电荷分布是不均匀的，常常形成多个电荷聚集中心。当雷云中电荷密集处的电场强度超过空气的绝缘强度（$30kV/cm^2$）时，该处的空气被击穿，形成一个导电通道，称为雷电先导或雷电先驱。当雷电先导进展到离地面 100 ～ 300m 时，地面上感应出来的异性电荷也相对集中，特别是易于聚集在地面上较高的突出物上，于是形成了迎雷先导。迎雷先导和雷电先导在空中相互靠近，当两者接触时，正、负电荷强烈中和，产生强大的雷电流并伴有雷鸣和闪光，这就是雷电的主放电阶段，时间很短，一般约 50 ～ 100μs。主放电阶段过后，雷云中的剩余电荷沿主放电通道继续流向大地，称为放电的余辉阶段，时间约为 0.03 ～ 0.15s，但电流较小，约几百安。

2. 雷电流的特性

雷电流（lightning current）是一个幅值很大、陡度很高的冲击波电流，用快速电子示波器测得的雷电流波形示意图如图 8-1 所示。雷电流从零上升到最大幅值这一部分，叫波头，一般只有 1 ～ 4μs；雷电流从最大幅值开始，下降到二分之一幅值所经历的时间，叫波尾，约数十微妙。图中，I_m 为雷电流的幅值，其大小与雷云中的电荷量及雷云放电通道的阻抗（波阻抗）有关。

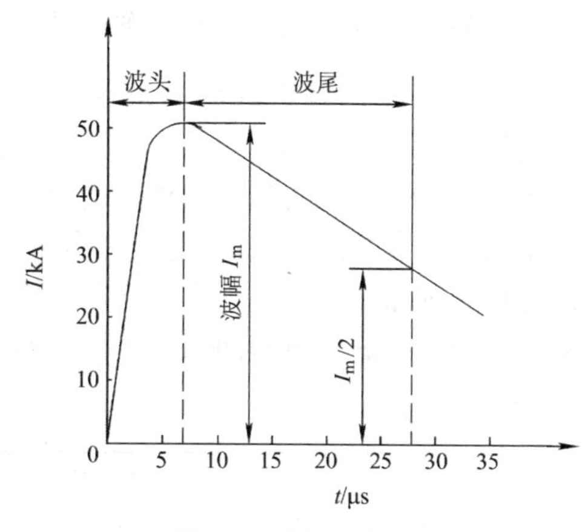

图 8-1　雷电流波形图

雷电流的陡度 α，用雷电流在波头部分上升的速度来表示，即 $\alpha = \mathrm{d}i/\mathrm{d}t$。雷电流的陡度可能达到 50kA/μs 以上。一般说来，雷电流幅值越大时，雷电流陡度越大，产生的过电压（$u = L\mathrm{d}i/\mathrm{d}t$）越高，对电气设备绝缘的破坏性越严重。因此，如何降低雷电流陡度是防雷设计中的核心问题。

3. 雷电过电压的基本形式

（1）直击雷过电压（直击雷）　雷电直接击中电气设备、线路、建筑物等物体时，其过电压引起的强大雷电流通过这些物体放电入地，从而产生破坏性很大的热效应和机械效应，这种雷电过电压称为直击雷。

（2）感应过电压（感应雷）　雷电未直接击中电气设备或其他物体，而是由雷电对线路、设备或其他物体的静电感应或电磁感应而引起的过电压，这种雷电过电压称为感应过电压。

感应雷的形成过程如图 8-2 所示。当雷云出现在架空线路（或其他物体）上方时，由于静电感应，线路上积聚了大量异性的束缚电荷，如图 8-2a 所示。当雷云对地或对其他雷云放电后，线路上的束缚电荷被释放，形成自由电荷流向线路两端，产生很高的过电压，如图 8-2b 所示。高压线路的感应过电压可高达几十万伏，低压线路可达几万伏，对电力系统的危害都很大。

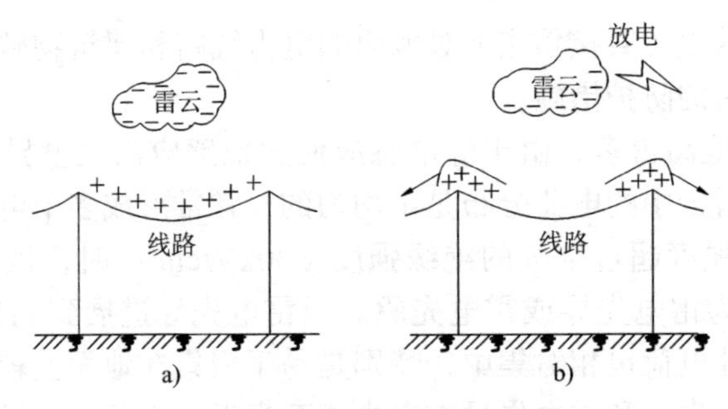

图 8-2 架空线路上的感应过电压

（3）雷电波侵入 架空线路遭到直接雷击或感应雷而产生的高电位雷电波，可能沿架空线侵入变电所或其他建筑物而造成危险，这种雷电过电压形式称为雷电波侵入。据统计，这种雷电波侵入占电力系统雷电事故的 50% ～ 70% 以上，因此，对其防护问题应予以足够的重视。

4. 雷电活动强度及直击雷的规律

雷电活动的频繁程度通常用年平均雷暴日数来表示。只要一天中出现过雷电活动（包括看到雷闪和听到雷声），就算一个雷暴日。平均雷暴日则是由当地气象台根据多年的气象资料统计出的雷暴日的年平均值。我国规定年平均雷暴日不足 15 日的地区为少雷区；年平均雷暴日超过 40 日的地区为多雷区；年平均雷暴日超过 90 日的地区及雷害特别严重的地区为强雷区。年平均雷暴日数越多，说明该地区的雷电活动越频繁，因此防雷要求也越高，防雷措施就更需加强。我国各地区的年平均雷暴日见表 8-1。

表 8-1 我国各地区的年平均雷暴日

地区	年平均雷暴日	地区	年平均雷暴日
西北地区	20 以下	长江以南北纬 23° 线以北	40 ～ 80
东北地区	30 左右	长江以南北纬 23° 线以南	80 以上
华北和中部地区	40 ～ 45	海南岛、雷洲半岛	120 ～ 130

表 8-1 说明，雷电活动的强度因地区而异。雷电活动的规律大致为：热而潮湿的地区比冷而干燥的地区雷暴多，且山区大于平原、平原大于沙漠、陆地大于湖海。此外，在同一地区内，雷电活动也有一定的选择性，雷击区的形成与地质结构（即土壤电阻率）、地面上的设施情况及地理条件等因素有关。一般而言，土壤电阻率小的地方易遭受雷击；在不同电阻率的土壤交界处易遭受雷击；山的东坡、南坡较山的北坡、西坡易遭受雷击；山岳地区易遭受雷击等。

建筑物的雷击部位与建筑物的高度、长度及屋顶坡度等因素有关，其大致规律为：建筑物的屋角和檐角雷击率最高；屋顶的坡度越大，屋脊的雷击率也越大，当坡度大于 40° 时，屋檐一般不会再受雷击；当屋顶坡度小于 27°、长度小于 30m 时，雷击点多发生在山墙，而屋脊和屋檐一般不会再受雷击。此外，旷野中的孤立建筑物和建筑群中的高耸建筑物易遭受雷击；屋顶为金属结构、地下埋有大量金属管道及内部有大量金属设备的厂房易遭受雷击；排出有导电粉尘的厂房和废气管道、地下有金属矿物的地带以及变电所、架空线路等易遭受雷击。

5. 雷电的危害

雷电的破坏作用主要是雷电流引起的。它的危害主要表现在：雷电流的热效应可烧断导线和烧毁电力设备；雷电流的机械效应产生的电动力可摧毁设备、杆塔和建筑，伤害人畜；雷电流的电磁效应可产生过电压，击穿电气设备绝缘，甚至引起火灾爆炸，造成人身伤亡；雷电的闪络放电可烧坏绝缘子，使断路器跳闸或引起火灾，造成大面积停电。

三、防雷装置

防雷装置由接闪器、引下线和接地装置三部分组成。

接闪器又称受雷装置，是接受雷电流的金属导体，常用的有避雷针（lightning rod)、避雷线（lightning wire)、避雷带（lightning tape）和避雷网（lightning network）等类型。引下线应保证雷电流通过时不致熔化，一般用直径不小于 10mm 的圆钢或截面积不小于 $80mm^2$ 的扁钢制成。当采用钢筋混凝土杆、钢结构作支持物时，可利用钢筋作接地引下线。接地装置是埋在地下的接地导线和接地体的总称，它的电阻值很小，一般不大于 10Ω，因此可更有效地将雷电流泄入大地。

不同的被保护对象应选用不同的接闪器。一般而言，避雷针主要用于保护发电厂、变电站及其他独立的建筑物；避雷线主要用于保护输电线路或建筑物的某些部位；避雷网主要用于保护重要建筑物或高山上的文物古迹等。

接闪器的类型虽然不同，但其作用原理相同，都是将雷电吸引到自身，并经引下线和接地装置将雷电流安全地泄入大地，从而保护附近的电力设备和建筑物免遭雷击。

（一）避雷针

避雷针通常采用镀锌圆钢或镀锌焊接钢管制成。针长 1m 以下时，圆钢直径不小于 12m，钢管直径不小于 20mm；针长 1 ～ 2m 时，圆钢直径不小于 16mm，钢管直径不小于 25mm。它通常安装在钢筋水泥杆（支柱）或构架上，它的下端要经引下线与接地装置连接。

避雷针的保护范围，以它能够防护直击雷的保护空间来表示。

我国过去的防雷设计规范，对避雷针和避雷线的保护范围都是按“折线法”来确定的，实践证明是安全的，已装避雷设施不可能废除，因此目前在输配电线路和配电所中仍被采用，其具体计算方法可参考相关书籍，本书不再赘述。而现行国家标准 GB 50057—2010《建筑物防雷设计规范》则规定采用“滚球法”来确定，以便与国际电工委员会(IEC) 标准接轨，因此本书重点介绍“滚球法”。

所谓“滚球法”，就是选择一个半径为 h_r（滚球半径）的球体，沿需要防护直击雷的部位滚动，如果球体只接触到避雷针（线）或避雷针（线）与地面，而不触及需要保护的部位，则该部位就在避雷针（线）的保护范围之内。

1. 单支避雷针的保护范围

按 GB 50057—2010 规定，单支避雷针的保护范围应按下列方法确定（见图 8-3)：

（1）当避雷针高度 $h \leqslant h_r$ 时

1）在距地面 h_r 处作一平行于地面的平行线。

2）以避雷针的针尖为圆心、h_r 为半径作弧线，交于平行线的 A、B 两点。

3）以 A、B 为圆心、h_r 为半径作弧线，该弧线与针尖相交并与地面相切。从该弧线起到地面为止的整个锥形空间，就是避雷针的保护范围。

4）避雷针在 h_x 高度的 XX' 平面上的保护半径，按下式计算：

$$r_x = \sqrt{h(2h_r - h)} - \sqrt{h_x(2h_r - h_x)} \tag{8-1}$$

式中，h_r 为滚球半径（m），按表 8-2 确定；r_x 为避雷针在 h_x 高度的 XX' 平面上的保护半径（m）；h_x 为被保护物的高度（m）。

5）避雷针在地面上的保护半径，按下式计算：

$$r_0 = \sqrt{h(2h_r - h)} \tag{8-2}$$

（2）当避雷针高度 $h > h_r$ 时　在避雷针上取高度为 h_r 的一点代替避雷针的针尖作为圆心，其余的作法与 $h \leqslant h_r$ 时相同。

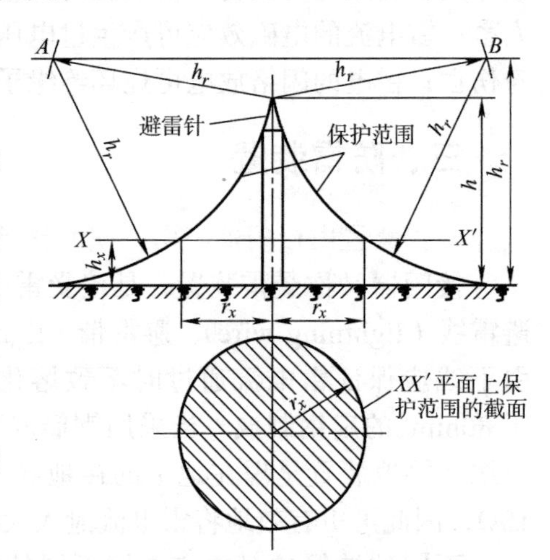

图 8-3　单支避雷针的保护范围

表 8-2　按建筑物的防雷类别确定滚球半径和避雷网尺寸

建筑物的防雷类别	一级防雷建筑物	二级防雷建筑物	三级防雷建筑物
滚球半径 h_r/m	30	45	60
避雷网尺寸 /（m×m）	5×5 或 6×4	10×10 或 12×8	20×20 或 24×16

表 8-2 中建筑物的防雷级别，是根据其重要性、使用性质以及发生雷击事故的可能性和造成后果来划分的，共分为三级：

一级防雷建筑物，是指具有特别重要用途的建筑物，如国家级会堂、办公建筑、档案馆、大型博展建筑、大型铁路客运站、国际型航空港、国宾馆、国际港口客运站；国家级重点文物保护建筑物以及高度超过 100m 的建筑物等。

二级防雷建筑物，是指重要的或人员密集的大型建筑物，如省部级办公楼、会堂、博展、体育、交通、通信、广播等建筑物；省级重点文物保护建筑物；高度超过 50m 的建筑物以及大型计算中心和装有重要电子设备的建筑物。

三级防雷建筑物，是指预计年雷击次数大于或等于 0.05，或经过调查确认需要防雷的建筑物；建筑群中最高或位于建筑群边缘高度超过 20m 的建筑物；高度为 15m 及以上的烟囱、水塔等孤立建筑物等。

例 8-1　某厂一座高 30m 的水塔旁边，建有一锅炉房（属第三类防雷建筑物），尺寸如图 8-4 所示，水塔上面安装一支 2m 高的避雷针，试问该避雷针能否保护这一锅炉房？

解： 查表 8-2 得滚球半径 $h_r = 60\text{m}$，而 $h = 30\text{m} + 2\text{m} = 32\text{m}$，$h_x = 8\text{m}$，由式（8-1）

得避雷针的保护半径为

$$r_x=\sqrt{32\times(2\times60-32)}\text{m}-\sqrt{8\times(2\times60-8)}\text{m}=23.13\text{m}$$

现锅炉房在 $h_x=8\text{m}$ 高度上最远一角距离避雷针的水平距离为

$$r=\sqrt{(10+8)^2+5^2}\text{m}=18.68\text{m}<23.13\text{m}$$

由此可见，水塔上的避雷针能保护这一锅炉房。

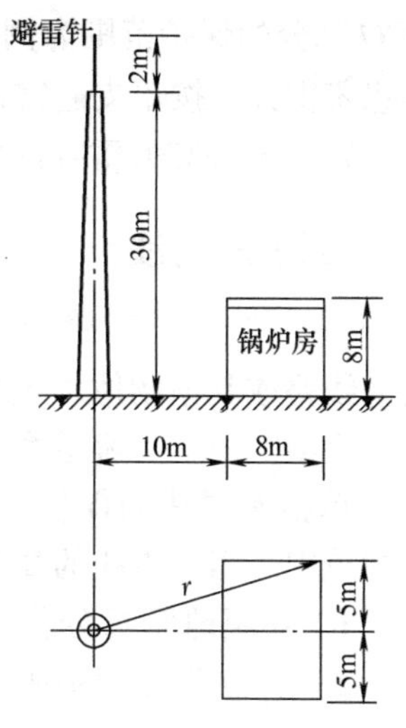

图 8-4　例 8-1 避雷针的保护范围

2. 双支等高避雷针的保护范围

如图 8-5 所示，在 $h\leqslant h_r$ 的情况下，当 $D\geqslant 2\sqrt{h(2h_r-h)}$ 时，各按单支避雷针所规定的方法确定；当 $D<2\sqrt{h(2h_r-h)}$ 时，按下列方法确定：

1）$ABCD$ 外的保护范围，应按单支避雷针所规定的方法确定。

2）C、D 点位于两针间的垂直平分线上。在地面每侧的最小保护宽度应按下式计算：

$$b_0=\overline{CO}=\overline{DO}=\sqrt{h(2h_r-h)-(D/2)^2} \tag{8-3}$$

在 AOB 轴线上，A、B 间的保护范围上边线按下式确定：

$$h_x=h_r-\sqrt{(h_r-h)_2+(D/2)^2-X^2} \tag{8-4}$$

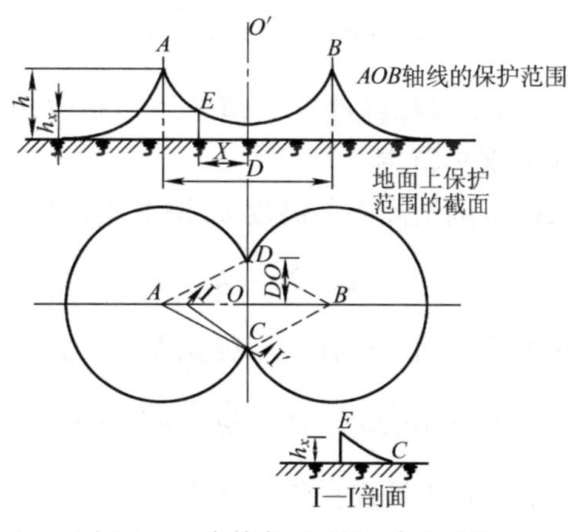

图 8-5　双支等高避雷针的保护范围

式中，X 为距中心线的距离。

实际上，该保护范围上边线是以中心线距地面 h_r 的一点 O' 为圆心、以 $\sqrt{(h_r-h)_2+(D/2)^2}$ 为半径作的圆弧。

3）两针间 $ABCD$ 内的保护范围，ACO、BCO、ADO、BDO 各部分是类同的。以

ACO部分的保护范围为例，按以下方法确定：在h_x和C点所处的垂直平面上，以h_x作为假想避雷针，按单支避雷针所规定的方法确定（见I－I′剖面）。

双支不等高避雷针的保护范围可参看GB 50054—2010或有关设计手册。

（二）避雷线

避雷线一般采用截面积不小于35mm²的镀锌钢绞线，架设在架空线路上面，以保护架空线路或其他物体（包括建筑物）免受雷击。由于避雷线既是架空，又要接地，因此它又称为架空地线。避雷线的功能和原理与避雷针基本相同。

单根避雷线的保护范围，按GB 50054—2010规定，当避雷线的高度$h \geq 2h_r$时，无保护范围。当避雷线的高度$h<2h_r$时，应按下列方法确定（见图8-6）：

1）在距地面h_r处作一平行于地面的平行线。

2）以避雷线尖为圆心、h_r为半径作弧线，交于平行线的A、B两点。

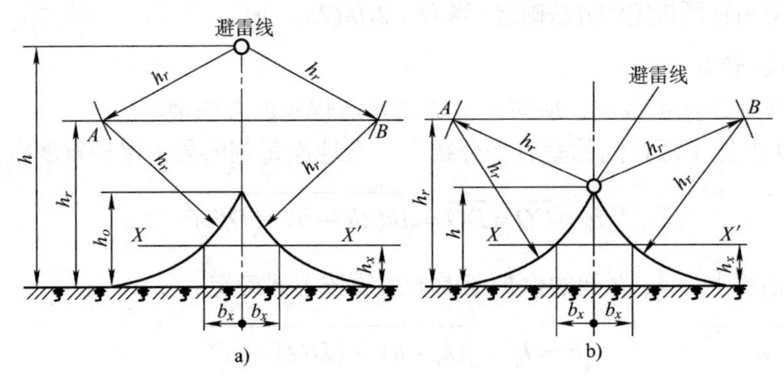

图8-6　单根避雷线的保护范围

a）当$2h_r>h>h_r$时　b）当$h \leq 2h_r$时

3）以A、B为圆心、h_r为半径作弧线，该两弧线相交或相切，并与地面相切。从该弧线起到地面止就是避雷线的保护范围。

4）当$2h_r>h>h_r$时，保护范围最高点的高度h_0按下式计算：

$$h_0 = 2h_r - h \tag{8-5}$$

5）避雷线在h_x高度的XX'平面上的保护半径宽度b_x，按下式计算：

$$b_x = \sqrt{h(2h_r - h)} - \sqrt{h_x(2h_r - h_x)} \tag{8-6}$$

式中，h为避雷线的高度（m）；h_x为被保护物的高度（m）。

关于两根等高避雷线的保护范围可参看GB 50054—2010或有关设计手册。

110kV及以上的架空输电线路，一般应全线装设避雷线；35kV架空线路只在进变电所1～2km线路上装设避雷线；10kV架空线路的电杆较低，遭受雷击的概率较小，而且绝缘子的耐压水平较高，所以一般不装设避雷线。

（三）避雷带和避雷网

避雷带和避雷网主要用于保护高层建筑免遭雷击。避雷带和避雷网通常采用圆钢或扁钢焊接而成，并沿房屋边缘或屋顶敷设。圆钢直径不小于 8mm，扁钢截面积不小于 $48mm^2$，其厚度不小于 4mm。当烟囱上采用避雷环时，其圆钢直径不小于 12mm，扁钢截面积不小于 $100mm^2$，其厚度不小于 4mm。避雷网的网格尺寸要求见表 8-2。

四、变电所的防雷保护

变电所除了可能遭受直击雷以外，还有可能沿着线路向变电所传来雷电侵入波，威胁变电所设备的安全。变电所一旦遭到雷击而损坏后，其后果和影响十分严重，因此一般均按一级防雷建筑物的标准进行防雷设计。

1. 直击雷的防护措施

变电所内的设备和建筑物必须有完善的直击雷防护装置，通常采用独立避雷针或避雷线。独立避雷针（线）应有独立的接地体，但当受到雷击时，雷电流沿着接闪器、引下线和接地体流入大地，并且在它们上面产生很高的电位。如果避雷针（线）与附近设施之间的绝缘距离不够时，两者之间会发生强烈的放电现象，这种情况称为“反击”。反击可引起电气设备绝缘破坏，金属管道被击穿，甚至引起火灾、爆炸和人身伤亡。为了防止反击事故的发生，避雷针（线）与附近其他金属导体之间必须保持足够的安全距离。

根据过电压保护设计规程规定，独立避雷针（线）及其引下线与其他金属物体在空气中的安全距离应满足下式要求：

$$S_{\mathrm{saf}} \geqslant 0.3R_{\mathrm{sh}} + 0.1h_x \tag{8-7}$$

式中，S_{saf} 为空气中的安全距离（m），一般不应小于 5m；R_{sh} 为独立避雷针（线）的冲击接地电阻（Ω）；h_x 为避雷针（线）校验点的高度（即被保护物的高度）（m）。

独立避雷针（线）的接地体与变电所接地网间的最小地中距离应满足下式要求：

$$S_{\mathrm{E}} \geqslant 0.3R_{\mathrm{sh}} \tag{8-8}$$

式中，S_{E} 为地中的安全距离（m），一般不应小于 3m。

对于 35kV 及以下的高压配电装置，因其绝缘水平较低，为了避免反击，避雷针（线）不宜装于配电装置的构架上，而应装设独立的避雷针（线），且与配电装置保持足够的距离。但对于电压为 110kV 的变电所，避雷针可以安装在配电装置的构架或房顶上，这是因为 110kV 电压等级的绝缘水平较高，即使遭受直击雷，一般也不易引起反击。

2. 雷电侵入波的防护措施

由于线路落雷比较频繁，且其绝缘水平远高于变压器或其他设备，所以雷电侵入波是造成变电所雷害事故的主要原因。

对于雷电侵入波的过电压保护是利用阀式避雷器以及与阀式避雷器相配合的进线段保护。阀式避雷器的作用是限制电气设备上的过电压幅值；进线段保护的作用是使雷不直接击导线上，且利用进线段本身阻抗来限制流过雷电流幅值，利用导线的电晕损耗来降低雷电波陡度。

图 8-7 为全线无避雷线的 35 ～ 110kV（少雷区）变电所目前普遍采用的防雷保护方案。

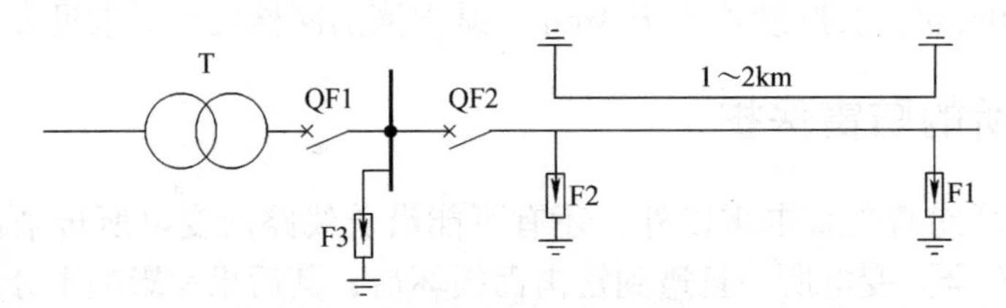

图 8-7　35 ～ 110kV 变电所的防雷保护方案

在变电所 1 ～ 2km 进线段架设避雷线，主要是作为进线段的直击雷防护措施。在这段线路上发生直接雷击时，如果没有这段避雷线，将使流过避雷器的电流过大；装设这段避雷线后，可减轻避雷器的负担。

管式避雷器 F1 的装设条件是：在木杆或木横担钢筋混凝土杆线路进线段首端，为了降低雷电侵入波的幅值，应装设一组管式避雷器 F1（其工频接地电阻不宜超过 10Ω），但是铁塔或铁横担、瓷横担的钢筋混凝土杆线路，以及全线有避雷线的线路其进线段首端，可不装设 F1。

管式避雷器 F2 的装设条件是：如果变电所 35 ～ 110kV 进线隔离开关或断路器在雷季经常断开运行，同时线路侧又带电，则必须在靠近隔离开关或断路器处装设一组管式避雷器 F2，以防当沿线有雷电波侵入时，由于波的反射，使隔离开关或断路器断开点的电压为进线保护段侵入波电压的两倍，造成开路的隔离开关或断路器对地闪络，甚至烧毁开关触头。此时 F2 应该动作，使开关承受的电压降低。但在断路器闭合运行情况下雷电侵入波到来时，F2 应不动作，即此时 F2 应在变电所阀式避雷器 F3 的保护范围之内。

母线上的阀式避雷器 F3，主要用于保护变压器、电压互感器等所有高压电气设备。根据规程规定，变电所的每组母线都应装设阀式避雷器，变电所内所有避雷器，均应以最短的接地线与配电装置的主接地网连接。

对于容量较小的 35kV 变电所，可根据其重要性和雷电活动情况，酌情简化进线保护措施，如变电所进线段避雷线的长度可缩短为 500 ～ 600m，但其首端管式避雷器的接地电阻不应超过 5Ω。

对于有电缆进线段的架空线路，避雷器应装设在电缆头附近，其接地端应和电缆金属外皮相连。

3. 变压器的防雷保护

（1）变压器中性点防雷保护　我国 110kV 及以上的电力系统是有效接地系统，为了限制单相接地电流和满足继电保护的需要，运行时采用的是只有部分变压器的中性点直接接地，另一部分变压器的中性点是不接地的。这种系统中的变压器中性点大多是分级绝缘，即变压器中性点绝缘水平要比相线端低得多，如我国 220kV 和 110kV 变压器中性点的绝缘等级分别为 110kV 和 35kV。规程规定，对于中性点不接地的变压器，如采用分级绝缘且未装设保护间隙，则应在中性点装设雷电过电压保护装置，且宜选金属氧化物避雷器。中性点也有采用全绝缘，此时中性点一般不加防雷保护，但若变电所为单进线且为单台变压器运行，也应在中性点装设雷电过电压保护装置。

对于中性点不接地、经消弧线圈接地和高阻抗接地系统，变压器采用的是全绝缘，即变压器中性点绝缘水平与相线端的绝缘水平相同。规程规定，35 ～ 60kV 变压器中性点一般不装设防雷保护，但对于多雷区单进线变电所且中性点引出时，宜装设保护装置；对于中性点皆有消弧线圈的变压器，如有单进线运行可能，也应在中性点装设保护装置，该保护装置可任选金属氧化物避雷器或普通阀式避雷器，并且在非雷雨季节也不能退出运行。

（2）三绕组变压器的防雷保护　双绕组变压器在正常运行时，高、低压侧的断路器都是闭合的，两侧都有避雷器保护。三绕组变压器正常运行时可能会出现高、中压绕组工作而低压绕组开路的情况，此时，若在高压或中压侧有雷电侵入波作用，其感应电压将会危及低压绕组绝缘。为了限制这种过电压，应在变压器低压绕组出口处装设避雷器，但若低压绕组接有 25m 以上金属外皮电缆时，则可不必装设避雷器。中压绕组虽然也有开路的可能，但其绝缘水平较高，一般不装避雷器。

第二节　电气装置的接地

一、接地的有关概念

1. 接地装置

电气设备的某部分与大地（earth，ground）之间做良好的电气连接，称为接地（earthing，grounding）。直接与大地接触的金属导体，称为接地体（earthing body）。连接接地体与电气设备接地部分的金属导体，称为接地线（earthing wire）。接地体与接地线的总和，称为接地装置（earthing device）。由若干个接地体在大地中相互用接地线连接起来的一个整体，称为接地网（earthing network），如图 8-8 所示。

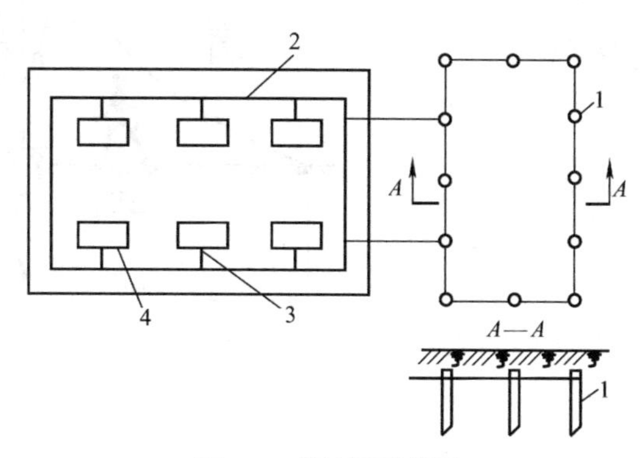

图 8-8　接地网示意图

1—接地体　2—接地干线　3—接地支线　4—电气设备

2. 地和对地电压

当电气设备发生接地故障时，接地电流（I_E）通过接地体向大地作半球形散开，如

图 8-9 所示。该半球体就是接地电流的导体，该半球形球面就是接地电流通过的导体截面。距接地体越近，半球面积越小，其流散电阻越大，接地电流通过此处的电位也越高。反之，距接地体越远，半球面积越大，其流散电阻越小，接地电流通过此处的电位也越低，其电位分布曲线如图 8-9 所示。

试验证明：在距接地体 20m 以外的地方，流散电阻已趋近于零，也即电位趋近于零。该电位等于零的地方称为电气上的“地”或“大地”。电气设备的接地部分（如接地的外壳、接地体等）与电位为零的“地”之间的电位差，称为接地部分的对地电压，用 U_E 表示。

3. 接触电压和跨步电压

当电气设备发生接地故障时，接地电流流过接地体向大地流散时，大地表面形成分布电位。人站在发生接地故障的设备旁边，手触及设备的金属外壳，则人手与脚之间所呈现的电位差，称为接触电压（touch voltage），如图 8-10 中的 U_{tou}。人在接地故障点附近行走时，两脚之间所呈现的电位差，称为跨步电压（step voltage），如图 8-10 中的 U_{step}。

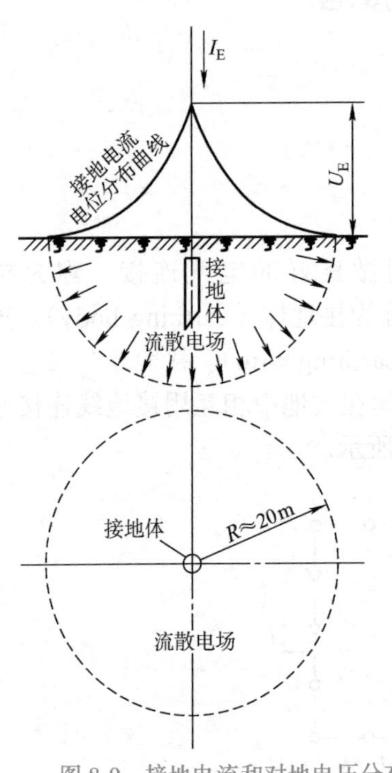

图 8-9　接地电流和对地电压分布图

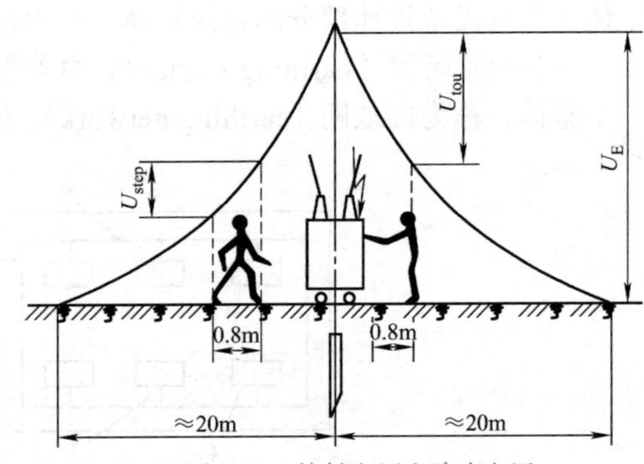

图 8-10　接触电压和跨步电压

4. 接地电阻

接地体的对地电压与通过接地体流入地中的电流之比，称为流散电阻。

电气设备接地部分的对地电压与接地电流之比，称为接地装置的接地电阻（earthing resistance）。接地电阻等于接地线的电阻与流散电阻之和。因接地线的电阻甚小，可忽略不计，因此，可认为接地电阻等于流散电阻。

工频接地电流流经接地装置所呈现的接地电阻，称为工频接地电阻，用 R_E 表示；雷电流流经接地装置所呈现的电阻，称为冲击接地电阻，用 R_{sh} 表示。任一接地体的冲击接地电阻都要比它的工频接地电阻小。

二、接地的类型

1. 工作接地

工作接地（working earthing）是根据电力系统运行的需要，人为地将电力系统中性点或电气设备的某一部分进行接地，比如发电机和变压器的中性点直接接地或经消弧线圈接地、防雷设备的接地等。各种工作接地都有各自的功能。电源中性点直接接地，能在运行中维持三相系统的相线对地电压不变；电源中性点经消弧线圈接地，能在单相接地时消除接地点的断续电弧，避免系统出现过电压；而防雷设备的接地是为了对地泄放雷电流，以达到防雷保护的目的。

2. 保护接地

保护接地（protective earthing）是为保证人身安全、防止触电事故，将电气设备的外露可导电部分（指正常不带电而在故障时可带电且易被触及的部分，如金属外壳和构架等）与地做良好的连接。

保护接地的类型

在低压配电系统中，按保护接地的方式不同，可分为三类，即 TN 系统、TT 系统和 IT 系统。

（1）TN 系统　TN 系统的电源中性点直接接地，并从中性点引出有中性线（N 线）、保护线（PE 线），或将 N 线与 PE 线合为一体的保护中性线（PEN 线），该系统中电气设备的外露可导电部分与 PE 线或 PEN 线相连。TN 系统又分为三种形式：

1）TN-C 系统：系统中的 N 线与 PE 线合为一根 PEN 线，所有设备的外露可导电部分均接 PEN 线，如图 8-11a 所示。由于 PEN 线中有电流流过，可对接 PEN 线的某些电气设备产生电磁干扰，因此，这种系统不适用于对抗电磁干扰要求较高的场所。此外，如果 PEN 线断线，可使接 PEN 线的设备外露可导电部分带电而造成人身触电危险，因此 TN-C 系统也不适用于对安全要求较高的场所。

2）TN-S 系统：系统中的 N 线与 PE 线完全分开，所有设备的外露可导电部分均接 PE 线，如图 8-11b 所示。由于 PE 线中无电流流过，因此不会对接 PE 线的电气设备产生电磁干扰。而且在正常情况下，PE 线断线时不会使接 PE 线的设备外露可导电部分带电，因此比较安全，所以这种系统适用于对安全及抗电磁干扰要求较高的场所。

3）TN-C-S 系统：系统中前面线路采用 TN-C 系统，而后面线路部分或全部采用 TN-S 系统，所有设备的外露可导电部分接 PEN 线或 PE 线，如图 8-11c 所示。这种系统比较灵活，对安全及抗电磁干扰要求较高的场所采用 TN-S 系统，其他场所则采用 TN-C 系统。因此，TN-C-S 系统兼有 TN-C 系统和 TN-S 系统的优越性，经济适用。

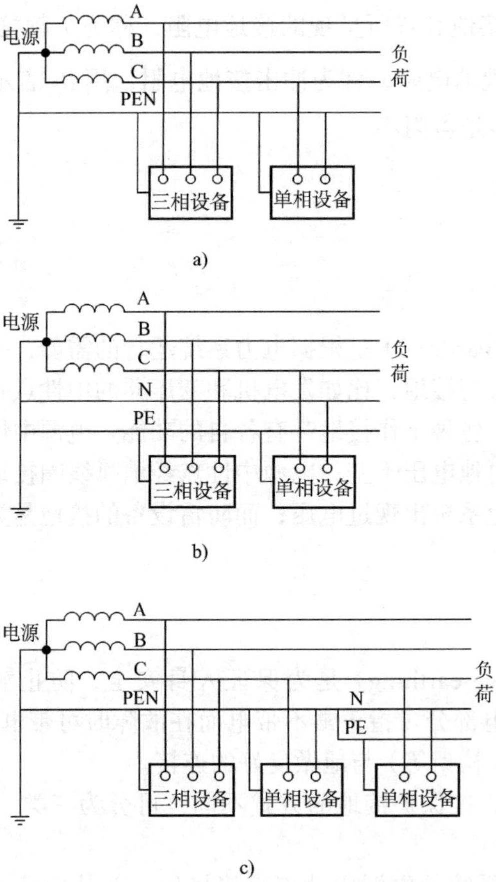

a)

b)

c)

图 8-11　TN 系统示意图

a）TN-C 系统　b）TN-S 系统　c）TN-C-S 系统

TN 系统相当于我国原先的保护接零系统，它的作用是，一旦电气设备发生单相碰壳（即形成单相短路），应保证保护设备（低压断路器或熔断器等）动作，迅速将故障设备切除，以便减小人的触电概率和触电时间。

（2）TT 系统　TT 系统的电源中性点直接接地，并引出有 N 线，属三相四线制系统，电气设备的外露可导电部分均经各自的接地装置（PE 线）单独接地，如图 8-12 所示。由于系统中各设备的 PE 线是分别直接接地的，彼此之间无电磁干扰，因此，这种系统适用于对抗电磁干扰要求较高的场所。但在这种系统中，若有设备绝缘不良或损坏而使其外露可导电部分带电时，由于其漏电电流较小，往往不足以使线路上的过电流保护装置动作，从而增加了触电的危险。因此，为保证人身安全，这种系统中必须装设灵敏的漏电保护装置。

（3）IT 系统　IT 系统的电源中性点不接地或经高阻抗（约 1000Ω）接地，通常不引出 N 线，属三相三线制系统，电气设备的外露可导电部分均经各自的接地装置（PE 线）单独接地，如图 8-13 所示。此系统中各设备之间也不会产生电磁干扰，而且当发生一相接地故障时，所有三相用电设备仍可暂时继续运行，但需装设绝缘监视装置或单相接地保护发出报警信号。

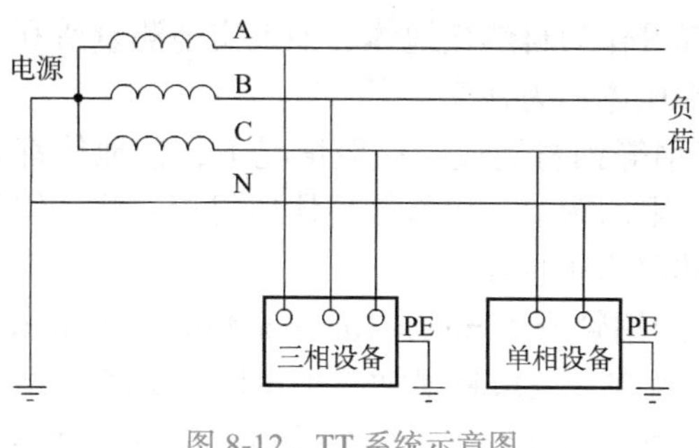

图 8-12　TT 系统示意图

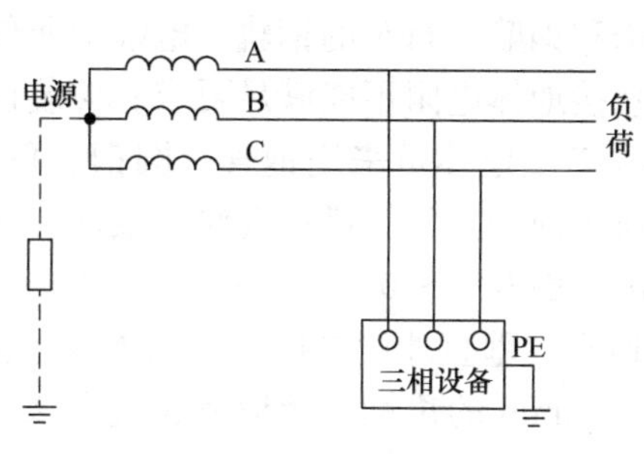

图 8-13　IT 系统示意图

3. 重复接地

在 TN 系统中，为了避免 PE 线或 PEN 线断开时系统失去保护作用，除在电源中性点必须采用工作接地外，PE 线或 PEN 线还应在下列地方重复接地：①架空线路末端及沿线每隔 1km 处；②电缆和架空线路引入车间或其他大型建筑物处。

如果没有采取重复接地，当发生 PE 线或 PEN 线断线，且在断线的后面又有设备发生一相碰壳时，接在断线后面的所有设备外壳上都将呈现接近于相电压的对地电压，即 $U_{\mathrm{E}} \approx U_{\varphi}$，如图 8-14a 所示，这是很危险的。如果采取了重复接地（见图 8-14b），则在发生同样故障时，设备外壳的对地电压 $U'_{\mathrm{E}} = I_{\mathrm{E}} R'_{\mathrm{E}} = \dfrac{U_{\varphi}}{R_{\mathrm{E}} + R'_{\mathrm{E}}} R'_{\mathrm{E}}$。若 $R_{\mathrm{E}} = R'_{\mathrm{E}}$，则断线后面一段 PE 线或 PEN 线的对地电压 $U'_{\mathrm{E}} = U_{\varphi}/2$，危险程度大大降低了。实际上，由于 $R'_{\mathrm{E}} > R_{\mathrm{E}}$，所以 $U'_{\mathrm{E}} > U_{\varphi}/2$，对人还是有危险的。因此应尽量避免 PE 线和 PEN 线的断线事故，对 PE 线和 PEN 线应精心施工和维护。在 PE 线和 PEN 线一般不允许装设开关或熔断器。

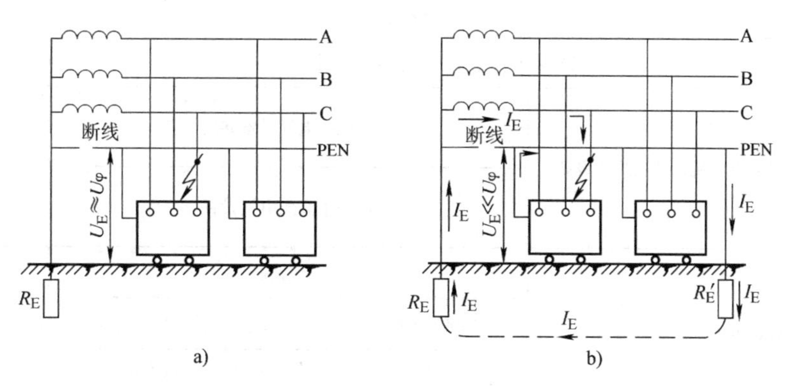

图 8-14　重复接地的作用说明

a）无重复接地　b）有重复接地

三、接地装置的装设

在设计和装设接地装置时，应充分利用自然接地体以节约投资和钢材。凡是与大地有可靠接触的金属导体，如埋入地下的金属管道（有可燃和爆炸物质的除外）、建筑物的钢结构和钢筋、行车的钢轨、电缆金属外皮等都可作为自然接地体。如果实地测量所利用的自然接地体电阻不能满足要求，应装设人工接地体作为补充。

人工接地体可采用钢管、圆钢、角钢、扁钢等钢材制成。一般情况下，接地体都垂直埋设于地中，为了避免气候对接地装置流散电阻的影响，应将接地体埋得深一些，使其上端离地面 0.7 ～ 0.8m。在多岩石地区，接地体可水平埋设。

通常，垂直埋设的接地体用 $\phi38$ ～ $\phi50$mm 的钢管或 40mm × 40mm × 4mm ～ 50mm × 50mm × 5mm 的角钢。接地体长度以 2.5m 左右为宜，太短将增加接地电阻；太长则增加施工难度，增加钢材消耗量，而接地电阻减小甚微。接地装置由多根接地体组成，这些接地体成排布置，也可以环形布置。接地体之间的距离约 5m，将各接地体打入地中后，用圆钢或扁钢连成一体。

水平埋设的接地体可用 $\phi16$mm 的圆管或 40mm × 4mm 的扁钢。水平接地体多呈放射形布置，也可成排布置或环形布置。

接地线应采用 20mm × 4mm ～ 40mm × 4mm 的扁钢。

接地网的布置，应使接地装置附近的电位分布尽可能均匀，以降低接触电压和跨步电压，保证人身安全。人工接地网的外缘应闭合，外缘各角应做成圆弧形。当不能满足接触电压和跨步电压的要求时，人工接地网内应加装均压带。

一般 10kV 户内变电所的接地装置均布置在变电所主建筑物四周，距墙不小于 3m。35 ～ 110kV 有户外配电装置的变电所，其接地体可布置在变电所周围或户内配电装置四周。

电力系统在不同情况下对接地电阻的要求是不同的。表 8-3 给出了电力系统不同接地装置所要求的接地电阻允许值。

表 8-3　电力系统常见电气设备的接地电阻允许值

序号	项目与设备名称		接地电阻 /Ω
1	1kV 以上大电流接地系统的设备		$R_E \leqslant 0.5$
2	1kV 以上小电流接地系统的设备	与低压电气设备共用	$R_E \leqslant \frac{120}{I_E}$
3		仅用于高压电气设备	$R_E \leqslant \frac{250}{I_E}$
4	1kV 以下低压电气设备	一般情况	$R_E \leqslant 4$
5		100kV · A 及以下发电机或变压器中性点接地	$R_E \leqslant 10$
6		发电机、变压器并联工作，但总容量不超过 100kV · A	$R_E \leqslant 10$
7	低压系统重复接地	序号 4 的重复接地装置	$R_E \leqslant 10$
8		序号 5、6 的重复接地装置	$R_E \leqslant 30$
9	高土壤电阻率区	大电流接地系统	$R_E \leqslant 5$
10		小电流接地系统	$R_E \leqslant 15$

（续）

序号	项目与设备名称		接地电阻 /Ω
11	无避雷线的架空线路	小电流接地系统钢筋混凝土杆、金属杆	$R_E \leq 30$
12		低压线路钢筋混凝土杆、金属杆	$R_E \leq 30$
13		低压进户线绝缘子铁塔	$R_E \leq 30$
14	独立避雷针和避雷线		$R_E \leq 10$

注：I_E 为电网接地电流。

四、接地电阻的计算

1. 工频接地电阻的计算

自然接地体的种类较多，其工频接地电阻的计算方法复杂且各不相同，在工程设计中，一般可通过实际测量或查阅有关设计手册获得。

人工接地体的形状各异，他们的工频接地电阻计算方法也各不相同。限于篇幅，这里仅介绍垂直人工接地体工频接地电阻的简易计算公式。

单根垂直管形接地体的接地电阻 $R_{E(1)}$ 为

$$R_{E(1)} \approx 0.3\rho \tag{8-9}$$

式中，ρ 为埋设地点的土壤电阻率（Ω•m），实测确定，或参考表 8-4。

表 8-4　常见土壤电阻率参考值

土壤性质	电阻率近似值 / (Ω•m)	不同情况下电阻率的变化范围 / (Ω•m)		
		较湿时	较干时	地下水含盐碱时
陶粘土	10	5 ~ 20	10 ~ 100	3 ~ 10
泥炭、泥灰岩、沼泽地	20	10 ~ 30	50 ~ 300	3 ~ 30
捣碎的木炭	40	—	—	—
黑土、田园土、陶土	50	30 ~ 100	50 ~ 300	10 ~ 30
黏土	60	30 ~ 100	50 ~ 300	10 ~ 30
砂质黏土	100	30 ~ 30	80 ~ 1000	10 ~ 30
黄土	200	100 ~ 200	250	30
含砂黏土、砂土	300	100 ~ 1000	1000 以上	30 ~ 100
多石土壤	400	—	—	—
砂、砂砾	1000	250 ~ 1000	1000 ~ 2500	—

当有 n 根垂直接地体并联时，入地的流散电流将相互排挤，这种影响入地电流流散的作用，称为屏蔽效应。由于这种屏蔽效应，使接地装置的利用率有所下降，因此引入利用系数 η。此外，对以垂直接地体为主的接地装置，在计算中可以不单独计算水平接地体的接地电阻，考虑到它的作用，一般垂直接地体可减少10%。因此，n 根并联垂直接地体的接地电阻可按以下公式计算：

$$R_{E}=0.9\frac{R_{E(1)}}{n\eta} \tag{8-10}$$

式中，η 为接地体的利用系数，见表8-5和表8-6。

表8-5　成排垂直敷设的管形接地体的利用系数

管间距离与管长之比	管子根数					
	2	3	5	10	15	20
1	0.84～0.87	0.76～0.80	0.67～0.72	0.56～0.62	0.51～0.56	0.47～0.50
2	0.90～0.92	0.85～0.88	0.79～0.83	0.72～0.77	0.66～0.73	0.63～0.70
3	0.93～0.95	0.90～0.92	0.85～0.88	0.79～0.83	0.76～0.80	0.74～0.79

注：该表中数据未计入连接扁钢的影响。

表8-6　环形垂直敷设的管形接地体的利用系数

管间距离与管长之比	管子根数						
	4	6	10	20	30	40	60
1	0.66～0.72	0.58～0.65	0.52～0.58	0.44～0.50	0.41～0.47	0.38～0.44	0.36～0.42
2	0.76～0.80	0.71～0.75	0.66～0.71	0.61～0.66	0.58～0.63	0.55～0.61	0.52～0.58
3	0.84～0.86	0.78～0.82	0.74～0.78	0.68～0.73	0.66～0.71	0.64～0.69	0.62～0.67

注：该表中数据未计入连接扁钢的影响。

2. 接地装置的设计计算

1）按设计规范要求确定所设计变电所的接地电阻允许值 R_E（查表8-3）。

2）实测或估算可以利用的自然接地体的接地电阻 $R_{E(nat)}$。

3）计算需要装设的人工接地体的接地电阻 $R_{E(man)}$，即

$$R_{E(man)}=\frac{R_{E(nat)}R_{E}}{R_{E(nat)}-R_{E}} \tag{8-11}$$

如果不考虑自然接地体，则 $R_{E(man)}=R_E$。

4）根据设计经验，初步拟订接地体埋设方案，并试选接地体和连接导线尺寸。

5）计算单根接地体的接地电阻 $R_{E(1)}$。

6）按下式计算接地体的数量 n：

$$n = \frac{0.9R_{E(1)}}{\eta R_{E(man)}} \tag{8-12}$$

以上介绍的是工频接地电阻的计算方法，关于冲击接地电阻的计算，可按 GB 50057—2010《建筑物防雷设计规范》的规定，与工频接地电阻进行换算获得。由于强大的雷电流泄放入地后，土壤被雷电波击穿并产生火花，使地中的流散电阻显著下降，因此，冲击接地电阻一般是小于工频接地电阻的。

例 8-2　某 10kV/0.4kV 车间变电所，主变压器容量为 630kV·A，采用 Yyn0 联结。已知与变压器高压侧有电气联系的架空线路长度为 100km，电缆线路长度为 10km，当地土质为砂质黏土，可利用的自然接地体的电阻实测为 20Ω。试确定此变电所的公共人工接地装置。

解:（1）确定此变电所的接地电阻允许值

此变电所 10kV 侧为小电流接地系统，其接地电流为

$$I_E = I_C = \frac{U_N(l_{oh} + 35l_{cab})}{350} = \frac{10\times(100+35\times10)}{350}\text{A} = 12.9\text{A}$$

按表 8-3，此变电所公共接地装置的接地电阻应满足以下两个条件：

$$R_E \leqslant 120/I_E = (120/12.9)\Omega = 9.3\ \Omega$$

$$R_E \leqslant 4\Omega$$

故此变电所公共接地装置的接地电阻应不大于 4Ω。

（2）计算需要装设的人工接地体的接地电阻

$$R_{E(man)} = \frac{R_{E(nat)}R_E}{R_{E(nat)} - R_E} = \frac{20\times4}{20-4}\Omega = 5\Omega$$

（3）人工接地体的初步敷设方案　接地装置拟采用直径 50mm、长 2.5m 的钢管作接地体，沿变电所建筑四周垂直埋入地下，间距 5m，管间用 40mm×4mm 的扁钢焊接相连。此时，$a/l = 5/2.5 = 2$。

（4）计算单根钢管的接地电阻

查表 8-4 得，砂质黏土的 $\rho = 100\Omega\cdot\text{m}$，因此，单根钢管的接地电阻为

$$R_{E(1)} \approx 0.3\rho = 0.3\times100\Omega = 30\Omega$$

（5）确定接地的钢管数量和最终的接地方案

根据 $R_{E(1)}/R_{E(man)} = 30/5 = 6$，考虑到管间电流屏蔽效应的影响，初选 10 根钢管作接地体。由 $n = 10$ 和 $a/l = 2$ 查表 8-6 得 $\eta = 0.66$，则钢管根数为

$$n = \frac{0.9R_{E(1)}}{\eta R_{E(man)}} = \frac{0.9\times30}{0.66\times5} \approx 8.2$$

考虑到接地体的均匀对称布置，最后确定选用10根或12根直径50mm、长2.5m的钢管作接地体，并用40mm×4mm的扁钢连接，呈环形布置。

五、降低土壤电阻率的措施

在土壤电阻率较高（$\rho > 500\Omega\cdot m$）的地区，必须采取措施降低土壤的电阻率，才能使接地电阻达到所要求的数值，常用的措施有下列几种：

（1）采用外引式接地装置　将接地体引至附近的水井、泉眼、水沟、河边、水库边、大树下等土壤电阻率较低的地方，或者敷设水下接地网，以降低接地电阻。外引接地装置应避开人行道，以防跨步电压电击；穿过公路的外引线，埋设深度不应小于0.8m。

（2）深埋地极法　如果地下较深处的土壤电阻率较低，可用深埋式接地体，在选择埋设地点时，应尽量选在水较丰富及地下水位较高的地区或金属矿体区。这种方法对含砂土壤最有效果。

（3）换土法　用电阻率较低的土壤（如黏土、黑土等）替换原有电阻率较高的土壤，置换范围在接地体周围0.5m以内和接地体的1/3处。这种方法可用于多岩石地区。

（4）化学处理法　在接地体周围加入低电阻率的减阻剂来增加土壤的导电性，从而降低其接地电阻。减阻剂是一种含有水和强电介质的固体或液体材料，由多种化学物质配制而成。减阻剂材料应当是电阻率低、不易流失、性能稳定、易于吸收和保持水分、腐蚀性小、施工方便和价格低廉的材料。减阻剂的电阻率一般应在10Ω·m以下。这种方法在目前应用较为普遍。

第三节　电气安全

一、电气安全的有关概念

1. 电流对人体的作用

电流通过人体，会令人有发麻、刺痛、压迫、打击等感觉，还会令人产生痉挛、血压升高、昏迷、心律不齐、窒息、心室颤动等症状，严重时导致死亡。

电流对人体的伤害程度与通过人体的电流大小、持续时间、通过人体的路径、电流的种类等多种因素有关。而且，上述各个影响因素相互之间，尤其是电流大小与通电时间之间，也有着密切的联系。

（1）伤害程度与电流大小的关系　通过人体的电流越大，人体的生理反应越明显，伤害越严重。对于工频交流电，按通过人体的电流强度的不同以及人体呈现的反应不同，将作用于人体的电流划分为三级：

1）感知电流。感知电流是指电流通过人体时可引起感觉的最小电流。对于不同的人，感知电流是不同的。成年男性的平均感知电流约为1.1mA，成年女性约为0.7mA。感知电流值与时间因素无关，此电流一般不会对人体造成伤害，但可能因不自主反应而导致由高处跌落等二次事故。

2）摆脱电流。摆脱电流是指人在触电后能够自行摆脱带电体的最大电流。成年男性平均摆脱电流约为16mA，成年女性约为10.5mA。成年男性最小摆脱电流约为9mA，成年女性约为6mA，儿童的摆脱电流较成人要小。摆脱电流值基本上与时间无关。

3）室颤电流。室颤电流是指引起心室颤动的最小电流。由于心室颤动几乎终将导致死亡，因此，可以认为室颤电流即为致命电流。室颤电流与电流持续时间关系密切。当电流持续时间超过心脏周期时，室颤电流仅为50mA左右；当电流持续时间小于心脏周期时，室颤电流为数百毫安。

图8-15是国际电工委员会（IEC）提出的人体触电时间和通过人体电流（50Hz）对人身肌体反应的曲线。图中各个区域所产生的电击生理效应见表8-7。

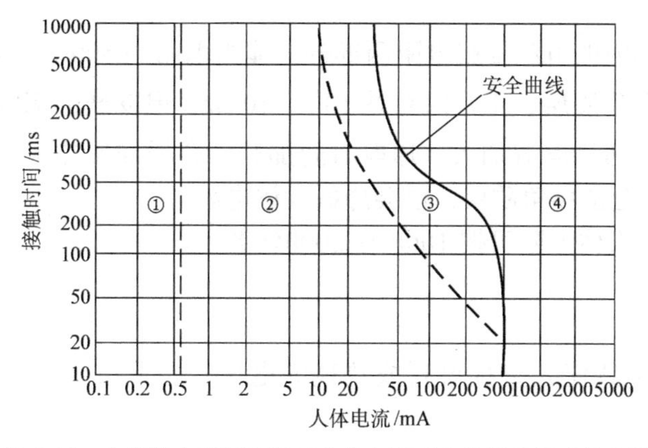

图8-15　人体触电时间和通过人体电流对人身肌体反应的曲线

表8-7　图8-15中各个区域所产生的电击生理效应说明

区域	生理效应	区域	生理效应
①	人体无反应	③	人体一般无心室纤维性颤动和器质性损伤
②	人体一般无病理性生理反应	④	人体可能发生心室纤维性颤动

由图8-15可以看出，人体触电反应分为四个区域：其中①、②、③区可视为“安全区”。在③区与④区的一条曲线，称为“安全曲线”。④区是致命区，但③区也并非是绝对安全的。

我国一般采用30mA（50Hz）作为安全电流值，但其触电时间不得超过1s，因此这安全电流值也称为30mA·s。由图8-15所示的曲线图中可以看出，30mA·s位于③区，不会对人体引起心室纤维性颤动和器质性损伤，因此，可认为是相对安全的。当通过人体的电流达到50mA时，对人就有致命危险，而达到100mA时，一般要致人死亡。

（2）伤害程度与电流持续时间的关系　通过人体电流的持续时间越长，越容易引起心室颤动，危险性就越大。这是因为通电时间越长，能量积累越多，引起心室颤动的电流减小，使危险性增加。

（3）伤害程度与电流途径的关系　电流通过心脏会引起心室颤动，电流较大时会使心脏停止跳动；电流通过中枢神经，会引起中枢神经严重失调而导致死亡；电流通过头部会使人昏迷，电流较大时会对脑组织产生严重损坏而导致死亡；电流通过脊髓会使人瘫痪等。

上述伤害中，以心脏伤害的危险性为最大。因此，流经心脏的电流多、电流路线短的途径是危险性最大的途径。试验表明，从左手到胸部是最危险的电流途径，从手到手、从手到脚也是很危险的电流途径。

（4）伤害程度与电流种类的关系　试验表明，直流电流、交流电流、高频电流、静电电荷以及特殊波形电流对人体都有伤害作用，通常以50～60Hz的工频电流对人体的危害最为严重。

2. 人体电阻

人体电阻包括体内电阻和皮肤电阻两部分。体内电阻约500Ω，与接触电压有关。皮肤电阻较大，集中在角质层，正常时可达10^4～10^5Ω，但皮肤的潮湿、多汗、有损伤等都会降低人体电阻；通过电流加大，通电时间加长，会增加发热出汗，也会降低人体电阻；接触电压增高，会击穿角质层，也会降低人体电阻。

在一般情况下，人体电阻可按1000～2000Ω考虑。

3. 安全电压

安全电压是指不致使人直接致死或致残的电压。它取决于人体允许的电流和人体电阻。

我国国家标准GB/T 3805—2008《特低电压（ELV）限值》规定的安全电压等级为：42V、36V、24V、12V和6V。凡手提照明灯、在危险环境和特别危险环境中使用携带式电动工具，如无特殊安全结构或安全措施，应采用42V或36V的安全电压；金属容器内、隧道内、矿井内等工作地点狭窄、行动不便，以及周围有大面积接地导体的环境，应采用24V或12V的安全电压；水下作业等场所采用6V的安全电压。当电气设备采用24V以上安全电压时，必须采取防护直接接触带电体的保护措施。

可见，安全电压是与使用的环境条件有关的。在一般的正常环境条件下，通常称交流50V电压为可允许持续接触的“安全特低电压”。

二、漏电保护器的基本结构和原理

漏电保护器又称漏电断路器或剩余电流保护器，它是一种低压安全保护装置，主要用于单相电击保护，也用于防止由漏电引起的火灾，还可用于检测和切断各种一相接地故障。

漏电保护器按工作原理分，有电压动作型和电流动作型两种，但应用较多的是电流动作型漏电保护器。

图8-16是电流动作型漏电保护器的工作原理示意图。图中，TAN为零序电流互感器，A为放大器，QF为低压断路器，YR为QF的脱扣线圈。

在被保护电路工作正常、没有发生漏电或触电的情况下，通过零序电流互感器TAN一次侧的三相电流相量和等于零，因此，TAN的铁心中没有磁通，其二次侧没有电流输出。当被保护电路发生漏电或有人触电时，由于漏电电流的存在，使通过 TAN 一次侧的三相电流的相量和不再为零，零序电流互感器中产生零序磁通，其二次侧就有电流输出，经放大器放大后，驱动低压断路器 QF 的脱扣线圈 YR，使断路器 QF 自动跳闸，迅速切断被保护电路的电源，从而避免人员发生触电事故。但这种漏电保护器仅适用于一相经人体对地形成的漏电。

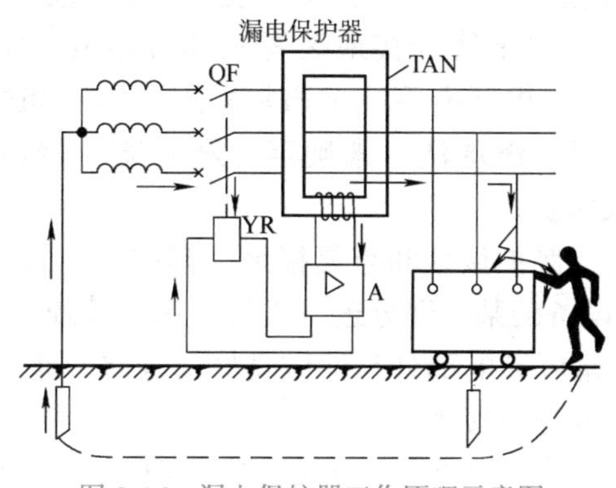

图 8-16　漏电保护器工作原理示意图

三、安全用电的一般措施

电气安全工作是一项综合性工作，有工程技术的一面，也有组织管理的一面。工程技术与组织管理相辅相成，有着十分密切的联系。因此，要想做好电气安全工作，必须重视电气安全综合措施。保证安全用电的一般措施有：

1）建立电气安全管理机构，确定管理人员和管理方式。专职管理人员应具备一定的电气知识和电气安全知识，安全管理部门、动力部门必须相互配合，共同做好电气安全管理工作。

2）严格执行各项安全规章制度。合理的规章制度是保证安全、促进生产的有效手段。安全操作规程、运行管理规程、电气安装规程等规章制度都与整个企业的安全运转有直接联系。

3）对电气设备定期进行电气安全检查，以便及时排除设备事故隐患。

4）加强电气安全教育，以便提高工作人员的安全意识，充分认识安全用电的重要性。

5）妥善收集和保存安全资料。安全资料是做好电气安全工作的重要依据，应当注意收集各种安全标准、规范、法规以及国内外电气安全信息并予以分类，作为资料保存。

6）按规定使用电工安全用具。电工安全用具是防止触电、坠落、灼伤等危险，保障工作人员安全的电工专用工具和用具，包括绝缘杆、绝缘夹钳、绝缘手套、绝缘靴、安全腰带、低压试电笔、高压验电器、临时接地线、表示牌等。

7）加强检修安全制度。为了保证检修工作的安全，应当建立和执行各项检修制度。常见的检修安全制度有工作票制度，操作票制度，工作许可制度，工作监督制度，工作间断、转移与终结制度等。

8）普及安全用电知识，使用户和广大群众都能了解安全用电的基本常识。

本章小结

1. 过电压分为内部过电压和雷电过电压两大类。内部过电压又分为操作过电压和谐振过电压；雷电过电压有直击雷过电压、感应过电压和雷电波侵入三种形式。

2. 防雷装置由接闪器、引下线和接地装置三部分组成。接闪器有避雷针、避雷线和避雷网（带）三种类型。在供配电系统中通常采用避雷针和避雷线来防护直击雷，避雷针（线）的保护范围通过“滚球法”来确定。避雷器与避雷线配合可以很好地实现35 ～ 110kV 变电所进线段保护。

3. 接地分为工作接地、保护接地和重复接地。其中工作接地是因工作需要，人为地将电力系统中性点或电气设备的某一部分进行接地；保护接地是为保证人身安全、防止触电事故，将电气设备的外露可导电部分与地做良好的连接；重复接地是将 TN 系统中 PE 线或 PEN 线上的一处或多处进行接地。

4. 低压配电系统中的保护接地可分为 TN 系统、TT 系统和 IT 系统，而 TN 系统根据中性线与保护线的组合不同又可分为 TN–C 系统、TN–S 系统和 TN–C–S 系统。

5. 接地装置由接地体和接地线组成。由于接地线的电阻很小，可忽略不计，因此，可认为接地装置的接地电阻等于接地体的流散电阻。接地电阻应满足规定要求，设计接地装置时，应首先考虑利用自然接地体，若不能满足要求，应装设人工接地体作为补充。

接地网的布置，应使接地装置附近的电位分布尽可能均匀，以降低接触电压和跨步电压，保证人身安全。当不能满足接触电压和跨步电压的要求时，人工接地网内应加装均压带。

6. 为保障人身安全，防止触电事故发生，应严格执行保证安全用电的一般措施。

思考题与习题

8-1　什么是过电压？过电压有哪些类型？各是怎样产生的？

8-2　什么是接闪器？其主要功能是什么？避雷针、避雷线和避雷网（带）各用在什么场合？

8-3　单支避雷针的保护范围如何计算？

8-4　变电所有哪些防雷措施？

8-5　什么是接地？什么是接地装置？电气上的“地”是什么意义？什么是对地电压？什么是接触电压和跨步电压？

8-6　什么是工作接地？什么是保护接地？按保护接地的方式不同，低压配电系统可分为哪几类？

8-7　在 TN 系统为什么要进行重复接地？应在哪些地方进行重复接地？

8-8　如何降低土壤的电阻率？

8-9　什么是感知电流、摆脱电流和致命电流？电流对人体的伤害程度与哪些因素有关？我国规定的安全电流是多少？

8-10 什么是安全电压？我国规定的安全电压等级有哪些？各适用于什么环境？

8-11 试简述电流型漏电断路器的工作原理。

8-12 某厂有一座第二类防雷建筑物，高 10m，其屋顶最远的一角距离 60m 高的烟囱 50m。烟囱上装有一根 2.5m 高的避雷针。试验算此避雷针能否保护这座建筑物。

8-13 某电气设备需进行接地，可利用的自然接地体电阻为 15Ω，而接地电阻要求不得大于 4Ω。试选择垂直埋地的钢管和连接扁钢。已知接地处的土壤电阻率为 150 Ω•m 。

第 8 章
测试题

第九章

电力工程电气设计

本章简要介绍 110kV 及以下电网的变电所电气专业设计的内容和程序，通过变电所设计的具体示例，使读者更好地理解前几章的内容，巩固所学知识，为今后从事供配电系统设计和电力行业相关工作打下坚实基础。

第一节　电力工程电气设计概述

一、电力工程电气设计的主要内容

电力工程设计必须遵循国家的各项方针政策，设计方案必须符合国家标准中的有关规定，并力争做到保障人身和设备安全、供电可靠、电能质量稳定、技术先进和经济指标合理，同时注重选用效率高、能耗低、性能先进、便于施工安装和维护的新型电气设备。设计时应根据工程特点、规模和发展规划，正确处理好近期建设和远期发展的关系，并按照用户的负荷性质、用电容量、工程特点和地区供电条件，合理确定设计方案，以满足供电的要求。

电力工程电气设计包括变配电所设计、输配电线路设计和电气照明设计等。本书所指电力工程电气设计不包括电气照明设计的内容。

1. 变配电所设计

变配电所的设计内容包括：变配电所的负荷计算及无功功率补偿；变配电所所址的选择；变配电所主接线方案的选择；变电所变压器台数、容量、型号的确定；配电装置布置；所用电设计；进出线的选择；短路电流计算和高低压电气设备选择；变配电所二次回路方案的确定及继电保护的选择与整定；防雷保护与接地装置的设计等。最后需编制设计说明书及主要设备材料清单，绘制变配电所主接线图、平面图和必要的剖面图、二次回路图及其他施工图。

2. 输配电线路设计

输配电线路设计包括供电电源线路设计和到用户的高低压配电线路设计。其设计的主要内容包括：配电线路的接线方式和线路路径的设计；线路结构形式（架空线路还是电缆线路）的确定；导线型号和截面积的选择及校验；架空线路杆位的确定及电杆与绝缘子、金具的选择，架空线的防雷保护与接地装置设计；电缆线路敷设方式的设计等。最后需编制设计说明书及主要设备材料清单，绘制高低压配电系统图、平面布线图、电杆总装图及其他施工图。

二、电力工程电气设计的程序简介

电力工程电气设计通常分为方案设计、初步设计和施工图设计三个阶段。

1. 方案设计

方案设计是根据电力用户的工艺、生产特点和其对用电提出的要求，结合电力用户所处的地理环境、地区供电条件等外部因素，在进行可行性研究的基础上，制定并编写用户供配电工程设计任务书。方案设计是用户供配电工程设计的工艺要求阶段，它明确了后续阶段的电气设计目标。

2. 初步设计

初步设计是用户供配电工程设计的最关键的部分。它是在方案设计的基础上，按照设计任务书的要求，进行用户负荷的统计计算，确定用户供电的最优方案，选择主要供配电设备，并编制主要设备材料清单和工程投资概算，报上级主管部门批准。因此，初步设计应包括设计说明书、工程投资概算、电气图样等设计资料。

为了进行初步设计，在设计前必须收集以下资料：

（1）向电力用户收集的资料　包括用户的总平面图，各车间（建筑）的土建平、剖面图；各用电设备的名称及其有关技术数据；用电负荷对供电可靠性的要求及工艺允许停电的时间；用户的最大负荷、年最大负荷利用小时数及年耗电量等。

（2）向当地供电部门收集的资料　包括向用户供电的电源容量和备用电源容量；供电线路的电压、供电方式、回路数、导线型号、规格、长度及入户线路的走向；电力系统的短路容量数据或供电电源线路首端的开关断流容量；电力部门对用户继电保护设置、整定的要求；电力部门对用户电能计量方式的要求及电费收取办法的规定；电力部门对用户功率因数的要求等。

（3）向当地气象、水文地质部门收集的资料　包括当地最高年平均气温、最热月平均最高气温；年雷暴日及雷电小时数；土壤性质、土壤电阻率；最高地震烈度；常年主导风向；地下水位及最高洪水位等。

3. 施工图设计

施工图设计是在初步设计方案和概算经上级部门批准后，为满足安装施工的要求而进行的技术设计，其重点是绘制安装施工图。安装施工图是电气设备安装施工时所必需的全套图表资料，其主要内容包括：校正和修订初步设计的基础资料和设计计算数据；绘制各种设备的单项安装施工图和各项工程的布置图、平面图、剖面图；绘制工程所需设备、材料明细表；编制安装施工说明书和工程预算书等。

安装施工图的绘制应采用国家规定的标准图样，并遵循国家标准 GB/T 18135—2008《电气工程 CAD 制图规则》中常用的有关规定。

第二节　110kV降压变电所电气设计

一、基础资料

1. 负荷情况

本变电所为某城市开发区新建110kV降压变电所，有8回35kV出线，每回负荷按3750kW考虑，$\cos\varphi=0.8$，$T_{max}=4500h$，一、二类负荷占50%，总出线长度约70km(其中最长一回35kV出线为9km)；另外有6回10kV出线，总负荷约15MW，$\cos\varphi=0.8$，$T_{max}=3500h$，一、二类负荷占30%。

2. 系统情况

本变电所由两回110kV电源供电，其中一回来自东南方向30km处的火力发电厂；另一回来自正南方向20km处的地区变电所。本变电所与系统连接情况如图9-1所示。

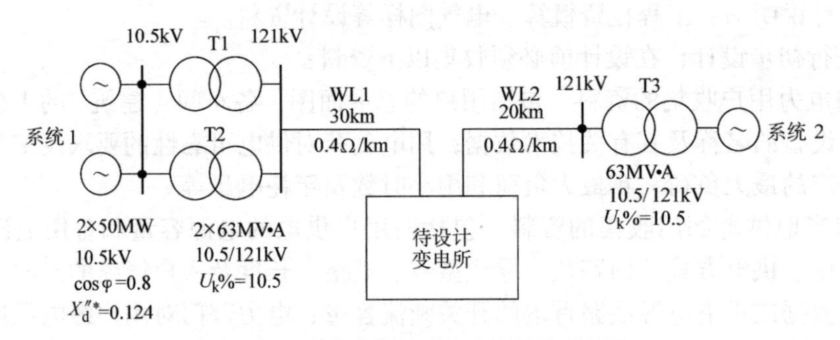

图9-1　本变电所与系统连接情况示意图

最大运行方式时，系统1的两台发电机和两台变压器均投入运行；最小运行方式时，系统1投入一台发电机和一台变压器运行，系统2可视为无穷大电源系统。

3. 自然条件

本所所在地区的平均海拔为1000m，年最高气温为40℃，年最低气温为−10℃，年平均气温为20℃，年最热月平均最高气温为30℃，年雷暴日数为30天，土壤性质以黏土为主。

4. 设计任务

本设计只做电气初步设计，不做施工设计。设计内容包括：①主变压器选择；②确定电气主接线方案；③确定电气布置方案；④短路电流计算；⑤主要电气设备及导线选择和校验；⑥主变压器及35kV出线继电保护配置与整定计算；⑦所用电设计；⑧防雷和接地设计计算。

二、电气部分设计说明

（一）主变压器的选择

本变电所有两路电源供电，三个电压等级，且有大量一、二级负荷，所以应装设两台三相三线圈变压器。35kV 侧总负荷 $P_{30}=3.75\text{MW}\times 8=30\text{MW}$，10kV 侧总负荷 $P_{30}=15\text{MW}$，因此，总计算负荷 S_{30} 为

$$S_{30}=\frac{30+15}{0.8}\text{MV·A}=56.25\text{MV·A}$$

每台主变压器容量应满足全部负荷 70% 的需要，并能满足全部一、二类负荷的需要，即

$$S_{\text{NT}}\geqslant 0.7S_{30}=0.7\times 56.25\text{MV·A}=39.375\text{MV·A}$$

且

$$S_{\text{NT}}\geqslant (30\times 50\%+15\times 30\%)\text{MV·A}/0.8=24.375\text{MV·A}$$

故主变容量选为 40MV·A，查表 A-6，选用 SFSZ9-40000/110 型三相三线圈有载调压变压器，其额定电压为 110(1 ± 8 × 1.25%)/38.5(1 ± 5%)/10.5kV，YNyn0d11 联结，短路电压 $U_{\text{k1-2}}\%=10.5$，$U_{\text{k1-3}}\%=17.5$，$U_{\text{k2-3}}\%=6.5$。

（二）电气主接线

本变电所 110kV 有两回进线，可采用单母线分段接线，当一段母线发生故障，分段断路器自动切除故障段，保证正常母线不间断供电。35kV 和 10kV 出线有较多重要用户，所以均采用单母线分段接线方式。主变压器 110kV 侧中性点经隔离开关接地，并装设避雷器进行防雷保护。本所设两台所用变压器，分别接在 10kV 分段母线上。

电气主接线如图 9-2 所示。

（三）电气设备布置

110kV、35kV 配电装置为室外普通中型布置，110kV 采用门形母线架，进出线构架宽度 8m；35kV 采用 Π 形母线架，进出线构架宽度 5m。

10kV 配电装置为室内成套开关柜，主变压器 10kV 侧经矩形铝母线引入开关柜，支持绝缘子间距为 2m，相间中心距为 0.4m。变电所平面布置如图 9-3 所示。

（四）短路电流计算

1. 根据系统接线图，绘制短路等效电路图

系统短路等效电路图，如图 9-4 所示。

取基准容量 $S_{\text{d}}=100\text{MV·A}$，基准电压 $U_{\text{d1}}=115\text{kV}$、$U_{\text{d2}}=U_{\text{d4}}=37\text{kV}$、$U_{\text{d3}}=10.5\text{kV}$，则

$$I_{\text{d1}}=\frac{S_{\text{d}}}{\sqrt{3}U_{\text{d1}}}=\frac{100}{\sqrt{3}\times 115}\text{kA}=0.5\text{kA}$$

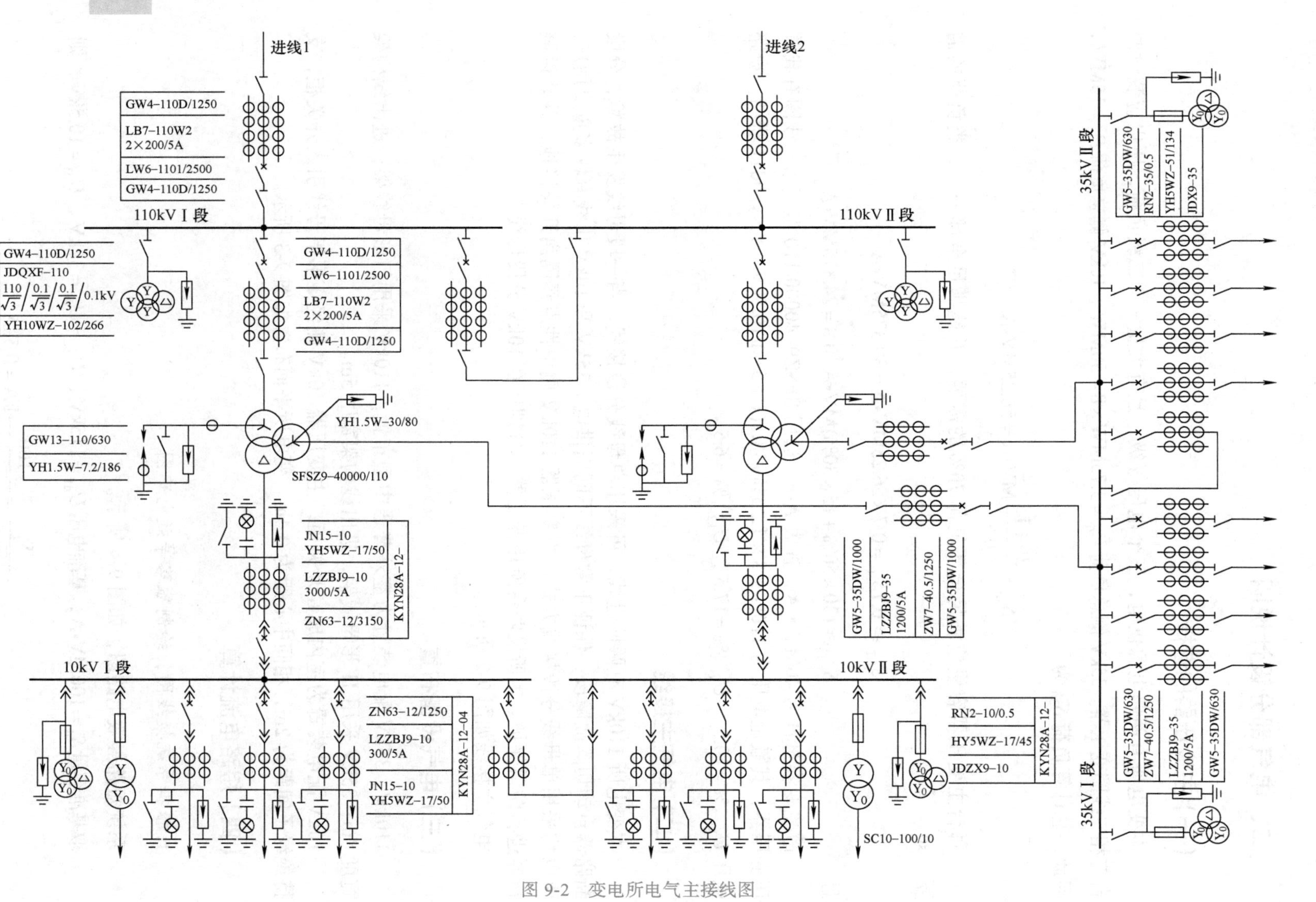

图 9-2　变电所电气主接线图

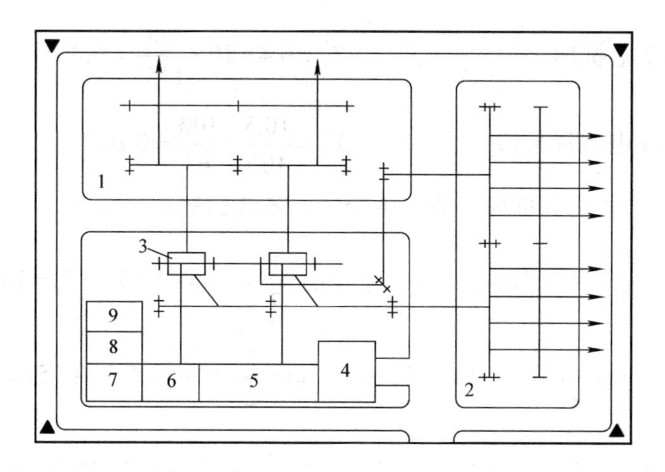

图 9-3　变电所平面布置图

1—110kV 配电室　2—35kV 配电室　3—主变压器　4—主控室　5—10kV 配电装置
6—所用变室　7—电容器室　8—检修室　9—休息室

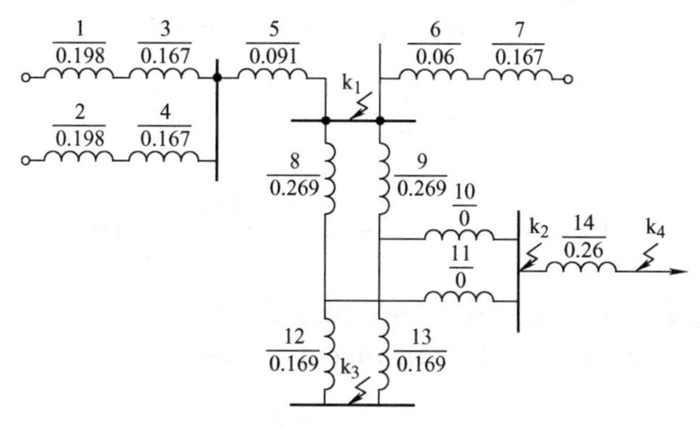

图 9-4　系统短路等效电路图

$$I_{d2}=I_{d4}=\frac{S_d}{\sqrt{3}U_{d2}}=\frac{100}{\sqrt{3}\times 37}\text{kA}=1.56\text{kA}$$

$$I_{d3}=\frac{S_d}{\sqrt{3}U_{d3}}=\frac{100}{\sqrt{3}\times 10.5}\text{kA}=5.5\text{kA}$$

各元器件电抗标幺值计算如下：

（1）系统 1 电抗标幺值　　$X_1^*=X_2^*=0.124\times\frac{100}{50/0.8}=0.198$

（2）变压器 T1、T2 电抗标幺值　　$X_3^*=X_4^*=\frac{10.5}{100}\times\frac{100}{63}=0.167$

（3）线路 WL1 电抗标幺值　　$X_5^*=0.4\times 30\times\frac{100}{115^2}=0.091$

（4）线路 WL2 电抗标幺值 $X_6^* = 0.4 \times 20 \times \dfrac{100}{115^2} = 0.06$

（5）变压器 T3 电抗标幺值 $X_7^* = \dfrac{10.5}{100} \times \dfrac{100}{63} = 0.167$

（6）三绕组变压器的电抗标幺值　主变压器各绕组短路电压为

$$U_{k1}\% = \frac{1}{2}(U_{k12}\% + U_{k13}\% - U_{k23}\%) = \frac{1}{2} \times (10.5 + 17.5 - 6.5) = 10.75$$

$$U_{k2}\% = \frac{1}{2}(U_{k12}\% + U_{k23}\% - U_{k13}\%) = \frac{1}{2} \times (10.5 + 6.5 - 17.5) \approx 0$$

$$U_{k3}\% = \frac{1}{2}(U_{k13}\% + U_{k23}\% - U_{k12}\%) = \frac{1}{2} \times (17.5 + 6.5 - 10.5) = 6.75$$

故各绕组电抗标幺值为

$$X_8^* = X_9^* = \frac{U_{k1}\%}{100}\frac{S_d}{S_N} = \frac{10.75}{100} \times \frac{100}{40} = 0.269$$

$$X_{10}^* = X_{11}^* = \frac{U_{k2}\%}{100}\frac{S_d}{S_N} = 0$$

$$X_{12}^* = X_{13}^* = \frac{U_{k3}\%}{100}\frac{S_d}{S_N} = \frac{6.75}{100} \times \frac{100}{40} = 0.169$$

（7）35kV 出线线路电抗标幺值　35kV 出线型号为 LGJ−50（见导线选择部分），设线间几何均距为 1.5m，查表 A-15 得 x_1=0.396Ω/km，则

$$X_{14}^* = 0.396 \times 9 \times \frac{100}{37^2} = 0.26$$

2. 系统最大运行方式下，本变电所两台主变并列运行时的短路电流计算

在系统最大运行方式下，系统 1 两台发电机和两台变压器均投入运行，短路等效电路图如图 9-5 所示。图中

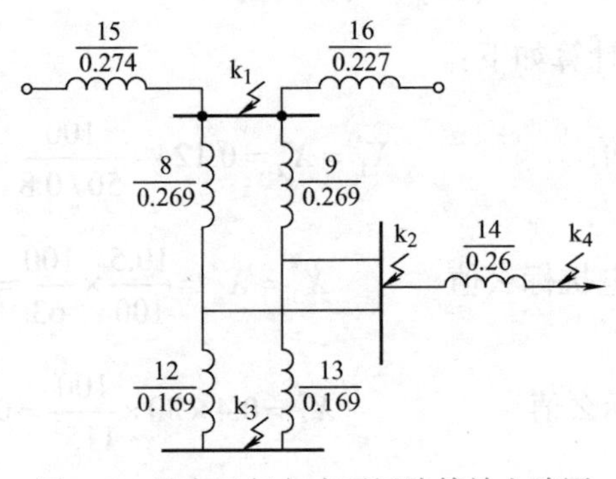

图 9-5　最大运行方式下短路等效电路图

$$X_{15}^{*}=\frac{1}{2}(X_{1}^{*}+X_{3}^{*})+X_{5}^{*}=\frac{1}{2}\times(0.198+0.167)+0.091=0.274$$

$$X_{16}^{*}=X_{6}^{*}+X_{7}^{*}=0.167+0.06=0.227$$

（1）k_1 点短路　系统 1 的计算电抗为

$$X_{c}^{*}=X_{15}^{*}\frac{S_{N}}{S_{d}}=0.274\times\frac{2\times50/0.8}{100}=0.34$$

查表 B-1 汽轮发电机计算曲线数字表得，系统 1 在 0s、0.2s、∞时刻向 k_1 点提供的短路电流周期分量有效值的标幺值分别为

$$I''^{*}=3.159\text{，}\ I_{0.2}^{*}=2.519\text{，}\ I_{\infty}^{*}=2.283$$

系统 2 向 k_1 点提供的短路电流为

$$I_{k}=\frac{I_{d1}}{X_{16}^{*}}=\frac{0.5}{0.227}\text{kA}=2.203\text{kA}$$

则流入 k_1 点总的短路电流为

$$I''=I''^{*}\frac{S_{N}}{\sqrt{3}U_{d1}}+I_{k}=3.159\times\frac{2\times50/0.8}{\sqrt{3}\times115}\text{kA}+2.203\text{kA}=4.19\text{kA}$$

$$I_{0.2}=I_{0.2}^{*}\frac{S_{N}}{\sqrt{3}U_{d1}}+I_{k}=2.519\times\frac{2\times50/0.8}{\sqrt{3}\times115}\text{kA}+2.203\text{kA}=3.78\text{kA}$$

$$I_{\infty}=I_{\infty}^{*}\frac{S_{N}}{\sqrt{3}U_{d1}}+I_{k}=2.283\times\frac{2\times50/0.8}{\sqrt{3}\times115}\text{kA}+2.203\text{kA}=3.64\text{kA}$$

（2）k_2 点短路　短路等效电路图如图 9-6 所示。图中

$$X_{17}^{*}=\frac{1}{2}X_{8}^{*}=\frac{1}{2}\times0.269=0.135$$

$$X_{18}^{*}=X_{15}^{*}+X_{17}^{*}+\frac{X_{15}^{*}X_{17}^{*}}{X_{16}^{*}}=0.274+0.135+\frac{0.274\times0.135}{0.227}=0.572$$

$$X_{19}^{*}=X_{16}^{*}+X_{17}^{*}+\frac{X_{16}^{*}X_{17}^{*}}{X_{15}^{*}}=0.227+0.135+\frac{0.227\times0.135}{0.274}=0.474$$

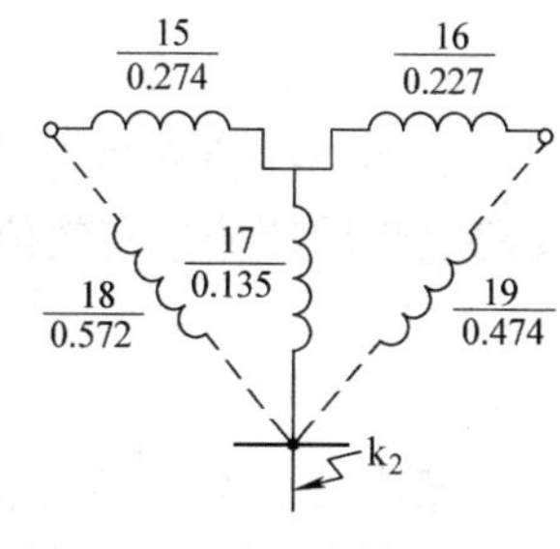

图 9-6　k_2 点短路等效电路图

系统 1 的计算电抗为

$$X_{c}^{*}=X_{18}^{*}\frac{S_{N}}{S_{d}}=0.572\times\frac{2\times50/0.8}{100}=0.72$$

查表 B-1 汽轮发电机计算曲线数字表，并用插值法求得系统 1 在 0s、0.2s、∞时刻向 k_2 点提供的短路电流周期分量有效值的标幺值分别为

$$I''^{*}=1.45\text{，}\quad I_{0.2}^{*}=1.3\text{，}\quad I_{\infty}^{*}=1.68$$

系统 2 向 k_2 点提供的短路电流为

$$I_{k}=\frac{I_{d2}}{X_{19}^{*}}=\frac{1.56}{0.474}\text{kA}=3.291\text{kA}$$

则流入 k_2 点总的短路电流为

$$I''=I''^{*}\frac{S_N}{\sqrt{3}U_{d2}}+I_k=1.45\times\frac{2\times50/0.8}{\sqrt{3}\times37}\text{kA}+3.291\text{kA}=6.12\text{kA}$$

$$I_{0.2}=I_{0.2}^{*}\frac{S_N}{\sqrt{3}U_{d2}}+I_k=1.3\times\frac{2\times50/0.8}{\sqrt{3}\times37}\text{kA}+3.291\text{kA}=5.83\text{kA}$$

$$I_{\infty}=I_{\infty}^{*}\frac{S_N}{\sqrt{3}U_{d2}}+I_k=1.68\times\frac{2\times50/0.8}{\sqrt{3}\times37}\text{kA}+3.291\text{kA}=6.57\text{kA}$$

（3）k_3 点短路　短路等效电路图如图 9-7 所示。图中

$$X_{20}^{*}=\frac{1}{2}(X_{8}^{*}+X_{12}^{*})=\frac{1}{2}\times(0.269+0.169)=0.219$$

$$X_{21}^{*}=X_{15}^{*}+X_{20}^{*}+\frac{X_{15}^{*}X_{20}^{*}}{X_{16}^{*}}=0.274+0.219+\frac{0.274\times0.219}{0.227}=0.757$$

$$X_{22}^{*}=X_{16}^{*}+X_{20}^{*}+\frac{X_{16}^{*}X_{20}^{*}}{X_{15}^{*}}=0.227+0.219+\frac{0.227\times0.219}{0.274}=0.627$$

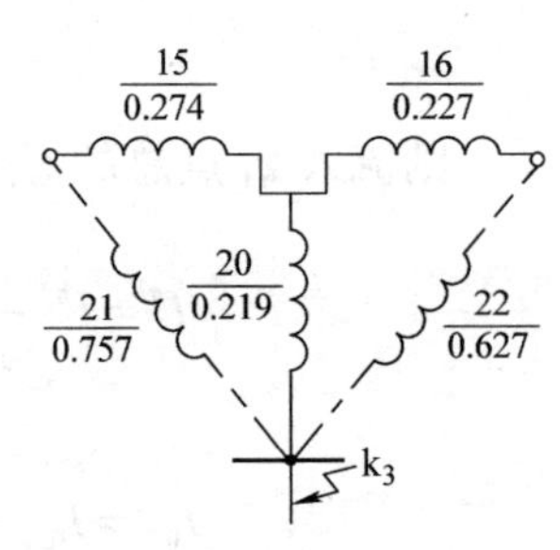

图 9-7　k_3 点短路等效电路图

系统 1 的计算电抗为

$$X_{c}^{*}=X_{21}^{*}\frac{S_N}{S_d}=0.757\times\frac{2\times50/0.8}{100}=0.95$$

查表 B-1 汽轮发电机计算曲线数字表得，系统 1 在 0s、0.2s、∞ 时刻向 k_1 点提供的短路电流周期分量有效值的标幺值分别为

$$I''^{*}=1.091\text{，}\quad I_{0.2}^{*}=1.002\text{，}\quad I_{\infty}^{*}=1.2$$

系统 2 向 k_3 点提供的短路电流为

$$I_{k}=\frac{I_{d3}}{X_{22}^{*}}=\frac{5.5}{0.627}\text{kA}=8.772\text{kA}$$

则流入 k_3 点总的短路电流为

$$I''=I''^{*}\frac{S_N}{\sqrt{3}U_{d3}}+I_k=1.091\times\frac{2\times50/0.8}{\sqrt{3}\times10.5}\text{kA}+8.772\text{kA}=16.27\text{kA}$$

$$I_{0.2}=I_{0.2}^{*}\frac{S_{\mathrm{N}}}{\sqrt{3}U_{\mathrm{d3}}}+I_{\mathrm{k}}=1.002\times\frac{2\times50/0.8}{\sqrt{3}\times10.5}\mathrm{kA}+8.772\mathrm{kA}=15.66\mathrm{kA}$$

$$I_{\infty}=I_{\infty}^{*}\frac{S_{\mathrm{N}}}{\sqrt{3}U_{\mathrm{d3}}}+I_{\mathrm{k}}=1.2\times\frac{2\times50/0.8}{\sqrt{3}\times10.5}\mathrm{kA}+8.772\mathrm{kA}=17.02\mathrm{kA}$$

（4）k_4 点短路　短路等效电路图如图 9-8 所示。图中

$$X_{23}^{*}=X_{17}^{*}+X_{14}^{*}=0.135+0.26=0.395$$

$$X_{24}^{*}=X_{15}^{*}+X_{23}^{*}+\frac{X_{15}^{*}X_{23}^{*}}{X_{16}^{*}}=0.274+0.395+\frac{0.274\times0.395}{0.227}=1.146$$

$$X_{25}^{*}=X_{16}^{*}+X_{23}^{*}+\frac{X_{16}^{*}X_{23}^{*}}{X_{15}^{*}}=0.227+0.395+\frac{0.227\times0.395}{0.274}=0.95$$

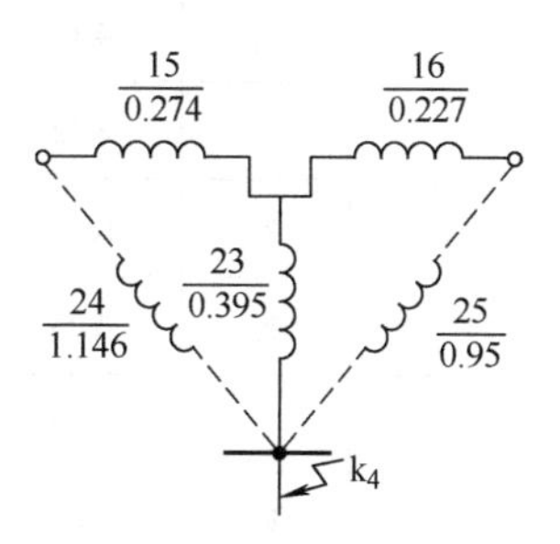

图 9-8　k_4 点短路等效电路图

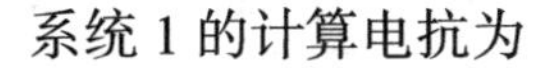

系统 1 的计算电抗为

$$X_{\mathrm{c}}^{*}=X_{24}^{*}\frac{S_{\mathrm{N}}}{S_{\mathrm{d}}}=1.146\times\frac{2\times50/0.8}{100}=1.43$$

查表 B-1 汽轮发电机计算曲线数字表，并用插值法求得系统 1 在 0s、0.2s、∞时刻向 k_4 点提供的短路电流周期分量有效值的标幺值分别为

$$I''^{*}=0.72\text{，}\ I_{0.2}^{*}=0.674\text{，}\ I_{\infty}^{*}=0.752$$

系统 2 向 k_4 点提供的短路电流为

$$I_{\mathrm{k}}=\frac{I_{\mathrm{d4}}}{X_{25}^{*}}=\frac{1.56}{0.95}\mathrm{kA}=1.642\mathrm{kA}$$

则流入 k_4 点总的短路电流为

$$I''=I''^{*}\frac{S_{\mathrm{N}}}{\sqrt{3}U_{\mathrm{d4}}}+I_{\mathrm{k}}=0.72\times\frac{2\times50/0.8}{\sqrt{3}\times37}\mathrm{kA}+1.642\mathrm{kA}=3.05\mathrm{kA}$$

$$I_{0.2}=I_{0.2}^{*}\frac{S_{\mathrm{N}}}{\sqrt{3}U_{\mathrm{d4}}}+I_{\mathrm{k}}=0.674\times\frac{2\times50/0.8}{\sqrt{3}\times37}\mathrm{kA}+1.642\mathrm{kA}=2.96\mathrm{kA}$$

$$I_{\infty}=I_{\infty}^{*}\frac{S_{\mathrm{N}}}{\sqrt{3}U_{\mathrm{d4}}}+I_{\mathrm{k}}=0.752\times\frac{2\times50/0.8}{\sqrt{3}\times37}\mathrm{kA}+1.642\mathrm{kA}=3.12\mathrm{kA}$$

系统最大运行方式下，本变电所两台变压器一台运行一台备用时的短路电流计算及系统最小运行方式下短路电流计算过程与上述过程类似，限于篇幅，不一一罗列，仅将短路电流计算结果列于表 9-1。

表 9-1 短路电流计算结果汇总表

主变压器运行方式	短路点	系统最大运行方式				系统最小运行方式			
		三相短路电流 /kA				三相短路电流 /kA			
		I''	$I_{0.2}$	I_{∞}	i_{sh}	I''	$I_{0.2}$	I_{∞}	i_{sh}
并列运行	k_1	4.19	3.78	3.64	10.68	3.4	3.11	2.95	8.67
	k_2	6.12	5.83	6.57	15.61	5.54	5.29	5.56	14.13
	k_3	16.27	15.66	17.02	41.49	15.04	14.5	15.87	38.35
	k_4	3.05	2.96	3.12	7.78	2.69	2.81	2.97	6.86
一运一备	k_1	4.19	3.78	3.64	10.68	3.4	3.11	2.95	8.67
	k_2	4.03	3.89	4.15	10.28	3.76	3.84	3.94	9.59
	k_3	9.91	9.63	10.07	25.27	9.43	9.2	9.67	24.05
	k_4	2.42	2.36	2.45	6.17	2.32	2.26	2.36	5.92

（五）主要电气设备的选择与校验

1. 假想时间 t_{ima} 的确定

假想时间 t_{ima} 等于周期分量假想时间 $t_{ima.p}$ 和非周期分量假想时间 $t_{ima.np}$ 之和。其中 $t_{ima.p}$ 可根据短路持续时间和 $\beta''=I''/I_{\infty}$ 查图 4-23 得到，非周期分量假想时间 $t_{ima.np}$ 可以忽略不计（因短路时间均大于 1s），因此，假想时间 t_{ima} 就等于周期分量假想时间 $t_{ima.p}$。不同地点的假想时间见表 9-2。

表 9-2 假想时间 t_{ima} 的大小

地 点	后备保护动作时间 t_{pr} /s	断路器分闸时间 t_{oc} /s	短路持续时间 t_k /s	$\beta''=I''/I_{\infty}$	周期分量假想时间 $t_{ima.p}$ /s	假想时间 t_{ima} /s
主变 110kV 侧	4	0.06	4.06	4.19/3.64=1.15	3.7	3.7
110kV 母线分段	4.5	0.06	4.56	4.19/3.64=1.15	4.2	4.2
主变 35kV 侧	3.5	0.1	3.6	6.12/6.57=0.92	2.8	2.8
35kV 母线分段	3	0.1	3.1	6.12/6.57=0.92	2.5	2.5
35kV 出线	2.5	0.1	2.6	6.12/6.57=0.92	2	2
主变 10kV 侧	3	0.1	3.1	16.27/17.02=0.96	2.6	2.6
10kV 母线分段	2.5	0.1	2.6	16.27/17.02=0.96	2.1	2.1

2. 高压电气设备的选择与校验

（1）110kV 侧设备　主变 110kV 侧计算电流为 $I_{30}=\dfrac{40000}{\sqrt{3}\times 110}\text{A}=210\text{A}$，由于 110kV 配电装置为室外布置，断路器选用 LW6–110I/2500 型户外瓷柱式六氟化硫断路器，额定开断电流为 31.5kA，动稳定电流峰值为 125kA，3s 热稳定电流为 50kA；隔离开关选用 GW4–110D/1250 型，动稳定电流峰值为 50kA，4s 热稳定电流为 20kA；电流互感器选用 LB7–110W2，额定电流比为 $2\times 200/5$，二次绕组准确级次组合为 0.2/0.5/10P/5P，动稳定电流峰值为 105kA，3s 热稳定电流为 40kA；电压互感器选用 JDQXF–110 型，额定电压比为 $\dfrac{110}{\sqrt{3}}\Big/\dfrac{0.1}{\sqrt{3}}\Big/\dfrac{0.1}{\sqrt{3}}\Big/0.1$ kV，准确级次组合为 0.2/0.5/3P；氧化锌避雷器选用 YH10WX–108/281 型。主变 110kV 侧部分电气设备有关参数见表 9-3。

表 9-3　主变 110kV 侧部分电气设备

安装地点电气条件		设备型号规格			
项目	数据	项目	断路器 LW6–110I/2500	隔离开关 GW4–110DW/1250	电流互感器 LB7–110W2
U_N/kV	110	U_N/kV	110	110	110
I_{30}/A	210	I_N/A	2500	1250	$2\times 200/5$
I_k/kA	3.78	I_{oc}/kA	31.5		
i_{sh}/kA	10.68	i_{max}/kA	125	50	105
$I_{\infty}^2 t_{ima}$/kA^2·s	$3.64^2\times 3.7=49$	$I_t^2 t$/kA^2·s	$50^2\times 3=7500$	$20^2\times 4=1600$	$30^2\times 3=2700$

110kV 母线与 110kV 侧进线的电气设备与主变 110kV 侧所选设备相同。

（2）35kV 侧设备　主变 35kV 侧计算电流为 $I_{30}=\dfrac{40000}{\sqrt{3}\times 38.5}\text{A}=600\text{A}$，断路器选用 ZW7–40.5/1250 型户外真空断路器，额定开断电流为 20kA，动稳定电流峰值为 50kA，4s 热稳定电流为 20kA；内置电流互感器，选用 LZZBJ9–35 型，额定电流比为 1200/5，准确级次组合为 0.5/10P/5P，动稳定电流峰值为 80kA，3s 热稳定电流为 31.5kA；隔离开关选用 GW5–35DW/1000 型，动稳定电流峰值为 100kA，4s 热稳定电流为 31.5kA；电压互感器选用 JDZX9–35 型，额定电压比为 $\dfrac{35}{\sqrt{3}}\Big/\dfrac{0.1}{\sqrt{3}}\Big/\dfrac{0.1}{3}$，准确级次组合为 0.2/0.5/3P；氧化锌避雷器选用 YH5WZ–51/134 型。主变 35kV 侧部分电气设备有关参数见表 9-4。

35kV 母线的电气设备与主变 35kV 侧所选设备相同。35kV 出线的计算电流为 $I_{30}=\dfrac{3750}{\sqrt{3}\times 35\times 0.8}\text{A}=77.3\text{A}$，断路器选用 ZW7–40.5/1250 型户外真空断路器，额定开断电流为 20kA，动稳定电流峰值为 50kA，4s 热稳定电流为 20kA；内置电流互感器，选用 LZZBJ9–35 型，额定电流比为 150/5，准确级次组合为 0.5/10P/5P，动稳定电流峰值为 80kA，1s 热稳定电流为 31.5kA；隔离开关选用 GW5–35DW/630 型，动稳定电流峰值为

100kA，4s 热稳定电流为 31.5kA；其余设备与主变 35kV 侧所选设备相同。

表 9-4 主变 35kV 侧部分电气设备有关参数

安装地点电气条件		设备型号规格			
项目	数据	项目	断路器 ZW7–40.5/1250	隔离开关 GW5–35DW/1000	电流互感器 LZZBJ9–35
U_N/kV	35	U_N/kV	40.5	35	35
I_{30}/A	600	I_N/A	1250	1000	1200/5
I_k/kA	5.83	I_{oc}/kA	20		
i_{sh}/kA	15.61	i_{max}/kA	50	100	80
$I_{\infty}^2 t_{ima}$/kA^2·s	$6.57^2 \times 2.8 = 120.86$	$I_t^2 t$/kA^2·s	$20^2 \times 4 = 1600$	$31.5^2 \times 4 = 3969$	$31.5^2 \times 3 = 2976.75$

（3）10kV 侧设备　10kV 选用 KYN28–12 型户内全封闭金属铠装中置式手车开关柜，采用真空断路器。主变 10kV 侧计算电流为 $I_{30} = \dfrac{40000}{\sqrt{3} \times 10.5}\text{A} = 2199.4\text{A}$，每回 10kV 出线的计算电流为 $I_{30} = \dfrac{15000/6}{\sqrt{3} \times 10 \times 0.8}\text{A} = 180.4\text{A}$，各回路开关柜选择如下：

1）进线开关柜：包括真空断路器手车（选用 ZN63–12/3150 型真空断路器，额定开断电流为 50kA，动稳定电流峰值为 125kA，4s 热稳定电流为 50kA）；电流互感器选用 LZZBJ9–10 型，额定电流比为 3000/5，准确级次组合为 0.5/10P/5P，动稳定电流峰值为 140kA，1s 热稳定电流为 100kA；氧化锌避雷器选用 YH5WZ–17/50 型。

2）母线分段隔离柜：包括真空断路器手车（与进线柜型号相同）；隔离手车（额定电流为 1250A，4s 热稳定电流为 31.5kA）。

3）母线 TV 及避雷器柜：包括电压互感器手车（电压互感器选用 JDZX9–10 型，准确级次组合为 0.2/0.5/3P）；氧化锌避雷器选用 YH5WZ–17/50 型；高压熔断器选用 RN2–10 型。

4）架空出线柜：包括真空断路器手车（选用 ZN63–12/1250 型真空断路器，额定开断电流为 25kA，动稳定电流峰值为 63kA，4s 热稳定电流为 25kA）；电流互感器选用 LZZBJ9–10 型，额定电流比为 300/5，准确级次组合为 0.2/0.5/10P，动稳定电流峰值为 112.5kA，1s 热稳定电流为 45kA；氧化锌避雷器选用 YH5WZ–17/50 型。

5）站用变压器控制柜：包括变压器手车（干式变压器 SC10–100/10）、高压隔离开关、熔断器等。

其中，主变 10kV 侧的部分电气设备有关参数见表 9-5。

3. 导线选择

（1）110kV 汇流母线　户外配电装置的汇流母线多采用软导线，因此 110kV 汇流母线选用钢芯铝绞线。

表 9-5 主变 10kV 侧的部分电气设备有关参数

安装地点电气条件		设备型号规格		
项目	数据	项目	断路器 ZN63-12/3150	电流互感器 LZZBJ9-10
U_N/kV	10	U_N/kV	12	10
I_{30}/A	2199.4	I_N/A	3150	3000/5
I_k/kA	15.66	I_{oc}/kA	50	
i_{sh}/kA	41.49	i_{max}/kA	125	140
$I_{\infty}^2 t_{ima}$/kA^2·s	$17.02^2\times2.6=753.17$	$I_t^2 t$/kA^2·s	$50^2\times4=10000$	$100^2\times1=10000$

1）按经济电流密度选择导线截面积。110kV 母线的最大持续工作电流为 210A，设年最大负荷利用小时 T_{max}=6000h，查表 3-3 得，经济电流密度 j_{ec}=0.90A/mm^2，则导线的经济截面积为

$$A_{ec}=\frac{I_{30}}{j_{ec}}=\frac{210}{0.90}\text{mm}^2=233.3\text{mm}^2$$

初选 LGJ–185 型钢芯铝绞线。

2）校验发热条件。查表 A-10 和表 A-12 得，30℃时 LGJ–185 型钢芯铝绞线的允许载流量为 $I_{al}=0.94\times515\text{A}=484\text{A}>210\text{A}$，因此满足发热条件。

3）校验机械强度。查表 3-2 知，35kV 以上钢芯铝绞线最小允许截面积为 35mm^2，所选 LGJ–185 型钢芯铝绞线满足机械强度要求。

4）校验热稳定度。满足热稳定度的最小允许截面积为

$$A_{min}=I_{\infty}\times10^3\frac{\sqrt{t_{ima}}}{C}=3.64\times10^3\times\frac{\sqrt{4.2}}{87}\text{mm}^2=85.7\text{mm}^2$$

实际选用的母线截面积 185mm^2>85.7mm^2，所以热稳定度满足要求。

主变 110kV 侧引出线的选择方法同上，也选 LGJ–185 型钢芯铝绞线，选择与校验过程从略。

（2）35kV 汇流母线

1）按发热条件选择导线截面积。35kV 母线的最大持续工作电流为 600A，查表 A-10 和表 A-12 得，30℃时 LGJ–300 型钢芯铝绞线的允许载流量为 $I_{al}=0.94\times700\text{A}=658\text{A}>600\text{A}$，故 35kV 汇流母线选 LGJ–300 型钢芯铝绞线。

2）校验机械强度。查表 3-2 知，35kV 以上钢芯铝绞线最小允许截面积为 35mm^2，所选 LGJ–300 型钢芯铝绞线满足机械强度要求。

3）热稳定度校验。满足热稳定度的最小允许截面积为

$$A_{min}=I_{\infty}\times10^3\frac{\sqrt{t_{ima}}}{C}=6.57\times10^3\times\frac{\sqrt{2.5}}{87}\text{mm}^2=119.4\text{mm}^2$$

实际选用的母线截面积 300mm^2>119.4mm^2，所以热稳定度满足要求。

主变 35kV 侧引出线也选 LGJ–300 型钢芯铝绞线，计算过程从略。

（3）35kV 出线

1）按经济电流密度选择导线截面积。线路最大持续工作电流为

$$I_{30}=\frac{S_{\rm N}}{\sqrt{3}U_{\rm N}}=\frac{3750/0.8}{\sqrt{3}\times 35}{\rm A}=77.3{\rm A}$$

根据年最大负荷利用小时 $T_{\max}=4500{\rm h}$，查表 3-3 知，经济电流密度 $j_{\rm ec}=1.15{\rm A/mm^2}$，则导线的经济截面积为

$$A_{\rm ec}=\frac{I_{30}}{j_{\rm ec}}=\frac{77.3}{1.15}{\rm mm^2}=67.2{\rm mm^2}$$

选 LGJ–50 型钢芯铝绞线。

2）按发热条件校验。查表 A-10 和表 A-12 得，30℃时 LGJ–50 型钢芯铝绞线的允许载流量为 $I_{\rm al}=0.94\times 220{\rm A}=206.8{\rm A}>77.3{\rm A}$，因此满足发热条件。

3）校验机械强度。查表 3-2 知，35kV 以上钢芯铝绞线最小允许截面积为 35mm²，因此 LGJ–50 型钢芯铝绞线满足机械强度要求。

（4）10kV 汇流母线

1）按发热条件选择截面积。10kV 母线的最大持续工作电流为 2199.4A，查表 A-11 和表 A-12 得，30℃时双条、竖放 LMY–80×10 型矩形铝母线的允许载流量 $I_{\rm al}=0.94\times 2375{\rm A}=2232.5{\rm A}>2199.4{\rm A}$，故 10kV 汇流母线选用 LMY–2（80×10）型矩形铝母线。

2）热稳定度校验。满足热稳定度的最小允许截面积为

$$A_{\min}=I_{\infty}\times 10^3\frac{\sqrt{t_{\rm ima}}}{C}=17.02\times 10^3\times\frac{\sqrt{2.1}}{87}{\rm mm^2}=283.5{\rm mm^2}$$

实际选用的母线截面积 $A=2\times(80\times 10){\rm mm^2}=1600{\rm mm^2}>283.5{\rm mm^2}$，所以热稳定度满足要求。

3）动稳定校验。取母线档距 l 为 1.2m，相间中心线距 s 为 0.25m，因 $\frac{s-b}{b+h}=\frac{250-20}{20+80}=2.3>2$，故母线截面的形状系数 $K\approx 1$。

三相短路冲击电流在中间相产生的电动力为

$$F=1.73Ki_{\rm sh}^2\frac{l}{s}\times 10^{-7}=1.73\times 1\times(41.49\times 10^3)^2\times\frac{1.2}{0.25}\times 10^{-7}{\rm N}=1429.5{\rm N}$$

母线的弯曲力矩为

$$M=\frac{Fl}{10}=\frac{1429.5\times 1.2}{10}{\rm N\cdot m}=171.5{\rm N\cdot m}$$

母线的截面系数为

$$W=\frac{b^2h}{6}=\frac{0.02^2\times0.08}{6}\mathrm{m}^3=5.33\times10^{-6}\mathrm{m}^3$$

母线受到的最大计算应力为

$$\sigma_{\mathrm{c}}=\frac{M}{W}=\frac{171.5}{5.33\times10^{-6}}\mathrm{Pa}=32\times10^6\mathrm{Pa}=32\mathrm{MPa}<\sigma_{\mathrm{al}}=69\mathrm{MPa}$$

所以动稳定满足要求。

主变 10kV 侧引出线也选 LMY–2（80 × 10）型矩形铝母线，计算过程从略。

4. 消弧线圈的选择

当 35kV 系统的单相接地电容电流大于 10A 时，应装设消弧线圈。由式（1-9），本变电所 35kV 架空线路的电容电流为

$$I_{\mathrm{C}}\approx\frac{35\times70}{350}\mathrm{A}=7\mathrm{A}<10\mathrm{A}$$

所以不需装设消弧线圈。

（六）继电保护配置与整定计算

1. 主变压器保护配置

根据规程要求，容量为 40MV・A 的变压器应配置以下保护：

（1）瓦斯保护（气体保护）　包括动作于信号的轻瓦斯保护和动作于跳闸的重瓦斯保护。

（2）纵联差动保护　无延时跳开主变三侧断路器，可作为变压器的主保护。

（3）过电流保护　包括 110kV 侧复合电压起动的过电流保护、35kV 侧和 10kV 侧的过电流保护，其中 110kV 侧的保护作为变压器内部短路故障及各侧外部短路的后备保护，带一段时限，断开变压器各侧断路器；35kV 和 10kV 侧过电流保护作为本侧外部短路的后备保护，均带三段时限，以第一时限断开本侧母联或分段断路器，缩小故障影响范围，以第二时限断开本侧断路器，以第三时限断开变压器各侧断路器。

（4）接地保护　在主变 110kV 侧装设零序电流保护和零序电压保护，作为变压器高压侧或相邻元件接地故障的后备保护；35kV 和 10kV 侧均装设绝缘监察装置，动作后发出预告信号。

（5）过负荷保护　保护装设在主变 110kV 侧，动作后经延时发出预告信号。

主变压器保护原理展开图如图 9-9 所示。

2. 主变压器部分继电保护整定

（1）瓦斯保护　一般瓦斯继电器气体容积整定范围为 250 ～ 300cm^3，本所主变压器容量为 40MV・A，整定值取为 250cm^3；重瓦斯保护油流速度整定范围为 0.6 ～ 1.5m/s，为防止穿越性故障时瓦斯保护误动作，将油流速度整定为 1m^3/s。

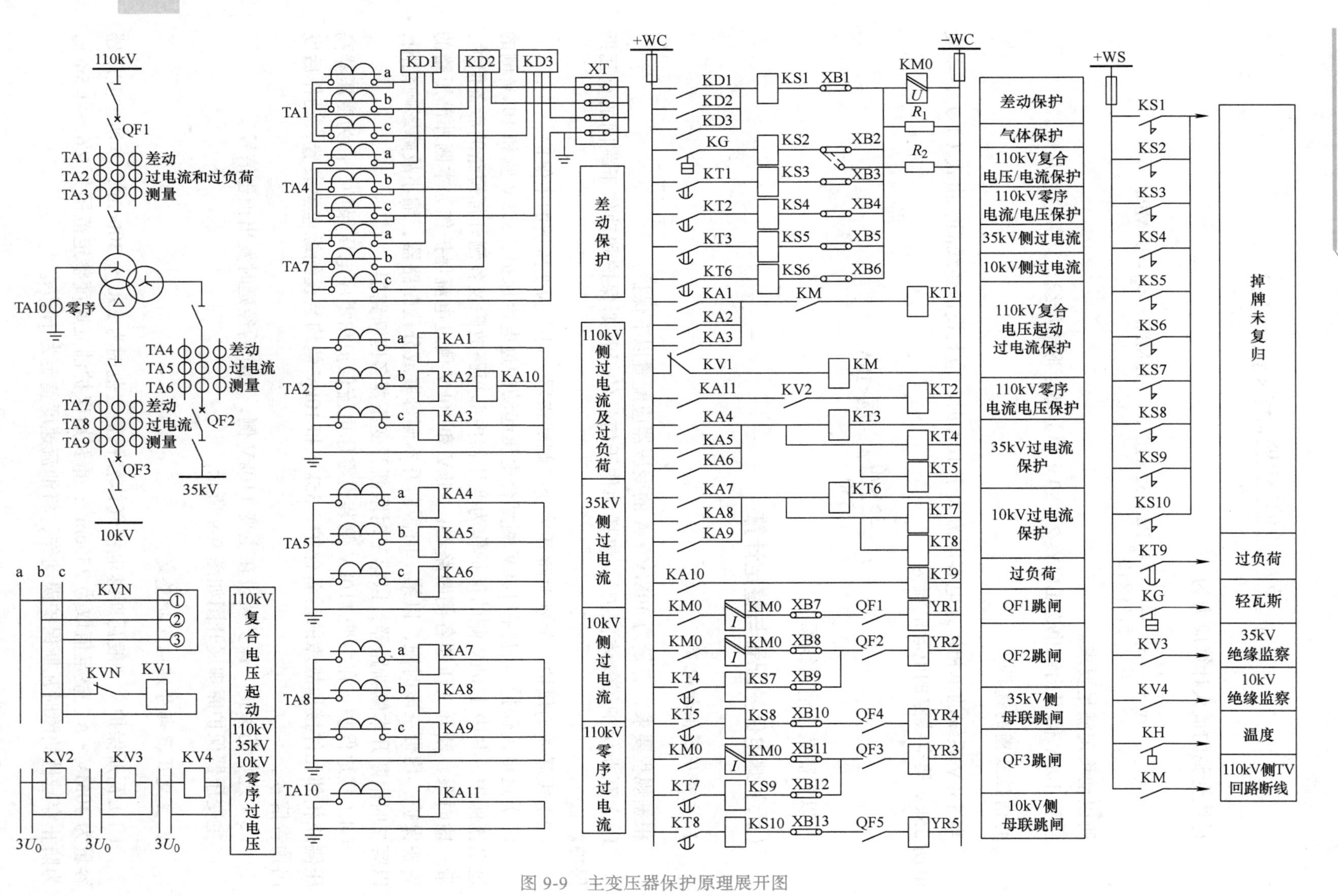

图 9-9 主变压器保护原理展开图

（2）纵联差动保护 由 BCH–2 型差动继电器构成。

1）计算各侧一次额定电流，选择电流互感器电流比，确定各侧互感器的二次额定电流，计算结果见表 9-6。

表 9-6 电流互感器二次侧额定电流的计算

名 称	各 侧 数 值		
额定电压 /kV	110	38.5	10.5
额定电流 /A	$\frac{40000}{\sqrt{3}\times110}=210$	$\frac{40000}{\sqrt{3}\times38.5}=600$	$\frac{40000}{\sqrt{3}\times10.5}=2199.4$
电流互感器的接线方式	D	d	y
电流互感器一次电流计算值	$\sqrt{3}\times210=363.7$	$\sqrt{3}\times600=1039$	2199.4
电流互感器电流比选择	$\frac{400}{5}=80$	$\frac{1200}{5}=240$	$\frac{3000}{5}=600$
电流互感器二次额定电流 /A	$\frac{363.7}{80}=4.55$	$\frac{1039}{240}=4.33$	$\frac{2199.4}{600}=3.67$

取二次额定电流最大的 110kV 侧为基本侧。

2）按下列三条件确定保护装置的动作电流。

① 躲过变压器的励磁涌流，即

$$I_{op}=K_{rel}I_{N1\cdot T}=1.3\times210A=273A$$

② 躲过变压器外部短路时的最大不平衡电流，即

$$I_{op}=K_{rel}I_{dsq\cdot max}=k_{rel}(K_{np}K_{sam}f_{i}+\Delta U_{h}+\Delta U_{mid}+\Delta f_{bII})I_{k\cdot max}$$

$$=1.3\times(1\times1\times0.1+0.1+0.05+0.05)\times4.03\times10^{3}\times\frac{37}{115}A=505.7A$$

③ 躲过电流互感器二次回路断线的最大负荷电流，即

$$I_{op}=K_{rel}I_{N1\cdot T}=1.3\times210A=273A$$

取 $I_{op}=504A$，则差动继电器的动作电流值为

$$I_{op.K}=\frac{\sqrt{3}\times505.7}{80}A=10.95A$$

3）确定基本侧差动线圈的匝数。

$$N_{d\cdot c}=\frac{AN_{0}}{I_{op}}=\frac{60}{10.95}=5.48$$

实际整定匝数选为 $N_{d\cdot set}=5$ 匝，则继电器实际动作电流为 $I_{op.K}=60A/5=12A$，保护装

置实际一次动作电流为

$$I_{op} = \frac{12 \times 80}{\sqrt{3}} \text{A} = 554.3\text{A}$$

4）确定非基本侧平衡线圈匝数。

35kV 侧
$$4.33 \times (N_{b\text{II}.c} + 5) = 4.55 \times 5$$

$$N_{b\text{II}.c} = \frac{4.55 \times 5}{4.33} - 5 = 0.25$$

10kV 侧
$$3.67 \times (N_{b\text{III}.c} + 5) = 4.55 \times 5$$

$$N_{b\text{III}.c} = \frac{4.55 \times 5}{3.67} - 5 = 1.2$$

取平衡线圈匝数 $N_{b\text{II}.set} = 0$，$N_{b\text{III}.set} = 1$ 匝。

5）校验相对误差 Δf_b。

35kV 侧
$$\Delta f_{b\text{II}} = \frac{N_{b\text{II}.c} - N_{b\text{II}.set}}{N_{b\text{II}.c} + N_{d.set}} = \frac{0.25 - 0}{0.25 + 5} = 0.048$$

10kV 侧
$$\Delta f_{b\text{III}} = \frac{N_{b\text{III}.c} - N_{b\text{III}.set}}{N_{b\text{III}.c} + N_{d.set}} = \frac{1.2 - 1}{1.2 + 5} = 0.032$$

$\Delta f_{b\text{II}}$、$\Delta f_{b\text{III}}$ 均小于 0.05，说明以上选择结果有效，无须重新计算。

6）校验保护灵敏度。在主变 10kV 侧出口两相短路时归算到 110kV 侧的最小短路电流为

$$I_{k.min}^{(2)} = \frac{1}{2} \times \frac{\sqrt{3}}{2} \times 15.04 \times 10^3 \times \frac{10.5}{115} \text{A} = 594.6\text{A}$$

$$K_S = \frac{I_{k.min}^{(2)}}{I_{op}} = \frac{594.6}{554.3} = 1.07 < 2$$

灵敏度不满足要求，应改用带制动特性的 BCH−1 型差动继电器，整定计算过程从略。

（3）过电流保护

1）110kV 侧复合电压起动的过电流保护。过电流保护采用三相星形联结，继电器为 DL−11 型，电流互感器电流比 K_i=400/5=80；电压元件接于 110kV 母线电压互感器。

动作电流按躲过变压器额定电流整定，即

$$I_{op} = \frac{K_{rel}}{K_{re}} I_{N1T} = \frac{1.2}{0.85} \times 210\text{A} = 296.5\text{A}$$

则
$$I_{op.K} = \frac{K_w}{K_i} I_{op} = \frac{1 \times 296.5}{80} \text{A} = 3.7\text{A}$$

低电压继电器动作电压按躲过电动机自起动的条件整定，即

$$U_{op}=0.7U_{N1.T}=0.7\times110kV=77kV$$

则
$$U_{op.K}=\frac{U_{op}}{K_u}=\frac{77\times10^3}{110/0.1}V=70V$$

负序电压继电器的动作电压按躲过正常运行时的不平衡电压整定，即

$$U_{op2}=0.06U_{N1.T}=0.06\times110kV=6.6kV$$

则
$$U_{op2.K}=\frac{U_{op2}}{K_u}=\frac{6.6\times10^3}{110/0.1}V=6V$$

保护的灵敏度按后备保护范围末端最小短路电流来校验，即

$$K_S=\frac{I_{k.min}^{(2)}}{I_{op}}=\frac{\frac{5560}{2}\times\frac{\sqrt{3}}{2}\times\frac{37}{115}}{296.5}=2.6>1.5$$

2）35kV 侧过电流保护。过电流保护采用三相完全星形联结，继电器为 DL–11 型，电流互感器电流比 K_i =1200/5=240。动作电流应满足以下两个条件：

① 躲过并列运行中切除一台变压器时所产生的过负荷电流，即

$$I_{op}=\frac{K_{rel}}{K_{re}}\times\frac{n}{n-1}I_{N2.T}=\frac{1.2}{0.85}\times\frac{2}{2-1}\times600A=1694A$$

② 躲过电动机自起动的最大工作电流，即

$$I_{op}=\frac{K_{rel}K_{st}}{K_{re}}I_{N2.T}=\frac{1.2\times1.5}{0.85}\times600A=1270.6A$$

取 $I_{op}=1694A$，则

$$I_{op.K}=\frac{K_w}{K_i}I_{op}=\frac{1694}{240}A=7.06A$$

保护的灵敏度为

$$K_S=\frac{I_{k.min}^{(2)}}{I_{op}}=\frac{\frac{5560}{2}\times\frac{\sqrt{3}}{2}}{1694}=1.42<1.5$$

灵敏度不满足要求，应改用低电压起动的过电流保护，整定从略。

3）10kV 侧过电流保护。过电流保护采用三相完全星形联结，继电器为 DL–11 型，电流互感器电流比 K_i =3000/5=600。动作电流应满足以下两个条件：

① 躲过并列运行中切除一台变压器时所产生的过负荷电流，即

$$I_{op}=\frac{K_{rel}}{K_{re}}\times\frac{n}{n-1}I_{N3.T}=\frac{1.2}{0.85}\times\frac{2}{2-1}\times2199.4A=6210A$$

② 躲过电动机自起动的最大工作电流，即

$$I_{op}=\frac{K_{rel}K_{st}}{K_{re}}I_{N3.T}=\frac{1.2\times1.5}{0.85}\times2199.4A=4657.6A$$

取$I_{op}=6210A$，则

$$I_{op.K}=\frac{K_w}{K_i}I_{op}=\frac{6210}{600}A=10.35A$$

作近后备时，保护的灵敏度为

$$K_S=\frac{I_{k.min}^{(2)}}{I_{op}}=\frac{\frac{15870}{2}\times\frac{\sqrt{3}}{2}}{6210}=1.1<1.5$$

灵敏度不满足要求，应改用低电压起动的过电流保护，整定从略。

4）动作时间。各侧后备保护动作时间见表9-2。

（4）过负荷保护　装设在主变110kV侧，按躲过变压器额定电流整定

$$I_{op}=\frac{K_{rel}}{K_{re}}I_{N1.T}=\frac{1.05}{0.85}\times210A=259.4A$$

$$I_{op.K}=\frac{K_w}{K_i}I_{op}=\frac{259.4}{80}A=3.24A$$

动作时间取为10s。

3. 35kV线路保护

（1）电流速断保护　由于35kV为小电流接地系统，发生单相接地短路时可不立即切除故障，为了获得零序电流实现小电流接地选线功能，三相都需装设电流互感器。为此，保护采用三相完全星形联结，继电器为DL–11型，电流互感器电流比K_i =150/5=30（35kV出线的计算电流为77.3A），动作电流按躲过线路末端最大短路电流整定

$$I_{op}=K_{rel}I_{k.max}^{(3)}=1.3\times3.12\times10^3A=4056A$$

$$I_{op.K}=\frac{K_w}{K_i}I_{op}=\frac{4056}{30}A=135.2A$$

灵敏度按保护安装处最小两相短路电流来校验，即

$$K_S=\frac{I_{k.min}^{(2)}}{I_{op}}=\frac{\frac{\sqrt{3}}{2}\times\frac{3940}{2}}{4056}=0.42<2$$

灵敏度不满足要求，因此改用电流电压联锁速断保护，整定从略。

（2）定时限过电流保护　保护采用三相完全星形联结，继电器为DL–11型，电流互

感器电流比 K_i =30，动作电流按躲过线路最大负荷电流整定，即

$$I_{\text{op}}=\frac{K_{\text{rel}}}{K_{\text{re}}}I_{\text{L.max}}=\frac{1.2}{0.8}\times\left(1.5\times\frac{3750/0.8}{\sqrt{3}\times35}\right)\text{A}=174\text{A}$$

$$I_{\text{op.K}}=\frac{K_{\text{w}}}{K_i}I_{\text{op}}=\frac{174}{30}\text{A}=5.8\text{A}$$

灵敏度按线路末端在系统最小运行方式下的两相短路电流来校验：

$$K_{\text{S}}=\frac{I_{\text{k.min}}^{(2)}}{I_{\text{op}}}=\frac{\frac{\sqrt{3}}{2}\times2360}{174}=11.75>1.5$$

动作时间 t=2.5s。

（七）所用电设计

为保证所用电可靠性，所用变分别安装于 10kV Ⅰ、Ⅱ段母线上。所用变容量的选择，应按变电所自用电的负荷大小来选取。这里选两台型号为 SC10–100/10 的所用变压器可满足要求。

（八）防雷和接地

1. 直击雷防护

在变电所纵向中心轴线位置设置两支间距 $D=98\text{m}$ 、高度为 $h=35\text{m}$ 的等高避雷针，保护室外高压配电装置、主变压器及所有建筑物。已知出线构架高 12.5m（变电所最高点)，其最远点距较近避雷针 11.5m，建筑物高 7m，其最远点距较近避雷针 18.7m。按“滚球法”校验避雷针保护范围如下：

本变电所建筑物防雷级别为二级，滚球半径为 $h_r=45\text{m}$ 。

因为 $h=35\text{m}<h_r=45\text{m}$，且 $D=98\text{ m}>2\sqrt{h(2h_r-h)}=2\sqrt{35\times(2\times45-35)}\text{m}=87.7\text{m}$，所以避雷针在出线构架高度上的水平保护半径为

$$r_x=\sqrt{h(2h_r-h)}-\sqrt{h_x(2h_r-h_x)}=\sqrt{35\times(2\times45-35)}\text{m}-\sqrt{12.5\times(2\times45-12.5)}\text{m}=12.8\text{m}$$

而其最远点距避雷针 11.5m<r_x，可见出线架构在避雷针保护范围内。

避雷针在建筑物高度上的水平保护半径为

$$r_x=\sqrt{h(2h_r-h)}-\sqrt{h_x(2h_r-h_x)}=\sqrt{35\times(2\times45-35)}\text{m}-\sqrt{7\times(2\times45-7)}\text{m}=19.8\text{m}$$

而其最远点距避雷针 18.7m<r_x，可见建筑物也在避雷针保护范围内。

根据以上计算结果可知，变电所装设的两支 35m 等高避雷针能保护变电所内的所有设施。

2. 雷电波侵入保护

为防止线路侵入的雷电波过电压，在变电所 1 ～ 2km 的 110kV 进线段架设避雷线，主变压器各侧出口分别安装阀式避雷器。为保护主变压器中性点绝缘，在主变压器 110kV 侧中性点装设一台避雷器。

3. 接地装置设计

110kV 为大电流接地系统，查表 8-3，其接地电阻要求不大于 0.5Ω；35kV 系统的接地电流为 7A，故要求接地电阻 $R_E \leqslant 120/I_E = (120/7)\Omega = 17\Omega$，由表 8-3，$R_E \leqslant 10\Omega$；10kV 系统的接地电阻要求不大于 10Ω；所用电 380/220V 系统的接地电阻要求不大于 4Ω。故共用接地装置的接地电阻应不大于 0.5Ω。

接地装置拟采用直径 50mm、长 2.5m 的钢管作接地体，垂直埋入地下，间距 7.5m，管间用 40mm × 4mm 的扁钢焊接相连成环形，此时，$a/l = 7.5/2.5 = 3$。

查表 8-4 得，黏土的 $\rho = 60\Omega \cdot m$，因此，单根钢管的接地电阻为

$$R_{E(1)} \approx 0.3\rho = 0.3 \times 60\Omega = 18\Omega$$

因为 $R_{E(1)}/R_E = 18/0.5 = 36$，初选 50 ～ 60 根钢管作为接地体。根据 $n = 50 \sim 60$ 和 $a/l = 3$ 查表 8-6 得 $\eta = 0.62$，则钢管根数为

$$n = \frac{0.9R_{E(1)}}{\eta\, R_E} = \frac{0.9 \times 18}{0.62 \times 0.5} = 52.26$$

考虑到接地体的均匀对称布置，最终选 54 根或 60 根直径为 50mm、长 2.5m 的钢管作为接地体，用 40mm × 4mm 的扁钢焊接相连，环形布置。

第三节　某机械厂高压供配电系统电气设计

一、设计基础资料

1. 负荷情况

本厂除空压站、煤气站部分设备为二级负荷外，其余均为三级负荷。工厂为两班工作制，全年工厂工作小时数为 4800h，年最大负荷利用小时数为 4500h。全厂共设 6 个车间变电所，各车间负荷（380V 侧）统计见表 9-7。

表 9-7　工厂负荷统计资料

序号	车间名称	有功计算负荷（kW）	无功计算负荷（kvar）
1	一车间	420	315
2	二车间	568	390

（续）

序号	车间名称	有功计算负荷（kW）	无功计算负荷（kvar）
3	三车间	686	485
4	锻工车间	650	508
5	工具、机修车间	458	290
6	空压站、煤气站	582	396

2. 电源情况

（1）工作电源　工厂东北侧 8km 处有一地区变电站，用一台 110kV / 38.5kV、25MV・A 的双绕组变压器作为工厂的工作电源，使用 35kV 电压以一回架空线向工厂供电。35kV 侧系统最大三相短路容量为 1000MV・A，最小三相短路容量为 500MV・A。

（2）备用电源　由工厂正北方向其他工厂引入 10kV 电缆作为本厂备用电源，平时不允许投入，只有在工作电源发生故障或检修停电时，提供照明及部分重要负荷用电，输送容量不得超过 1000kV・A。

3. 供电部门对本厂提出的技术要求

1）地区变电站 35kV 馈电线路定时限过电流保护装置整定时间为 2s，工厂总降压变电所保护的动作时间不得大于 1.5s。

2）工厂最大负荷时的功率因数不得低于 0.9。

3）在工厂总降压变电所 35kV 侧进行电能计量。

4. 自然条件

当地最热月平均最高气温为 30℃；土壤 0.8m 深处一年中最热月平均气温为 20℃；年雷暴日为 31 天；土壤冻结深度为 1m；土壤性质以砂质黏土为主。

二、高压供配电系统的电气设计

（一）负荷计算

根据设计资料，按需要系数法对工厂各车间负荷进行统计计算，下面以第一车间为例进行负荷计算。第一车间的视在计算负荷为

$$S_{30}=\sqrt{P_{30}^2+Q_{30}^2}=\sqrt{420^2+315^2}\text{kV•A}=525\text{kV•A}$$

查表 A-1，选择型号为 SCB10-630/10 型、电压为 10kV/0.4kV、Yyn0 联结的变压器，其技术数据为：$\Delta P_0=1.1\text{kW}$，$\Delta P_k=5.2\text{kW}$，$I_0\%=0.8$，$U_k\%=6$，变压器的负荷率 $\beta=525/630=0.833$，则变压器的功率损耗为

$$\Delta P_T=\Delta P_0+\beta^2\Delta P_k=(1.1+0.833^2\times5.2)\text{kW}=4.7\text{kW}$$

$$\Delta Q_{\mathrm{T}}=\frac{S_{\mathrm{N}}}{100}(I_0\%+\beta^2 U_{\mathrm{k}}\%)=\frac{630}{100}\times(0.8+0.833^2\times 6)\text{kvar}=31.3\text{kvar}$$

依此类推，将工厂各车间计算负荷的结果汇总于表 9-8。

表 9-8 工厂各车间计算负荷汇总表

车间名称	380V 侧计算负荷			变压器容量/kV·A	变压器功率损耗		10kV 侧计算负荷		
	有功负荷/kW	无功负荷/kvar	视在负荷/kV·A		有功损耗/kW	无功损耗/kvar	有功负荷/kW	无功负荷/kvar	视在负荷/kV·A
一车间	420	315	525	630	4.7	31.3	424.7	346.3	548
二车间	568	390	689	800	5.8	42	573.8	432	718.2
三车间	686	485	840	1000	6.6	48.3	692.6	533.3	874.1
锻工车间	650	508	825	1000	6.4	46.8	656.4	554.8	859.9
工具、机修车间	458	290	542	630	4.9	33	462.9	323	564.5
空压站、煤气站	582	396	704	800	6	43.6	588	439.6	734.2
总计							3398.4	2629	4296.6

（二）总降压变电所变压器容量选择

由于工厂厂区范围不大，高压配电线路上的功率损耗可忽略不计，因此表 9-8 所示车间变压器高压侧的计算负荷可认为就是总降压变电所出线上的计算负荷。取 $K_{\Sigma}=0.95$，则总降压变电所低压母线上的计算负荷为

$$P_{30(2)}=0.95\times 3398.4\text{kW}=3228.5\text{kW}$$

$$Q_{30(2)}=0.95\times 2629\text{kvar}=2497.6\text{kvar}$$

$$S_{30(2)}=\sqrt{3228.5^2+2497.6^2}\text{kV·A}=4081.8\text{kV·A}$$

因为大多数负荷为三级负荷，只有少数为二级负荷，故总降压变电所可装设一台容量为 5000kV · A 的变压器。

由于总降压变电所低压侧的功率因数为

$$\cos\varphi_{(2)}=\frac{P_{30(2)}}{S_{30(2)}}=\frac{3228.5}{4081.8}=0.79<0.9$$

考虑到变压器的无功功率损耗 ΔQ_{T} 远大于有功功率损耗 ΔP_{T}，由此可判断工厂进线处的功率因数必然小于 0.79。为使工厂的功率因数提高到 0.9，需在总降压变电所低压侧 10kV 母线上装设并联电容器进行补偿，取低压侧补偿后的功率因数为 0.92，则需装设的电容器容量为

$$Q_C=3228.5\times[\tan(\arccos 0.79)-\tan(\arccos 0.92)]=1130\text{kvar}$$

选择 BWF10.5–50–1W 型电容器，所需电容器个数为 $n = Q_C / q_C = 1130/50 = 22.6$ ，取 $n = 24$ ，则实际补偿容量为 $Q_C = 50 \times 24\text{kvar} = 1200\text{kvar}$ 。

补偿后变电所低压侧视在计算负荷为

$$S'_{30(2)} = \sqrt{3228.5^2 + (2497.6 - 1200)^2}\text{kV•A} = 3480\text{kV•A}$$

查表 A-3，选择 S11–4000/35 型、35kV/10.5kV 的变压器，其技术数据为：$\Delta P_0 = 3.62\text{kW}$ ，$\Delta P_\text{k} = 27.36\text{kW}$ ，$I_0\% = 0.56$ ， $U_\text{k}\% = 7$ ，变压器的负荷率为 $\beta = 3480/4000 = 0.87$ ，则变压器的功率损耗为

$$\Delta P_\text{T} = \Delta P_0 + \beta^2 \Delta P_\text{k} = (3.62 + 0.87^2 \times 27.36)\text{kW} = 24.3\text{kW}$$

$$\Delta Q_\text{T} = \frac{S_\text{N}}{100}(I_0\% + \beta^2 U_\text{k}\%) = \frac{4000}{100} \times (0.56 + 0.87^2 \times 7)\text{kvar} = 234.3\text{kvar}$$

变压器高压侧计算负荷为

$$P_{30(1)} = P_{30(2)} + \Delta P_\text{T} = (3228.5 + 24.3)\text{kW} = 3252.8\text{kW}$$

$$Q_{30(1)} = Q'_{30(2)} + \Delta Q_\text{T} = [(2497.6 - 1200) + 234.3]\text{kvar} = 1531.9\text{kvar}$$

$$S_{30(1)} = \sqrt{P_{30(1)}^2 + Q_{30(1)}^2} = \sqrt{3252.8^2 + 1531.9^2}\text{kV•A} = 3595.5\text{kV•A}$$

则工厂进线处的功率因数为

$$\cos\varphi_{(1)} = \frac{P_{30(1)}}{S_{30(1)}} = \frac{3252.8}{3595.5} = 0.905 > 0.9$$

满足电业部门的要求。

（三）总降压变电所和车间变电所位置选择

1. 总降压变电所位置选择

根据供电电源的情况，考虑尽量将总降压变电所设置在靠近负荷中心且远离人员集中区，结合本厂厂区平面示意图，拟将总降压变电所设置在厂区东北部，如图 9-10 所示。

2. 车间变电所位置选择

根据各车间负荷情况，本厂拟设置六个车间变电所，每个车间变电所装设一台变压器，根据厂区平面布置图所提供的车间分布情况及车间负荷的情况，结合其他各项选择原则，并与工艺、土建等相关方面协商确定变电所位置，变电所设置如图 9-10 所示。

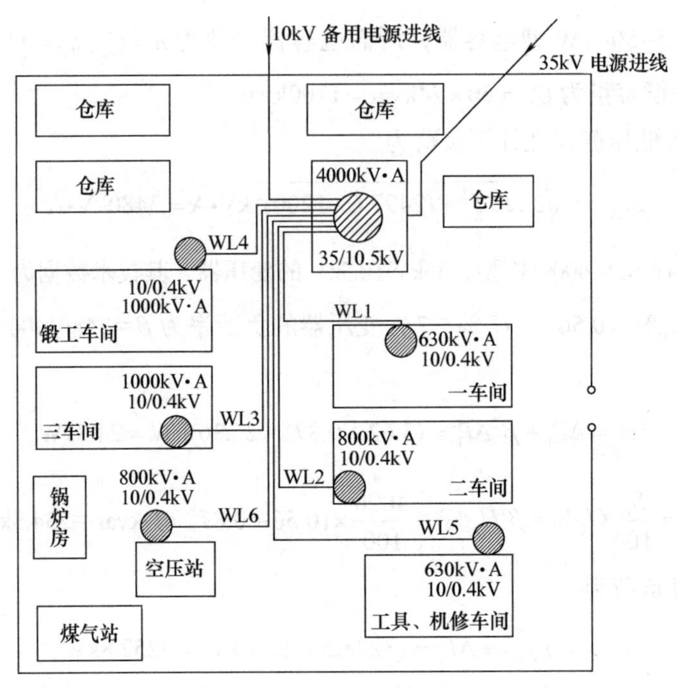

图 9-10　厂区供电平面图

（四）总降压变电所电气主接线设计

本工厂要求正常运行时以35kV单回路架空线供电，由10kV电缆线路作为备用电源，因此总降压变电所主变压器与35kV架空线路可采用线路－变压器单元接线。为便于检修、运行、控制和管理，在变压器高压侧进线处设置高压断路器。由于10kV线路平时不允许投入，因此备用10kV电源进线断路器在正常工作时必须断开。

变压器二次侧（10kV）设置少油断路器，与10kV备用电源进线断路器组成备用电源自动投入装置（APD），当工作电源失去电压时，备用电源立即自动投入。主变压器二次侧10kV母线采用单母线分段接线，变压器二次侧10kV接在Ⅰ段母线上，10kV备用电源接在Ⅱ段母线上，母线分段断路器在正常工作时闭合，重要二级负荷可接在Ⅱ段母线上，在工作电源停止供电时不致于使重要负荷的供电受到影响。总降压变电所的电气主接线如图9-11所示。

（五）短路电流计算

为了选择高压电气设备，整定继电保护，必须进行短路电流计算。短路电流按系统正常运行方式进行计算，其计算电路图及短路点的设置如图9-12所示（以一车间为例）。

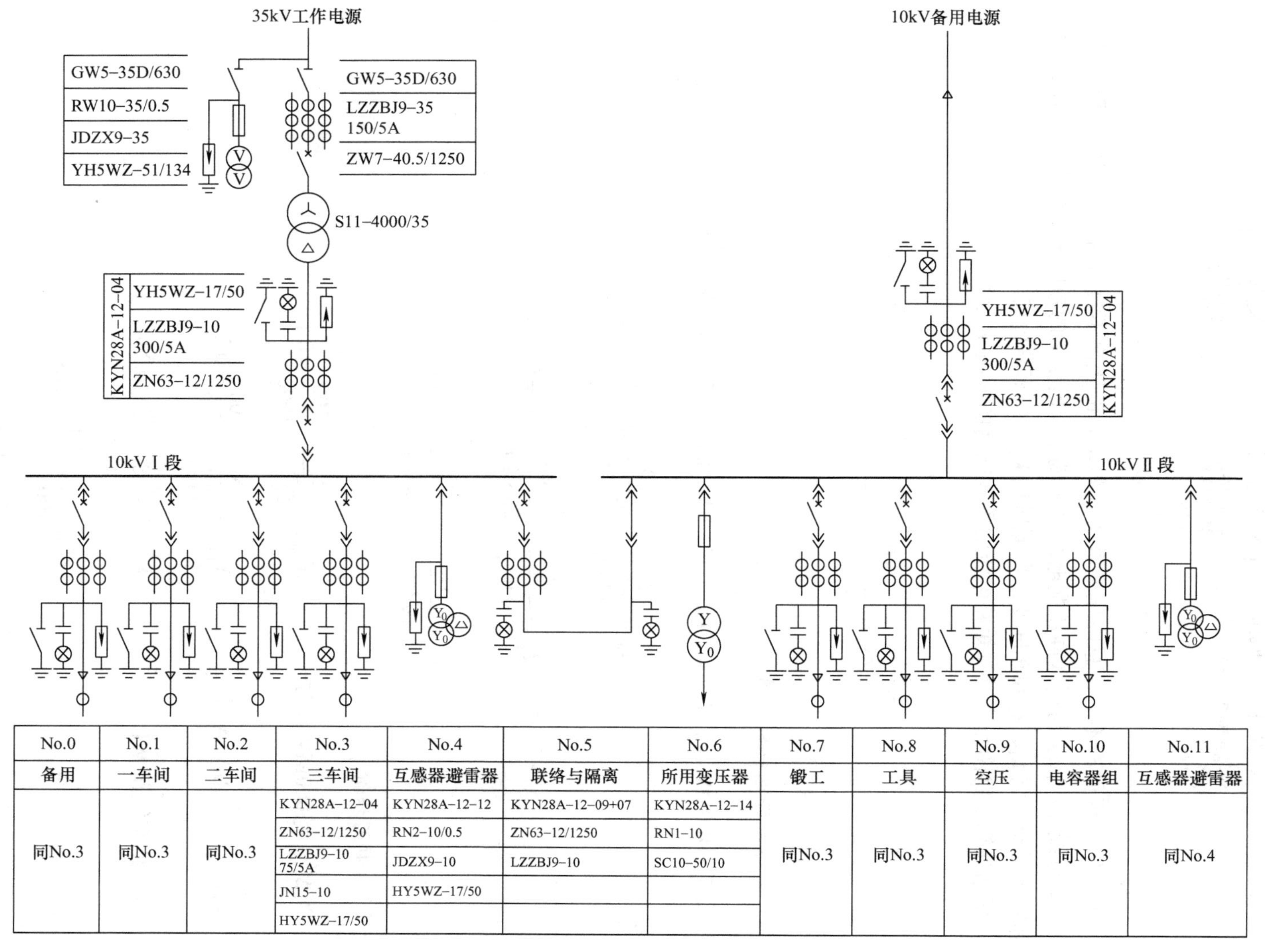

图 9-11　某机械厂总降压变电所主接线图

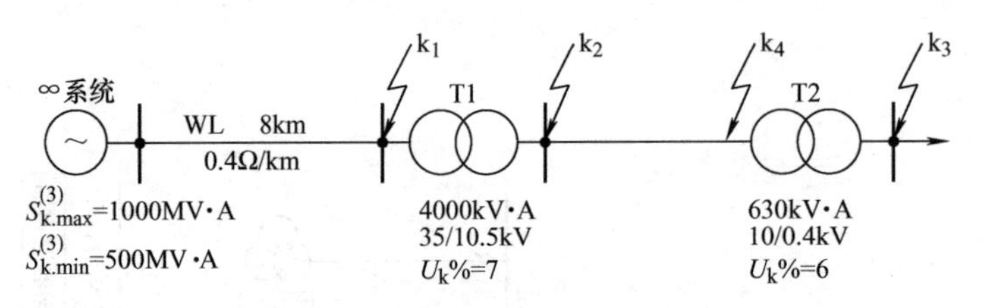

图 9-12　短路电流计算电路图

因工厂厂区面积不大，总降压变电所到各车间的距离不过数百米，因此总降压变电所 10kV 母线（k_2 点）与厂区高压配电线路末端处（k_4 点）的短路电流值差别极小，故只计算主变压器两侧 k_1、k_2 和车间变压器低压侧 k_3 点的短路电流。

根据计算电路图作出计算短路电流的等效电路图如图 9-13 所示。

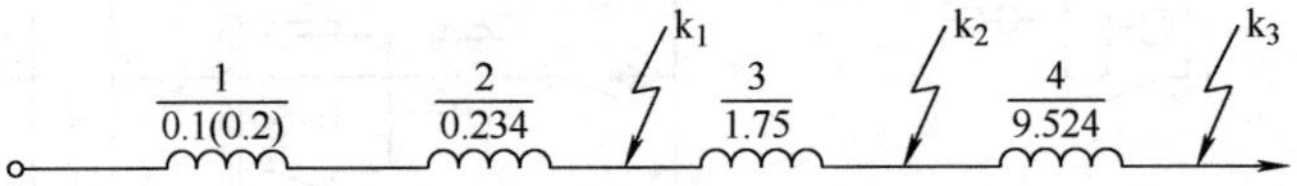

图 9-13　等效电路图

1. 求各元件电抗标幺值

设 $S_d = 100\text{MV}\cdot\text{A}$， $U_{d1} = 37\text{kV}$， $U_{d2} = 10.5\text{kV}$， $U_{d3} = 0.4\text{kV}$，则

$$I_{d1} = \frac{S_d}{\sqrt{3}U_{d1}} = \frac{100}{\sqrt{3}\times 37}\text{kA} = 1.56\text{kA}$$

$$I_{d2} = \frac{S_d}{\sqrt{3}U_{d2}} = \frac{100}{\sqrt{3}\times 10.5}\text{kA} = 5.5\text{kA}$$

$$I_{d3} = \frac{S_d}{\sqrt{3}U_{d3}} = \frac{100}{\sqrt{3}\times 0.4}\text{kA} = 144.3\text{kA}$$

（1）电力系统

当 $S^{(3)}_{k.max}$=1000MV•A 时　　$X^*_{1.min} = \frac{S_d}{S^{(3)}_{k.max}} = \frac{100}{1000} = 0.1$

当 $S^{(3)}_{k.min}$=500MV•A 时　　$X^*_{1.max} = \frac{S_d}{S^{(3)}_{k.min}} = \frac{100}{500} = 0.2$

（2）架空线路 WL　　$X^*_2 = 0.4\times 8\times\frac{100}{37^2} = 0.234$

（3）主变压器 T1　　$X^*_3 = \frac{7}{100}\times\frac{100}{4} = 1.75$

（4）车间变压器 T2　　$X^*_4 = \frac{6}{100}\times\frac{100}{0.63} = 9.524$

2. 系统最大运行方式下三相短路电流及短路容量计算

（1）k_1 点短路　总电抗标幺值为

$$X_{\Sigma 1}^{*}=X_{1.\min}^{*}+X_{2}^{*}=0.1+0.234=0.334$$

因此，k_1 点短路时的三相短路电流及短路容量分别为

$$I_{k1}=\frac{I_{d1}}{X_{\Sigma 1}^{*}}=\frac{1.56}{0.334}\text{kA}=4.67\text{kA}$$

$$i_{sh1}=2.55I_{k1}=2.55\times 4.67\text{kA}=11.91\text{kA}$$

$$I_{sh1}=1.51I_{k1}=1.51\times 4.67\text{kA}=7.05\text{kA}$$

$$S_{k1}=\frac{S_{d}}{X_{\Sigma 1}^{*}}=\frac{100}{0.334}\text{MV}\cdot\text{A}=299.4\text{MV}\cdot\text{A}$$

（2）k_2 点短路　总电抗标幺值为

$$X_{\Sigma 2}^{*}=X_{1.\min}^{*}+X_{2}^{*}+X_{3}^{*}=0.1+0.234+1.75=2.084$$

因此，k_2 点短路时的三相短路电流及短路容量分别为

$$I_{k2}=\frac{I_{d2}}{X_{\Sigma 2}^{*}}=\frac{5.5}{2.084}\text{kA}=2.64\text{kA}$$

$$i_{sh2}=2.55I_{k2}=2.55\times 2.64\text{kA}=6.73\text{kA}$$

$$I_{sh2}=1.51I_{k2}=1.51\times 2.64\text{kA}=4\text{kA}$$

$$S_{k2}=\frac{S_{d}}{X_{\Sigma 2}^{*}}=\frac{100}{2.084}\text{MV}\cdot\text{A}=48\text{MV}\cdot\text{A}$$

（3）k_3 点短路　总电抗标幺值为

$$X_{\Sigma 3}^{*}=X_{1.\min}^{*}+X_{2}^{*}+X_{3}^{*}+X_{4}^{*}=0.1+0.234+1.75+9.524=11.608$$

因此，k_3 点短路时的三相短路电流及短路容量分别为

$$I_{k3}=\frac{I_{d3}}{X_{\Sigma 3}^{*}}=\frac{144.3}{11.608}\text{kA}=12.43\text{kA}$$

$$i_{sh3}=1.84I_{k3}=1.84\times 12.43\text{kA}=22.87\text{kA}$$

$$I_{sh3}=1.09I_{k3}=1.09\times 12.43\text{kA}=13.55\text{kA}$$

$$S_{k3}=\frac{S_{d}}{X_{\Sigma 2}^{*}}=\frac{100}{11.608}\text{MV}\cdot\text{A}=8.61\text{MV}\cdot\text{A}$$

系统最小运行方式下短路电流计算过程从略，将计算结果汇总于表 9-9。

表 9-9　短路电流计算汇总表

短路计算点	运行方式	三相短路电流 /kA			短路容量 /MV·A
		I_k	i_{sh}	I_{sh}	S_k
k_1	最大	4.67	11.91	7.05	299.4
	最小	3.59	9.15	5.42	230.4
k_2（k_4）	最大	2.64	6.73	4	48
	最小	2.52	6.43	3.81	45.79
k_3	最大	12.43	22.87	13.55	8.61
	最小	12.32	22.67	13.43	8.54

（六）主要电气设备选择

（1）35kV 设备　主变 35kV 侧计算电流 $I_{30}=\dfrac{4000}{\sqrt{3}\times 35}\text{A}=66\text{A}$，35kV 配电装置采用户外布置，断路器选用 ZW7–40.5/1250 型户外真空断路器，额定开断电流为 20kA，动稳定电流峰值为 50kA，4s 热稳定电流为 20kA；内置电流互感器，选用 LZZBJ9–35 型，额定电流比为 150/5，准确级次组合为 0.2/0.5/10P，动稳定电流峰值为 80kA，1s 热稳定电流为 31.5kA；隔离开关选用 GW5–35D/630 型，动稳定电流峰值为 100kA，4s 热稳定电流为 31.5kA；电压互感器选用 JDZX9–35 型，额定电压比为 $\dfrac{35}{\sqrt{3}}\Big/\dfrac{0.1}{\sqrt{3}}\Big/\dfrac{0.1}{3}$，准确级次组合为 0.2/0.5/3P；氧化锌避雷器选用 Y5WZ–51/134 型。主变 35kV 侧的部分电气设备有关参数见表 9-10。

表 9-10　35kV 侧的部分电气设备有关参数

安装地点电气条件		设备型号规格			
项目	数据	项目	断路器 ZW7–40.5/1250	隔离开关 GW5–35D/630	电流互感器 LZZBJ9–35
U_N/kV	35	U_N/kV	35	35	35
I_{30}/A	66	I_N/A	1250	630	150/5
I_k/kA	4.67	I_{oc}/kA	20		
i_{sh}/kA	11.91	i_{max}/kA	50	100	80
$I_\infty^2 t_{ima}$/kA²·s	$4.67^2\times 1.6=34.89$	$I_t^2 t$/kA²·s	$20^2\times 4=1600$	$31.5^2\times 4=3969$	$31.5^2\times 1=992.25$

（2）10kV 设备　10kV 采用 KYN28–12 型户内全封闭金属铠装中置式手车开关柜。

主变 10kV 侧计算电流为 $I_{30}=\dfrac{4000}{\sqrt{3}\times 10.5}\text{A}=220\text{A}$，以去负荷较大的第三车间为例的馈

电线路计算电流为$I_{30}=\frac{874.1}{\sqrt{3}\times 10}\text{A}=50.5\text{A}$，高压开关柜选择为：高压开关柜内配置 ZN63–12 型真空断路器，进线柜和出线柜的断路器型号相同，额定电流为 1250A，额定开断电流为 25kA；电流互感器选用 LZZBJ9–10 型，准确级次组合为 0.5/10P，进线柜和出线柜电流互感器的额定电流比分别为 300/5 和 75/5；氧化锌避雷器选用 YH5WZ–17/50 型。接在 10kV 母线上的母线分段隔离柜、TV 及避雷器柜内的设备选择方法同上；所用变为 SC10–50/10 型干式变压器；电容器柜内装有 1200kvar 的电容器组，通过真空断路器手车接在 10kV 母线一侧；备用电源进线柜可选用与进线开关柜相同的型号。

其中，主变 10kV 侧的部分电气设备有关参数见表 9-11。

表 9-11　主变 10kV 侧的部分电气设备

安装地点电气条件		设备型号规格		
项目	数据	项目	断路器 ZN63–12/1250	电流互感器 LZZBJ9–10
U_N /kV	10	U_N /kV	12	10
I_{30} /A	220	I_N /A	1250	300/5
I_k /kA	2.64	I_{oc} /kA	25	
i_{sh} /kA	6.73	i_{max} /kA	63	112.5
$I_{\infty}^2 t_{ima}$ /kA²·s	$2.64^2\times 1.1=7.67$	$I_t^2 t$ /kA²·s	$25^2\times 4=2500$	$45^2\times 1=2025$

（七）母线及厂区高压配电线路选择

1. 主变 35kV 侧引出线

35kV 侧引出线导线截面积按经济电流密度选择，按发热条件和机械强度校验。

（1）按经济电流密度选择导线截面积　工厂总计算负荷为 3595.5kV·A，计算电流$I_{30}=\frac{3595.5}{\sqrt{3}\times 35}\text{A}=59.3\text{A}$，根据年最大负荷利用小时数$T_{max}=4500\text{h}$，查表 3-3 知，$j_{ec}=1.15\text{A/mm}^2$，则导线的经济截面积为

$$A_{ec}=\frac{I_{30}}{j_{ec}}=\frac{59.3}{1.15}\text{mm}^2=51.6\text{mm}^2$$

初选 LGJ–50 型钢芯铝绞线。

（2）校验发热条件　查表 A-10 和表 A-12 知，30℃时 LGJ–50 型钢芯铝绞线的允许载流量为$K_{\theta}I_{al}=0.94\times 220\text{A}=206.8\text{A}>I_{30}=59.3\text{A}$，因此发热条件满足要求。

（3）校验机械强度　查表 3-2 知，35kV 钢芯铝绞线的最小允许截面积为 35mm²，因此所选 LGJ–50 满足机械强度要求。

2. 10kV 汇流母线与 10kV 侧引出线

10kV 汇流母线与 10kV 侧引出线按发热条件选择截面积，然后进行热稳定度和动稳

定度校验。

（1）按发热条件选择母线截面积　主变10kV侧计算电流为220A，查表A-11和表A-12知，30℃时单条、平放LMY−25×4型矩形铝母线的允许载流量为 $K_\theta I_{al}=0.94\times292A=274.5A>220A$，故10kV汇流母线与10kV侧引出线均选用LMY−25×4型矩形铝母线。

（2）热稳定校验　查表4-6得，铝母线的热稳定系数 $C=87A\sqrt{s}/mm^2$，因此最小允许截面积为

$$A_{min}=\frac{I_\infty}{C}\sqrt{t_{ima}}=\frac{2.64\times10^3}{87}\sqrt{1.1}mm^2=31.8mm^2$$

实际选用的母线截面积 $A=25\times4mm^2=100mm^2>A_{min}$，所以热稳定满足要求。

（3）动稳定校验　10kV母线三相短路时的冲击电流为6.73kA，设母线支持绝缘子的跨距 $l=1.2$ m，跨距数大于2，母线的相间距离 $s=250$ mm，因 $\frac{s-b}{b+h}=\frac{250-25}{25+4}=7.76>2$，故取母线截面的形状系数 $K\approx1$。

母线受到的最大电动力为

$$F_{max}=1.73i_{sh}^2\frac{l}{s}\times10^{-7}=1.73\times6730^2\times1\times\frac{1200}{250}\times10^{-7}N=37.6N$$

母线的弯曲力矩为

$$M=\frac{F_{max}l}{10}=\frac{37.6\times1.2}{10}N\cdot m=4.5N\cdot m$$

母线的截面系数为

$$W=\frac{b^2h}{6}=\frac{0.025^2\times0.004}{6}m^3=4.16\times10^{-7}m^3$$

母线受到的最大计算应力为

$$\sigma_c=\frac{M}{W}=\frac{4.5}{4.16\times10^{-7}}Pa=1.08\times10^7Pa<\sigma_{al}=6.9\times10^7Pa$$

所以动稳定满足要求。

3. 10kV配电线路

由于厂区面积不大，各车间变电所距离总降压变电所较近，厂区高压配电线路采用电缆线路，直埋敷设。由于厂区线路较短，因此按发热条件选择截面积，然后进行热稳定度校验。

以三车间变电所为例，10kV侧计算电流为 $I_{30}=50.5A$，查表A-9，选ZLQ2−3×16型油浸纸绝缘电力电缆，20℃时其允许载流量 $I_{al}=70A>I_{30}$，满足要求。

因为厂区高压配电线路很短，线路首末两端短路电流相差不大，故以 10kV 母线上短路时（k_2 点）的短路电流进行校验。

$$A_{\min} = \frac{I_{\infty}}{C}\sqrt{t_{\mathrm{ima}}} = \frac{2.64\times10^3}{88}\times\sqrt{0.6} = 23.2\mathrm{mm}^2 > 16\mathrm{mm}^2$$

热稳定不满足要求，改选 ZLQ2–3 × 25 型电力电缆。

其他车间的电缆截面积选择过程相似，计算结果见表 9-12。

表 9-12　厂区高压配电线路计算结果

车间名称	线路序号	计算负荷 S_{30}/kV · A	计算电流 A_{30}/A	电缆型号
一车间	WL1	548	31.6	ZLQ2–3 × 25
二车间	WL2	718.2	41.5	ZLQ2–3 × 25
三车间	WL3	874.1	50.5	ZLQ2–3 × 25
锻工车间	WL4	859.5	49.6	ZLQ2–3 × 25
工具、机修车间	WL5	564.5	32.6	ZLQ2–3 × 25
空压站、煤气站	WL6	734.2	42.4	ZLQ2–3 × 25

（八）继电保护配置与整定

根据需要，对总降压变电所如下设备安装继电保护装置：主变压器保护、10kV 馈电线路保护、备用电源进线保护以及 10kV 母线保护。

1. 主变压器保护

总降压变电所主变压器容量为 4000kV · A，根据规程要求，应装设气体保护、电流速断保护、过电流保护以及过负荷保护。主变压器继电保护的原理图和展开图分别如图 9-14 和图 9-15 所示。

（1）电流速断保护　保护采用三个电流互感器接成完全星形联结方式，继电器为 DL–11 型，电流互感器电流比 $K_i = 150/5 = 30$，保护装置的动作电流应躲过变压器二次侧母线的最大三相短路穿越电流，即

$$I_{\mathrm{op}} = K_{\mathrm{rel}} I'_{\mathrm{k2.max}} = 1.3\times2.64\times10^3\times\frac{10.5}{37}\mathrm{A} = 974\mathrm{A}$$

$$I_{\mathrm{op.K}} = \frac{K_{\mathrm{w}}}{K_i} I_{\mathrm{op}} = \frac{1}{30}\times974\mathrm{A} = 32.47\mathrm{A}$$

灵敏度应按变压器一次侧的最小两相短路电流来校验，即

$$K_{\mathrm{S}} = \frac{I^{(2)}_{\mathrm{k1.min}}}{I_{\mathrm{op}}} = \frac{\sqrt{3}}{2}\times\frac{3.59\times10^3}{974} = 3.2 > 2$$

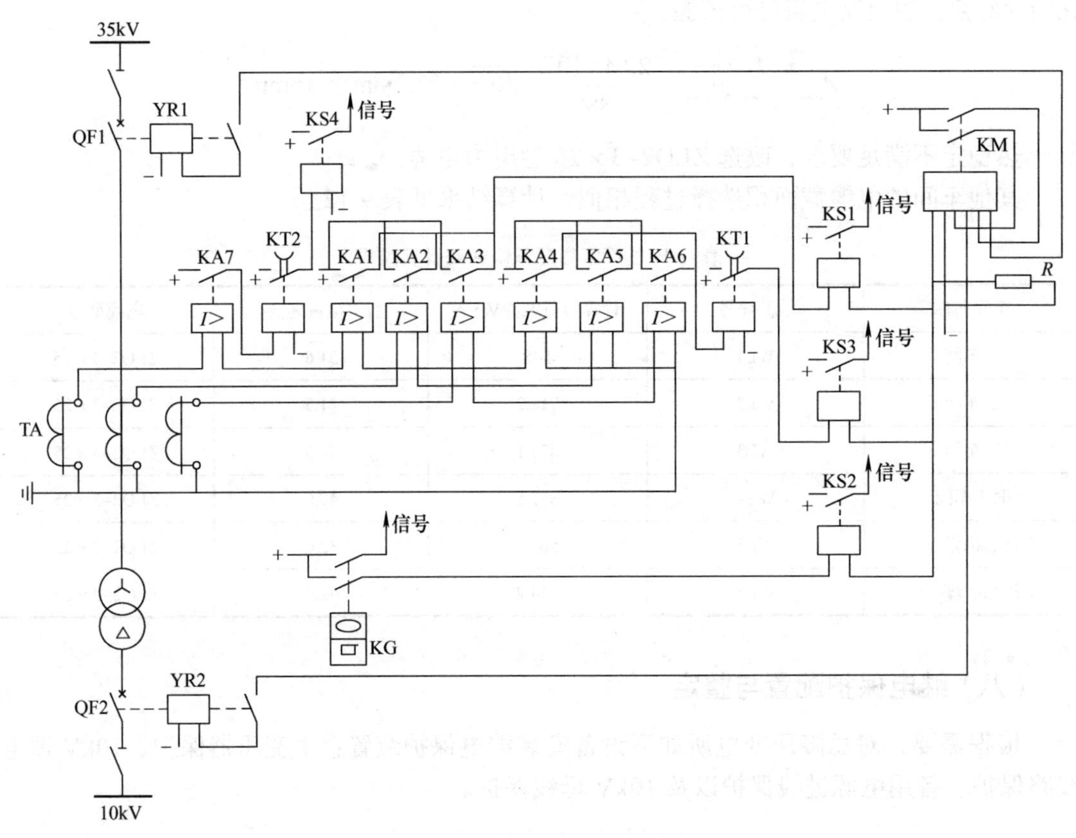

图 9-14　总降压变电所主变压器继电保护原理接线图

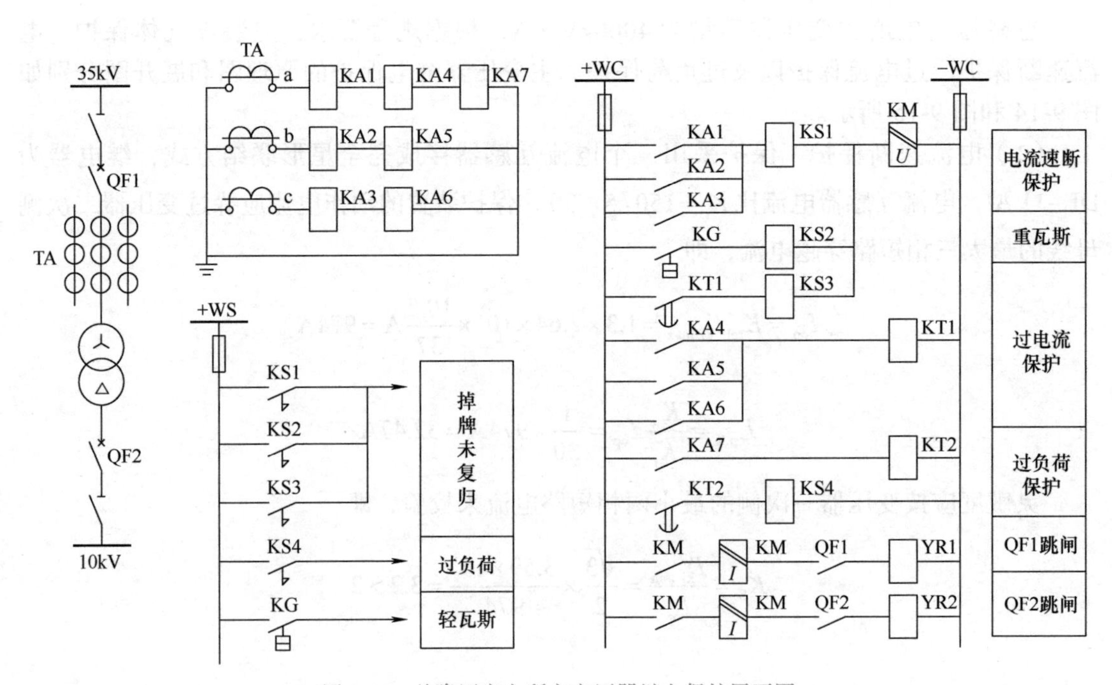

图 9-15　总降压变电所主变压器继电保护展开图

（2）过电流保护　保护采用三个电流互感器接成完全星形联结方式，继电器为 DL–11 型，电流互感器电流比 $K_i = 150/5 = 30$，$K_{re} = 0.85$，$K_{st} = 1.5$，保护装置的动作电流应躲过变压器可能出现的最大负荷电流，即

$$I_{op} = \frac{K_{rel} K_{st}}{K_{re}} I_{NT} = \frac{1.2 \times 1.5}{0.85} \times \frac{4000}{\sqrt{3} \times 35} A = 139.7A$$

$$I_{op.K} = \frac{K_w}{K_i} I_{op} = \frac{1}{30} \times 139.7A = 4.66A$$

动作时间取 1.5s。

灵敏度应按变压器二次侧母线的最小两相短路穿越电流来校验，即

$$K_s = \frac{I'^{(2)}_{k2.min}}{I_{op}} = \frac{\sqrt{3}}{2} \times \frac{2.52 \times \frac{10.5}{37} \times 10^3}{139.7} = 4.4 > 1.5$$

（3）过负荷保护　用一个 DL–11 型继电器构成，保护装置动作电流应躲过变压器额定电流，即

$$I_{op} = \frac{K_{rel}}{K_{re}} I_{NT} = \frac{1.05}{0.85} \times \frac{4000}{\sqrt{3} \times 35} A = 81.5A$$

动作时间取 10 ～ 15s。

2. 10kV 馈电线路保护

因总降压变电所到各车间的距离较短，可将 10kV 馈电线路和车间变压器看作一个单元，按线路 – 变压器组来设置保护，即在线路首端装设电流速断保护和过电流保护，按变压器保护的整定原则进行整定计算。由于 10kV 为小电流接地系统，发生单相接地短路时可不立即切除故障，为了获得零序电流实现小电流接地选线功能，三相都需装设电流互感器。为此，保护采用三相完全星形联结，继电器为 DL–11 型，电流互感器电流比 $K_i = 75/5 = 15$。现以一车间变电所为例进行整定计算。

（1）电流速断保护　保护装置的动作电流应躲过车间变压器二次侧母线（k_3 点）的最大三相短路穿越电流，即

$$I_{op} = K_{rel} I'_{k3.max} = 1.3 \times 12.43 \times 10^3 \times \frac{0.4}{10.5} A = 615.6A$$

$$I_{op.K} = \frac{K_w}{K_i} I_{op} = \frac{1}{15} \times 615.6A = 41A$$

灵敏度应按馈电线路首端（k_2 点）的最小两相短路电流来校验，即

$$K_S = \frac{I^{(2)}_{k2.min}}{I_{op}} = \frac{\sqrt{3}}{2} \times \frac{2.52 \times 10^3}{615.6} = 3.55 > 2$$

（2）过电流保护 保护装置的动作电流应躲过线路的最大负荷电流，即

$$I_{op}=\frac{K_{rel}K_{st}}{K_{re}}I_{30}=\frac{1.2\times1.5}{0.85}\times31.6\text{A}=66.9\text{A}$$

$$I_{op.K}=\frac{K_w}{K_i}I_{op}=\frac{1}{15}\times66.9\text{A}=4.46\text{A}$$

动作时间取0.5s。

灵敏度应按车间变压器二次侧母线（k_3点）的最小两相短路穿越电流来校验，即

$$K_s=\frac{I'^{(2)}_{k3.min}}{I_{op}}=\frac{\sqrt{3}}{2}\times\frac{12.32\times\dfrac{0.4}{10.5}\times10^3}{66.9}=6.1>1.5$$

限于篇幅，备用电源进线保护、10kV母线保护等继电保护整定计算从略。

（九）防雷和接地设计

为防御直击雷，在总降压变电所内设置避雷针。根据户内外配电装置建筑面积及高度，设置一支25m高的独立避雷针，根据“滚球法”计算避雷针的保护范围，该避雷针可安全保护整个变电所。

为防止线路侵入的雷电波过电压，在变电所35kV进线杆塔前设500m架空避雷线，且在进线段断路器前设一组YH5WZ–51/134型氧化锌避雷器。在10kV母线的两段上各设一组YH5WZ–17/50型氧化锌避雷器。

总降压变电所的接地装置采用环形接地网，用直径50mm、长2.5m的钢管作为接地体，垂直埋入地下，间距5m，管间用40mm×4mm的扁钢连接，经计算接地电阻小于4Ω，符合要求。

避雷针的保护范围及接地装置的设计计算可参考第八章相关章节，限于篇幅，此处从略。

附 录

附录 A　常用电气设备技术数据

表 A-1　部分 10kV 级 SC（B）10 系列干式电力变压器的主要技术数据

<table>
<tr><th rowspan="2">型号</th><th rowspan="2">额定容量 /kV · A</th><th colspan="2">额定电压 /kV</th><th rowspan="2">联结组别</th><th colspan="2">损耗 /kW</th><th rowspan="2">空载电流（%）</th><th rowspan="2">阻抗电压（%）</th></tr>
<tr><th>一次</th><th>二次</th><th>空载</th><th>短路</th></tr>
<tr><td>SC10–50/10</td><td>50</td><td rowspan="10">10；10.5；6；6.3</td><td rowspan="10">0.4</td><td rowspan="22">Yyn0
或
Dyn11</td><td>0.24</td><td>0.86</td><td>2.0</td><td rowspan="10">4</td></tr>
<tr><td>SC10–80/10</td><td>80</td><td>0.32</td><td>1.14</td><td rowspan="2">1.6</td></tr>
<tr><td>SC10–100/10</td><td>100</td><td>0.35</td><td>1.37</td></tr>
<tr><td>SC10–125/10</td><td>125</td><td>0.41</td><td>1.58</td><td rowspan="4">1.2</td></tr>
<tr><td>SC10–160/10</td><td>160</td><td>0.48</td><td>1.86</td></tr>
<tr><td>SC10–200/10</td><td>200</td><td>0.55</td><td>2.20</td></tr>
<tr><td>SC10–250/10</td><td>250</td><td>0.63</td><td>2.40</td></tr>
<tr><td>SB10–315/10</td><td>315</td><td>0.77</td><td>3.03</td><td rowspan="3">1.0</td></tr>
<tr><td>SC10–400//10</td><td>400</td><td>0.85</td><td>3.48</td></tr>
<tr><td>SCB10–500/10</td><td>500</td><td>1.02</td><td>4.26</td></tr>
<tr><td rowspan="2">SCB10–630//10</td><td rowspan="2">630</td><td>10；10.5；6；6.3</td><td>0.4</td><td>1.10</td><td>5.20</td><td rowspan="4">0.8</td><td rowspan="12">6</td></tr>
<tr><td>10</td><td>6.3；3.15</td><td>1.23</td><td>5.52</td></tr>
<tr><td rowspan="2">SCB10–800/10</td><td rowspan="2">800</td><td>10；10.5；6；6.3</td><td>0.4</td><td>1.33</td><td>6.07</td></tr>
<tr><td>10</td><td>6.3；3.15</td><td>1.40</td><td>6.46</td></tr>
<tr><td rowspan="2">SCB10–1000/10</td><td rowspan="2">1000</td><td>10；10.5；6；6.3</td><td>0.4</td><td>1.55</td><td>7.10</td><td rowspan="6">0.6</td></tr>
<tr><td>10</td><td>6.3；3.15</td><td>1.68</td><td>7.65</td></tr>
<tr><td rowspan="2">SCB10–1250/10</td><td rowspan="2">1250</td><td>10；10.5；6；6.3</td><td>0.4</td><td>1.83</td><td>8.46</td></tr>
<tr><td>10</td><td>6.3；3.15</td><td>1.96</td><td>9.13</td></tr>
<tr><td rowspan="2">SCB10–1600/10</td><td rowspan="2">1600</td><td>10；10.5；6；6.3</td><td>0.4</td><td>2.14</td><td>10.24</td></tr>
<tr><td>10</td><td>6.3；3.15</td><td>2.31</td><td>11.60</td></tr>
<tr><td rowspan="2">SCB10–2000/10</td><td rowspan="2">2000</td><td>10；10.5；6；6.3</td><td>0.4</td><td>2.40</td><td>12.62</td><td rowspan="4">0.4</td></tr>
<tr><td>10</td><td>6.3；3.15</td><td>3.15</td><td>13.21</td></tr>
<tr><td rowspan="2">SCB10–2500/10</td><td rowspan="2">2500</td><td>10；10.5；6；6.3</td><td>0.4</td><td>2.85</td><td>14.99</td></tr>
<tr><td>10</td><td>6.3；3.15</td><td>3.71</td><td>15.59</td></tr>
</table>

表 A-2　部分 10kV 级 S11 系列电力变压器的主要技术数据

型号	额定容量 /kV•A	额定电压 /kV		联结组别	损耗 /kW		空载电流 (%)	阻抗电压 (%)
		一次	二次		空载	短路		
S11-50/10	50	6 6.3 10 10.5 11	0.4	Yyn0	0.13	0.87	2.0	4
				Dyn11		0.91		
S11-63/10	63			Yyn0	0.15	1.04	1.9	
				Dyn11		1.09		
S11-80/10	80			Yyn0	0.18	1.25	1.9	
				Dyn11		1.31		
S11-100/10	100			Yyn0	0.2	1.50	1.8	
				Dyn11		1.58		
S11-125/10	125			Yyn0	0.24	1.80	1.7	
				Dyn11		1.89		
S11-160/10	160			Yyn0	0.28	2.20	1.6	
				Dyn11		2.31		
S11-200/10	200			Yyn0	0.33	2.60	1.5	
				Dyn11		2.73		
S11-250/10	250			Yyn0	0.4	3.05	1.4	
				Dyn11		3.20		
S11-315/10	315			Yyn0	0.48	3.65	1.4	
				Dyn11		3.83		
S11-400/10	400			Yyn0	0.57	4.3	1.3	
				Dyn11		4.52		
S11-500/10	500			Yyn0	0.68	5.15	1.2	
				Dyn11		5.41		
S11-630/10	630		0.4	Yyn0 或 Dyn11	0.81	6.20	1.1	4.5
			3，3.15，6.3	Yd11	0.84	6.93		5.5
S11-800/10	800		0.4	Yyn0 或 Dyn11	0.98	7.50	1.0	4.5
			3，3.15，6.3	Yd11	1.02	8.46		5.5
S11-1000/10	1000		0.4	Yyn0 或 Dyn11	1.15	10.30	1.0	4.5
			3，3.15，6.3	Yd11	1.20	9.92		5.5
S11-1250/10	1250		0.4	Yyn0 或 Dyn11	1.36	12.00	0.9	4.5
			3，3.15，6.3	Yd11	1.42	11.80		5.5
S11-1600/10	1600		0.4	Yyn0 或 Dyn11	1.64	14.50	0.8	4.5
			3，3.15，6.3	Yd11	1.71	14.11		5.5
S11-2000/10	2000		0.4	Yyn0 或 Dyn11	2.10	17.10	0.7	4.5
			3，3.15，6.3	Yd11	2.04	16.93	0.8	5.5

表 A-3 部分 35kV 级 S11 和 SZ11 系列电力变压器的主要技术数据

型 号	额定容量 /kV•A	额定电压 /kV		联结组别	损耗 /kW		空载电流（%）	阻抗电压（%）
		一次	二次		空载	短路		
S11-100/35	100	35（1±5%）	0.4	Yyn0 或 Dyn11	0.23	1.92/2.01	1.80	6.5
S11-125/35	125				0.27	2.26/2.38	1.70	
S11-160/35	160				0.29	2.69/2.82	1.60	
S11-200/35	200				0.34	3.16/3.33	1.50	
S11-250/35	250				0.41	3.76/3.95	1.40	
S11-315/35	315				0.49	4.53/4.76	1.40	
S11-400/35	400				0.58	5.47/5.75	1.30	
S11-500/35	500				0.69	6.58/6.92	1.20	
S11-630/35	600		0.4	Yyn0 或 Dyn11	0.83	7.87	1.10	
			3.15，6.3，10.5	Yd11				
S11-800/35	800		0.4	Yyn0 或 Dyn11	0.98	9.41	1.00	
			3.15，6.3，10.5	Yd11				
S11-1000/35	1000		0.4	Yyn0 或 Dyn11	1.15	11.54	1.00	
			3.15，6.3，10.5	Yd11				
S11-1250/35	1250		0.4	Yyn0 或 Dyn11	1.41	13.94	0.90	
			3.15，6.3，10.5	Yd11				
S11-1600/35	1600		0.4	Yyn0 或 Dyn11	1.70	16.67	0.80	
			3.15，6.3，10.5	Yd11				
S11-2000/35	2000		3.15，6.3，10.5	Yd11	2.18	18.38	0.70	
S11-2500/35	2500				2.56	19.67	0.60	
S11-3150/35	3150	35（1±2×2.5%） 38.5（1±2×2.5%）			3.04	23.09	0.56	7
S11-4000/35	4000				3.62	27.36	0.56	
S11-5000/35	5000				4.32	31.38	0.48	
S11-6300/35	6300				5.25	35.06	0.48	7.5
S11-8000/35	8000		3.15；3.3 6.3；6.6 10.5；11	YNd11	7.20	38.48	0.42	
S11-10000/35	10000				8.7	45.32	0.42	
S11-12500/35	12500				10.08	53.87	0.40	8
S11-16000/35	16000				12.16	65.84	0.40	
S11-20000/35	20000				14.40	79.52	0.40	
S11-25000/35	25000				17.02	94.05	0.32	
SZ11-2000/35	2000	35（1±3×2.5%） 38.5（1±3×2.5%）	6.3 10.5	Yd11	2.30	19.24	0.80	6.5
SZ11-2500/35	2500				2.72	20.64	0.80	
SZ11-3150/35	3150				3.23	24.71	0.72	7
SZ11-4000/35	4000				3.87	29.16	0.72	
SZ11-5000/35	5000				4.64	34.20	0.68	
SZ11-6300/35	6300				5.63	36.77	0.68	7.5
SZ11-8000/35	8000	35（1±3×2.5%） 38.5（1±3×2.5%）	6.3 6.6 10.5 11	YNd11	7.87	40.61	0.60	
SZ11-10000/35	10000				9.28	48.05	0.60	
SZ11-12500/35	12500				10.94	56.86	0.56	8
SZ11-16000/35	16000				13.17	70.32	0.54	
SZ11-20000/35	20000				15.57	82.78	0.54	

表 A-4　部分 35kV 级 SC10 系列干式电力变压器的主要技术数据

型号	额定容量 /kV·A	额定电压 /kV		联结组别	损耗 /kW		空载电流（%）	阻抗电压（%）
		一次	二次		空载	短路		
SC10-50/35	50	35（1±5%）	0.4	Yyn0 或 Dyn11	0.45	1.24	2.4	6
SC10-100/35	100				0.63	1.85	2.0	
SC10-160/35	160				0.79	2.50	1.6	
SC10-200/35	200				0.88	2.90	1.6	
SC10-250/35	250				0.99	3.32	1.4	
SC10-315/35	315				1.17	3.94	1.2	
SC10-400/35	400				1.37	4.73	1.0	
SC10-500/35	500				1.62	5.80	1.0	
SC10-630/35	630				1.86	6.70	0.9	
SC10-800/35	800				2.16	7.96	0.9	
SC10-1000/35	1000				2.43	9.12	0.8	
SC10-1250/35	1250				2.83	11.11	0.8	
SC10-1600/35	1600				3.24	13.52	0.8	
SC10-2000/35	2000				3.82	15.92	0.7	
SC10-2500/35	2500				4.45	19.08	0.7	
SC10-800/35	800	35（1±5%） 38.5（1±5%） 或 35（1±2×2.5%） 38.5 （1±2×2.5%）	3.15 6 6.3 10 10.5 11	Dyn11 Yd11 Yyn0	2.25	8.12	1.1	6
SC10-1000/35	1000				2.67	9.54	1.1	
SC10-1250/35	1250				3.10	12.10	1.0	
SC10-1600/35	1600				3.69	13.52	1.0	
SC10-2000/35	2000				4.20	15.92	0.9	7
SC10-2500/35	2500				4.86	19.08	0.9	
SC10-3150/35	3150				6.03	21.40	0.8	8
SC10-4000/35	4000				7.02	25.71	0.8	
SC10-5000/35	5000				8.37	30.52	0.7	
SC10-6300/35	6300				9.90	35.67	0.7	
SC10-8000/35	8000			Dyn11 YNd11	11.34	40.23	0.6	9
SC10-10000/35	10000				12.96	48.53	0.6	
SC10-12500/35	12500				15.75	56.40	0.5	
SC10-16000/35	16000				19.35	66.36	0.5	
SC10-20000/35	20000				24.00	75.00	0.4	10

表 A-5 部分 110kV 双绕组电力变压器的主要技术数据

型号	额定容量 /kV·A	额定电压 /kV		损耗 /kW		空载电流（%）	短路电压（%）	联结组别
		高压	低压	空载	短路			
SF9-6300/110	6300	110（1±2×2.5%） 121（1±2×2.5%）	6.3 6.6 10.5 11	9.28	36.9	0.90	10.5	YNd11
SF9-8000/110	8000			11.2	45.0	0.85		
SF9-10000/110	10000			13.2	53.1	0.80		
SF9-12500/110	12500			15.6	63.0	0.75		
SF9-16000/110	16000			18.8	77.4	0.70		
SF9-20000/110	20000			22.0	93.6	0.65		
SF9-25000/110	25000			26.0	110.7	0.60		
SF9-31500/110	31500			30.8	133.2	0.55		
SFZ9-6300/110	6300	110（1±8×1.25%） 121（1±8×1.25%）	6.3 6.6 10.5 11	10.00	36.9	0.98	10.5	YNd11
SFZ9-8000/110	8000			12.00	45.0	0.98		
SFZ9-10000/110	10000			14.24	53.1	0.91		
SFZ9-12500/110	12500			16.80	63.0	0.91		
SFZ9-16000/110	16000			20.24	77.4	0.84		
SFZ9-20000/110	20000			24.00	93.6	0.84		
SFZ9-25000/110	25000			28.40	110.7	0.77		
SFZ9-31500/110	31500			33.76	133.2	0.77		

表 A-6 部分 110kV 三绕组电力变压器的主要技术数据

型号	额定电压 /kV			损耗 /kW		空载电流（%）	短路电压（%）			联结组别
	高压	中压	低压	空载	短路		高中	高低	中低	
SFS9—6300/110	110（±2×2.5%） 121（1±2×2.5%）	35（1±2×2.5%） 38.5（1±2×2.5%）	6.3 6.6 10.5 11	11.2	47.7	0.55	10.5 17～18	17～18 10.5	6.5	YN yn0 d11
SFS9—8000/110				13.3	56.7	0.55				
SFS9—10000/110				15.8	66.6	0.50				
SFS9—12500/110				18.4	78.3	0.50				
SFS9—16000/110				22.4	95.4	0.45				
SFS9—20000/110				26.4	112.5	0.45				
SFS9—25000/110				30.8	133.2	0.40				
SFS9—31500/110		35（1±5%） 38.5（1±5%）		36.8	157.5	0.40				
SFS9—40000/110				43.6	186.3	0.35				
SFS9—50000/110				52.0	225.0	0.35				
SFS9—50000/110				61.6	270.0	0.35				
SFSZ9—6300/110	110 （1±8×1.25%）	38.5（1±2×2.5%）	6.3 6.6 10.5 11	10.0	47.7	0.65	10.5	17～18	6.5	YN yn0 d11
SFSZ9—8000/110				14.4	56.7	0.65				
SFSZ9—10000/110				17.0	66.3	0.6				
SFSZ9—12500/110				20.0	78.3	0.6				
SFSZ9—16000/110				24.2	95.4	0.55				
SFSZ9—20000/110				28.6	112.5	0.55				
SFSZ9—25000/110				33.8	133.2	0.5				
SFSZ9—31500/110				40.2	157	0.5				
SFSZ9—40000/110		38.5（1±5%）		48.2	189	0.45				
SFSZ9—50000/110				57.0	255	0.45				
SFSZ9—63000/110				67.8	270	0.4				

注：表中数据是容量比为 100/100/100 时的值。

表 A-7　部分 BW 型并联电容器的技术数据

电容器型号	额定容量 /kvar	额定电容 /μF	电容器型号	额定容量 /kvar	额定电容 /μF
BW0.4–12–1/3	12	240	BWF6.3–50–IW	50	4
BW0.4–14–1/3	14	280	BWF6.3–100–IW	100	8
BW6.3–12–1W	12	0.96	BWF6.3–120–IW	120	9.63
BW6.3–16–1W	16	1.28	BWF10.5–25–IW	25	0.72
BW10.5–12–1W	12	0.35	BWF10.5–30–IW	30	0.87
BW10.5–16–IW	16	0.46	BWF10.5–40–IW	40	1.15
BWF6.3–25–1W	25	2	BWF10.5–50–IW	50	1.44
BWF6.3–30–1W	30	2.4	BWF10.5–100–IW	100	2.89
BWF6.3–40–IW	40	3.2	BWF10.5–120–1W	120	3.47

表 A-8　ZLQ、ZLQ、ZLL 型油浸纸绝缘铝芯电力电缆在空气中敷设时允许载流量　（单位：A）

芯数 × 截面积 /mm²	1 ～ 3kV（+80℃）				6kV（+65℃）				10kV（+60℃）			
	25℃	30℃	35℃	40℃	25℃	30℃	35℃	40℃	25℃	30℃	35℃	40℃
3 × 10	48	46	43	41	43	40	37	34				
3 × 16	65	62	58	55	55	51	48	43	55	51	46	41
3 × 25	85	81	76	72	75	70	65	59	70	65	59	53
3 × 35	105	100	95	90	90	84	78	71	85	79	72	64
3 × 50	130	124	117	111	115	107	99	91	105	98	89	79
3 × 70	160	152	145	136	135	126	117	106	130	120	110	98
3 × 95	195	185	176	166	170	159	148	134	160	148	135	121
3 × 120	225	214	203	192	195	182	169	154	185	171	156	140
3 × 150	265	252	239	226	225	210	196	178	210	194	177	141
3 × 185	305	290	276	260	260	243	225	205	245	227	207	142
3 × 240	365	348	330	311	310	290	268	244	290	268	245	143

表 A-9　ZLQ2、ZLQ3、ZLQ5 型油浸纸绝缘电力电缆埋地敷设时允许载流量　（单位：A）

芯数 × 截面积 /mm²	1 ～ 3kV（+80℃）			6kV（+65℃）			10kV（+60℃）		
	15℃	20℃	25℃	15℃	20℃	25℃	15℃	20℃	25℃
3 × 10	67	65	62	61	57	54			
3 × 16	88	84	81	78	74	70	73	70	65
3 × 25	114	109	105	104	99	93	100	95	89
3 × 35	141	135	130	123	116	110	118	112	105
3 × 50	174	166	160	151	143	135	147	139	137
3 × 70	212	203	195	186	175	165	170	160	150
3 × 95	256	244	235	230	217	205	209	198	185
3 × 120	289	276	265	257	244	230	243	230	215
3 × 150	332	318	305	291	276	260	277	262	245
3 × 185	376	360	345	330	312	295	310	294	275
3 × 240	440	423	405	386	366	345	367	348	325

表 A-10　铜、铝及钢芯铝绞线的允许载流量

铜线			铝线			钢芯铝绞线	
导线型号	载流量 /A		导线型号	载流量 /A		导线型号	屋外载流量 /A
	屋外	屋内		屋外	屋内		
TJ–10	95	60	LJ–16	105	80	LGJ–16	105
TJ–16	130	100	LJ–25	135	110	LGJ–25	135
TJ–25	180	140	LJ–35	170	135	LGJ–35	170
TJ–35	220	175	LJ–50	215	170	LGJ–50	220
TJ–50	270	220	LJ–70	265	215	LGJ–70	275
TJ–70	340	280	LJ–95	325	260	LGJ–95	335
TJ–95	415	340	LJ–120	375	310	LGJ–120	380
TJ–120	485	405	LJ–150	440	370	LGJ–150	445
TJ–150	570	480	LJ–185	500	425	LGJ–185	515
TJ–185	645	550	LJ–240	610	—	LGJ–240	610

注：表中数据为环境温度 +25℃，最高允许温度 +70℃时的值。

表 A-11　矩形导体的允许载流量　（单位：A）

导体尺寸 /mm × mm	单条		双条		三条	
	平放	竖放	平放	竖放	平放	竖放
25 × 4	292	308				
25 × 5	332	350				
50 × 4	565	594	779	820		
50 × 5	637	671	884	930		
60 × 8	995	1082	1511	1644	1908	2075
60 × 10	1129	1227	1800	1954	2107	2290
80 × 8	1249	1358	1858	2020	2355	2560
80 × 10	1411	1535	2185	2375	2806	3050
100 × 8	1547	1682	2259	2455	2778	3020
100 × 10	1663	1807	2613	2840	3284	3570
125 × 8	1547	1682	2259	2455	2778	3020
125 × 10	1663	1807	2613	2840	3284	3570

注：表中数据为环境温度 +25℃，最高允许温度 +70℃时的值。

表 A-12　裸导体载流量的温度校正系数

导体额定温度 /℃	实际环境温度（℃）时的载流量校正系数											
	–5	0	+5	+10	+15	+20	+25	+30	+35	+40	+45	+50
80	1.24	1.20	1.17	1.13	1.09	1.04	1.00	0.95	0.90	0.85	0.80	0.74
70	1.29	1.24	1.20	1.15	1.11	1.05	1.00	0.94	0.88	0.81	0.74	0.67
65	1.32	1.27	1.22	1.17	1.12	1.06	1.00	0.94	0.87	0.79	0.71	0.61
60	1.36	1.31	1.29	1.20	1.19	1.07	1.00	0.93	0.85	0.76	0.66	0.54
55	1.41	1.35	1.29	1.29	1.19	1.08	1.00	0.91	0.82	0.71	0.58	0.41

表 A-13 TJ 型裸铜导线的电阻和电抗

导线型号	TJ-10	TJ-16	TJ-25	TJ-35	TJ-50	TJ-70	TJ-95	TJ-120	TJ-150	TJ-185	TJ-240
电阻 /（Ω/km）	1.34	1.2	0.74	0.54	0.39	0.28	0.2	0.158	0.128	0.108	0.078
线间几何均距 /m	电抗 /（Ω/km）										
0.6	0.381	0.358	0.345	0.336	0.395	0.309	0.3	0.292	0.287	0.28	
0.8	0.399	0.377	0.363	0.352	0.341	0.327	0.318	0.31	0.305	0.298	
1.0	0.413	0.391	0.377	0.366	0.355	0.341	0.332	0.324	0.319	0.313	0.305
1.25	0.427	0.405	0.391	0.38	0.369	0.355	0.346	0.338	0.333	0.32	0.319
1.5	0.438	0.416	0.402	0.391	0.38	0.366	0.357	0.349	0.344	0.338	0.33
2.0	0.457	0.437	0.421	0.41	0.398	0.385	0.376	0.368	0.363	0.357	0.349
2.5		0.449	0.435	0.424	0.413	0.99	0.39	0.382	0.377	0.371	0.363
3.0		0.46	0.446	0.435	0.423	0.41	0.401	0.393	0.388	0.382	0.374
3.5		0.47	0.456	0.445	0.433	0.42	0.411	0.408	0.398	0.392	0.384
4.0		0.478	0.464	0.453	0.441	0.428	0.419	0.411	0.406	0.4	0.392

表 A-14 LJ 型裸铝导线的电阻和电抗

导线型号	LJ-16	LJ-25	LJ-35	LJ-50	LJ-70	LJ-95	LJ-120	LJ-150	LJ-185	LJ-240
电阻 /（Ω/km）	1.98	1.28	0.92	0.64	0.46	0.34	0.27	0.21	0.17	0.132
线间几何均距 /m	电抗 /（Ω/km）									
0.6	0.358	0.345	0.336	0.325	0.312	0.303	0.295	0.288	0.281	0.273
0.8	0.377	0.363	0.352	0.341	0.33	0.321	0.313	0.305	0.299	0.291
1	0.391	0.377	0.366	0.355	0.344	0.335	0.327	0.319	0.313	0.305
1.25	0.405	0.391	0.38	0.369	0.358	0.349	0.341	0.333	0.327	0.319
1.5	0.416	0.402	0.392	0.38	0.37	0.36	0.353	0.345	0.339	0.33
2	0.434	0.421	0.41	0.398	0.388	0.378	0.371	0.363	0.356	0.348
2.5	0.448	0.435	0.424	0.413	0.399	0.392	0.385	0.377	0.371	0.362
3	0.459	0.448	0.435	0.424	0.41	0.403	0.396	0.388	0.382	0.374
3.5			0.445	0.433	0.42	0.413	0.406	0.398	0.392	0.383
4			0.453	0.441	0.428	0.419	0.411	0.406	0.4	0.392

表 A-15 LGJ 型钢芯铝绞线的电阻和电抗

导线型号	LGJ-16	LGJ-25	LGJ-35	LGJ-50	LGJ-70	LGJ-95	LGJ-120	LGJ-150	LGJ-185	LGJ-240
电阻 /（Ω/km）	2.04	1.38	0.95	0.65	0.46	0.33	0.27	0.21	0.17	0.132
线间几何均距 /m	电抗 /（Ω/km）									
1.0	0.387	0.374	0.358	0.351	—	—	—	—	—	—
1.25	0.401	0.388	0.373	0.365	—	—	—	—	—	—
1.5	0.412	0.40	0.385	0.396	0.365	0.354	0.347	0.340	—	—
2.0	0.43	0.418	0.403	0.394	0.382	0.372	0.365	0.358	—	—
2.5	0.444	0.432	0.417	0.408	0.397	0.386	0.378	0.372	0.365	0.357
3.0	0.456	0.443	0.428	0.42	0.409	0.398	0.391	0.384	0.377	0.369
3.5	0.466	0.453	0.438	0.429	0.418	0.406	0.400	0.394	0.386	0.378

表 A-16　部分高压断路器的主要技术数据

类别	型号	额定电压 /kV	额定电流 /A	额定开断电流 /kA	额定断流容量 /MV·A	极限通过电流峰值 /kA	热稳定电流 /kA	固有分闸时间 /s（不大于）	合闸时间 /s（不大于）
少油断路器	SN10–10 I	10	630、1000	16	300	40	16（4s）	0.06	0.2
	SN10–10 II		1000	31.5	500	80	31.5（4s）		
	SN10–10 III		1250、2000、3000	40	750	125	40（4s）		
	SN10–35 I	35	1000	16	1000	45	16（4s）	0.06	0.25
	SN10–35 II		1250	20	1250	50	20（4s）		
	SW2–35	35	1000	16.5	1000	45	16.5（4s）	0.06	0.4
			1500	24.8	1500	63.4	24.8（4s）		
真空断路器	ZN12–10	10	1250、1600、2000、2500	31.5		80	31.5（4s）	0.065	0.1
	ZN12–35	35	1250	25		63	25（4s）	0.075	0.09
			1600、2000	31.5		80	31.5（4s）		
	ZN28–10	10	1250	25		63	25（4s）	0.06	0.15
			1600、2000	31.5		80	31.5（4s）		
	ZN63（VS1）	12	1250	25		63	25（4s）	0.05	0.1
			1600	31.5		80	31.5（4s）		
			2000	40		100	40（4s）		
			2500、3150	50		125	50（4s）		
	ZN85–40.5	40.5	1250、1600 2000、2500	25 31.5		63 80	25（4s） 31.5（4s）	0.045	0.075
	ZW7–40.5	40.5	1250	20		50	20（4s）	0.06	0.1
			1600	25		63	25（4s）		
			2000	31.5		80	31.5（4s）		
	ZW57–40.5	40.5	2500	31.5		80	31.5（4s）	0.045	0.06
SF_6 断路器	LN2–10	10	1250	25		63	25（4s）	0.06	0.15
	LN2–35 I	35	1250	16		40	16（4s）	0.06	0.15
	LN2–35II		1250	25		63	25（4s）		
	LN2–35III		1600	25		63	25（4s）		
	LW6–110 I	110	2500	31.5		125	50（3s）	0.03	0.09
	LW6–110 II		3150	40					
	LW36–126	126	3150	31.5		80	31.5（3s）	0.03	0.11
				40		100	40（3s）		

表 A-17　部分高压隔离开关和接地开关的主要技术数据

型号	额定电压 /kV	额定电流 /A	动稳定电流峰值 /kA	热稳定电流 /kA
GN8-10T	10	600 1000	52 75	20（5s） 30（5s）
GN10-10T	10	3000 4000 5000	160 160 200	75（5s） 80（5s） 100（5s）
JN15-10	10	31.5	80	80（4s）
GN2-35	35	1250 2000	80 100	31.5（4s） 40（4s）
GW4-35 GW4-35D	35	1250 2000 2500	50 80 100	20（4s） 31.5（4s） 40（4s）
GW4-110 GW4-110D	110	1250 2000 2500	50 80 100	20（4s） 31.5（4s） 40（4s）
GW5-35 GW5-35D GW5-35W GW5-35DW	35	630 1000 1250 1600 2000	100	31.5（4s）
GW13-35	35	630	55	16（4s）
GW13-110	110	630	55	16（4s）
GW5-110 GW5-110D GW5-110W GW5-110DW	110	630 1000 1250 1600 2000	100	31.5（4s）

注：GW13 为中性点隔离开关。

表 A-18　CW1 系列智能型万能式低压断路器的主要技术数据

型号	框架等级额定电流 /A	额定电流 /A	额定极限短路分断能力（有效值）/kA	额定运行短路分断能力（有效值）/kA	额定短路接通能力（峰值）/kA	额定短时耐受电流（有效值）/kA
CW1-2000	2000	630、800、1000、1250、1600、2000	80	50	176	50
CW1-3200	3200	2000、2500、2900、3200	100	80	220	80
CW1-4000	4000	3600、4000	100	80	220	80
CW1-5000	5000	4000、5000	120	100	264	100

表 A-19 CM1 系列塑料外壳式低压断路器的主要技术数据

型号	壳架等级额定电流 /A	额定电流 /A	额定极限短路分断能力（有效值）/kA	额定运行短路分断能力（有效值）/kA
CM1-100L	100	10、16、20、32、40、50、63、80、100	35	22
CM1-100M			50	35
CM1-100H			85	50
CM1-225M	225	100、125、140、160、180、200、225	35	25
CM1-225H			50	35
CM1-225L			80	50
CM1-400M	400	225、250、315、350、400	50	35
CM1-400H			65	42
CM1-400L			100	65
CM1-630L	630	400、500、630	50	35
CM1-630M			65	42
CM1-630H			100	65
CM1-800M	800	630、700、800	75	50
CM1-800H			100	65

表 A-20 LZZBJ9 型户内电流互感器的主要技术数据

型号	额定一次电流 /A	准确级组合	额定二次输出 /V・A				热稳定电流 /kA	动稳定电流 /kA
			0.2（S）	0.5	10P10	5P20		
LZZBJ9-10	20 ～ 200	0.2（S）/10P 0.5/10P 0.2（S）/5P 0.5/5P 0.2（S）/0.5/10P 0.2（S）/0.5/5P 0.2（S）/10P/5P 0.5/10P/5P 0.2（S）/0.5/10P/5P	10	10	10	15	31.5（1s）	80
	300 ～ 400						45（1s）	112.5
	500 ～ 800						63（1s）	120
	1000 ～ 1200						80（1s）	130
	1500 ～ 3000						100（1s）	140
LZZBJ9-35	150 ～ 200	0.2（S）/10P 0.5/10P 0.2（S）/5P 0.5/5P 0.2（S）/0.5/10P 0.2（S）/0.5/5P 0.2（S）/10P/5P 0.5/10P/5P 0.2（S）/0.5/10P/5P	10	15	20	20	31.5（1s）	80
	300 ～ 600						31.5（2s）	
	800 ～ 1200		15	20	30	30	31.5（3s）	
	1500 ～ 2000						31.5（4s）	125
	2500						40（4s）	

表 A-21 部分 110kV 级电流互感器的主要技术数据

型号	额定一次电流 /A	准确级组合	额定输出 /V·A	3s 热稳定电流 /kA	动稳定电流 /kA
LVQB5-110W2	2×300 ～ 2×1000	0.2/5P20/5P20/5P20	50	40	100
LB7-110W2	2×50 ～ 2×200	0.2S、0.2、0.5、5P、10P 可按需要任意组合	50	30	105
	2×300 ～ 2×500			40	115
	2×600 ～ 2×1000			40	115

表 A-22 部分电流互感器的主要技术数据

型号	额定一次电流 /A	级次组合	准确度	额定二次负荷 /Ω				10% 倍数	1s 热稳定倍数	动稳定倍数
				0.5	1	3	D			
LMZJl-0.5	5 ～ 800	0.5/1	0.5	0.4						
			1		0.6					
LA-10	20 ～ 200	0.5/3 1/3	0.5 1 3	0.4	0.4	0.6		10（3 级）	90	160
	300 ～ 400								75	135
	500								60	110
	600 ～ 1000								50	90
LQJ-10	5 ～ 100	0.5/3 1/3	0.5	0.4				6（0.5，1 级） 15（3 级）	90	225
			3		0.6					
	150 ～ 400		1		0.4				75	160
			3			1.2				
LCW-35	15 ～ 1000	0.5/3	0.5	2	4			28（0.5 级） 5（3 级）	65	100
			3			2	4			
LCWD-35	15 ～ 1000	0.5/D	0.5	1.2	3			35	65	150
			D		1.2	3				
LCW-110	2×50 ～ 2×300	0.5/1	0.5	1.2	2.4			15	75	150
			1		1.2					

表 A-23 部分电压互感器的主要技术数据（一）

型号	额定电压 /kV			额定容量 /V·A			最大容量 /V·A
	一次	二次	辅助	0.5	1	3	
JDG-0.5	0.38	0.1		25	40	100	200
JDZ-6	6	0.1		50	80	200	300
JDZ-10	10	0.1		80	120	300	500
JDZJ-6	$6/\sqrt{3}$	$0.1/\sqrt{3}$	0.1/3	40	60	150	300
JDZJ-10	$10/\sqrt{3}$	$0.1/\sqrt{3}$	0.1/3	60	60	150	300
JDJJ-35	$35/\sqrt{3}$	$0.1/\sqrt{3}$	0.1/3	150	250	600	1200
JCC1-110	$110/\sqrt{3}$	$0.1/\sqrt{3}$	0.1/3	300	500	1000	2000

表 A-24 部分电压互感器的主要技术数据（二）

型号	额定电压 /kV				级次组合	额定容量 /V・A		
	一次	二次		辅助		0.2	0.5	6P（3P）
JDZX10-6	$6/\sqrt{3}$	$0.1/\sqrt{3}$		0.1/3	0.2/6P（3P） 0.5/6P（3P）	15	30	50
JDZX9-10	$10/\sqrt{3}$	$0.1/\sqrt{3}$		0.1/3	0.2/6P（3P） 0.5/6P（3P）	20	50	50
JDZX9-35	$35/\sqrt{3}$	$0.1/\sqrt{3}$		0.1/3	0.2/6P（3P） 0.5/6P（3P）	20	60	100
JDZXW-35	$35/\sqrt{3}$	$0.1/\sqrt{3}$		0.1/3	0.2/6P（3P） 0.5/6P（3P）	30	50	100
JDC6-110	$110/\sqrt{3}$	$0.1/\sqrt{3}$		0.1	0.2/0.5/3P	150	300	300
JDCF-110	$110/\sqrt{3}$	$0.1/\sqrt{3}$	$0.1/\sqrt{3}$	0.1	0.2/0.5/3P	100	200	300
JDQXF-110	$110/\sqrt{3}$	$0.1/\sqrt{3}$	$0.1/\sqrt{3}$	0.1	0.2/0.5/3P	100	150	300
TYD3-110	$110/\sqrt{3}$	$0.1/\sqrt{3}$	$0.1/\sqrt{3}$	0.1	0.2/0.5/3P	150	150	100

表 A-25 JDZF 型防铁磁谐振三绕组电压互感器的主要技术数据

型号	额定电压 /kV			级次组合	额定容量 /V・A	零序 TV 额定电压比	零序 TV 额定输出（3P）/kV
	一次	二次	辅助				
JDZF-6G1	$6/\sqrt{3}$	$0.1/\sqrt{3}$	$0.1/\sqrt{3}$	0.2/0.2 0.2/0.5 0.5/0.5	45/45 45/75 90/90	$6/\sqrt{3}/0.1$	50
JDZF-10G1	$10/\sqrt{3}$	$0.1/\sqrt{3}$	$0.1/\sqrt{3}$	0.2/0.2 0.2/0.5 0.5/0.5	45/45 45/75 90/90	$10/\sqrt{3}/0.1$	50

表 A-26 限流式高压熔断器的主要技术数据

型号	额定电压 /kV	额定电流 /A	熔体额定电流	最大开断容量 /MV・A	最大开断电流有效值 /A	备注
RNl	6	20；75；100；200	2、3、5、7.5、10、15、20、25、30、40、50、75、100、150、200	200	20	线路或变压器保护用
	10	20；75；100；200			12	
	35	7.5；10；20；30；40			3.5	
RN2	6 ～ 35	0.5		1000		保护屋内 TV
RW10	35	0.5		2000		保护屋外 TV

表 A-27　RT0 型低压熔断器的主要技术数据

熔管额定电流 /A	熔体额定电流 /A	极限分断电流 /kA	cosφ
100	30、40、50、60、80、100	50	0.1 ~ 0.2
200	80、100、120、150、200		
400	150、200、250、300、350、400		
600	350、400、450、500、550、600		
1000	700、800、900、1000		

表 A-28　KYN28A–12 型高压开关柜部分一次线路方案

编号	01	02	03	04	05	06	07
一次线路方案	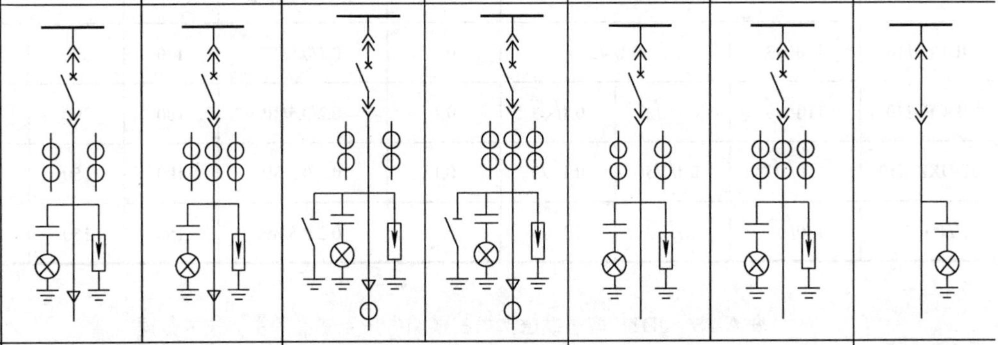						
用途	电缆进线		电缆出线		架空进（出）线		隔离柜
编号	08	09	10	11	12	13	14
一次线路方案	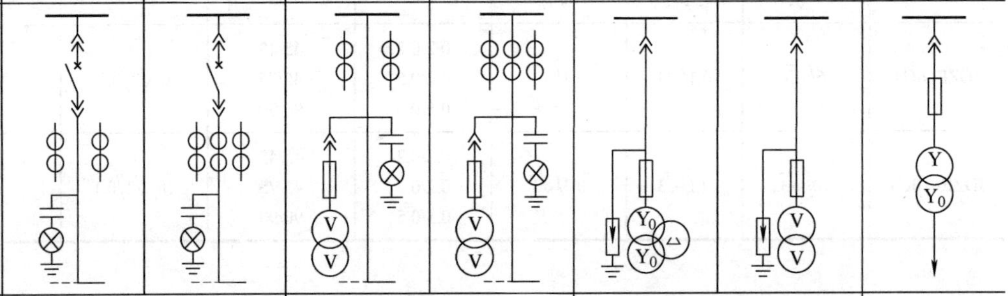						
用途	联络柜（右联或左联）		计量＋右（左）联		母线 TV 及避雷器柜		所用变柜

表 A-29　部分避雷器的电气特性

型号	额定电压 /kV	灭弧电压（有效值）/kV	工频放电电压（有效值）/kV		冲击放电电压峰值（预放电时间 1.5 ~ 20μs）/kV（不大于）	波形 8/20μs 下的残压峰值 /kV（不大于）	
			不小于	不大于		5kA	10kA
FZ–6	6	7.6	9	11	30	27	30
FZ–10	10	12.7	26	31	45	45	50
FZ–35	35	41	82	98	134	134	148
FZ–110J	110	100	224	268	310	332	364
FCZ–35	35	40	70	85	112	108	122
FCZ–110J	110	100	170	195	265	265	285

表 A-30 典型交流无间隙氧化锌避雷器的电气特性

	型号	避雷器额定电压	系统额定电压	持续运行电压	直流 1mA 参考电压 /kV（不小于）	8/20μs 标称电流下的残压（峰值）/kV（不大于）
		/kV（有效值）				
配电型	YH5WS–10/30	10	6	8	15	30
	YH5WS–17/50	17	10	13.6	25	50
线路型	YH5WX–51/134	51	35	40.8	73	134
	YH10WX–108/281	108	110	84	157	281
电站型	YH5WZ–10/27	10	6	8	14.5	27
	YH5WZ–17/50	17	10	13.6	25	50
	YH5WZ–51/134	51	35	40.8	73	134
	YH10WZ–102/266	102	110	79.6	148	266
中性点型	YH1.5W–30/80	30	35	24	44	80
	YH1.5W–72/186	72	110	58	103	186

表 A-31 常用测量与计量仪表的主要技术数据

名称	型号	电流线圈				电压线圈			
		线圈电流 /A	二次负荷 /Ω	每线圈消耗功率 /V·A	线圈数目	线圈电压 /V	每线圈消耗功率 /V·A	cosφ	线圈数目
电流表	16L1–A、46L1–A	5		0.35	1				
电压表	16L1–V、46L1–V					100	0.3	1	1
频率表	16L1–Hz、46L1–Hz					100	1.2		1
有功功率表	16D1–W、46D1–W	5		0.6	2	100	0.6	1	2
无功功率表	16D1–var、46D1–var	5		0.6	2	100	0.5	1	2
有功电能表	DS1、DS2、DS3	5	0.02	0.5	2	100	1.5	0.38	2
无功电能表	DX1、DX2、DX3	5	0.02	0.5	2	100	1.5	0.38	1

表 A-32 DL 型电磁式电流继电器技术数据

型号	最大整定电流 /A	长期允许电流 /A		动作电流 /A		最小整定电流时的功率消耗 /V·A	返回系数
		线圈串联	线圈并联	线圈串联	线圈并联		
DL–11/2	2	4	8	0.5 ～ 1	1 ～ 2	0.1	0.8
DL–11/6	6	10	20	1.5 ～ 3	3 ～ 6	0.1	0.8
DL–11/10	10	10	20	2.5 ～ 5	5 ～ 10	0.15	0.8
DL–11/20	20	15	30	5 ～ 10	10 ～ 20	0.25	0.8
DL–11/50	50	20	40	12.5 ～ 25	25 ～ 50	1.0	0.8

附录B　短路电流周期分量计算曲线数字表

表B-1　汽轮发电机计算曲线数字表

X_c	t/s										
	0	0.01	0.06	0.1	0.2	0.4	0.5	0.6	1	2	4
0.12	8.963	8.603	7.186	6.400	5.220	4.252	4.006	3.821	3.344	2.795	2.512
0.14	7.718	7.467	6.441	5.839	4.878	4.040	3.829	3.673	3.280	2.808	2.526
0.16	6.763	6.545	5.660	5.146	4.336	3.649	3.481	3.359	3.060	2.706	2.490
0.18	6.020	5.844	5.122	4.697	4.016	3.429	3.288	3.186	2.944	2.659	2.476
0.20	5.432	5.280	4.661	4.297	3.715	3.217	3.099	3.016	2.825	2.607	2.462
0.22	4.938	4.813	4.296	3.988	3.487	3.052	2.951	2.882	2.729	2.561	2.444
0.24	4.526	4.421	3.984	3.721	3.286	2.904	2.816	2.758	2.638	2.515	2.425
0.26	4.178	4.088	3.714	3.486	3.106	2.769	2.693	2.644	2.551	2.467	2.404
0.28	3.872	3.705	3.472	3.274	2.939	2.641	2.575	2.534	2.464	2.415	2.378
0.30	3.603	3.536	3.255	3.081	2.785	2.520	2.463	2.429	2.379	2.360	2.347
0.32	3.368	3.310	3.063	2.909	2.646	2.410	2.360	2.332	2.299	2.306	2.316
0.34	3.159	3.108	2.891	2.754	2.519	2.308	2.264	2.241	2.222	2.252	2.283
0.36	2.975	2.930	2.736	2.614	2.403	2.213	2.175	2.156	2.149	2.109	2.250
0.38	2.811	2.770	2.597	2.487	2.297	2.126	2.093	2.077	2.081	2.148	2.217
0.40	2.664	2.628	2.471	2.372	2.199	2.045	2.017	2.004	2.017	2.099	2.184
0.42	2.531	2.499	2.357	2.267	2.110	1.970	1.946	1.936	1.956	2.052	2.151
0.44	2.411	2.382	2.253	2.170	2.027	1.900	1.879	1.872	1.899	2.006	2.11g
0.46	2.302	2.275	2.157	2.082	1.950	1.835	1.817	1.812	1.845	1.963	2.088
0.48	2.203	2.178	2.069	2.000	1.879	1.774	1.759	1.756	1.794	1.921	2.057
0.50	2.111	2.088	1.988	1.924	1.813	1.717	1.704	1.703	1.746	1.880	2.027
0.55	1.913	1.894	1.810	1.757	1.665	1.589	1.581	1.583	1.635	1.785	1.953
0.60	1.748	1.732	1.662	1.617	1.539	1.478	1.474	1.479	1.538	1.699	1.884
0.65	1.610	1.596	1.535	1.497	1.431	1.382	1.381	1.388	1.452	1.621	1.819
0.70	1.492	1.479	1.426	1.393	1.336	1.297	1.298	1.307	1.375	1.549	1.734
0.75	1.390	1.379	1.332	1.302	1.253	1.221	1.225	1.235	1.305	1.484	1.596
0.80	1.301	1.291	1.249	1.223	1.179	1.154	1.159	1.171	1.243	1.424	1.474
0.85	1.222	1.214	1.176	1.152	1.114	1.094	1.100	1.112	1.186	1.358	1.370
0.90	1.153	1.145	1.110	1.089	1.055	1.039	1.047	1.060	1.134	1.279	1.279
0.95	1.091	1.084	1.052	1.032	1.002	0.990	0.998	0.012	1.087	1.200	1.200
1.00	1.035	1.028	0.999	0.981	0.954	0.945	0.954	0.968	1.043	1.129	1.129
1.05	0.985	0.979	0.952	0.935	0.910	0.904	0.914	0.928	1.003	1.067	1.067
1.10	0.940	0.934	0.908	0.893	0.870	0.866	0.876	0.891	0.966	1.011	1.011
1.15	0.898	0.892	0.869	0.854	0.833	0.832	0.842	0.857	0.932	0.961	0.961
1.20	0.860	0.855	0.832	0.819	0.800	0.800	0.811	0.825	0.898	0.915	0.915
1.25	0.825	0.820	0.799	0.786	0.769	0.770	0.781	0.796	0.864	0.874	0.874
1.30	0.793	0.788	0.768	0.756	0.740	0.743	0.754	0.769	0.831	0.836	0.836
1.35	0.763	0.758	0.739	0.728	0.713	0.717	0.728	0.743	0.800	0.802	0.802
1.40	0.735	0.731	0.713	0.703	0.688	0.693	0.705	0.720	0.769	0.770	0.770
1.45	0.710	0.705	0.688	0.678	0.665	0.671	0.682	0.697	0.740	0.740	0.740

（续）

X_c	t/s										
	0	0.01	0.06	0.1	0.2	0.4	0.5	0.6	1	2	4
1.50	0.686	0.682	0.665	0.656	0.644	0.650	0.662	0.676	0.713	0.713	0.713
1.55	0.663	0.659	0.644	0.635	0.623	0.630	0.642	0.657	0.687	0.687	0.687
1.60	0.642	0.639	0.623	0.615	0.604	0.612	0.624	0.638	0.664	0.664	0.664
1.65	0.622	0.619	0.605	0.596	0.586	0.594	0.606	0.621	0.642	0.642	0.642
1.75	0.586	0.583	0.570	0.562	0.554	0.562	0.574	0.589	0.602	0.602	0.602
1.80	0.570	0.567	0.554	0.547	0.539	0.548	0.559	0.573	0.584	0.584	0.584
1.85	0.554	0.551	0.539	0.532	0.524	0.534	0.545	0.559	0.566	0.566	0.566
1.90	0.540	0.537	0.525	0.518	0.511	0.521	0.532	0.544	0.550	0.550	0.550
1.95	0.526	0.523	0.511	0.505	0.498	0.508	0.520	0.530	0.535	0.535	0.535
2.00	0.512	0.510	0.498	0.492	0.486	0.496	0.508	0.517	0.521	0.521	0.521
2.05	0.500	0.497	0.486	0.480	0.474	0.485	0.496	0.504	0.507	0.507	0.507
2.10	0.488	0.485	0.475	0.469	0.463	0.474	0.485	0.492	0.494	0.494	0.494
2.15	0.476	0.474	0.464	0.458	0.453	0.463	0.474	0.481	0.482	0.482	0.482
2.20	0.465	0.463	0.453	0.448	0.443	0.453	0.464	0.470	0.470	0.470	0.470
2.25	0.455	0.453	0.443	0.438	0.433	0.444	0.454	0.459	0.459	0.459	0.459
2.30	0.445	0.443	0.433	0.428	0.424	0.435	0.444	0.448	0.448	0.448	0.448
2.35	0.435	0.433	0.424	0.419	0.415	0.426	0.435	0.438	0.438	0.438	0.438
2.40	0.426	0.424	0.415	0.411	0.407	0.418	0.426	0.428	0.428	0.428	0.428
2.45	0.417	0.415	0.407	0.402	0.399	0.410	0.417	0.419	0.419	0.419	0.419
2.50	0.409	0.407	0.399	0.394	0.391	0.402	0.409	0.410	0.410	0.410	0.410
2.55	0.400	0.399	0.391	0.387	0.383	0.394	0.401	0.402	0.402	0.402	0.40Z
2.60	0.392	0.391	0.383	0.379	0.376	0.387	0.393	0.393	0.393	0.393	0.393
2.65	0.385	0.384	0.376	0.372	0.369	0.380	0.385	0.386	0.386	0.386	0.386
2.70	0.377	0.377	0.369	0.365	0.362	0.373	0.378	0.378	0.378	0.378	0.378
2.75	0.370	0.370	0.362	0.359	0.356	0.367	0.371	0.371	0.371	0.371	0.371
2.80	0.363	0.363	0.356	0.352	0.350	0.361	0.364	0.364	0.364	0.364	0.364
2.85	0.357	0.356	0.350	0.346	0.344	0.354	0.357	0.357	0.357	0.357	0.357
2.90	0.350	0.350	0.344	0.340	0.338	0.348	0.351	0.351	0.351	0.351	0.351
2.95	0.344	0.344	0.338	0.335	0.333	0.343	0.344	0.344	0.344	0.344	0.344
3.00	0.338	0.338	0.332	0.329	0.327	0.337	0.338	0.338	0.338	0.338	0.338
3.05	0.332	0.332	0.327	0.324	0.322	0.331	0.332	0.332	0.332	0.332	0.332
3.10	0.327	0.326	0.322	0.319	0.317	0.326	0.327	0.327	0.327	0.327	0.327
3.15	0.321	0.321	0.317	0.314	0.312	0.321	0.321	0.321	0.321	0.321	0.321
3.20	0.316	0.316	0.312	0.309	0.307	0.316	0.316	0.316	0.316	0.316	0.316
3.25	0.311	0.311	0.307	0.304	0.303	0.311	0.311	0.311	0.311	0.311	0.311
3.30	0.306	0.306	0.302	0.300	0.298	0.306	0.306	0.306	0.306	0.306	0.306
3.35	0.301	0.301	0.298	0.295	0.294	0.301	0.301	0.301	0.301	0.301	0.301
3.40	0.297	0.297	0.293	0.291	0.290	0.297	0.297	0.297	0.297	0.297	0.297
3.45	0.292	0.292	0.289	0.287	0.286	0.292	0.292	0.292	0.292	0.292	0.292

表 B-2　水轮发电机计算曲线数字表

X_c	t/s										
	0	0.01	0.06	0.1	0.2	0.4	0.5	0.6	1	2	4
0.18	6.127	5.695	4.623	4.331	4.100	3.933	3.867	3.807	3.605	3.300	3.081
0.20	5.526	5.184	4.297	4.045	3.856	3.754	3.716	3.681	3.563	3.378	3.234
0.22	5.055	4.767	4.026	3.806	3.633	3.556	3.531	3.508	3.430	3.302	3.191
0.24	4.647	4.402	3.764	3.575	3.433	3.378	3.363	3.348	3.300	3.220	3.151
0.26	4.290	4.083	3.538	3.375	3.253	3.216	3.208	3.200	3.174	3.133	3.098
0.28	3.993	3.816	3.343	3.200	3.096	3.073	3.070	3.067	3.060	3.049	3.043
0.30	3.727	3.574	3.163	3.039	2.950	2.938	2.941	2.943	2.952	2.970	2.993
0.32	3.494	3.360	3.001	0.892	2.817	2.815	2.822	2.828	2.851	2.895	2.943
0.34	3.285	3.168	2.851	2.755	2.692	2.699	2.709	2.719	2.754	2.820	2.891
0.36	3.095	2.991	2.712	2.627	2.574	2.589	2.602	2.614	2.660	2.745	2.837
0.38	2.922	2.831	2.583	2.508	2.464	2.484	2.500	2.515	2.569	2.671	2.782
0.40	2.767	2.685	2.464	2.398	3.361	2.388	2.405	2.422	2.484	2.600	2.728
0.42	2.627	2.554	2.356	2.297	2.267	2.297	2.317	2.336	2.404	2.532	2.675
0.44	2.500	2.434	2.256	2.204	2.179	2.214	2.235	2.255	2.329	2.467	2.624
0.46	2.385	2.325	2.164	2.117	2.098	2.136	2.158	2.180	2.258	2.406	2.575
0.48	2.280	2.225	2.079	2.038	2.023	2.064	2.087	2.110	2.192	2.348	2.527
0.50	2.183	2.134	2.001	1.964	1.953	1.996	2.021	2.044	2.130	2.293	2.482
0.52	2.095	2.050	1.928	1.895	1.887	1.933	1.958	1.983	2.071	2.241	2.438
0.54	2.013	1.972	1.861	1.831	1.826	1.874	1.900	1.925	2.015	2.191	2.396
0.56	1.938	1.899	1.798	1.771	1.769	1.818	1.845	1.870	1.963	2.143	2.355
0.60	1.802	1.770	1.683	1.662	1.665	1.717	1.744	1.770	1.866	2.054	2.263
0.65	1.658	1.630	1.559	1.543	1.550	1.605	1.633	1.660	1.759	1.950	2.137
0.70	1.534	1.511	1.452	1.440	1.451	1.507	1.535	1.562	1.663	1.846	1.964
0.75	1.428	1.408	1.358	1.349	1.363	1.420	1.449	1.476	1.578	1.741	1.794
0.80	1.336	1.318	1.276	1.270	1.286	1.343	1.372	1.400	1.498	1.620	1.642
0.85	1.254	1.239	1.203	1.199	1.217	1.274	1.303	1.331	1.423	1.507	1.513
0.90	1.182	1.169	1.138	1.135	1.155	1.212	1.241	1.268	1.352	1.403	1.403
0.95	1.118	1.106	1.080	1.078	1.099	1.156	1.185	1.210	1.282	1.308	1.308
1.00	1.061	1.050	1.027	1.027	1.048	1.105	1.132	1.156	1.211	1.225	1.225
1.05	1.009	0.999	0.979	0.980	1.002	1.058	1.084	1.105	1.146	1.152	1.152
1.10	0.962	0.953	0.936	0.937	0.959	1.015	1.038	1.057	1.085	1.087	1.087
1.15	0.919	0.911	0.896	0.898	0.920	0.974	0.995	1.011	1.029	1.029	1.029
1.20	0.880	0.872	0.859	0.862	0.885	0.936	0.955	0.966	0.977	0.977	0.977
1.25	0.843	0.837	0.825	0.829	0.852	0.900	0.916	0.923	0.930	0.930	0.930
1.30	0.810	0.804	0.794	0.798	0.821	0.866	0.878	0.884	0.888	0.888	0.888
1.35	0.780	0.774	0.765	0.769	0.792	0.834	0.843	0.847	0.849	0.849	0.849
1.40	0.751	0.746	0.738	0.743	0.766	0.803	0.810	0.812	0.813	0.813	0.813
1.45	0.725	0.720	0.713	0.718	0.740	0.774	0.778	0.780	0.780	0.780	0.780

（续）

X_c	t/s										
	0	0.01	0.06	0.1	0.2	0.4	0.5	0.6	1	2	4
1.50	0.700	0.696	0.690	0.695	0.717	0.746	0.749	0.750	0.750	0.750	0.750
1.55	0.677	0.673	0.668	0.673	0.694	0.719	0.722	0.722	0.722	0.722	0.722
1.60	0.655	0.652	0.647	0.652	0.673	0.694	0.696	0.696	0.696	0.696	0.696
1.65	0.635	0.632	0.628	0.633	0.653	0.671	0.672	0.672	0.672	0.672	0.672
1.70	0.616	0.613	0.610	0.615	0.634	0.649	0.649	0.649	0.649	0.649	0.649
1.75	0.598	0.595	0.59Z	0.598	0.616	0.628	0.628	0.628	0.628	0.628	0.628
1.80	0.581	0.578	0.576	0.582	0.599	0.608	0.608	0.608	0.608	0.608	0.608
1.85	0.565	0.563	0.561	0.566	0.582	0.590	0.590	0.590	0.590	0.590	0.590
1.90	0.550	0.548	0.546	0.552	0.566	0.572	0.572	0.S72	0.572	0.572	0.572
1.95	0.536	0.533	0.532	0.538	0.551	0.556	0.556	0.556	0.556	0.556	0.556
2.00	0.522	0.520	0.519	0.524	0.537	0.540	0.540	0.540	0.540	0.540	0.540
2.05	0.509	0.507	0.507	0.512	0.523	0.525	0.525	0.525	0.525	0.525	0.525
2.10	0.497	0.495	0.495	0.500	0.510	0.512	0.512	0.512	0.512	0.512	0.512
2.15	0.485	0.483	0.483	0.488	0.497	0.498	0.498	0.498	0.498	0.498	0.498
2.20	0.474	0.472	0.472	0.477	0.485	0.486	0.486	0.486	0.486	0.486	0.486
2.25	0.463	0.462	0.462	0.466	0.473	0.474	0.474	0.474	0.474	0.474	0.474
2.30	0.453	0.452	0.452	0.456	0.462	0.462	0.462	0.462	0.462	0.462	0.462
2.35	0.443	0.442	0.442	0.446	0.452	0.452	0.452	0.452	0.452	0.452	0.452
2.40	0.434	0.433	0.433	0.436	0.441	0.441	0.441	0.441	0.441	0.441	0.411
2.45	0.425	0.424	0.424	0.427	0.431	0.431	0.431	0.431	0.431	0.431	0.431
2.50	0.416	0.415	0.415	0.419	0.422	0.422	0.422	0.422	0.422	0.422	0.422
2.55	0.408	0.407	0.407	0.410	0.413	0.413	0.413	0.413	0.413	0.413	0.413
2.60	0.400	0.399	0.399	0.402	0.404	0.404	0.404	0.404	0.404	0.404	0.404
2.65	0.392	0.391	0.392	0.394	0.396	0.396	0.396	0.396	0.396	0.396	0.396
2.70	0.385	0.384	0.384	0.387	0.388	0.388	0.388	0.388	0.388	0.388	0.388
2.75	0.378	0.377	0.377	0.379	0.380	0.380	0.380	0.380	0.380	0.380	0.380
2.80	0.371	0.370	0.370	0.372	0.373	0.373	0.373	0.373	0.373	0.373	0.373
2.85	0.364	0.363	0.364	0.365	0.366	0.366	0.366	0.366	0.366	0.366	0.366
2.90	0.358	0.357	0.357	0.359	0.359	0.359	0.359	0.359	0.359	0.359	0.359
2.95	0.351	0.351	0.351	0.352	0.353	0.353	0.353	0.353	0.353	0.353	0.353
3.00	0.345	0.345	0.345	0.346	0.346	0.346	0.346	0.346	0.346	0.346	0.346
3.05	0.339	0.339	0.339	0.340	0.340	0.340	0.340	0.340	0.340	0.340	0.340
3.10	0.334	0.333	0.333	0.334	0.334	0.334	0.334	0.334	0.334	0.334	0.334
3.15	0.328	0.328	0.328	0.329	0.329	0.329	0.329	0.329	0.329	0.329	0.329
3.20	0.323	0.322	0.322	0.323	0.323	0.323	0.323	0.323	0.323	0.323	0.323
3.25	0.317	0.317	0.317	0.318	0.318	0.318	0.318	0.318	0.318	0.318	0.318
3.30	0.312	0.312	0.312	0.313	0.313	0.313	0.313	0.313	0.313	0.313	0.313
3.35	0.307	0.307	0.307	0.308	0.308	0.308	0.308	0.308	0.308	0.308	0.308
3.40	0.303	0.302	0.302	0.303	0.303	0.303	0.303	0.303	0.303	0.303	0.303
3.45	0.298	0.298	0.298	0.298	0.298	0.298	0.298	0.298	0.298	0.298	0.298

参考文献

[1]孙丽华.电力工程基础[M].3版.北京：机械工业出版社，2016.
[2]许珉.变电站电气一次设计[M].北京：机械工业出版社，2015.
[3]赵彩虹.供配电系统：上册　一次部分[M].北京：中国电力出版社，2009.
[4]温步瀛.电力工程基础[M].2版.北京：机械工业出版社，2014.
[5]葛延友，李晓.供配电技术[M].北京：中国电力出版社，2020.
[6]孙丽华.电力系统分析[M].北京：机械工业出版社，2019.
[7]许珉.发电厂电气主系统[M].2版.北京：机械工业出版社，2011.
[8]王福忠，王玉梅，邹有明.现代供电技术[M].2版.北京：中国电力出版社，2011.
[9]刘吉臻.中国电力工业发展史[M].北京：中国电力出版社，2022.
[10]孙云莲.新能源及分布式发电技术[M].北京：中国电力出版社，2009.
[11]蔡超豪.MATLAB在电力系统中的应用[M].北京：中国电力出版社，2022.
[12]于群，曹娜.MATLAB/Simulink电力系统建模与仿真[M].2版.北京：机械工业出版社，2017.
[13]白玫.百年中国电力工业发展：回顾、经验与展望[J].价格理论与实践，2021(11)：4-10.
[14]康重庆，杜尔顺，郭鸿业，等.新型电力系统的六要素分析[J].电网技术，2023，47(5)：1742-1750.
[15]林伯强，杨梦琦.碳中和背景下中国电力系统研究现状、挑战与发展方向[J].西安交通大学学报(社会科学版)，2022，42(5)：1-10.
[16]李子牛.我国电力系统发展的现状及未来展望[J].电力自动化，2023(6)：54-57.
[17]徐三敏，张云飞，赵添辰，等."双碳"目标下新型电力系统发展综述[J].水电与抽水蓄能，2022，8(6)：21-25.